U0327469

十年十座城市

泰瑞·法瑞建筑设计事务所（TFP）作品选 1991–2001

[英] TFP 事务所　编
吴　晨　　译

TEN YEARS TEN CITIES

THE WORK OF TERRY FARRELL & PARTNERS 1991–2001

著作权合同登记图字：01－2002－1026号

图书在版编目(CIP)数据

十年十座城市／泰瑞·法瑞建筑设计事务所(TFP)作品选 1991－2001／[英] TFP事务所编，吴晨译.－北京：中国建筑工业出版社，2003
ISBN 7－112－05592－X

Ⅰ.十... Ⅱ.①英... ②吴... Ⅲ.①城市规划－作品集－英国－现代 ②建筑设计－作品集－英国－现代 Ⅳ.①TU984.561 ②TU206

中国版本图书馆CIP数据核字（2002）第102944号

TEN YEARS:TEN CITIES
The Work of Terry Farrell & Partners 1991－2001

本书经英国Laurence King Publishing Ltd出版公司正式授权我社在中国翻译、出版并发行中文版

策　　划：张惠珍
责任编辑：马鸿杰　黄居正

十年十座城市
泰瑞·法瑞建筑设计事务所(TFP)作品选
1991-2001
[英] TFP事务所　编
吴　晨　译
*
中国建筑工业出版社 出版、发行（北京西郊百万庄）
新 华 书 店 经 销
北京嘉泰利德科技发展有限公司制版
东莞新扬印刷有限公司印刷
*
开本：635 × 965毫米　1/10
2003年6月第一版　　2003年6月第一次印刷
定价：**198.00**元
ISBN 7－112－05592－X
TU·4912（11210）

（邮政编码 100037）
本社网址：http://www.china-abp.com.cn
网上书店：http://www.china-building.com.cn

鸣　谢

本书的TFP项目经理是Jane Tobin。文本是由Jane Tobin根据泰瑞·法瑞(Terry Farrell)的笔记编写的。图片是与Eugene Dreyer共同选定和编辑的，他提出了整体版式的意见，Beth Thompson也对本版式提供了大力协助。Steven Smith就城市背景介绍提供了指导。

要感谢Hugh Pearman对本书内容和文字安排所给予的关心和参与，还有给“里斯本”部分提供帮助的Ideias do Futuro，以及提供插图的TFP香港和爱丁堡公司。

特别感谢出版商Laurence King提供的指导——尤其是Philip Cooper，Liz Faber和Felicity Awdry——同时还要对Wordsearch的Diane Hutchinson和Sandra Grubic提供的艰苦工作和宝贵意见予以感谢。

目　　录

前言 场所+形象

泰瑞·法瑞(TERRY FARRELL)撰文

本书中的工程涉及1991年至2001年10年时间。1991年之前，公司的设计业务只限于英国，所有工程都是以伦敦为基地的。在上世纪80年代末，相继接受委托的伦敦三大项目，使得公司开始长达15年的改革、重组与整合——首先是为这三大项目安排人员（在12个月内，公司员工从15人增加到100人以上），接着是项目完工和香港新工程开工，我们在1991年到1992年的12个月内从香港赢得了三项设计竞赛。香港项目于1990年代末竣工，赴港的设计人员要返回伦敦，这再一次引起了公司的重组与调整。在整个时期内，负责人员都是保持不变的，因此在设计世界上不同城市和地区的项目时，都能适应并处理不同的情况。

本书中的十座城市，是尽量按地理和时间顺序编排的。我们在珠江三角洲的起点始于1991年7月凌霄阁设计竞赛，此后我们在香港就一直设有分公司。香港分公司与中国、韩国、新加坡和澳大利亚的工程有密切的联系，此处也会偶尔参与西雅图的工程。在伦敦一直保持领导设计的同时，对任何时候、任何地方，借助于当今的通信技术，都能达到掌握设计和联络的目的。例如汉城机场大楼，首先是由我们伦敦建筑师设计的，然后是洛杉矶工程师事务所，最后由汉城业主和当地建筑事务所接手。这三座城市之间8个小时的时差，能做到连续24小时不停运转，某处在上班时接到的新的设计图纸，在8小时后的下班时间，就可将“接力棒”递交给下一座城市。

本书的历程是经里斯本到达欧洲的，然后由北至南，经爱丁堡、赫尔和纽卡斯尔穿越英伦三岛，最后返回伦敦。就像我们的工程一样，伦敦也是随着时代而进步的，我们对它的反应也与1980年代的不同。核心问题一直就是城市设计与建筑之间的关系，城市空间与场所创造的优先与随后的建筑设计的关系，它源于一个严谨的设计程序。建筑与场所有着密切的联系，无论是城镇、城市或乡村，这是它的牢固基础。建筑与人、文化、历史和环境的特性总存在着一脉相承的联系，在设计新建筑和加速与改进活动中，总是会忠实地回到上述起始点的。

本书的每一章都是从“场所”开始的，然后按序展开，以描述为了实现“形象”的变化而进行的建筑项目。考察和了解世界上的城镇和城市，是TFP的一个富有激情的承诺，并且我们有义务对过往十年的某些令人惊叹的场所进行分析和研究。建筑物、城镇和城市是我们赖以生存的最强大和最有活力的因素，就像宗教、音乐、艺术或政治一样强大。一直以来，城市是，且将永远是属于大众的，并且在表达方式和成就方面是得到共享的。建筑，特别是城市生活，是人类最伟大的成就，我对此毫不怀疑。

十座城市：十条经验

思考十座城市的建设带来的经验是有趣的。当然，城市问题——包括人口密度和交通；新时代的铁路；以及污染和可持续发展——每座城市都会遇到这类问题。但每座城市都有一个我们要考虑的重点，因此我们对以往十年在十座城市中的工程，总结出了十条“经验”。

1.珠江三角洲

优秀的城市、优秀的城区和优秀的总体规划是许多人工作的结晶，只有将适应并居住在该处场所之内的人们同规划与建设它的人们全部考虑在内时，才能做得到。

在香港，基础设施规划的控制与次序之间的平衡，是与视觉表现自由形成对照的。确实，这座城市是许多人努力的结果，是一种综合的表现形式，因自身的高速发展而显得令人惊叹，并使得这座城市极具多样性和活力。

2.北京

在日益增长的全球标准化或千篇一律的世界中，优秀的总体规划实际上是与建设场地息息相关的，它的形态、历史和范围就是设计基础。场所通常就是最好、最永久的“业主”，也是最好的“任务书”来源。

探究文脉，北京是一座有趣的城市。就北京来说，它的个性始于紫禁城，它由一系列具有当地建筑语汇的单元组成。城市文化的挑战之一，正如我们会在国家大剧院方案中了解到的一样，为的是调整大尺度的城市元素——建筑物和基础设施之间的关系——方法是注入一种一致性和场所的关系，产生文化的延续性与保护性，它们是项目的基础所在。

3.汉城

文化不仅仅在城市中占有一席之地——城市本身及其城市地区也是文化现象的载体。城市主义是一种文化——场所的文化。

汉城体现出了城市主义的特征是如何取决于环境文化的方式，以及在现代世界中，面临全球化文化以及迅速变化和发展的情况，它对建立特征是一种何等重要的挑战。自朝鲜战争以后，成立“Ground Zero”组织以来，汉城有什么样的独特性？它是如何自我发展的？一个与众不同的特征就是，它有许多界线分明的、体现出韩国社会之进展的亚中心。由于许多韩国人的生活是以商业帝国——即Choebals——为中心的，如大宇、三星和现代，故每一个中心都是一座城中城，而每一个Choebal本身就是一个完整的组织世界。TFP的汉城项目因每个“中心”概念的具体特点而异，并且是位于较大环境中的独立“中心”世界。

4.悉尼

城市设计不像建筑那样浩繁，也不同于局部规划。它具有自己的专业和技能领域，也具有自己的尺度和方法。

悉尼的帕拉马塔(Parramatta)火车站是将场所摆在第一位的——连接各处的城市中心——建筑物是摆在第二位的。作为城市综合体的火车站，它包括一个城市广场、聚集与餐饮区域，以及与城市各方相连的人行道。它将城市设计摆在第一位，而将建筑物摆在第二位。

5.西雅图

电子信息时代能加快城市设计的变化并从中受益，例如，促进民主参与，解释、说明并分析解决方案，并将生活方式从一成不变的场所和时间的先入之见中解脱出来。

我们在西雅图的新水族馆的工程中得到的经验表明，提出问题并从各方获取答案的能力，已开始改变城市运转方式，以及我们对其作出反应的方式。相互联系的社会使交流变为可能，并形成新的城市概念。“电子场所”（或译e-场所)与实际场所，流动性与遥远性，对于城市规划师和建筑师，都是同样重要的问题。西雅图的现代城市生活中，存在着许多内在矛盾：工作场所的缺乏较之中央商务区，电子商务较之商业街，虚拟体验较之真实经历。作为微软的总部所在地，应能将城市区域引向真正的创造性管理之路。

6.里斯本

公共区域，包括基础设施，是

总体规划的核心区域：各个建筑物的使用与建设，要服从公共区域的需要。

对于创建一个三角形的公共区域，也就是建筑物之间不可缺少的场所，我的感受极深。里斯本通过其开阔的广场空间、街道和林荫大道，给伟大的欧洲“城市”传统作了一个示范。这些场所是城市的生活空间，即我们能够进行谈话、交流并属于我们公众的场所。公共区域就是行人至上，各种基础设施只具附带作用的地方，亦即城市本身的真正结构。

7.爱丁堡

优秀的总体规划应包含一切(借用建筑师刘易斯·巴拉干(Luis Barragan)的话，即“完善的花园应包含一切”)。

爱丁堡的包容性和多样性给人造成这样一种印象：我们的名人美术馆和总体规划借助于全方位设计，为展览达达派和超现实主义作品提供了一种背景——从最细微的内饰到整个总体规划。所有风格、所有观点、所有可能性——这就是构成伟大城市生活的包容性，在有包容性的地方，就能做到最大限度的宽容和选择的自由与多样化。

8.纽卡斯尔

优良的总体规划能积极地对界线以外的广泛领域作出反映（并汲取养分)。其评判标准就是它对界线之外的领域的改变与改善幅度。

目前，关于城市复兴的一件重要事情就是，一次成功的开发——无论是建筑或城市设计——会给整座城市带来冲击效应，这里我们就将纽卡斯尔作为一个范例。城市不会是一个“与世隔绝”的孤岛。对总体规划成功与否的判断，对时空界线之外的影响，与对“界线”之内的影响，具有同等的重要性。总体规划的界线不像建筑那样分明。纽卡斯尔的东码头改造，对Tyneside的改造有重大的影响，它的周围有下列工程，如国际生命中心，威尔金森·艾尔(Wilkinson Eyre)的千禧大桥，诺曼·福斯特(Norman Foster)的音乐中心，多米尼克·威廉姆(Dominic Williams)的波罗的海磨坊，以及火车站土地改造和Ouseburn谷地改造。

9.赫尔

当总体规划和城市设计得到全面贯彻并最终完成时，它们就是当今将我们的城市和城镇调整并改造得更好的最佳工具。

赫尔从一个衰落的城市转化为繁荣的中心城市的过程，体现了城市设计和通过一系列总体规划及建筑工程而进行改造的长期影响，比如Deep——旨在为改造过的城市担负标志性“形象”建筑的一个公共水族馆千禧工程。总体规划影响着这座萧条的北方城市的复兴。长期承诺的特点在于不断地重新调查和评估社会的、经济的、环境的可持续发展性，亦即有效性的基本标准。

10.伦敦

总体规划是受到程序约束的：除非真正地得到了认可和接受，否则是不会取得进展的。

针对总体规划，存在着各种可笑的处理手法，比如说业主及发展商，为了获得规划上的许可而购买一份总体规划，但并没有贯彻执行；又比如说建筑师，他答应免费提供一份总体规划，以通过程序以外的方式谋求单体建筑物的设计业务。总体规划本不该是这样的。在过去的200年间，伦敦几乎没有合适的总体规划和城市设计。它是由乡村的聚集而最终形成的世界大都市，没有介入作为一座城市、一个都市单元而应有的、协调的城市生活舞台，避开了类似的欧洲城市主义传统。最关键的因素是极为需要的城市领导能力、连续性和可持续发展性，真正引起长期差异的是管理和领导能力。优良的城市领导能力会导致根本性的多样化差异，如香港、巴塞罗那、波特兰、俄勒冈和毕尔巴鄂。不良的城市领导能力(或根本就没有)已造成了伦敦公共运输系统维护不当、投资不足，以及令人震惊的公共开支赤字。尽管总体规划和城市设计是当今实现城市改造的最有效工具，但对使城市新生并做到成功管理的程序的误解（并非金钱或任何其他因素)，都是对改造的最大障碍。

绪　　论

休·皮尔曼(HUGH PEARMAN)

泰瑞·法瑞(Terry Farrell)过去常常是受到批评家们冷落的。他是一位叛逆者，声称忠实于冷色调的正统现代主义会从更有勇气、更另类的理念中受益。那么我们选择的对象就是一种标志性的后现代主义。在某种程度上，这是千真万确的。但问题不该是这样的：法瑞是不是后现代派的？这个问题也许要颠倒一下。假定法瑞是后现代派的，那么从那时起，还有谁是？斯特林(Jim Stirling)？狄克逊(Jeremy Dixon)和爱德华·琼斯(Edward Jones)？阿尔多·罗西(Aldo Rossi)？弗兰克·盖里(Frank Gehry)？甚至是理查德·罗杰斯(Richard Rogers)？选出你自己的名单：你的名单上将会很快写满建筑师的名字，其中的大部分人会激烈反对自己是后现代派或任何类似派别的。

如今，时间已经过去了，建筑美学和方法也有了新的发展。现在的风格之争已不复存在。它并不是两个阵营间的一个悬念。站在哪一边是没有必要的。在实验阶段，双方相互借鉴是越来越明显的。在为了让城市获得新生而采取的必要措施的现代建筑的主要形态之间，目前实际上已不存在异议。在法瑞的某些早期城市研究课题中，已对许多此类手法作了概述。此后的差异，越来越体现在一个连续具体细节和个人表达方式上。若不对最近的将来作出猜测，我们就不会在注重宣言与建筑多样化的时代生存。相反，这是一个注重建筑综合性和整合性的时代。所有建筑师的心目中都有英雄，就法瑞来说，在他的作品中就能找到弗兰克·劳埃德·赖特(Frank Lioyd Wright)，路易斯·康(Louis Kahn)和罗伯特·文丘里(Robert Venturi)的

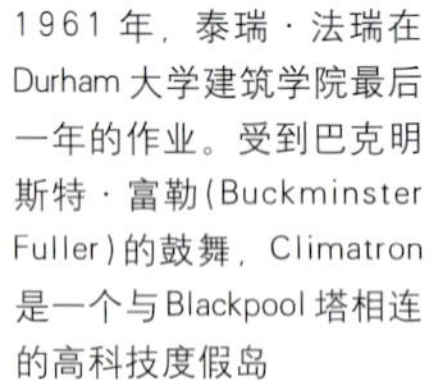

1961年，泰瑞·法瑞在Durham大学建筑学院最后一年的作业。受到巴克明斯特·富勒(Buckminster Fuller)的鼓舞，Climatron是一个与Blackpool塔相连的高科技度假岛

黑墙隧道北端通风井，1961—1964年，右边是罗杰斯(Rogers)的路透社大楼，后面是厄诺·戈德芬格(Erno Goldfinger)的公共住宅，左边是彼得(Peter)和奥尔森·史密森(Alison Smithson)的罗宾汉花园

2000年千禧穹顶中的黑墙
隧道南端通风井

影响：在他的职业生涯中，三位具有如此巨大差异的建筑师，在不同的时期均为他的作品打上了烙印，但全都是给那些具有纪念意义作品增添了某种风韵。

法瑞是一名建筑师，像所有建筑师一样，也在不断地发展个人的风格。此外，他还显著地扩大了他的视野。他过去曾是伦敦的一名建筑师，常做一些小型建筑物。如今的他是一名国际级的建筑师，做的是极大型的建筑物，实际上就是建筑物综合体。此外，他的独特优势——建筑师——规划师，或者，你爱称城市主义者也行——得到了充分发挥。这就是本书采纳下述形式的原因：主要涉及的是某座世界级城市或特大城市的具体特征，其次涉及的是法瑞在这些区域内的工作。在这种意义上，建筑是次要角色，而城市精神才是主角。期望会给人带来愉悦，然而情况是一回事，而对情况的反应却是另一回事。通常，你永远不会看到法瑞轻描淡写地处理任何一座建筑物。

事实上，有些建筑物，如爱丁堡的名人美术馆，或伦敦切尔西的罗茨路电站改造成公寓的工程，实际上是对现有的历史性建筑物的重新安排——这一直就是法瑞的优势所在，因为他一直在给已有的建筑物及周边环境进行更新改造工作。对于难以改造却又值得改造的城市，这是不可缺少的部分。但还是有其他的地方，如香港的九龙，你实际上踏入的是一块处女地。就像法瑞和各类其他建筑师在远东和欧洲的工作一样，你会发现土地是新近填造的，甚至是填海而来的。在那种情况下，你得作出自己的文章。因此，与名人美术馆截然相反的就是铁路九龙中转站工程（1992-1998），有一个大厅打破了纯粹的拱架结构；或者紧随其后的，更具生物形态的韩国仁川国际机场的综合运输中心。对此，这些都是独立的世界，你能从这两者上面看到亚洲影响的痕迹。这是一个远离某些西方建筑师在赢得东方国家的合同时所采用的符号学方法，尽管如此，法瑞还是采用了欧美的不同抽象性表达手法。

现在让我们回到开始部分。1961年9月至1962年4月，法瑞供职于伦敦郡政府的建筑部门——这是他在二十岁出头时，从宾夕法尼亚大学返国后的第一份工作。大学期间，他是Harkness设计公司的一员，师承康(Louis Kahn)与文丘里(Robert Venturi)，对公司和他本人来说，当时都是一个关键的发展时期。伦敦郡政府是一家重要的公共机构，当时有许多建筑师的第一份工作就是在那里找到的，特别是像法瑞一类的人，在取得正式建筑师资格以前从中得到了实际的经验。他在此处遇到了他的未来伙伴尼古拉斯·格里姆肖(Nicholas Grimshaw)。2000年岁末，他在伦敦郡政府特殊工程部所设计的双子建筑，被政府正式“收录”为历史和建筑保护名册。双子建筑就是黑墙隧道的两个通风井，

早期影响，从左至右：奈尔维(Pier Luigi Nervi)的罗马小体育宫，1960年；赖特(Frank Lioyd Wright)的流水别墅，宾夕法尼亚，1935年；富勒(Buckminster Fuller)的纽约穹顶，1965-1968年

为了减缓维多利亚后期所建道路的压力，修建了一条内伦敦公路隧道的“沉箱”，其后修建了位于东伦敦的与其完全相同的隧道，只有部分公路“沉箱”被建成，但是东段，包括新隧道，就是其中之一。

法瑞也从事过这类世俗然而有生命力的事物，如隧道内壁和维修工场工程，不过在40年之后，正是通风井使他们得到了应有的认可。某些人认为它们是受到了奥斯卡·尼迈耶(Oscar Niemeyer)在巴西利亚的工程的影响，但按法瑞的说法，情况并不是这样的：他反而推崇的是坎德拉(Felix Candela)和奈尔维(Pier Luigi Nervi)，即先进混凝土结构的主要倡导者。通风井是漂亮的白色曲线建筑，旨在排除烟雾、吸入新鲜空气并监测污染情况。因此，它们是当今许多利于生态的、自然通风的建筑物之排气／换气塔的先驱者。他们利用了当时崭新的技术，即将混凝土喷洒在拉伸的钢索网上，以达到成型时的流动性。人们也许会觉察出某些影响，如勒·柯布西耶(Le Corbusier)的马赛公寓上的顶部通风装置，但法瑞的工程更加“现代”并使其变得成熟。他们采用了早期太空时代的技术，然而又体现了某种1930年代的海洋定期邮轮建筑象征主义的怀旧意象。

它们耸立在这片被人遗忘的东伦敦区数十年了，四周是老式的工业加工厂房，外围是城市棕地——它们到了重新开发的时候了。要历尽艰辛地找到这些问题，你得是一位非常严谨的建筑师。正是在所清理的北格林威治半岛上建起了罗杰斯(Richard Rogers)和迈克·戴维斯(Mike Davies)的千禧穹顶，这些多年被人遗忘的地方才引起了官方的注意——该半岛位于隧道接近陆地的区域。穹顶实际上覆盖了整个用地，同时又得让隧道从地下升起来，并要容得下通风井。戴维斯的方案只是在穹顶的一侧留一个圆形的孔，以安装通风管：这样可以接纳它，像变形虫一样。方案在法瑞和戴维斯之间来回反复地作了讨论，即如何处理通风井与穹顶的关系——并将其公之于众，也许是将视觉展示与电视展示结合起来，以说明地下隧道中拥挤的交通。遗憾的是，出于安全考虑而取消了这一方案：权力部门不希望隧道显露出来。围绕通风井的那部分穹顶并不是半透明的，且很少有参观者意识到，为什么在对称美的由纤维结构组成的空间中会有突兀的物体延伸出来。

无论如何：法瑞第一个建起的公共工程，已经与穹顶以及北格林威治和Poplar——在河的对岸——挂上了钩，塔的有机美学，与1960年代史密森(Smithsons)和戈德芬格(Erno Goldfinger)住宅区工程之暴露混凝土的美学，和后来格里姆肖(Nicholas Grimshaw)的金融时报印刷厂及罗杰斯(Richard Rogers)的路透社信息中心的机械美学，形成鲜明对照。有兴趣的建筑师已将通风井的设计师作了分类：正是建筑师Ian Ritchie的研究，首次显露了法瑞的影响。随着河两岸的全面更新改造工作正在有条不紊地实施，通风塔也许容易被损坏，尽管后来已被列入保护名录。值得注意的是，1990年代中期，法瑞的九龙通风建筑又回到了这种被人忽视的风格。它是香港通向位于诺曼·福斯特(Norman Foster)的赤鱲角新机场的铁路中转站。它包含防潮门、变电装置和通风设备，坐落于俯瞰维多利亚港的九龙Point公园，因而受到瞩目的机会较多。其有力的角度和浅色调——使人想起船上的烟囱或通风井——使得繁忙的码头区与后面城市的高楼大厦之间，有一个重要的缓冲——在以天空为背景映出的轮廓上，看得到法瑞的凌宵阁耸立的身影。

列入保护名录的黑墙通风塔是很重要的，因为它们会让每一个人觉得，比起法瑞在1980年代获得的伦敦高度引人注目的建筑工程，对他的建筑艺术的作用要大得多。在这种情况下，人们也许还会认为他的“人工气候室”毕业设计项目，受到了当时还不像如今家喻户晓的富勒(Richard Buckminster Fuller)的思想的极大影响。这位美国人对年轻的法瑞有明显的影响。在1950年代和1960年代早期，许多其他的建筑师也是如此，从罗杰斯(Richard Rogers)和福斯特(Norman Foster)到约翰·温特(John Winter)。每个人都从这种经历中得到了想要的知识。有的如Eames 和加利福尼亚项目分析事务所，还有的如保罗·鲁道夫(Paul Rudolph)的野兽派艺术。比起大部分建筑师，法瑞的这张网要撒得更宽。

接着是1965年到1980年法瑞与格里姆肖的合作伙伴关系。同处一室，又常常为同样的项目忙碌着，法瑞和格里姆肖在后来十分英国化的所谓高科技领域，得到了应有的地位。对于许多工程，它有着成本十分低廉的特点——工厂、仓库等等。不过同样地，那时的一座重要建筑最近也已被列入保护名录：1968年的公园路公寓大楼，它利用了可让住宅合作者自行安排的新法律。法瑞主要做的是规划和建筑体形，而格里姆肖做的是细部设计。早年住在这幢大楼中的有一位名叫约翰·扬(John Young)，后来成了罗杰斯设计公司成功的关键人物。许多早期的高科技工程通常是昙花一现的，有些标志性建筑目前已被拆毁，公园路公寓大楼得到官方认可，正当其时。

在法瑞—格里姆肖公司，法瑞完成了下列工程，如1967年在伦敦的螺旋形学生宿舍“服务塔楼”，1972年在Runnymede的雪铁龙仓库，泰晤士河水务局大楼和Wood Green工业厂房。之后，这两名建筑师各奔前程，如果法瑞立即转向后现代主义，那就是一个错误。他在不同时期与建筑师简·卡普利基(Jan Kaplicky)和伊娃·吉里克娜(Eva Jiricna)及结构工程师彼得·赖斯(Peter Rice)的合作，就是开始将高科技融入到其他元素之中。由于受到轻质结构的吸引，他于1981年在北伦敦因火灾烧毁的亚力山大宫的废墟上建起的临时展览厅中，使用了当时属于英国最大规模的特氟隆喷涂纤维结构。

他的经典作品首先出自于贝斯沃特(Bayswater)的Clifton苗圃工程和卡雯特(Covent)花园。不过，确立后来在1980年代法瑞作品基调的，却是1981年2月在伦敦卡姆登(Camden)的低造价而又令人舒适的TV-AM总部大楼，顶部是用半球形玻璃纤维做成的。显然还有其他的后续作品。TV-AM——英国第一个早间电视频道——让法瑞在工程规模或成本上，完全摆脱了相对基本的改造工程的束缚。它使得法瑞在1980年代后期开工的三个伦敦标志性工程达到了顶峰。

在我们回到最近的工程之前，需要对这些作一定的分析：首先因为它们是卓越的，其次是它们让我们了解政策与商业发展的脉络，最后是因为它们确定了直到现在才开始

40位住宅合作社成员的公寓，公园路，伦敦，1970年

水处理中心，Reading，1982年

左上：亚历山大展馆，哈林盖(Haringey)，伦敦，1981年

左中：Clifton苗圃，贝斯沃特(Bayswater)，伦敦，1979年

右中：Clifton水果、鲜花市场，卡雯特花园广场(Covent Garden)，伦敦，1980年

左下：TV-AM的内部，卡姆登(Camden)，伦敦，1982年

中下：《建筑设计》之英国建筑特刊封面上的TVAM，1982年

右上：查尔斯·詹克斯(Charies Jencks)之家，伦敦，1981年

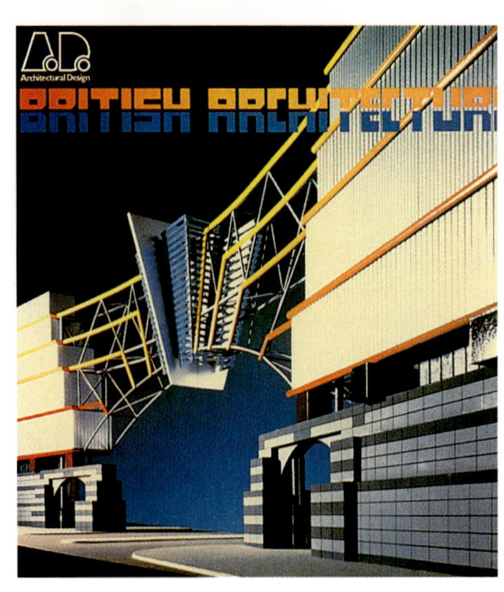

左上：泰瑞·法瑞之家内景，Malda Vale，伦敦，1980年代中期

右上：Limehouse电视工作室，西印度码头，伦敦，1983年

下图：Comyn Ching三角地，Covent花园，伦敦，1985年

更改的、法瑞的早期和后期作品在英国人心目中的印象。

这三个工程是最先让法瑞的事务所从边缘地位迅速迈向主流的作品。自从1980年与格里姆肖分手以来，法瑞就一直投身于有生气的低预算项目中，如卡姆登的TV-AM，或西印度码头的Limehouse工作室：两者都与原有的工业建筑物相配称，两者实际上都是装饰过的库房。这两个工程都是改造的先锋，期望能使内城和码头区得到全面复兴。Limehouse工作室以前是一个香蕉仓库，拆掉后供金丝雀码头区办公室使用，类似于纽约的Battery Park城、巴黎的拉德方斯或吉隆坡的新商业区。

可以证明，这一时期更典型的法瑞方案，就是伦敦西卡雯特花园/剧院区内易受损坏的建筑区的艰苦维修和重新整理工作：Comyn Ching三角地花园，以居住在该区的同名建筑金属器具商的名称命名。这项目工作在相当程度上引发了这片死气沉沉的区域开始复苏，如在20世纪末，周围就有几家伦敦最时尚的宾馆和餐厅选择在此落户。法瑞的工程项目经常成为城市复兴计划的催化剂，是原已衰落甚至是废弃之地开始振兴的转折点。他在1980年代末期的烟草码头项目进一步阐释了这一点：将大量Georgian仓库区卓有成效地转化为精品购物中心。1990年代早期的经济衰退，意味着伦敦要花上几年时间，才能赶上这一步伐。人们必须记住，他是英国越来越稀有的人物中的一个范例：建筑师——规划师，是一个将两种职业完美结合的人。在20世纪末，这两种专业的分别越来越明显，有时甚至到了相对峙的程度。

法瑞及其事务所的工程规模，在1980年代末的经济繁荣时，迅速而无可争议地扩大了。从这些创造性的创作——实践——更新工作中，转瞬之间就使他获得了设计伦敦的三座新建筑物的委托，它们的规模和重要性大到足以构成完整的城市标志，并且在某种程度上，体现了时代感；从政治上来说，就是撒切尔时代。它们是Embankment place，即紧紧围绕住Charing Gross铁路终点站的办公与商业发展项目；Alban Gate，具有类似的商业性，在重新开发1960年代伦敦板式办公区时的第一座大型建筑；以及Vauxhall Cross的Mayan大厦，正对着泰晤士河对岸的Tate Britan，即原先的Tate美术馆。加上法瑞未建的南岸文化中心，以及圣保罗大教堂以北的传统商业化Paternoster广场办公区等作品，你会得出结论：噢，那就是1980年代。即使有许多会延续到1990年代，但毕竟，年代的起止时间总是会滞后的。

要指出的是，上述分析是基本正确的。即使是法瑞也难以想像如今会有机会设计如此众多在建的“标志性”建筑。在它们存在争议的时候，不妨将其看作是为现代——后现代之争提供素材。然而，时间和习惯却会起到作用，邻近的建筑群因而建了起来，伦敦一如既往地具有包容性。一定量的重新评估工作已在进行当中。在这三部作品当中，最突出且最吸引人的就是——Vauxhall Cross，恰好成了英国秘密情报部门军情6处MI6的总部——（连同烟草码头）甚至已得到了詹姆斯邦德007系列片中明星的喜爱。它还是这三部作品中最早的一个，因为它是对较早的住宅方案竞标的一种变更：原以为要建普通办公大楼，最终成了有特殊保密需求的一个组织总部。此外，Vauxhall河滨是伦敦最阴冷、最荒芜和最令人反感的地方之

对面页：Embankment Place，伦敦，1990年

Villiers街的重新开发，Embankment Place，伦敦，1990年

Alban Gate，伦敦墙，1992年

Vauxhall Cross
军情6处(MI6)总部
伦敦，1992年

一，这是改造计划最先遇到的棘手问题，直到最近全部改造工程才接近竣工。也许是MI6大楼极其庄严，再加上它色彩亲和的混凝土板以及厚重的绿色玻璃幕墙，使得其重要性超过了另外两部作品——它们是按商业造价修建的商业大楼。

法瑞真正的纪念碑通常是借助于熟练手法实现的——从而有了早期的富于装饰的穹顶——但是在Vauxhall Cross，你会有真正的体验。不过，法瑞正果断地摆脱那种具体的美学束缚。

Alban Gate是稍后设计但同时竣工的，无疑是结构庞大的——它由两个大型办公楼组成，在靠边角的地方连接在一起。有一座办公楼横跨伦敦墙的四车道公路干道交叉口。不过在立面上，要比Vauxhall大楼轻巧得多，采用了四层全玻璃的弧形点式幕墙，表明法瑞能极好地运用高科技知识——只要他希望这样做，不过这仅仅是一个细节。法瑞不考虑10年后罗杰斯的大宇大厦（建在对面）的全透明风格。他有意识地做出里程碑式的建筑物——旨在成为伦敦城金融区入口的建筑物，相当于以往伦敦老巴比坎的城市入口。在这一点上并没有获得全面的成功。这不只是因为当时采用陈腐观念造成的庞大体积——还因为有巨大的“楼层面积”，这成了开发商的陈腐观念，由于施工方法有了改变，故目前已基本上废弃不用了。通常，他愿意为多元化的城市添色，而不愿为单一文化圈效力——这一点在Embankment Place上就看得出来。但Vauxhall Cross并不是这样，这得归于它的保密要求高度。Alban Gate项目带有住宅这一点快要被人遗忘了：按美国风格，这并不是大厦中的住宅，而是围绕大厦底部与闭合广场的低高度住宅。这是伦敦城内自战后巴比坎(Barbican)区重新规划后的首个住宅项目。

那么，当我们谈到法瑞在现时的后现代主义时，指的是什么？在介绍开始之时所列举的人物当中，于1980年代在伦敦竣工的项目有：罗杰斯的巴洛克式伦敦劳埃德大楼，斯特林的自由风格的Tate美术馆扩建工程，以及他的第一宝雀街办公商业综合体的初次设计。对于狄克逊和爱德华·琼斯的皇家剧院重建，它们大约称得上是首次的经典设计，在Covent花园广场东北角复原的拱廊中，它们实际上是不变的。(与伦敦风格的某种巧妙吻合，使作家Peter Ackroyd十分敏感，剧院的这种元素是建立在早期的法瑞临时建筑之上的，即受人挖苦的、综合了文丘里(Venturian)风格与先进的拉伸纤维技术的传统Clifton苗圃建筑。)

1980年代的作品还有尼古拉斯·格里姆肖(Nicholas Grimshaw)的金融时报印刷厂，被Jean Muir喻为“一个镶嵌的首饰盒”，在玻璃和金属表面中，如果你足够敏锐，也许会下意识地感受到传统立柱、飞檐和中楣的影子。在诺曼·福斯特的位于Nimes的Carré d' Art中，你会更明显地看到这一点，它是1985年设计的，但直到1993年都还没有竣工。新古典主义的复兴对1980年代超现代主义建筑师的影响，本身是值得研究的。但是这个时代也结出了John Outram的宇宙论形式的果实，它是一种高度象征性的建筑艺术——在英国几乎遭到了全盘否定，尽管最终于1993年7月在得克萨斯的莱斯大学计算工程系取得了合理而广泛认可的地位。早年，威尔·艾尔索普(Will Alsop)和约翰·莱尔(John Lyall)经历了某种程度上的后现代主义阶段，其标志作品就是未建成的Riverside Studios工程。Nigel Coates和Doug Branson丰富了他的叙事体建筑艺术，哈迪德(Zaha Hadid)同时也在为香港的Peak俱乐部竞标进行分析和设计。所有这些只不过是与英国的具体情况有关，因为当时的英国正在进行分阶段建筑改造，比起许多国家，这要突然得多。但问题当然是全球性的，而

上图：泰瑞·法瑞(右)及其兄弟，参加不列颠节，南岸，伦敦，1951年

反面：南岸总体规划，伦敦，1984—1992年

有关的问题又会得到不同的回答，罗西，博塔，科尔兄弟，弗兰克·盖里，……菲利普·约翰逊等等都在提出疑问，同样，列出你自己的名单来。举一个例子来说，孟菲斯(Memphis)设计师和建筑师集体，在1980年代早期就很热门。不过，对于真正的孟菲斯建筑，我们得等到1990–1994年，亚历山德罗·曼第尼(Alessandro Mendini)策划格罗宁根(Groningen)博物馆完成之后：该建筑物就如设计师的茶具，一份简洁的城市总体规划，建筑师可随心所欲地加以处理。这就是人们在评判法瑞某个时期的作品时，必须具有的境界。

那么，在仔细研究1980年代的建筑时，全都取决于你要选用滤镜来审视，你想找到的是何种象征。概括所有这些完全不同的方案，借用几乎陈旧的方法，我们现在就可以说，当时所有先锋建筑师的心境，都是要回到内容丰富、更具含义的状态。丰富的内容包含的也许就是手头的东西。上述所有建筑物都是值得提出问题的。它们是我们该问"何去何从"的建筑物。从询问和自我检查的时候起，它们全都按自己的方向发展了。在国内外，法瑞的见解就像他的任何同事一样向前探索。

在这种情况下，由于国内建筑市场的恶化，而一系列大项目——许多是远东的——找上门来，于是法瑞突然从一名伦敦建筑师，摇身一变为国际建筑师。这意味着实验仍在海外延续：这反过来又表明英国对法瑞立场的猜测仍停留在1980年代。海外作品并没有太多的迹象表明已重返传统现代主义：换句话说，它们与早期作品大不相同，就像下述工程，如香港的凌霄阁，或九龙交通城——几乎给人未来主义的感觉。对于因循守旧目光狭隘的人来讲，法瑞仍是一名有问题的建筑师。按莎士比亚戏剧的说法，真是一报还一报。

你可以用两种互相联系的方式来观察法瑞：作为建筑物的一名建筑师，以及作为一名城市规划师。过去，由于他的象征性总体规划，通常涉及到自己独创的建筑物设计，这有时会让某种建筑风格占据主导地位。对于1988年伦敦南岸中心的总体规划，就存在着广泛的误解。前后有许多人插手，当从整

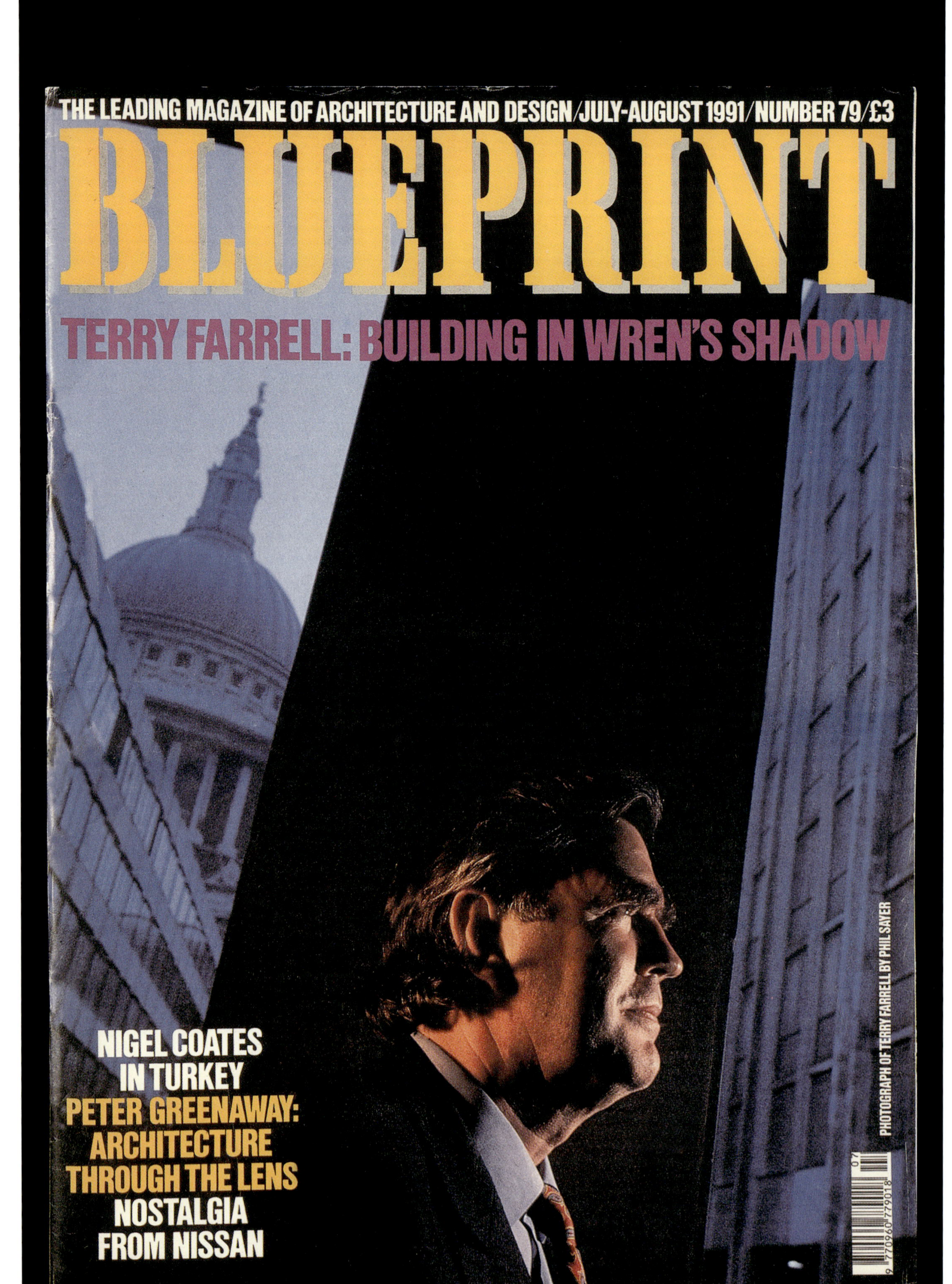
THE LEADING MAGAZINE OF ARCHITECTURE AND DESIGN/JULY-AUGUST 1991/NUMBER 79/£3
BLUEPRINT
TERRY FARRELL: BUILDING IN WREN'S SHADOW
NIGEL COATES
IN TURKEY
PETER GREENAWAY:
ARCHITECTURE
THROUGH THE LENS
NOSTALGIA
FROM NISSAN
PHOTOGRAPH OF TERRY FARRELL BY PHIL SAYER

《蓝图》杂志封面，1991年
7月—8月

体上考虑时，仍然认为它就属于法瑞风格。事实上——对于总体规划是正常的——在建设文化区的不同部分时，总是有各类建筑师参与。Paternoster广场的总体规划就是这样，在经济停滞给其带来沉重打击之前，此项工作就有了深入的开展。在两种情况，必须注意的是建筑物之间及内部的空间，而不是立面的处理：很快你就会发现对更广泛的城市结构有了理解。

法瑞总是街景的一名高明而又“看不到的修正者”，从他最早的工程中可看得出来。这种偏好一直保留了下来，并且是本书所要阐明的：问题并不是要将建筑物和工程向外拓展，而是恰好相反。拿城市来说：它给你暗示了什么？

法瑞的工作领域就像英国后工业化的北方城市那么丰富多彩——例如，Tyne的纽卡斯尔大学城以及赫尔的Kingston——同时还有中国发展速度惊人的珠江三角洲地区，在这里，受英国统治的小小香港的自由贸易，让位于巨大的内地经济。纽卡斯尔的国际生命中心，是一座像规划示意图一样的建筑，在接近一块维多利亚火车站用地大小的废弃基地上，有一项远远超出基因研究和相关旅游景点的工作要做。它是纽卡斯尔/Gateshead地区持续大规模城市复兴的一个不可缺少的部分，并使北岸和南岸正在开发的文化艺术区做到合理的平衡。爱丁堡国际会议和展览中心的建筑风格很像1980年代法瑞的设计风格，图形建筑物给人留下深刻印象。它于1989年设计，1995年竣工，采用的是一系列连续的圆柱形式，新旧结合，并与附近的Usher音乐厅和谐一致。后来设计邻近的喜来登酒店健康中心(1996-1999)时，直线式的蓝玻璃立面，被曲线突出的阳台断开，形成鲜明的对照。并再次表现了尼迈耶(Niemeyer)和巴西利亚的影响：现代浪漫主义。

在纽卡斯尔，建成区是在不规则的用地上按照内部的活动和使用方式划分的，而三座主要建筑（生命中心，生物科学中心和基因研究大楼)，采用的是不同的风格，并在公共领域的四周起着不同的作用。奇怪的是，这些超大型工程的纪念意义，要比法瑞的某些较小的早期作品小得多。拔地而起的波纹状包层铜外形的生命中心，会使人想起这一时期伦佐·皮亚诺(Renzo Piano)的某些作品，并引起建筑物与地平面之间关系的争议。这实际上是要在城市中建出一片公共的空间。但在其他地方，需要的是更醒目的标志性建筑：因而就有了赫尔Kingston的海洋博物馆，即所谓的“The Deep”。此工程的美学特点——条状层次肌理与向上的仰角形体——在一定程度上源自早期伦敦码头的一个水族馆的设计，但是根据地形特点作了专门修正，延伸到它所处的Humber河口中：就像悉尼歌剧院的情况一样，只是没有环绕的海湾：但这里是天地交汇之处。也许同悉尼歌剧院可相提并论的——指的是位置，而不是形式——就是计划于2005年竣工的西雅图西北太平洋水族馆。那里的水族馆直接从Puget Sound的水中升起。不过，像赫尔一样，滨水地区业已衰落，周围是废弃的码头和一个濒临消亡的公园。西雅图水族馆也分享了早期法瑞作品中的特点，那是一个对现有建筑的改造的工程，也是一个水族馆工程。西雅图水族馆其规模要大上一倍，同时在太平洋海岸线的高地，留下一个建筑色彩不浓的空间。

赫尔和西雅图的这两个工程，都起到了将城市和海洋相连的作用。在赫尔，对赫尔河走廊的一项单独研究表明，尽管The Deep本身是一项雄心勃勃的千禧工程，但也是这座城市在传统的海洋工业衰落之后，将自己重新塑造成技术和文化中心之更大总体规划的一部分。赫尔——南溪与Humber汇合的一条小河——一直就是工业码头的私人领地，现在的目标是在2020年之前成为一个文化区，与市中心通过跨河大桥相连，同时止于南端靠水的The Deep。在西雅图，情况相似，即将兴建的建筑物须有助于将市中心与Puget Sound相连，这要成为城市改造的一部分。

葡萄牙的情况与此类似，法瑞早在1994年所作的里斯本港总体规划分析，就指出了将城市沿14公里长的特茹(Tejo)河或塔霍(Tagus)河与水域相连的方案，并考虑到了在该市举办的1998年世界博览会以及塔霍河跨接的情况。法瑞特别强调的是，连绵不断的定期渡轮运输航行：在这个历史遗留下来的水道中，这就促成了他的一个较不为人所知的工程，巴雷鲁(Barreiro)轮渡站，总体规划是为周围的住宅设计的。后来，法瑞与当地公司合作——Ideias do Futuro——改造里斯本著名的Do Rossio站。

珠江三角洲，就像法瑞的故乡19世纪曼彻斯特一样，正在急速发展，有着非常吸引人的工程。有些已经建成，如香港和九龙的工程：而其他项目正在进行总体规划研究，比如“明珠岛”，那是一片位于深圳的520公顷土地，它是21世纪的、类似于早在1960年代的东京湾新陈代谢主义的工程项目：土地靠填海而来，以节约无计划扩展的城市用地。其圆形布局明显让你感到有Radburn辐射状规划的影响：比曼哈顿有更多内含网格状的结构，曼哈顿的规划是按道路和水路形成的。通过为深圳增加一个新的填海社区，大大增加的滨水岸线产生一个良好的附带效应，一个滨水公园的创造。

正如我们已了解到的那样，此类总体规划研究是法瑞的优势之一：比如，我们发现他在悉尼，处理的不是著名的滨水区，而是城市的典型情况：部分城区被铁路线一分为二。通常，帕拉马塔(Parramatta)站和运输立交工程不仅仅是一座建筑。相反，法瑞将其作为一种创造力，让新铁路服务于新城区的开发，以缓解原来过度拥挤的交通。某些此类总体规划是属于法瑞的，而有的却不是。在某些情况下——特别是太平洋沿岸国家——建筑物的规模大到了取代城市本身特色的地步。

当你设想在如此快速成长的区域的交通枢纽该是什么样时，就会了解到九龙和汉城的交通工程是无所不包的。北京国家大剧院

凌霄阁和九龙通风塔，香港，1995年

的竞标，其飘浮式的、低穹顶和巨大的迂回台阶，会让你感受到目前在中国招标的建筑物规模：人是显得渺小的。即使有这样的心理准备，广州报业文化广场的规模仍会出乎你的意料。在这里，其理念与休·斯塔宾斯(Hugh Stubbins)于1977年在纽约的Citicorp中心并无太大差异，但其尺度可与巴黎拉德方斯约翰·奥托·凡·斯普雷克尔森(Johann Otto Van Spreckelsen)的Grande Arche或拉斐尔·维诺里(Rafael Vinoly)的东京国际会议中心相比肩。两座建筑物高耸，相互间成“L”形直角，占据着一公顷的公共空间。此大厦也许看起来庞大，但按广州标准，却并非如此。因为只有34层，134米高。被喻为“城市客厅”的广场，是低层部分的裙房向两侧后退所设计出的公共空间。法瑞正在重新思考1980年代伦敦的土地开发商的观点，实地执行之后就能产生完整得多的市民生活空间。在常见的标志性建筑中，你会获得同样的建筑面积——234，000平方米，却几乎或根本就不存在市民活动。与此相反，当建筑物和公共空间被认为是互相依存时，就会出现更有意义的城市构成形式。

从各方面来说，广州工程的规模同40年前的黑墙通风塔对比，形象地表达了泰瑞·法瑞所走过的历程。但在他的职业生涯中，总是会找到对城市问题的同样关注。一个功能主义的建筑师半工业化的设计只能是要么丑陋的要么呆板的？它能否是吸引人的且令人振奋的？建筑为什么不通过重新安排与精心设计而使其有更丰富的内容并让城市生活受益，而不仅是单一商业文化的场所？不要说广州，在伦敦，法瑞正在用低高度、高密度的建筑，置换1960年代早期的三座受到公众憎恶的城堡式的预制水泥板塔楼，它们以前是英国政府环境部办公楼（这简直是一种嘲弄）。所有城市都是不同的；但可分享对待尺度问题的方法，在这点上对珠江或泰晤士河两岸的建筑的作用是类似的。

法瑞会全面地看待城市。对于他，建筑物是潜在的，是一种产生进化与退化的有机体的形式表现，受损之后可以自我修复，同时自身也寻找新的发展机会。这样产生的建筑艺术会是完全与众不同的，通常会偏离某个时期占据主导地位的理论：如韩国的机场交通中心或伦敦Paddington的船形办公大楼。精神的独立为我们的城市增添了姿彩。通过稍显俏皮的设计方法来提供不呆板的方案，这无疑是法瑞技术的一部分。风格并不是问题，它取决于个性。

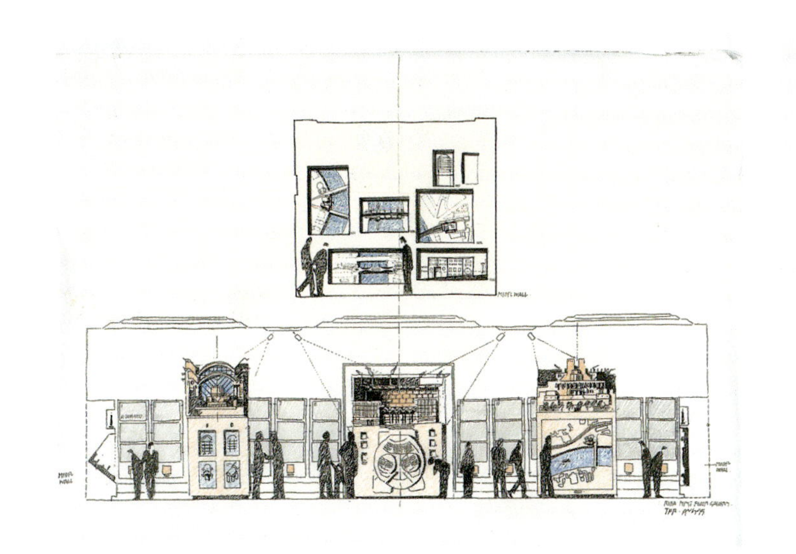

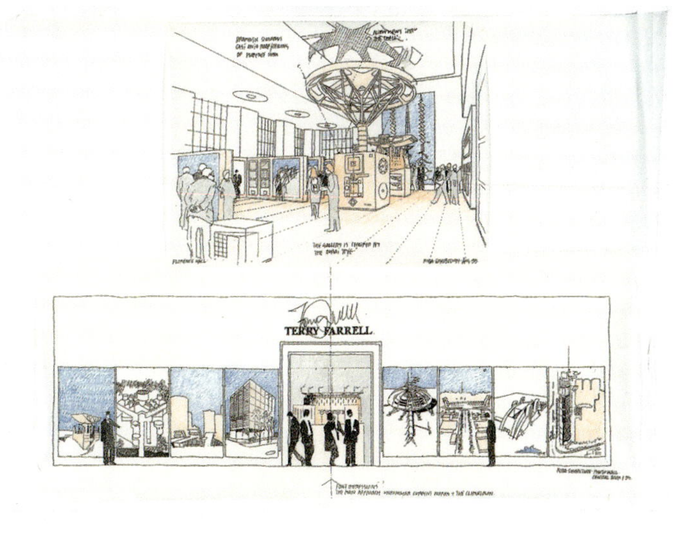

阿尔丹·波特(Aldan Potter)为“泰瑞·法瑞：回顾与目前作品展”所作展厅布置草图，英国皇家建筑学会展览中心1995年

PEARL DELTA SUPERCITY

第一章

珠江三角洲特大城市群

路、机场、电站和其他基础设施一直在以大规模并令人吃惊的速度建设着。这个区域为我们展示了一个新的城市现象；包罗了因规模、变化速度、方法和景色而显得混乱的完整结构形式。中学为体，西学为用，珠江三角洲是一个建立在汽车文明之上的规划、商防御的地方，转变成了一个繁荣的港口城市。技术因素对现代香港的支持包括用来克服湿度问题的空调，利用电梯来使人们高密度地居住，以及可到达山顶的有轨电车。所有这些活动的关键是自动扶梯，使得城市具有多层次、立体化的特点。广州和香港这两座历西铁工程线性交通网络，新都市主文的市政工程的特性。明珠岛总体规划则从跨国公司的公司文化中获得灵感，而广州则体现了中国特色的公司文化。

珠三角卫星鸟瞰图。珠江河口与南海交汇之处

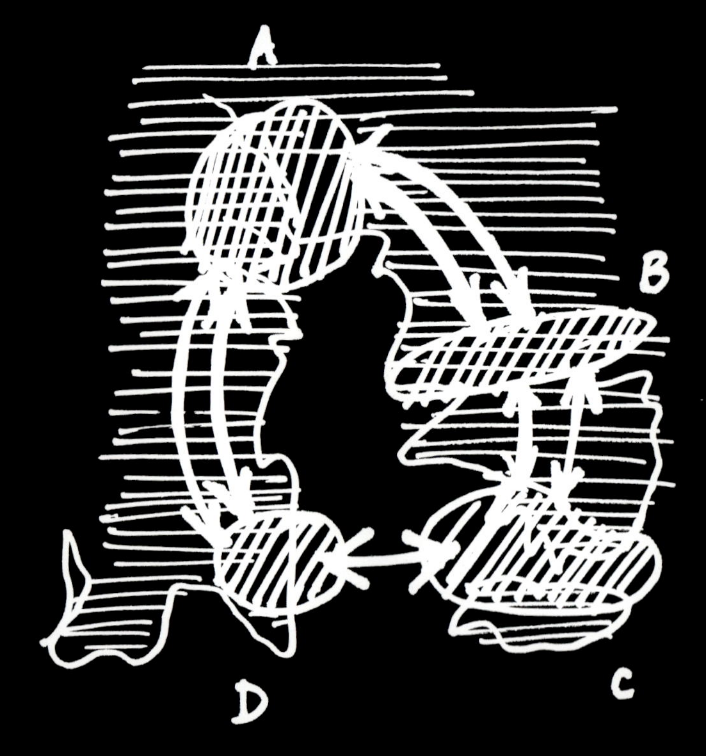

泰瑞·法瑞的草图。四座城市相连，形成一个世界级的特大城市
A.广州
B.深圳
C.香港
D.珠海

左上图：香港卫星鸟瞰图　中：旧香港景象　下：深圳全景　右上图：珠江两岸　中：当代香港鸟瞰图

人口密度比较。伦敦和香港有相似的人口（超过600万），两者的规模相同，但分布方式全然不同。与伦敦分散的人口分布相比，香港的人口集中在有限的高密度地区（右上图），留下大面积的自然地貌和水域。再加上陡峭的山岭，就形成了欧洲传统的高密度汇集的城市生活

下图：绿化区域的比较情况同样吸引人。伦敦的公园绿地（左）与香港的建成区面积相仿，而香港的公园（右）与伦敦的居住面积相同。这极大地体现了两种城市生活的本质

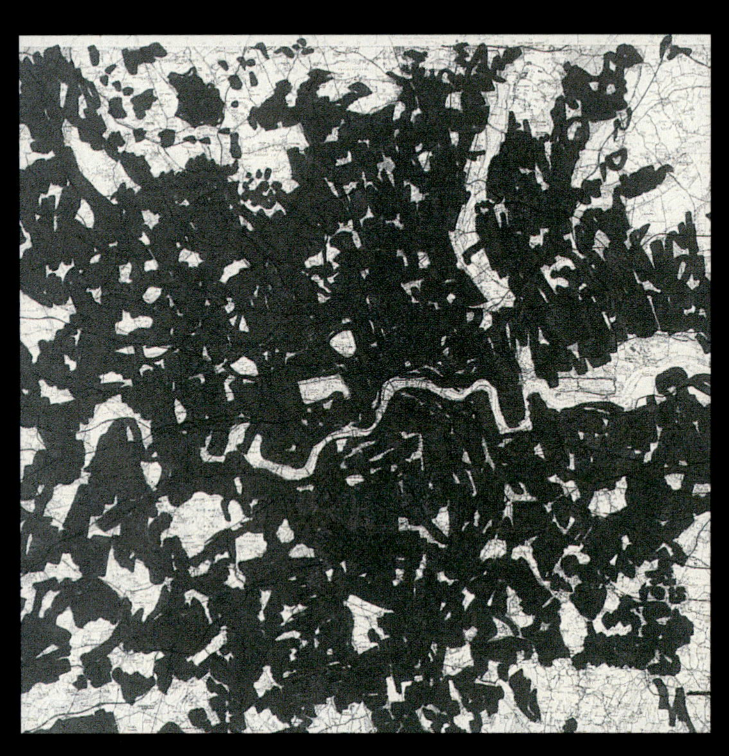

左上和右上：在泰瑞·法瑞的概念图中处于地面及水平线上最显著位置的九龙通风建筑与凌霄阁。TFP确定了能表现香港特征的四个区域和四种类型：

1."天际线"建筑，如凌霄阁，是坐落在山顶上的，可经盘旋陡峭的山路抵达，或在本设计中使用缆车

2.由于土地有限，高层高密度是常见现象，特别是回填的港口岸线地区（见36—37页）。

3.沿着轮廓线，是线型的"半山"建筑，如处于维多利亚港岸边与摩天大楼之间的领事馆

4.有许多"面"或"点"建筑例子。它们是港口边独立的工程，如TFP的九龙通风建筑

下图：从凌霄阁上看到的香港夜景

第34–35页是TFP的香港工程，是香港分公司1990年代的四类主要项目，之后TFP承担了九龙—广州铁路公司之西铁工程的车站方案设计——该车站提供中国内地和香港之间的直通车服务，以及连接北部的新界与九龙城中心的转运服务

上图：荃湾西站模型
中图：落马舟站草图
下图：西铁工程

小站出口是设计在宽阔的人行道上的，可从街上直接进入地下原有的MTR站中。这提供了方便的进站入口——特别是对于轮椅使用者

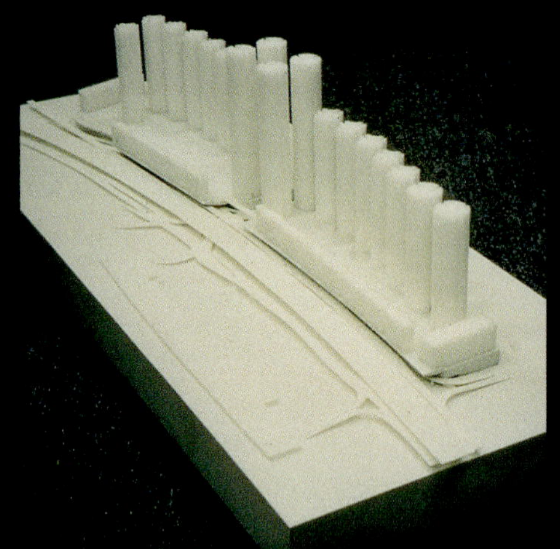

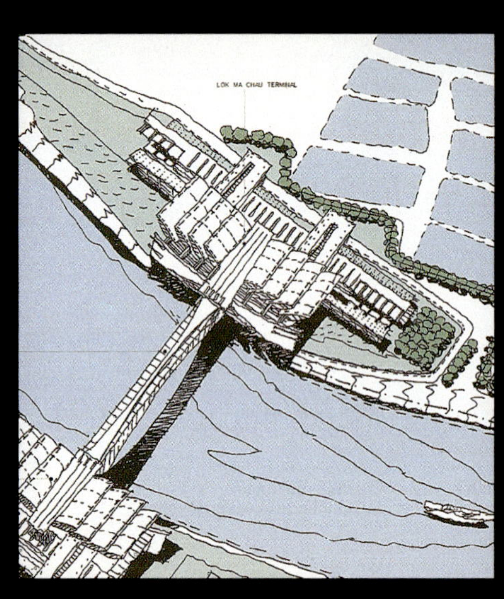

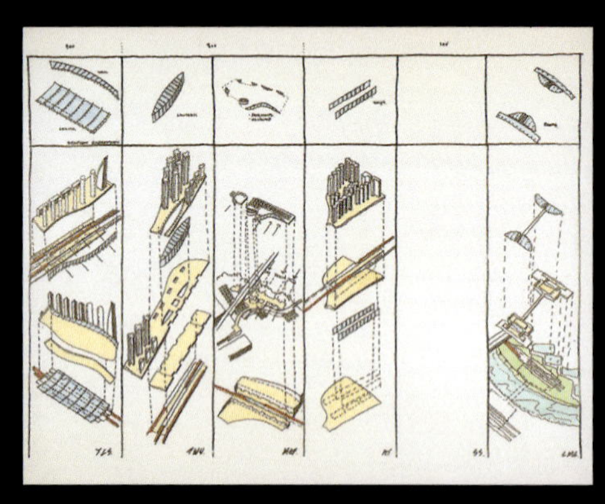

下图：弥敦道大厦
右上图：杜格·斯特里特(Doug Streeter)的草图绘出了九龙站总体规划的地王大厦

明珠岛

尽管20年前这里不过是一个小渔村，但深圳目前已发展成为一座有600万居民的城市。它的史无前例的发展现象，应归因于将其划为毗邻香港的经济特区，以及它与香港建立起来的良好互动关系。TFP在城市西端的规划——这里是珠三角的门户——是这一成长现象的一个组成部分。

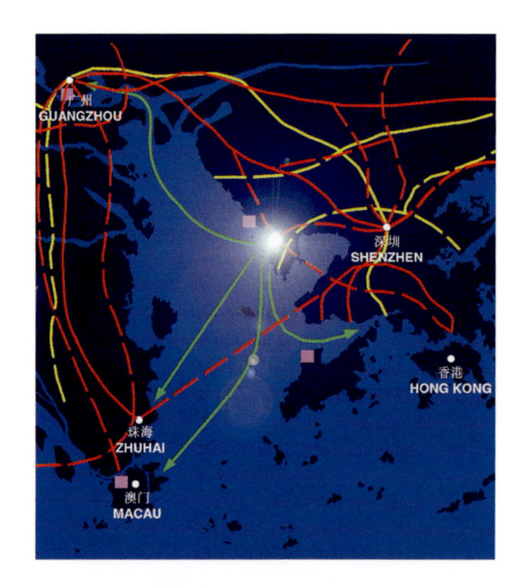

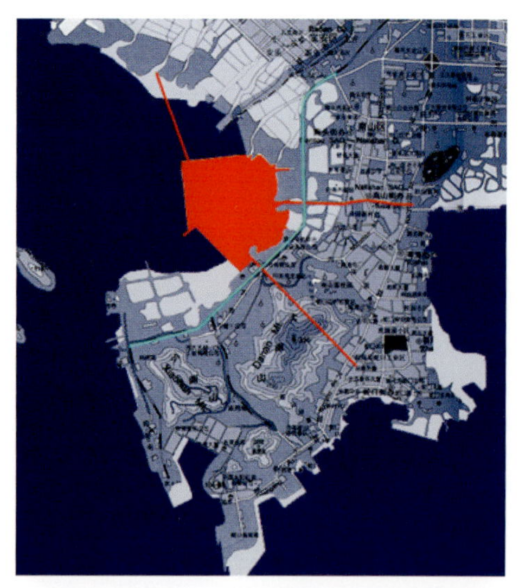

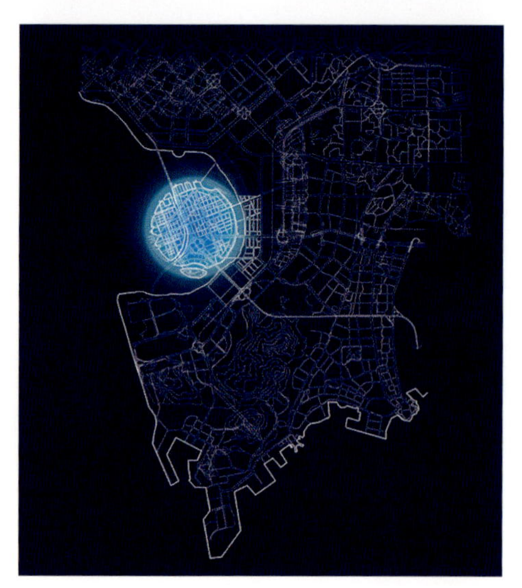

概念设计草图　　左上图：区位图　　右上图：填海造地示意图　　左中图：当地地貌与岸线　　右中图：当地环境示意图　　下图：前海湾全景

规划模型。过境高速公路是市政规划已决定的，明珠岛新区要与"现状"相配合

2000年9月，TFP提出了关于该520公顷海滨填海区的咨询报告。主要是为85000居民的高质素城市生活环境提供一份初步总体规划，其中考虑到了定时往返于港深的列车和渡轮的需求。为了突出其作为门户的象征意义，还对三角洲的水文地质及该地区的工业特点采取了合理响应，岛形被选为这一城市设计的基本思路。在认真考虑了同深圳交通联系之后，明珠岛的设计应与原有城市肌理完全融合。这一点可通过许多规划中的桥梁和渡轮来实现。岛形设计还可使新城成为广深道路上的一个焦点。结合亚洲和欧洲的城市规划理念，TFP的目标是给深圳带来世界上优秀海滨城市的最佳元素。

城区格网旨在最大限度地利用该区域的天然财富。南北轴线是要欣赏到北部的宝安以及南部的南山。东西轴线要能欣赏到珠江中的岛屿，而东部岸线有一个沿海修建的生态公园。全岛被划分成毗邻的社区，各有不同的特点及情趣。设计中蜿蜒的自行车道和人行道网络，与城区结构的线性几何形状形成了对照，给城市生活增添了意想不到的元素，并显得多姿多彩。林荫大道、街景和公共区域构成了一系列的户外"空间"，其核心就是珠岛广场，它给市民活动提供了一个中心。在规模上与之对照的是附近由小公园、水池和休息场所构成的次空间。

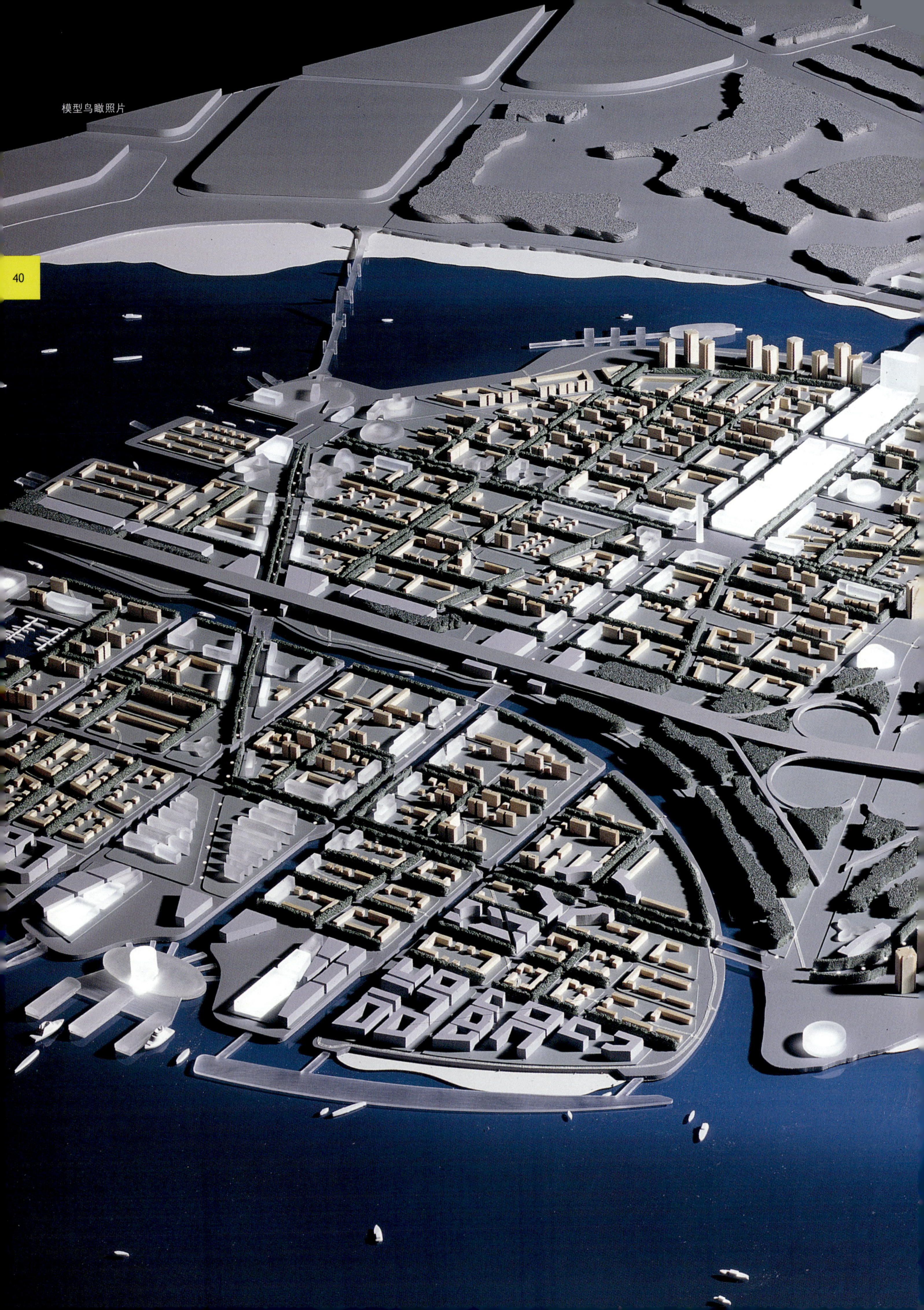

模型鸟瞰照片

上图：海上结构及连接方式
中图：城区及附近区域
下图：空间的图底关系

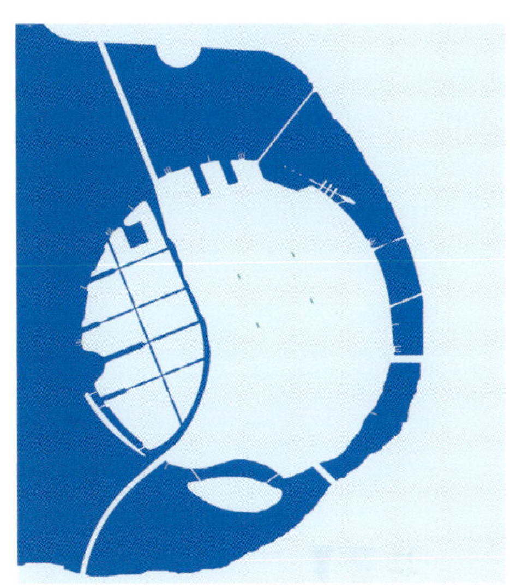

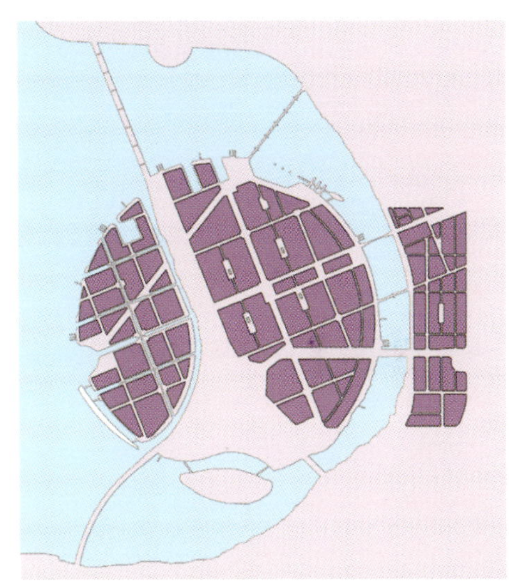

广州报业文化广场

广州是广东省的一座古城，目前是中国最具活力和发展最迅速的中心城市之一。本项大尺度的设计方案涉及的是一座25万平方米的公共艺术综合体，它将中国最大的新闻出版集团总部大楼，广州日报，与1公顷的公共广场、一座图书馆、一个展览中心、一个艺术中心、一家带有宴会厅和购物空间的五星级酒店融为一体，它还包括一家世界上最大的书店、一个滑冰场、一个会议中心和一家IMAX电影院。用途的多元化——文化、旅游、商业和零售——将确保这个地方从清晨到入夜都会吸引众多的游客与顾客。它被认为是一个会给广州带来活跃和多样性的文化磁体。

广州天河新区

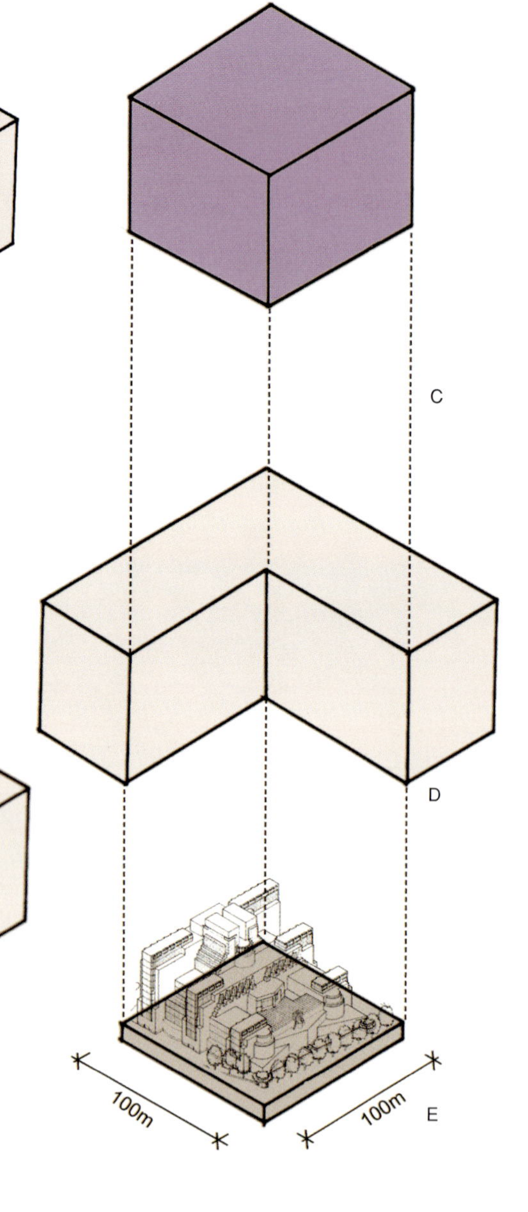

大城市客厅概念
A和B：城市客厅来源于建筑体形向上提升后所形成的空间
C、D和E：广州报业文化广场巨大的公共空间或“城市客厅”与西方的公共空间理论并行不悖，但有着完全不同的中国尺度。右图是TFP在伦敦的军情六处大楼与广州的巨大城市客厅的比较情况。裙房是市民和文化活动用房，而塔楼是宾馆和办公大楼

下图：广州平面图
地点位于广州的东部，在
天河新区内

对于TFP来讲，让建筑物规模与定位相吻合，是建筑过程的一个关键部分。设计公司并不害怕具有挑战性的工地，无论是山顶、河岸、抑或是易受破坏的历史性地点。另外，它还有一个传统，这可追溯到伦敦的Embankment Place，建成的是与环境融为一体的标志性建筑。法瑞将这些建筑物称为低层大楼：在横向上与环境融为一体的标志性建筑物。虽然这种独立的、目的性明确的大厦象征着20世纪，但也是属于城市设计和场所的创造——产生与环境互动的建筑——这将成为21世纪建筑艺术的庆典。TFP最近在华南广州的项目，涉及到了这样大规模的场所的创造。

主要的目标是为广州界定一个充满空间感场所精神的新区域。它不是要提供一个令人眩晕、高耸入云的图腾——这在中国是司空见惯的——而是要建造一个紧密联系周边环境并渗透到周围区域的低高度、34层的建筑（广州建筑物的平均高度为40层）。这幢134米高的建筑位于场地的东侧，紧靠路边，以突出作为广州门户的形象。用地的西侧有一个巨大的露天公共广场，供往来于市中心的人们使用，其庞大又开放的特点，与邻近大厦的拥塞成了鲜明的对照。

设计概念简单明了，该大厦的三个主要组成部分就是建立在两个相联系的几何结构之上：高耸的立方体结构是由两座成角度的塔楼(L形)与地面裙房组成。这种与众不同的构成来自于对建筑群的处理，即所谓的“城市客厅”的概念。方形的城市客厅在中国象征着大地。另一方面，两座建筑物以富有戏剧性的姿态耸立在空中。圆形的观景中庭——汉语中象征着“天”——在这座建筑物的中央，阳光能够普照下面的广场，并将上下（公共）空间相连。广场之上是拔地而起的一幢33层大楼，既能看到城市的全景，又有自己的小环境。规模上可与伦敦朱比利花园相比的屋顶花园，为酒店的客人提供了一个空中园林。透明的玻璃幕墙，给城市客厅和西广场提供了一个变化的背景，它们由两个入口自由出入。这些空间旨在为公共表演、展览和公众活动提供一个舞台。立方体、球体和上空中庭的组合，可产生一系列空间的流动感——公私、内外、密闭与公开——就像城市一样丰富多彩甚至更加突出。

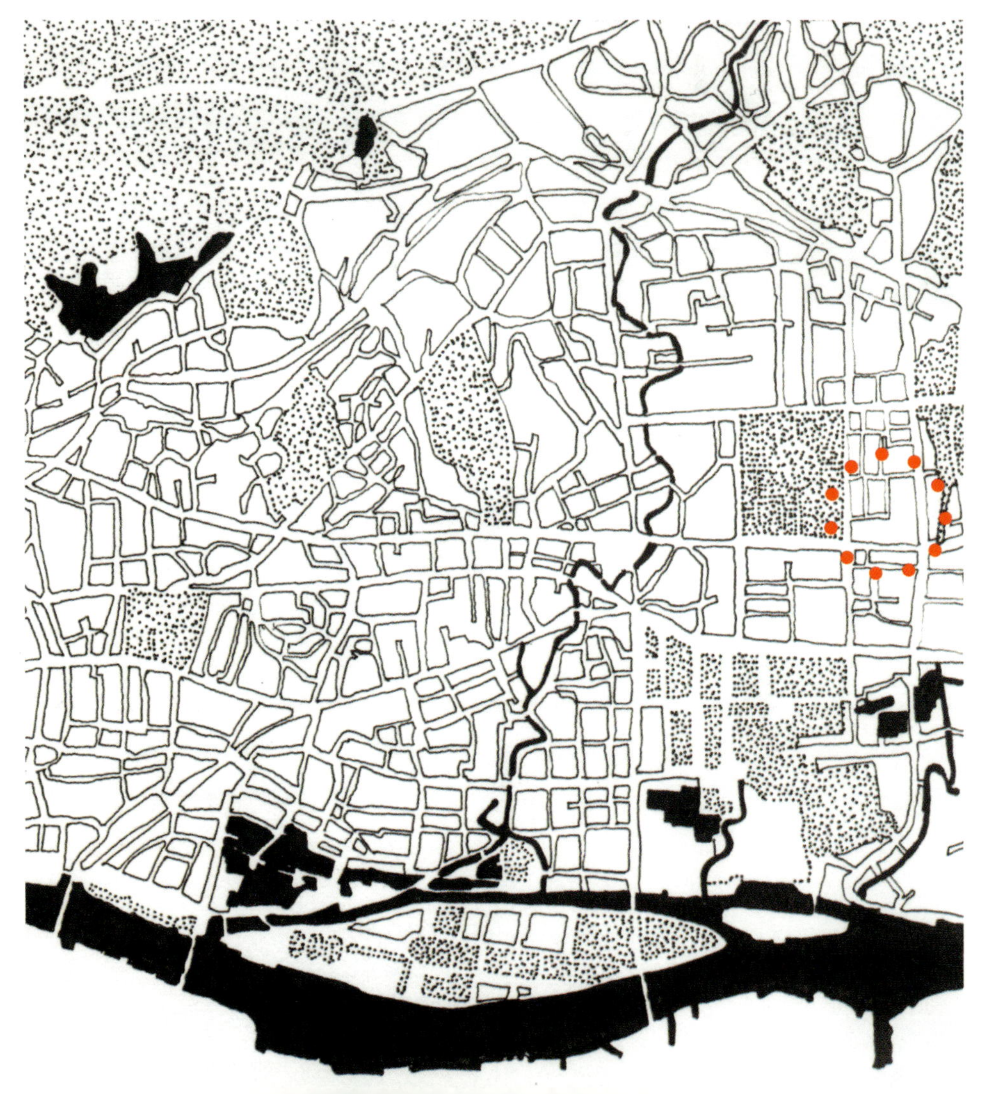

广州报业文化广场旨在将自身与城市漫长的历史融为一体。它并不是一个孤立的标志，而是一座既能象征老广州、又摆脱了旧广州束缚的建筑物。

城市规划模型

下图：杜格·斯特里特(Doug Streeter)的广州项目草图

各层平面示意图

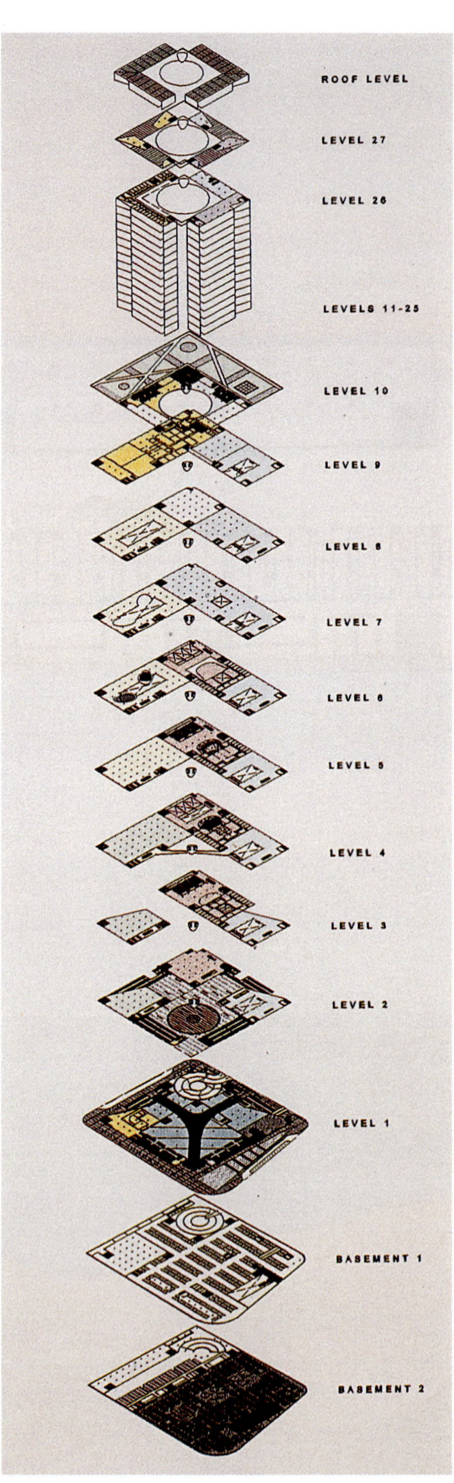

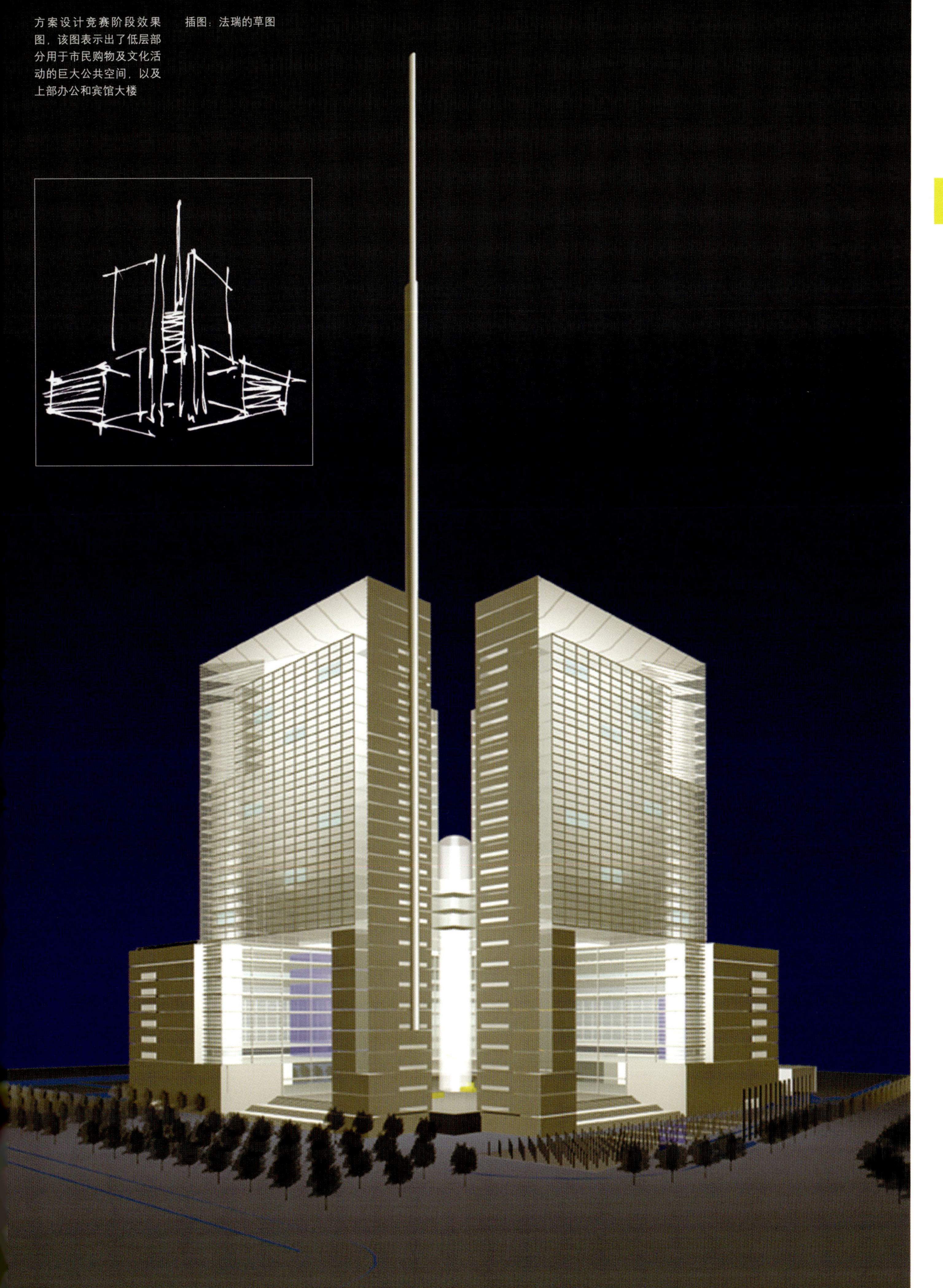

方案设计竞赛阶段效果图，该图表示出了低层部分用于市民购物及文化活动的巨大公共空间，以及上部办公和宾馆大楼

插图：法瑞的草图

政府大楼

供英国领事馆+英国文化委员会使用

坐落在邻近金钟香港公园陡峭斜坡上的英国领事馆和英国文化委员会总部大楼旨在给人们一个醒目的标志。TFP感到，虽然香港令人目不暇接的街景给这座城市带来了戏剧性效果和活力，特别是从远处看时，这种感觉更加强烈。但分散的街道和规划不当的空间，使得建筑物之间忽视了空地的保留。这个设计方案中，公司在城市设计上投入的精力，与建筑设计的同样多。考虑到要在城市风景中纳入传统和连续性，TFP注意到了城市以前具有宜人个性的低—高层公共建筑。

为了保持不同的身份，领事馆和英国文化委员会办公室各位于不同的总部大楼之中。两座大楼互成直角，由一个公用的入口休息场所连接起来。场地的布局是为了最大限度地利用好高等法院路和司法路这上下两个风景点。三种建筑物元素（两座总部建筑和一个住宅楼），向北构成了一个长长的而又不断变化的公用街道。其呈弧线的形式，使得从任何一个角度都不能完整地欣赏出该综合体的组成。从街道上看，它似乎是由独立建筑物组成的，虽然屋顶和材料的一致仍保持了它的完整性。向南有与街道立面并排的、风景如画的私家花园。按香港的标准，10层的建筑不算高，它自然会有一种欢迎的姿态，与周围高楼大厦群的冷若冰霜形成鲜明对照。

建筑的首层入口利用陡峭的用地构筑了

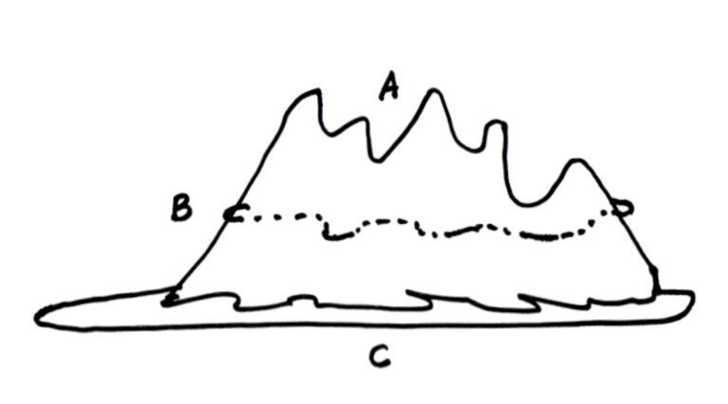

表达建筑类型和特殊地形的法瑞草图
A：山顶
B：半山
C：海湾填海区

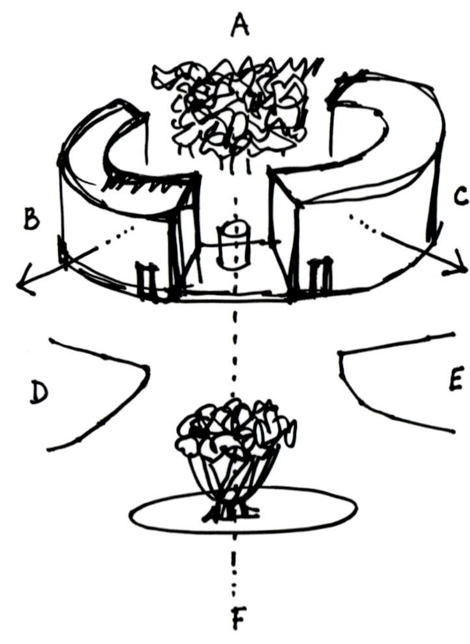

领事馆的草图
A：内部私家花园
B：英国领事馆
C：英国文化委员会
D+E：酒店
F：公共花园和榕树

上图：在半山腰上的英国领事馆

一条连接保安控制区与接待区的专用道路并通向每幢建筑。高大深邃的内部公共空间体现了充分利用地形变化的优势，尽管全部三幢建筑从入口到电梯处采用了相似的交通流线，但每幢建筑内部的路径设计却大不相同，体现了法瑞对建筑风格丰富性和多样性的追求。

此政府大楼设计目的是，用一个能给城市带来活力的空间来取代难以接近的衙门建筑风格。对于英国领事馆和英国文化委员会，设计思想就是借助于同周围环境融为一体且能增色的建筑，以改变英国在中国的形象。

该组建筑于1996年竣工——即香港主权由英国移交中国的前一年。它是在1990年代早期委托并开始设计的，当时背景使它受到高度的公众及政治的关注。1988年，英国首相玛格丽特·撒切尔认为，在移交之后，英国的官方办公地点应位于一个能象征英国对香港持久兴趣的独立标志性建筑之中。该综合建筑还会有英国贸易委员会、英中联合联络小组办公室、英国文化委员会和护照及签证办事处，以前上述办公室由香港政府代为安排。

TFP是1992年英国政府外交及英联邦事务部从拟定的六家设计公司中挑选出来的。TFP的外形设计体现了英国外交与联邦事务部(FCO)对8500平方米的英国领事馆建筑、2000平方米的住宅塔楼以及6600平方米的英国文化委员会建筑的要求。FCO的评审顾问John Partridge称，该公司的方案是针对复杂的城市环境所作的清晰建筑表述。设计是建立在自己的风格和艺术完美性之上的，并坚信在邻近的高层建筑之间，能保留自己的风格。按法瑞的话说，此建筑完美地体现了下述要求：外形精致、形象好客、明显的英国风格并旨在突出英国对建筑的关注。业主设想，最终确定的新英国领事馆大楼会提供总共17000平方米的建筑面积，在规模和声望上要超过其他领事馆。

屋顶是简单轻巧的平顶，立面的几何构成是由稳重到轻盈。下部是由砖石组成，越往上玻璃的使用面积就越大，也越显开阔。

依此地形等高线设计的竞赛阶段表现图显示了英国领事馆与文化委员会建筑的线性特征

正门和广场边缘沿着大楼展开，改变了大楼的特点

轴测示意图

英国领事馆和英国文化委员会之间的园景

外立面的材料主要由喀斯特石板、白色与深灰色花岗石、铝板及立面上的绿色玻璃幕组成。花园立面和住宅建筑采用抹灰来替代石材。虽然是整个建筑群的一部分，但东南端紧邻领事馆的住宅楼，与带有阳台和密窗栏而显得拘泥于形式的总部大楼相比，这一最隐蔽(Secluded)的部分却让人觉得轻松。内部公共空间只以白色染料和简单的细部装饰，与英国文化委员会内使用的鲜明色彩有很大不同。

英国总领事馆和文化委员会建筑借助于相互影响而自行消除距离感：开与合、实与虚、平面与斜坡、公众与私密，城市的喧闹与自然的平静。这并不是一种通过剥离现实而使生活过于简化的建筑艺术。就像城市本身，它是一座永在变化的建筑，每一个位置都会看到不同的形象。

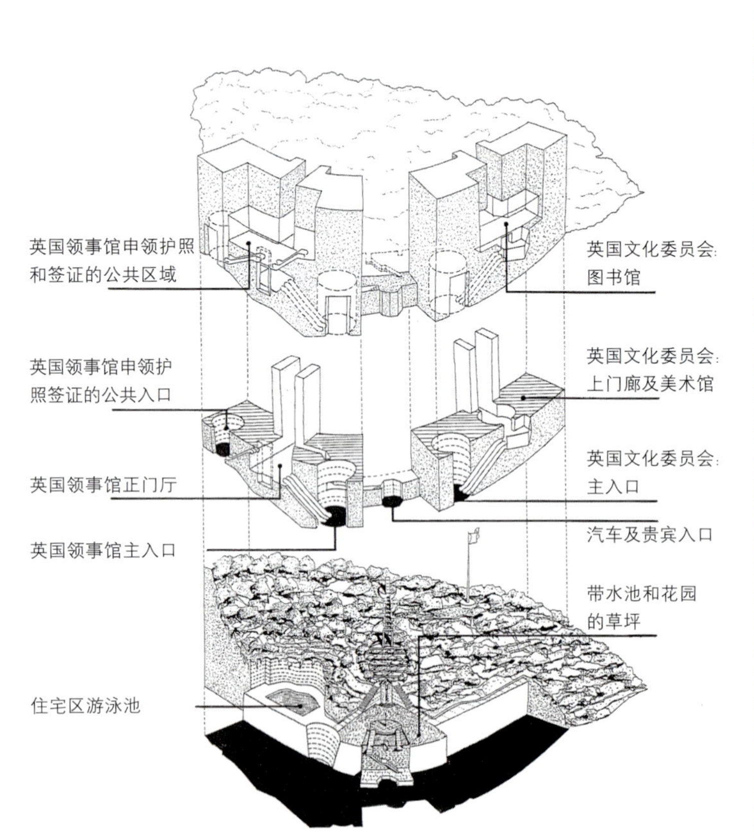

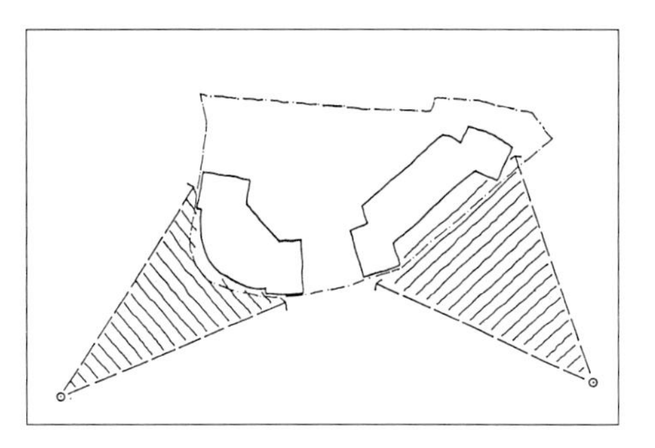

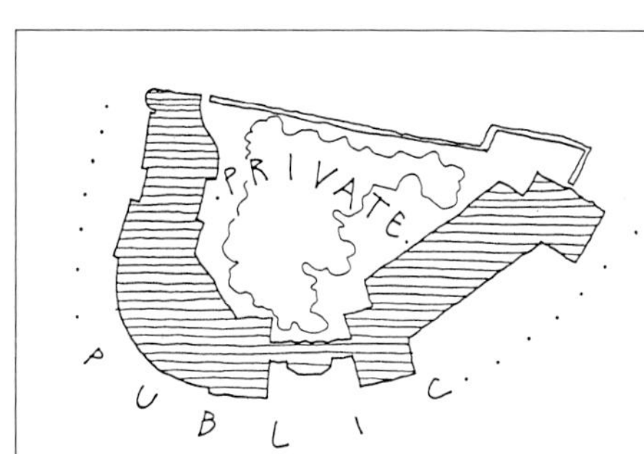
PRIVATE
PUBLIC

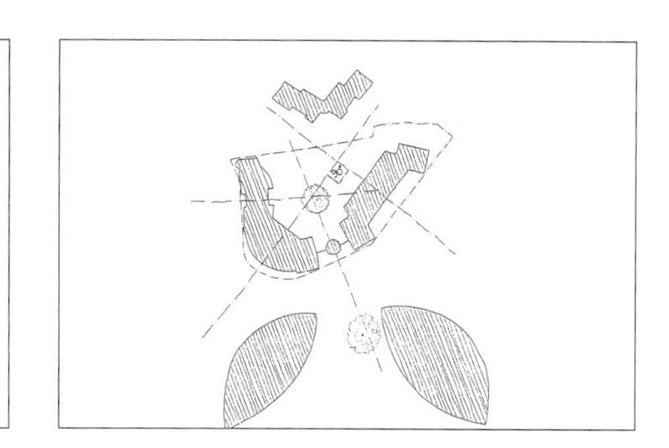

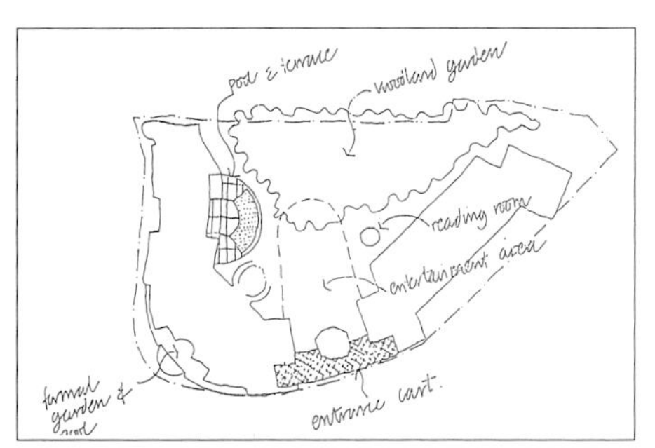
pool & terrace
woodland garden
reading room
entertainment area
formal garden & pool
entrance court

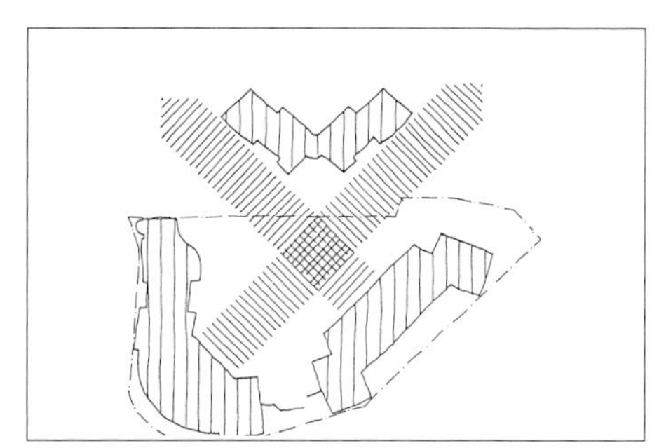

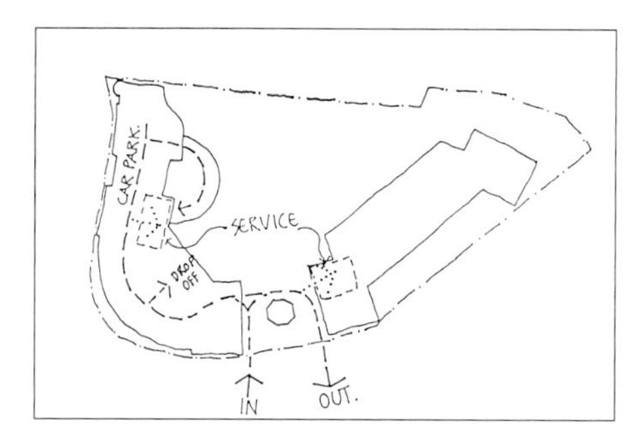
CAR PARK
SERVICE
DROP OFF
IN
OUT.

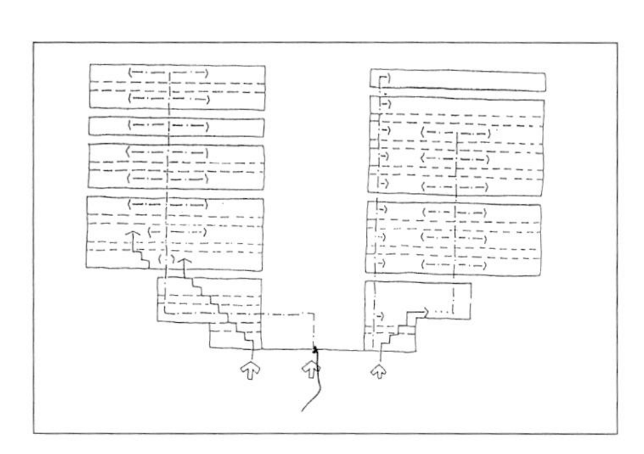

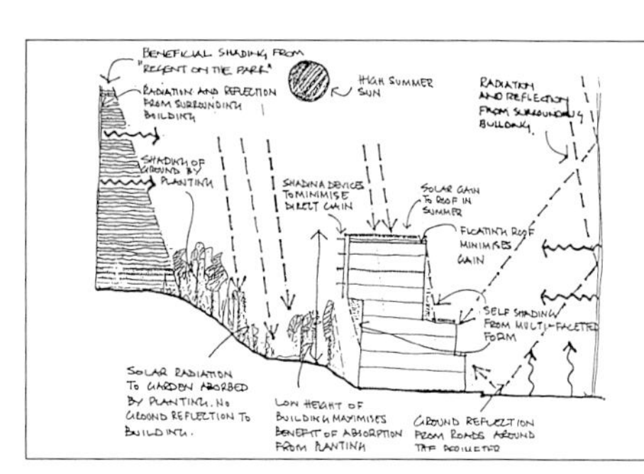
BENEFICIAL SHADING FROM "REGENT ON THE PARK"
HIGH SUMMER SUN
RADIATION AND REFLECTION FROM SURROUNDING BUILDING
SHADING OF GROUND BY PLANTING
SHADING DEVICES TO MINIMISE DIRECT GAIN
SOLAR GAIN TO ROOF IN SUMMER
FLOATING ROOF MINIMISES GAIN
SELF SHADING FROM MULTI-FACETED FORM
SOLAR RADIATION TO GARDEN ABSORBED BY PLANTING. NO GROUND REFLECTION TO BUILDING.
LOW HEIGHT OF BUILDING MAXIMISES BENEFIT OF ABSORPTION FROM PLANTING
GROUND REFLECTION FROM ROADS AROUND

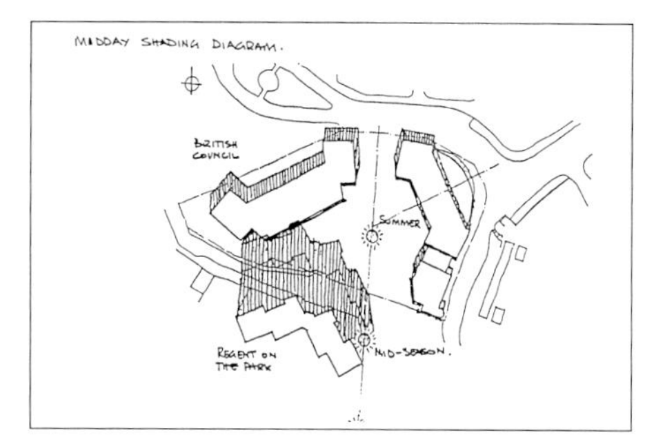
MIDDAY SHADING DIAGRAM.
BRITISH COUNCIL
SUMMER
REGENT ON THE PARK
MID-SEASON.

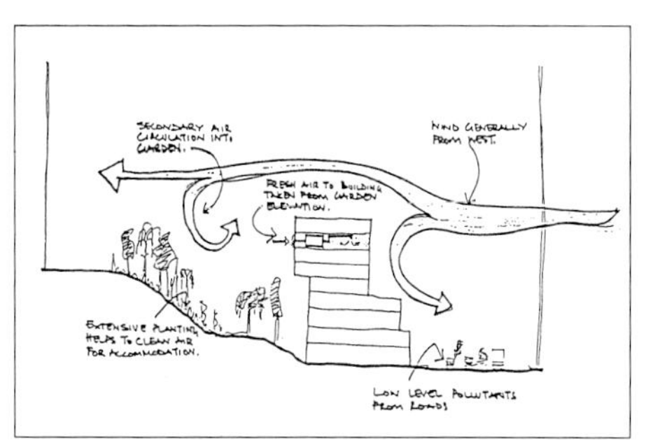
SECONDARY AIR CIRCULATION INTO GARDEN.
WIND GENERALLY FROM WEST.
FRESH AIR TO BUILDING TAKEN FROM GARDEN ELEVATION.
EXTENSIVE PLANTING HELPS TO CLEAN AIR FOR ACCOMMODATION.
LOW LEVEL POLLUTANTS FROM ROADS

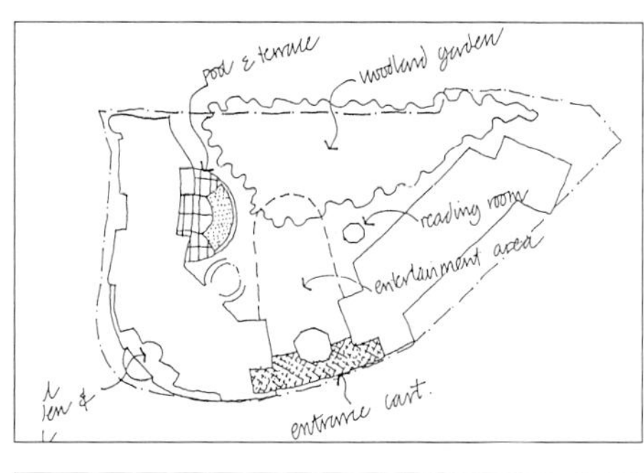
pool & terrace
woodland garden
reading room
entertainment area
entrance court

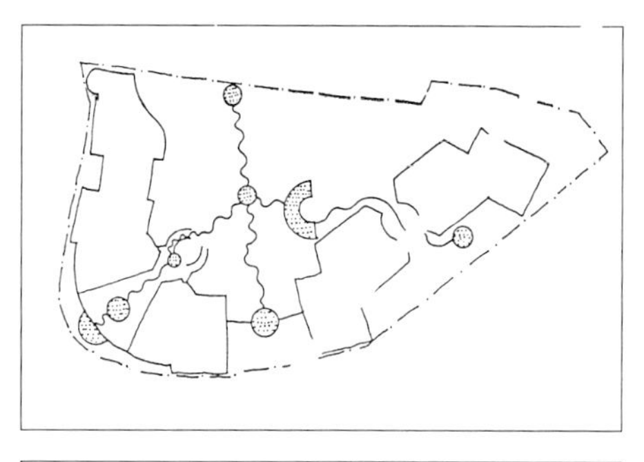

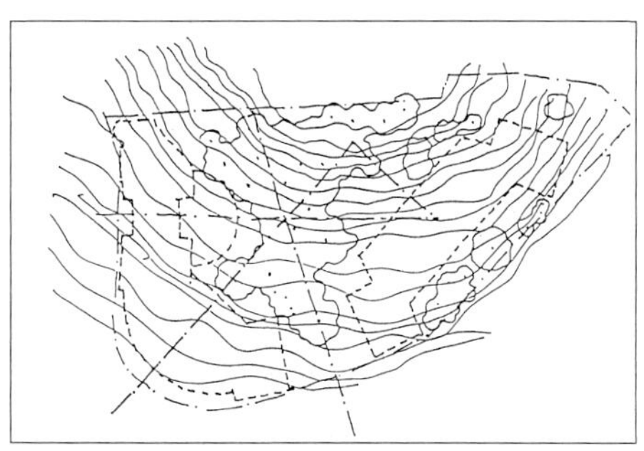

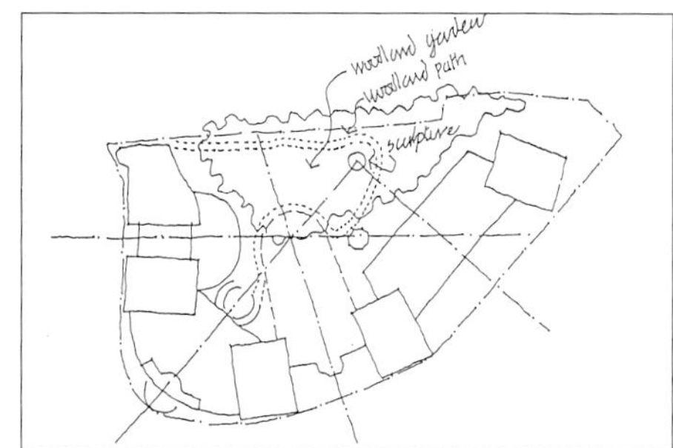
woodland garden
woodland path
sculpture

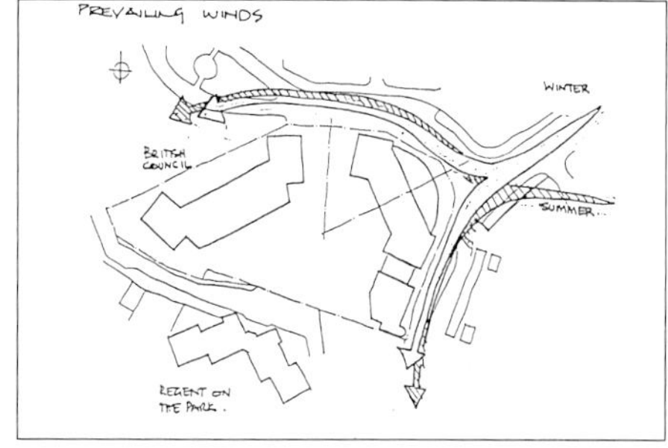
PREVAILING WINDS
WINTER
BRITISH COUNCIL
SUMMER
REGENT ON THE PARK.

下图：方案研究模型

左上图：领事馆大楼的东北立面

右上图：立面细部

右中图：领事馆零碎的用地却为古老而令人振奋的香港市区创造了一个街头标志物

英国总领事馆正面　　　　下图：首层平面与剖面

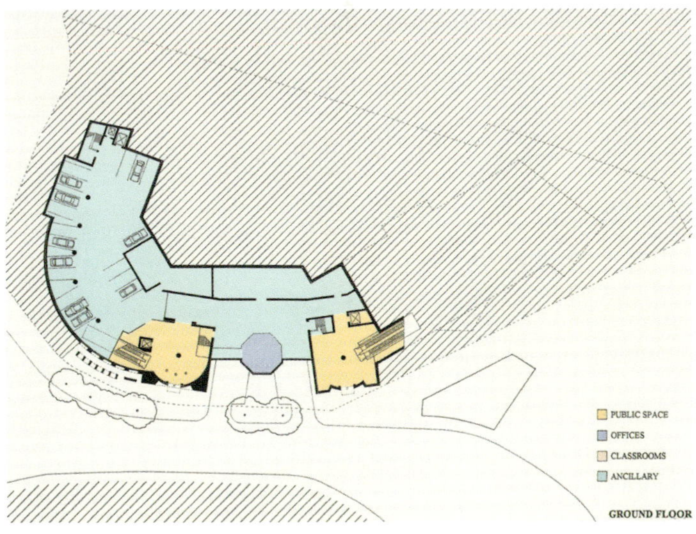

从香港公园看英国文化委员会大楼

左图：领事馆接待门厅
中图：英国文化委员会细部
右图：领事馆护照签证处
下图：英国文化委员会图书馆

对页图：从英国文化委员会大楼看邻接的住宅楼

九龙站＋总体规划

九龙站及其在空中航道管制下开发的思想——一项在一个巨大的网络中纳入所有城市运动体系的工程——在现代城市与外界的联系中有举足轻重的地位。联系赤鱲角机场的交通运输系统具有世界水准，它为机场及外部世界提供高效的服务。城市规划是从小处着手，在这里是从车站交通规划开始的，以保证城市的这部分地区的内部联系。

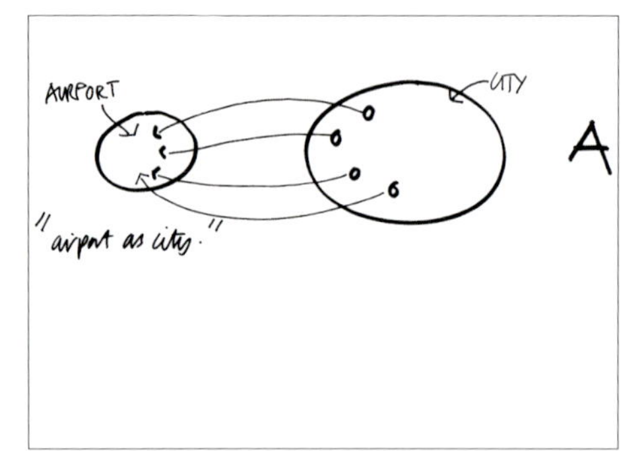

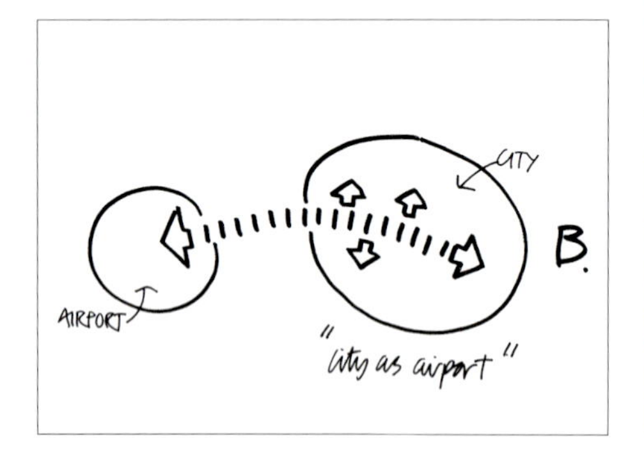

图A 表示的是机场与城市的传统关系，机场是独立的，有专门的路线与城市相连

图B 表示的是利用快速铁路将机场与城市相连的新思想，它们之间相互存在。九龙站及总体规划就是这种城市中的机场区

上图：在建的九龙站及总体规划，九龙通风建筑位于最显著的位置

合成照片表示出了位于赤鱲角的新机场及与城市和填海区相连的铁路

九龙站项目的开发代表着建筑艺术和城市设计大规模融合的趋势。可持续发展的三维特性，人员流动与城市规划，以及公共空间为方案的主题。此项工程提供了一个稠密城市地区生活典范，包括土地保护，以及与现代化技术和人员流动相协调的建筑风格的发展。车站设计的关键是将重点转向了旅客的需求，而不是传统的喧闹嘈杂的以月台为主导的建筑，以往这是人们用来上车的一个喧闹的地方。

此工程的设计思想来自伦敦Charing Cross的Emhankment Place的交通枢纽站和在保持站台大跨度使用条件下在其上的商业开发项目。伦敦墙的Alban Gate和Vauxhall Cross的军情六处总部大楼，这三个项目为当时伦敦在技术上和政治上最具挑战性的设计。在1990年代早期，当英国陷入经济衰退之时——在英伦三岛内与上述项目规模可以比肩的工程大幅减少——九龙工程让TFP有了在香港发展的机会。在赢得设计竞赛之后，公司在香港设立了一间事务所，专门负责设计凌霄阁和英国领事馆与文化委员会建筑。

九龙站是香港政府于1989年提出的一份规划的一部分，该规划是要在人造的赤鱲角岛上，花120亿英镑修一个新机场，以取代拥挤不堪的启德机场。该机场由一个复杂的公路与高速铁路走廊，即所谓的Cantan区干线和机场快速干线，与香港市中心——商业核心——连接起来。九龙站，还有中环，奥运，荔景，青衣，东涌和赤鱲角等站点，其重要性远不止是作为交通中枢。它们旨在成为一个利用铁路线将城区紧密联系在一起的平台，最终形成长达193公里，将北至广州的区域连为一体的网络。

大多数机场交通系统是按特定形式逐步建设的——在这里与上述方式不同，城市同机场直接联系起来成了新机场规划的一部分。这就需要大规模地建设一体化的铁路和公路，并且有检查设施和行李运送设施。即使对于香港这座习惯于创新的城市，这也是一项浩大的工程。新机场象征着香港的政治和经济重要性，并正在吸引越来越多的空运业务，而由铁路服务来满足商业和旅游的需求，同时满足未来的城市发展。

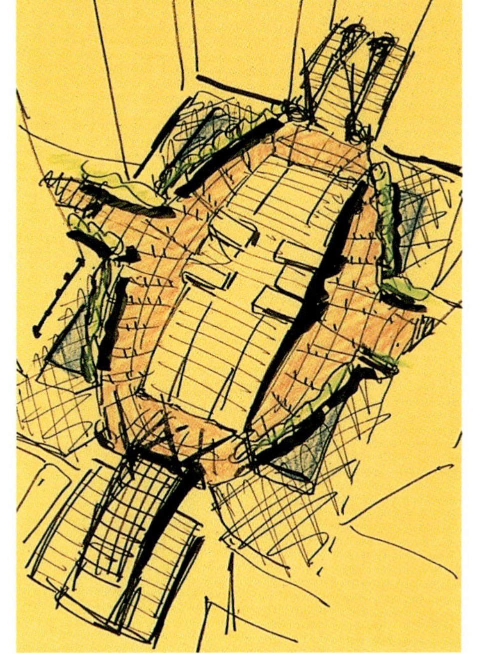

Doug Streeter的新九龙站项部设计草图

示意图说明了总体规划的建设分期。每个阶段都必须是独立的，并为工期的延误留有余地。各分期可在统一规划下分别独立实施

下图：两个九龙站。左边的是主线，而右边的是香港转运线，是TFP在1990年代设计的。主线建好之后，该综合体将成为世界上最大的交通枢纽

交通走廊是在沿着九龙西海岸和大屿山至赤鱲角的北海岸新填的土地上修建的。九龙站与机场快速干线上最大的车站和开发的焦点，位于西九龙填海区靠水的一块13.4公顷的土地上。大众运输铁路公司(MTRC)对九龙站的要求是包括通往机场快速干线的大堂及出入口；公交车和出租车停车场；5126个住宅单位；一个购物中心；位于多层裙房内的办公室、宾馆和娱乐设施；以及22座大楼（18座住宅、两座写字楼、一座商住多用楼和一座宾馆）。设计思想是要在项目的中心地带设计一个标志性的建筑物。

因此，当TFP于1992年赢得竞赛之后，其任务要比设计一个地铁站要艰巨得多。它并不是那种传统的维多利亚式轻质结构覆盖的站台。否则，车站设计及与其杰出的运输系统和办公区，就会与宏大的现代机场不协调——更复杂精密的三维建筑解决方法比一个单一机场航站楼对一个城市更有作用。

设计任务书要建设一个占地75000平方米、总面积220000平方米的综合枢纽，并且在2010年之前，将会形成一个人口为50000的围合式新社区。三维的设计共分6层——地下两层，地上两层，一个高于街面18米的平台，承载着其上的众多塔楼。这种密集的布局是为了适应香港土地稀缺的状况。

基于此——按欧洲标准——设计任务书

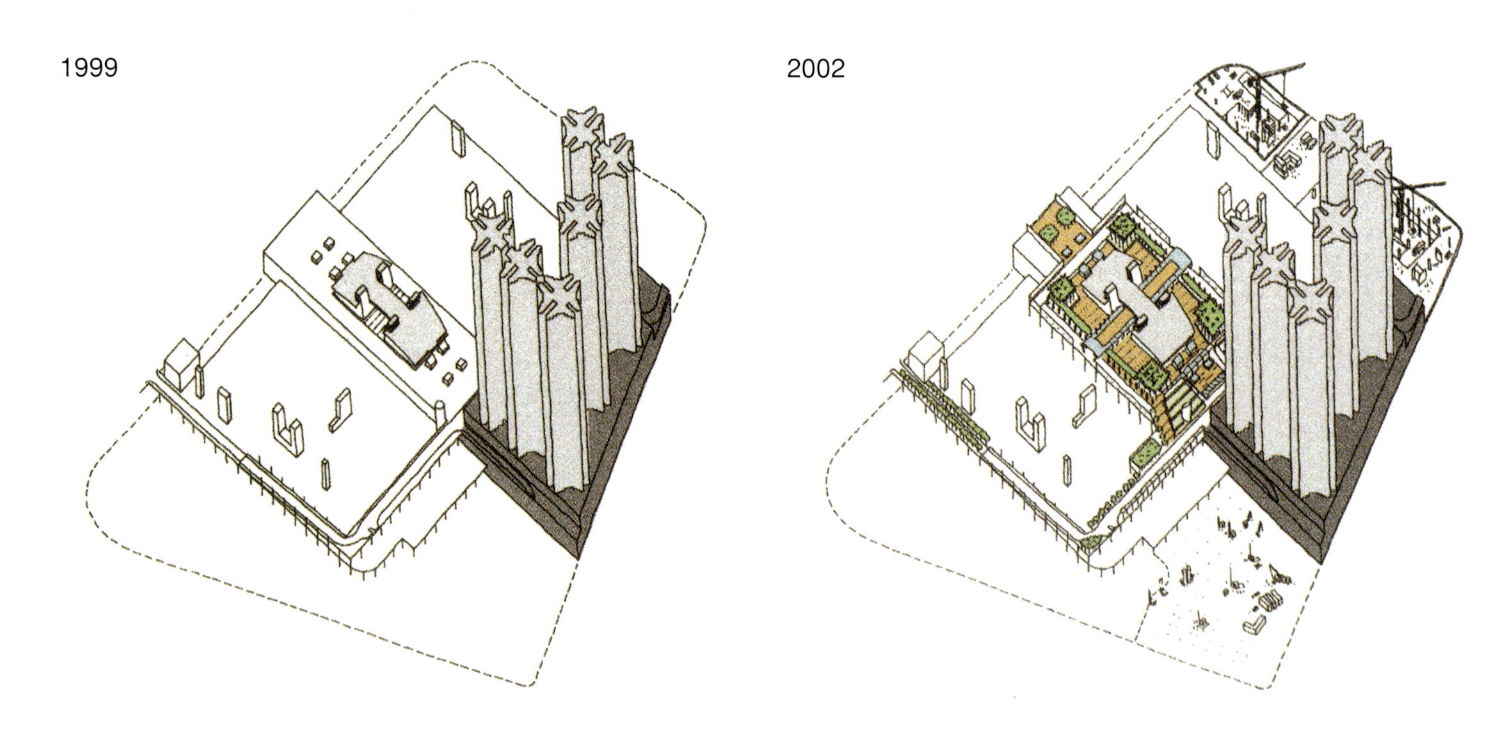

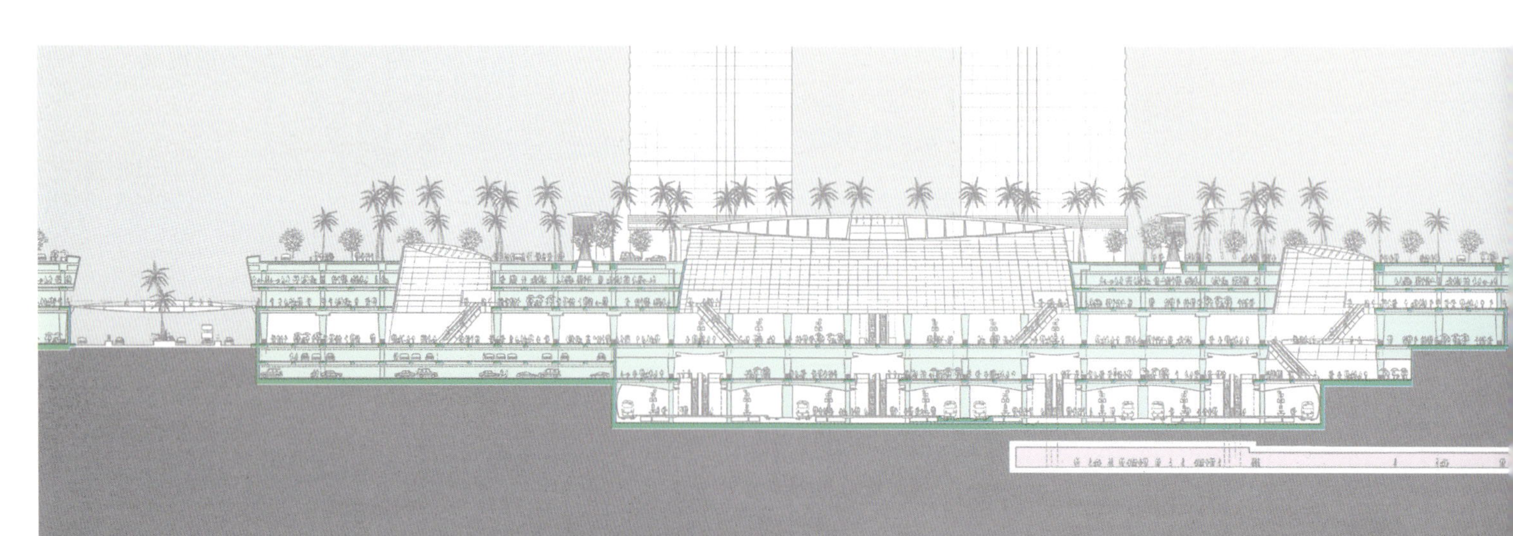

几乎是，非现实的。公司学会了用新的方式看待建筑艺术和城市设计。在香港岛的范围内，Poundbury和Milton Keynes这类有影响的英国总体规划是没有意义的。香港大片高楼的建设思想来自于欧美，但香港也有自己的城市生活特色，即土地、建筑和经济的联系是密不可分的。香港对现代城市建设艺术的影响，可从基础设施的密度和多样化、多层交通体系和大量空调的使用上找到踪影。正是这些原则在九龙站的设计上得到了充分发挥。

九龙站区有三个主要的层次：地面用于公路和公共交通；第一层供购物和行人使用；平台广场是出入口和开阔空间。六层的车站是工程要最先完成的部分。随后安排有七个建设阶段；第一阶段已完成，第二阶段正在施工之中。公共交通、购物中心、人行道和平台广场，构成了整个城市体系的一部分。

在功能上，九龙站具有多种用途，从最终设计上就可体现出来。它并没有采用20世纪普遍的表现建筑单一形象的设计手法，外表轮廓鲜明，是设计与建设的核心，但也是多变的，体现出你途经这里或生活其中的兴奋感。用设计合伙人杜格·斯特里特的话说，“确实存在着一个大空间的观念，一个有内聚力，重要的城市焦点。”

车站贴近地面伸出的屋顶结构，与远方

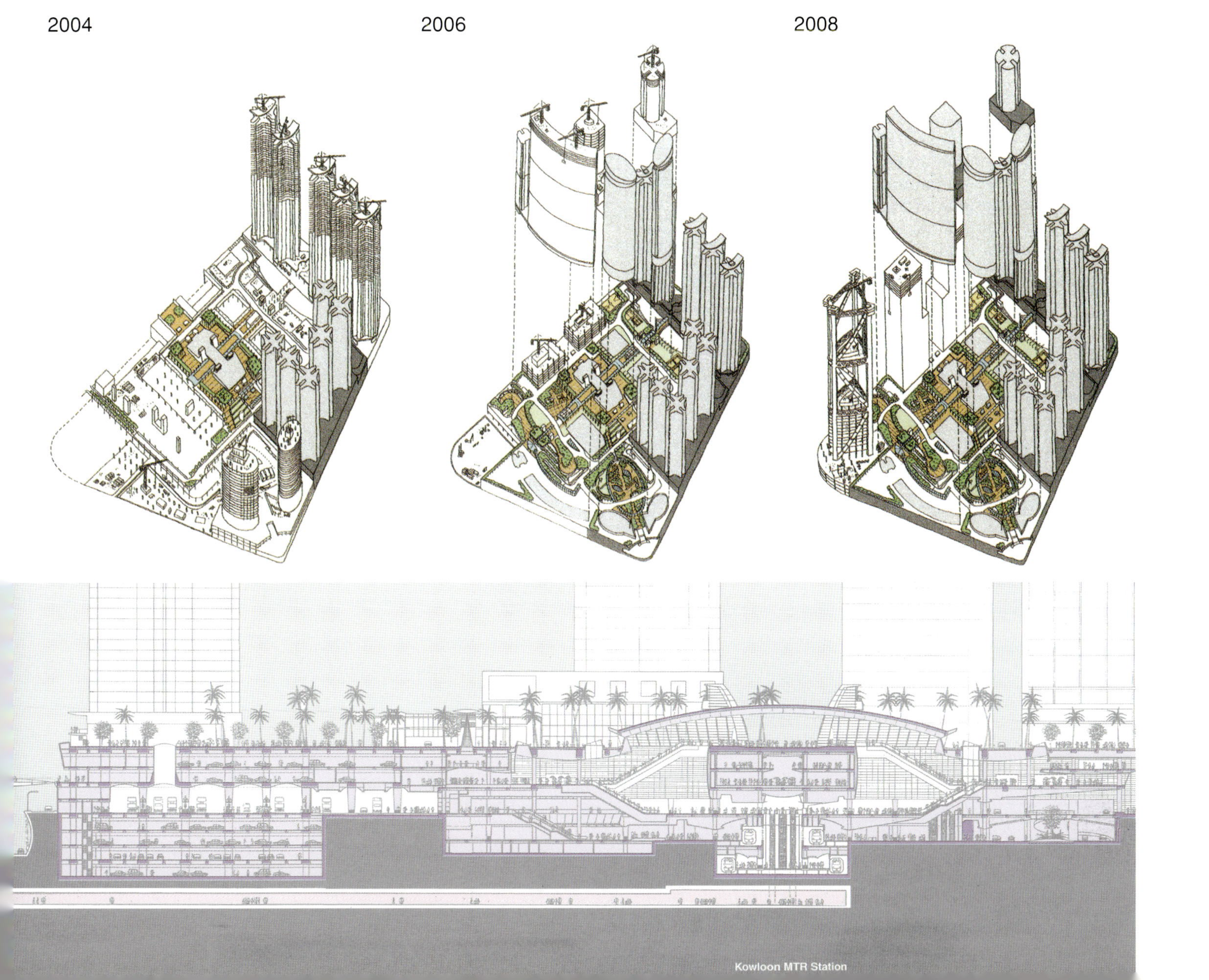

单调的楼群形成极其鲜明的视觉对比。对于一个如此紧凑的建筑，设计采用了极为丰富的建筑形式：纵横、实空、尖锐与舒缓有着良好的统一。这并不是一个静止的建筑物，而是根据环境和功能利用动态形式造成的动感。

TFP的九龙站设计代表着香港密集的城市环境与欧洲传统的统一。在欧洲风格中，车站广场成为工程的核心，并且是机场快速干线与城市之间的门户。在这里，车站广场之上升起的是亚洲风格的“特大交通城市”：城市在不断发展，城区便更为拥挤而不是向外蔓延。这种景观化的中央公共空间的思想，将以往的广场概念变得更具未来感。传统的车站中央广场得到了发展，使其具有能容纳车站高度的巨大空间，同时便于组织穿行于其上的城市景观。单纯的空间便于人们辨认方向。中庭直通站顶，自然光能够照射下来。这能缓解人们身处地下的感觉，并较容易判断方向。

由3280平方米不锈钢覆盖的车站中央广场顶部，从东向西由低悬挂的拱顶中的广场平台上升起——在各个端部处舒缓地朝上弯曲带有明显的东方风韵。四根立柱从两层之下的第一层拔地而起，形成一个有顶的开阔广场。两个主要入口位于该广场的两侧。站顶之下为6层公共空间，1层服务区。它们低于海平面10米。

沿着南北铁路的轴线，自动扶梯和台阶从地面层一个玻璃大厅下行14米，就到了车站最低处的东涌地铁站台。除了34部自动扶梯和71处楼梯，还有7部全玻璃电梯上下穿梭，目的是要提高不同楼层间的视觉流动效果，并为尽量多的旅客提供最大的方便。尽管大部分旅客过站时不用改换楼层，但乘用自动扶梯的旅客却能看得见邻近的站台和列车。在机场快速干线的发车区，穿过位于城市内的检票与行李托运列车大厅墙壁上的开口，能让人看到站内情况。这样，从站内就能看清旅客的到站与离站情况。

当TFP1992年受委托设计这项工程时，九龙站的未来用地还淹没在维多利亚港湾海水下。只用44个月就建好的九龙站（1994年11月至1998年6月），目前已成为了新城区的发源之地。它清楚地表明，当今新城区建设的核心就是基础设施的建设。正是公路、运输体系和公共空间为城市生活的发展提供了框架。

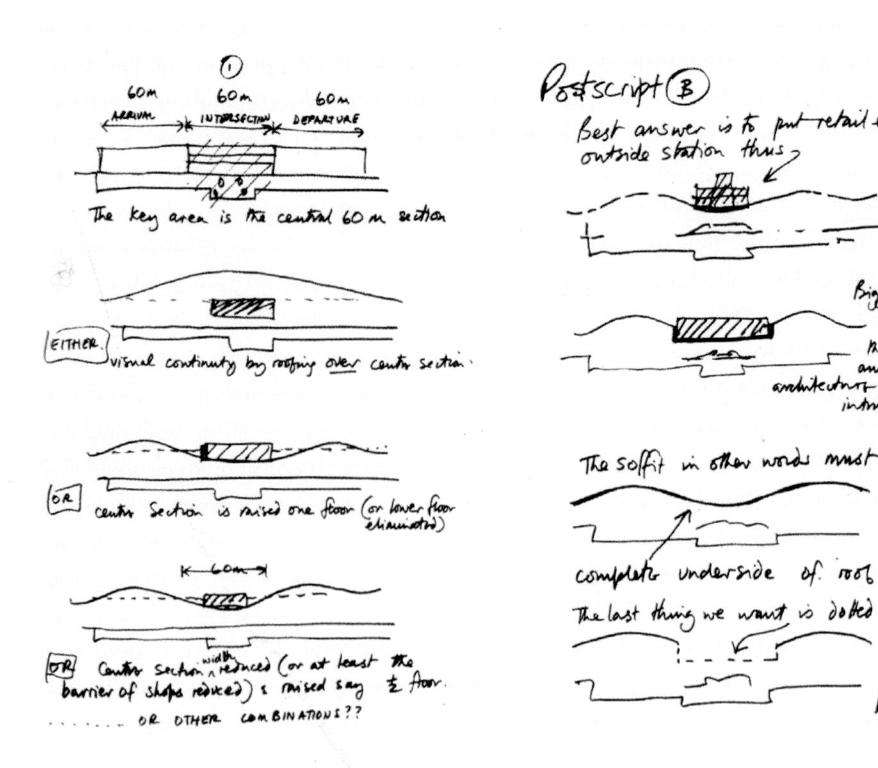

法瑞在1990年代传真到香港的草图
表示出了处理站顶与车站本身关系的构想

以三维形式表示的设计构思

总体规划示意图

下图：第一层平面图

右上图：总体规划模型

下图：车站及建筑项目底层平面

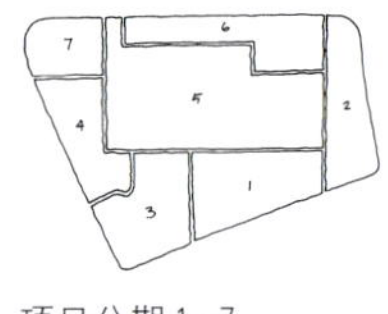
项目分期 1—7

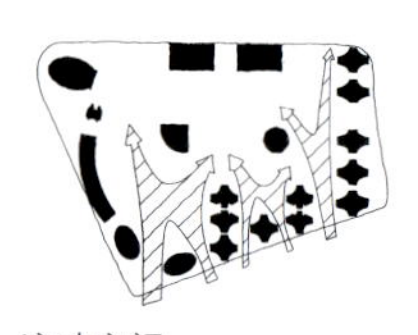
流动空间

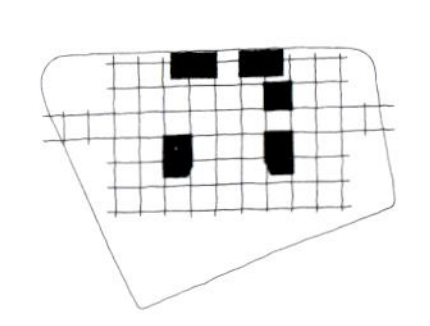
车站结构柱网

车站外围道路

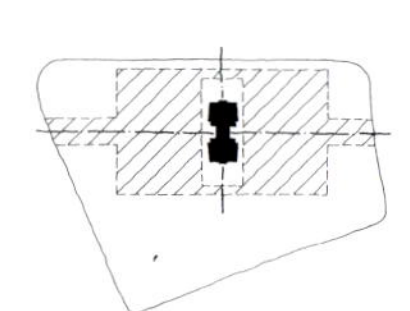
车站入口

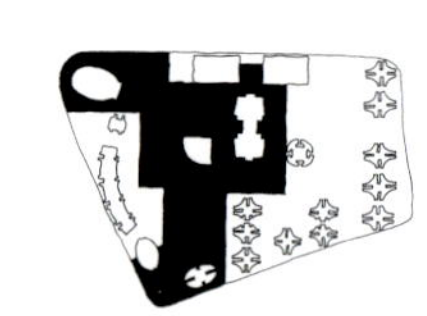
商业零售

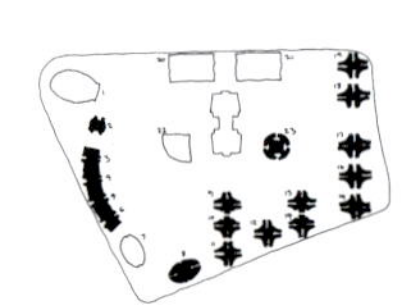
住宅区

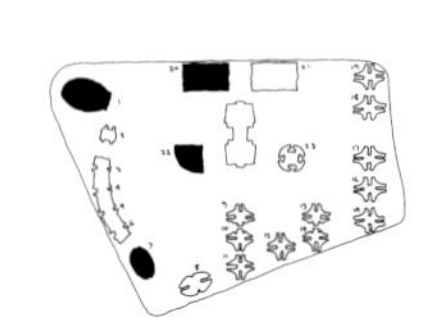
宾馆

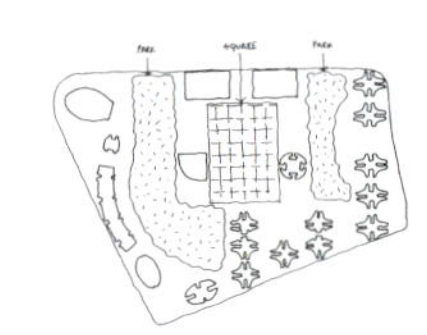
公共空间

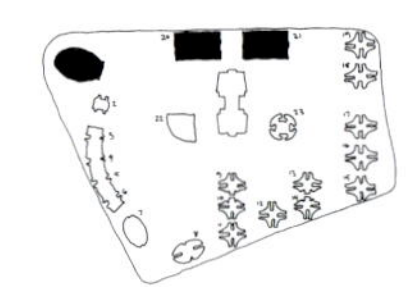
办公区

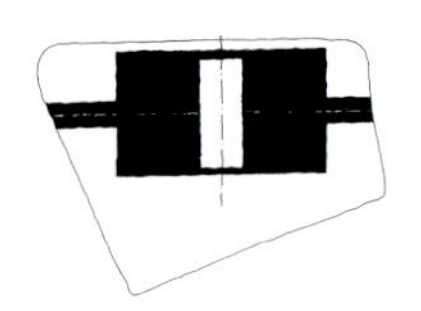
中央广场

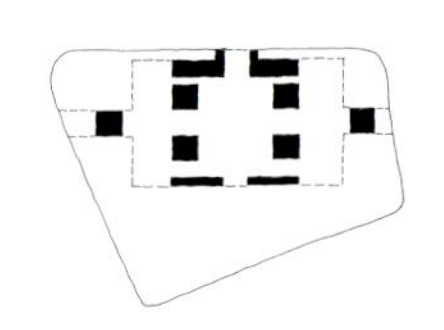
建筑分布

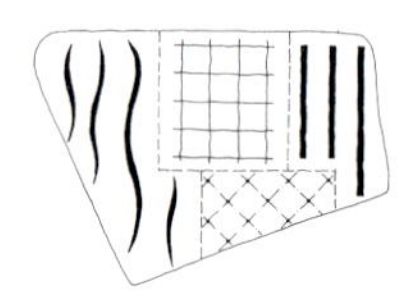
景观主题

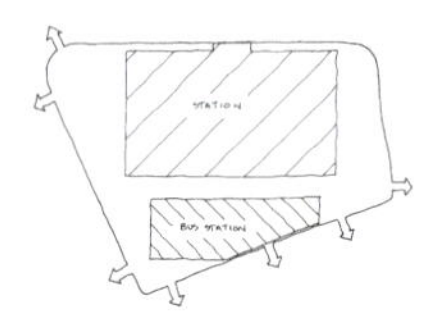
交通基础设施

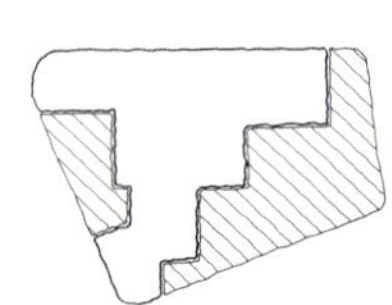
商业/住宅区

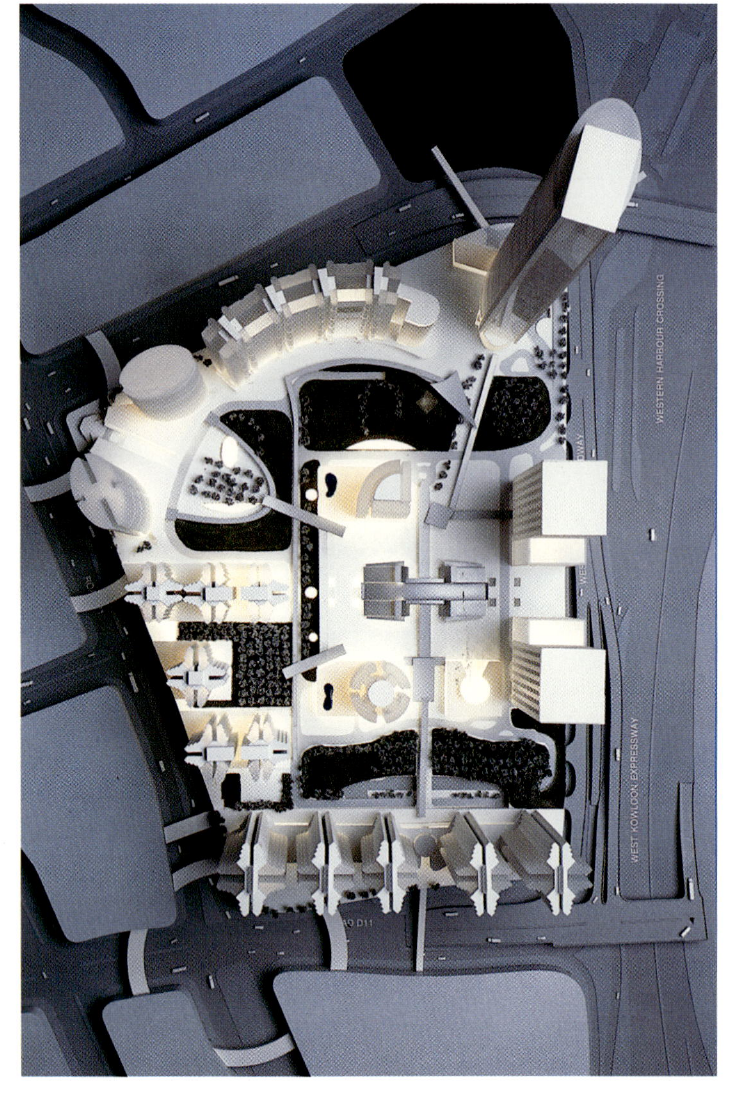

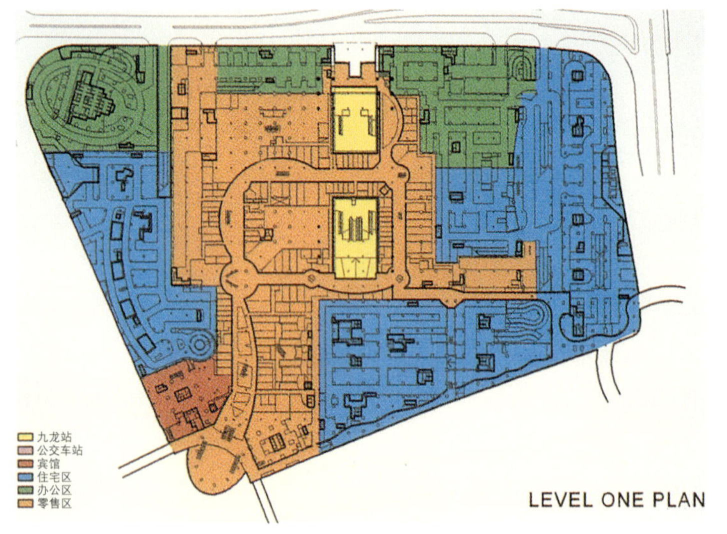

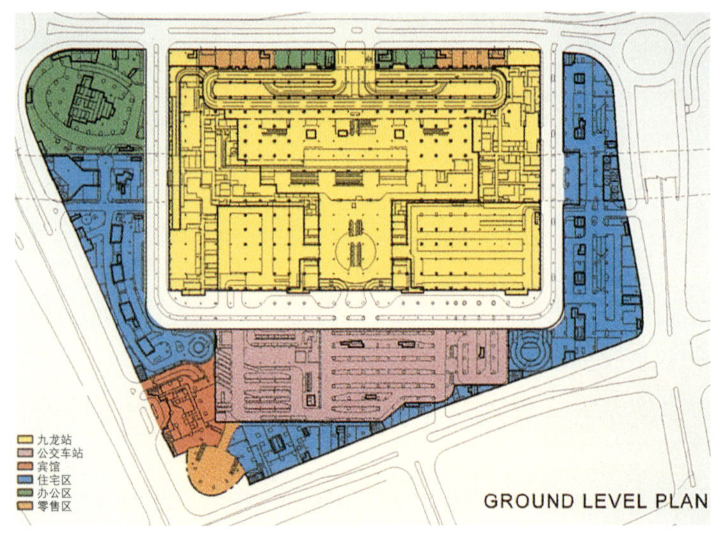

示意图表示了整个车站内的行人活动方式和进出站路径的不同组合方式

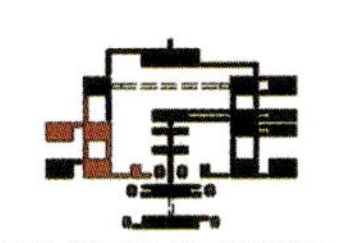
DROP OFF ITCI - AEL DEPARTU

NO BAG DROP OFF - AEL DEPARTURE

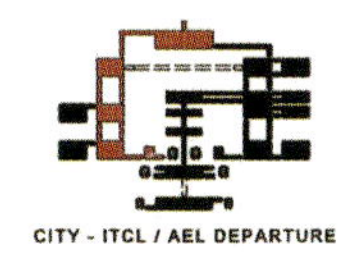
CITY - ITCL / AEL DEPARTURE

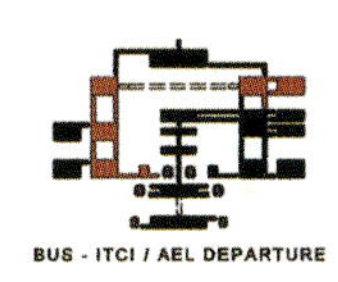
BUS - ITCI / AEL DEPARTURE

AEL ARRIVAL - TAXI

AEL ARRIVAL TO LFB

AEL ARRIVAL TO CAR PARK

CAR PARK TO AEL DEPARTURE

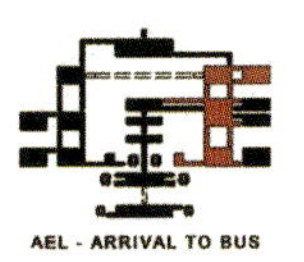
AEL - ARRIVAL TO BUS

AEL ARRIVAL TO LAL

LAL TO ITC & AEL DEPARTURE

AEL ARRIVAL TO CITY

SHOPPING TO ITCI / AEL DEPARTURE

LAL TO BUS

LAL TO CITY

LAL TO SHOP

BUS - SHOP

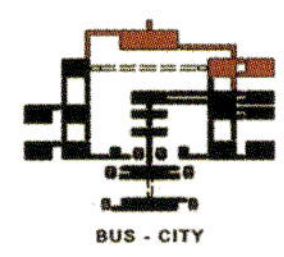
BUS - CITY

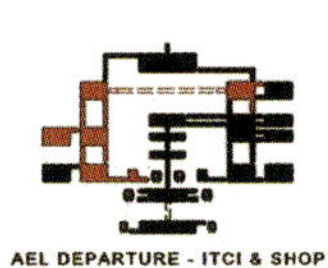
AEL DEPARTURE - ITCI & SHOP

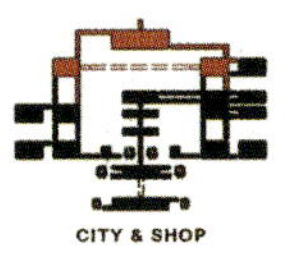
CITY & SHOP

计算机表示的车站大厅空间构成

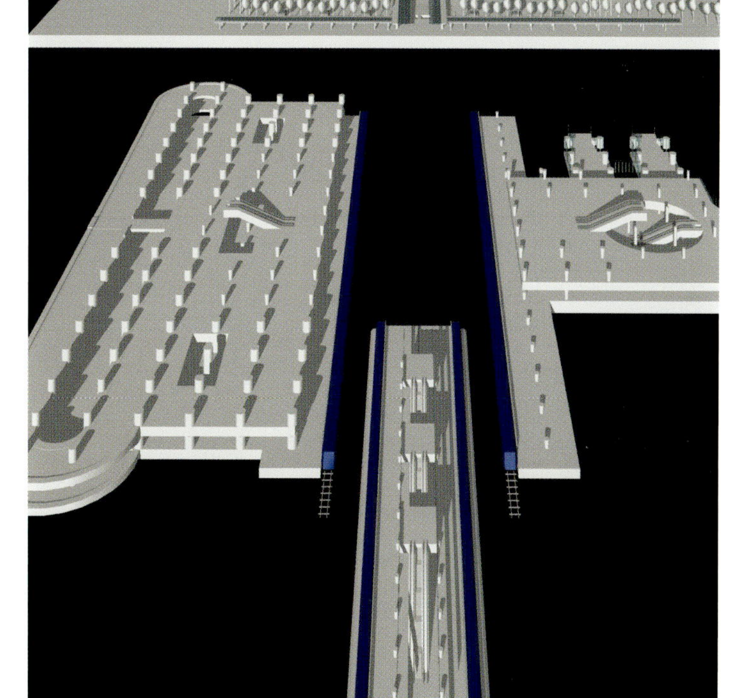

下图：模型显示了覆盖车站的屋顶部分

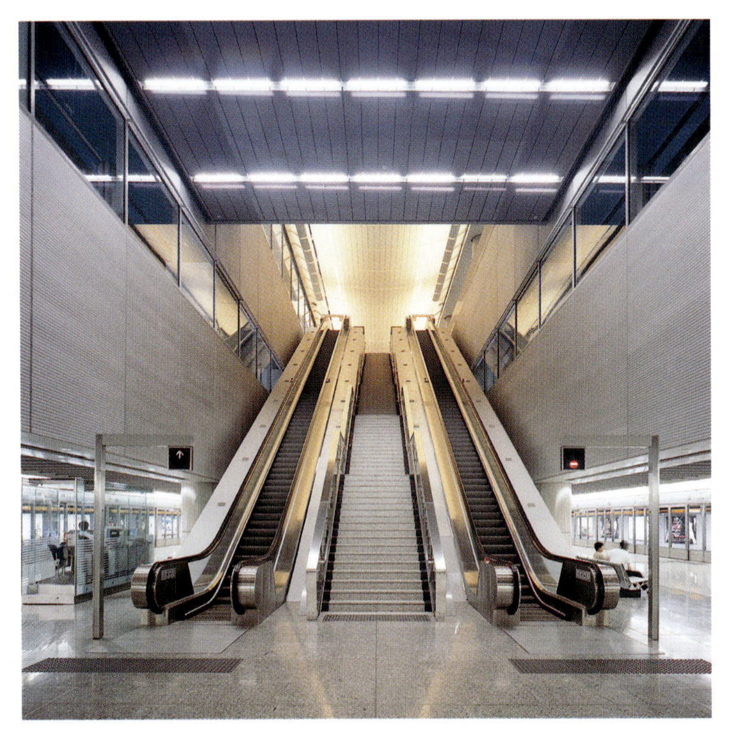

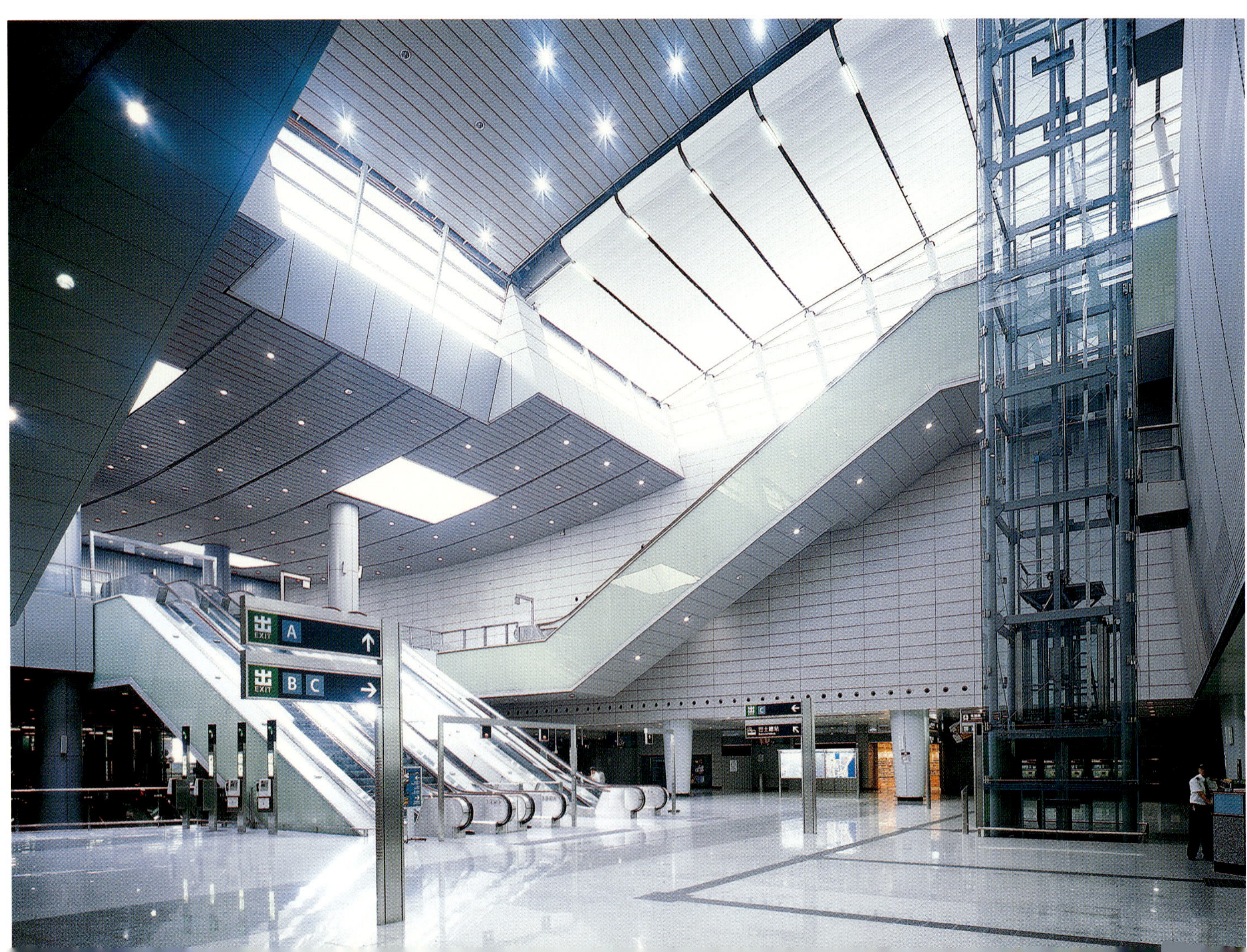
出 EXIT A
出 EXIT B C

一段时间之前，九龙站——此图中还显得孤独——将逐渐成为主要新城区的一部分，车站周围将有4000户入住，好几幢写字楼和宾馆将相继建成，有超过100万平方英尺的商业区，还有公交车站、大型车库和停车场

车站入口，周围新广场正
在建设之中

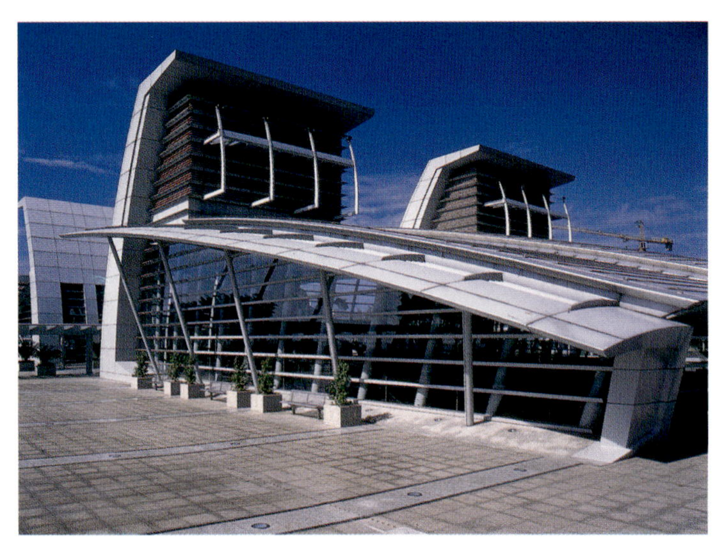

车站主入口

地鐵
MTR

九龙通风建筑

九龙通风建筑（KVB）位于将要成为西九龙区公园的地点，靠近维多利亚港湾，处于穿过海湾的海底隧道之上的九龙岸旁。KVB位临世界上给人深刻印象的城市滨水地区——一般来讲，对于一座充满功利主义意味的建筑，这儿真是一个理想的地点。我们的建筑代表的是香港填海区及海湾滨水区的新特色。

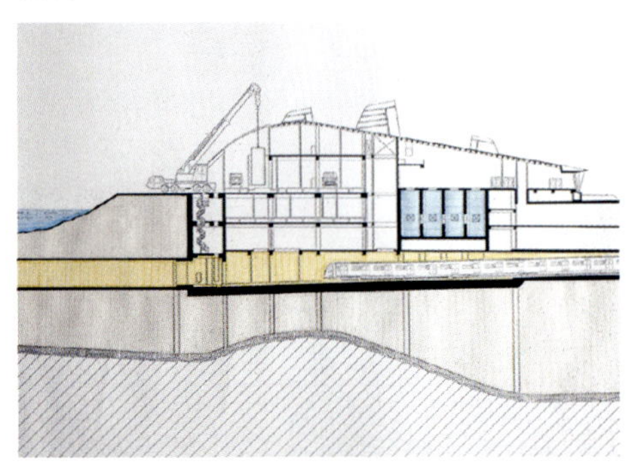

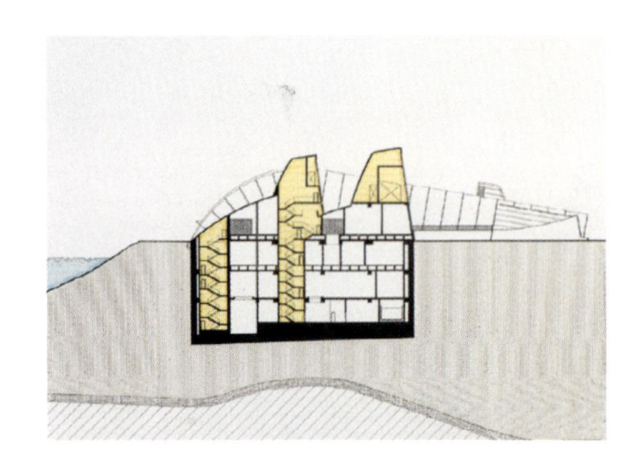

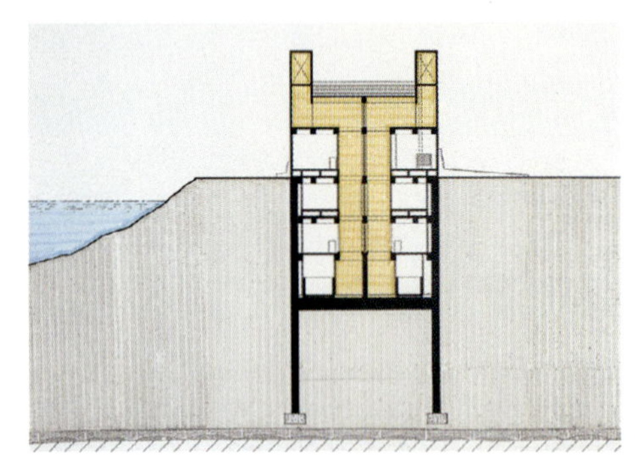

剖面图

施工中的建筑工地

上图：法瑞的草图绘出了1961年黑墙隧道通风井（右图）与九龙通风建筑（左图）的比较情况：雕塑状的工业建筑物

与理查德·波彻穆斯(Richard Portchmouth)共同绘制的概念图

同九龙站一起，这个通风建筑为车站及隧道提供技术支持。该建筑物有90米长、27米宽，其主要功能是抽出列车、设备和乘客散发出的热量。方法是从海湾向车站抽海水，海水在过滤和氯化处理之后流经热交换系统，再输回海湾。冷却作用取决于靠两根直径1.5米的管子每日抽650立方米的水，水管位于KVB的多孔水箱中。地下铁路线的通风和列车通过隧道时产生的活塞效应造成的压力减缓，也是靠KVB处理的。两个巨大的通风井吸入空气，并从下面的铁路隧道中排除空气。KVB还有两套闸门，以免跨海湾或隧道受水浸，并有疏散井、铁路维护入口和发电及备用电源设备。

当解决了实用的问题之后，建筑师就会面临着如何将这种功能主义结构与公共公园融为一体的挑战。在这种情况下，只有三分之一的建筑是看得到的；其余部分深埋在地下20米处，直通铁路隧道。地面以上是用简易材料装饰过的低造价钢筋混凝土建筑——灰色金属板及黄灰面砖——不过设计具有动感，似雕塑品般具有深深的吸引力。这种形状是如此动人，以至于从不同的位置会看到不同的建筑物轮廓：从某个角度看，它仿佛是一个吐气汲水的动物，而从其他角度看，又仿佛是画面上一座宁静的小山。法瑞重视中国人利用故事和隐喻的方法。九龙的含义是“九条龙”，此名来源于岛的四周的九座小山。因此，像龙一样的通风建筑，可以被看作是对该地的一种隐喻。通风建筑的设计反映了九龙站中央广场屋顶的鲜明特点，以便两座大楼能构成一种物质和视觉上的联系。奇怪的是，该工程是法瑞最初设计方案的一种反映，即目前已获奖的1964年的黑墙隧道通风井，它位于泰晤士河的南北两岸。

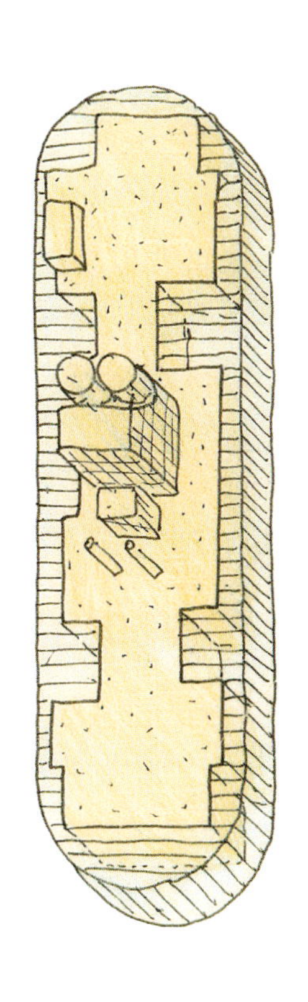

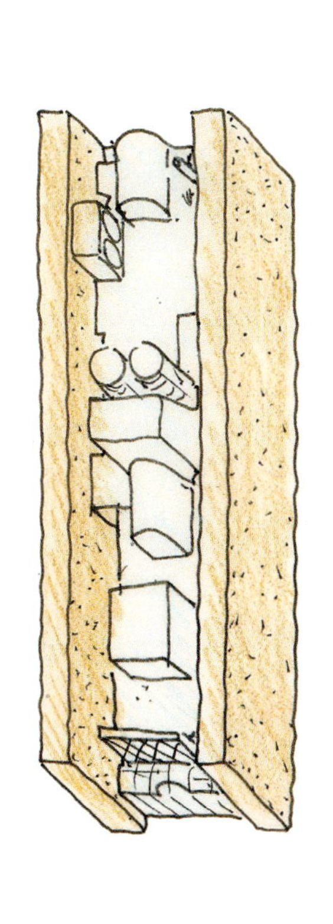

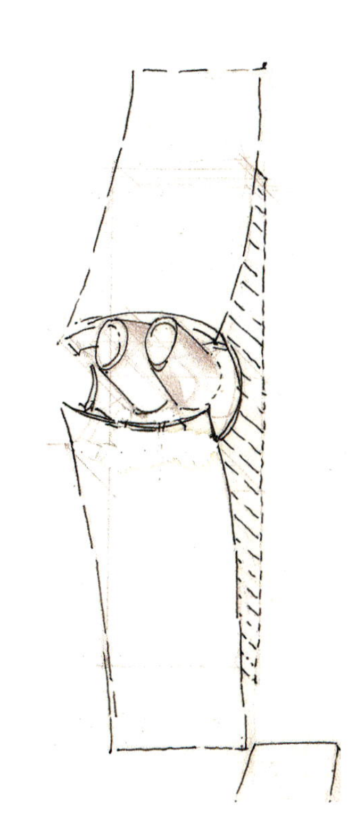

黑墙隧道通风井是九龙通风建筑的先声。功能类似，而它的形状也来自于将工程建筑视作一件雕塑品的理念

九龙通风建筑

上图：研究色彩效果的早期工作模型

下图：早期计算机模型

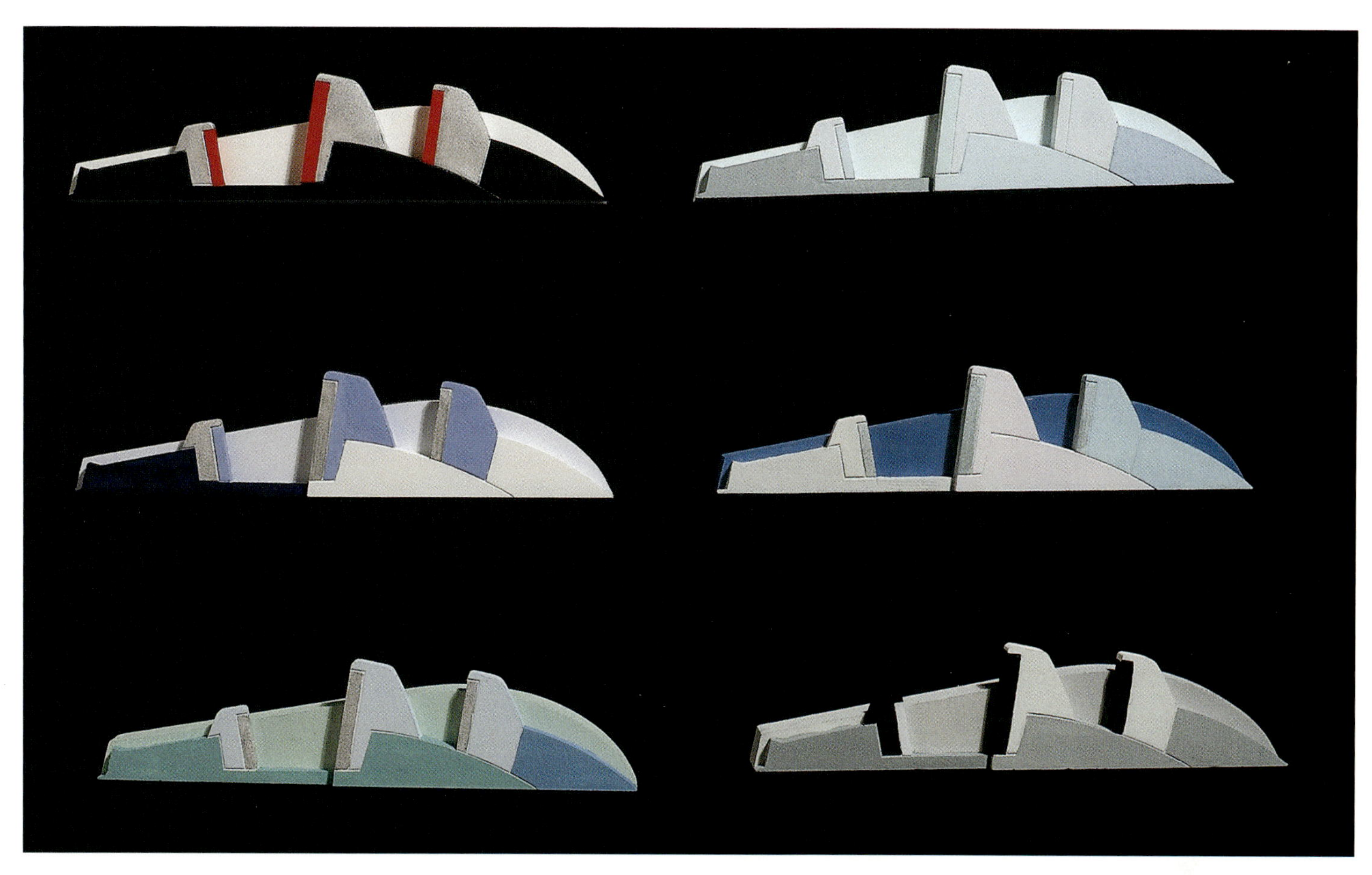

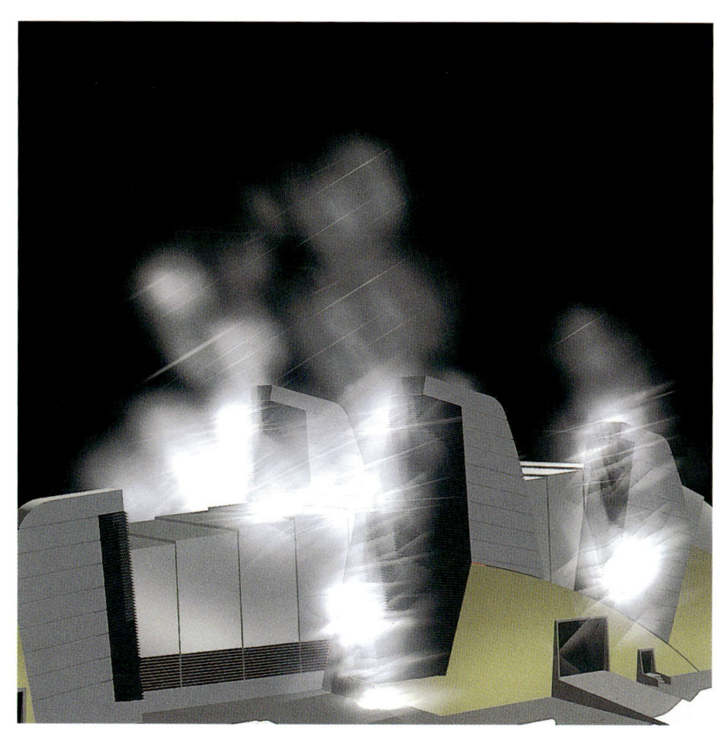

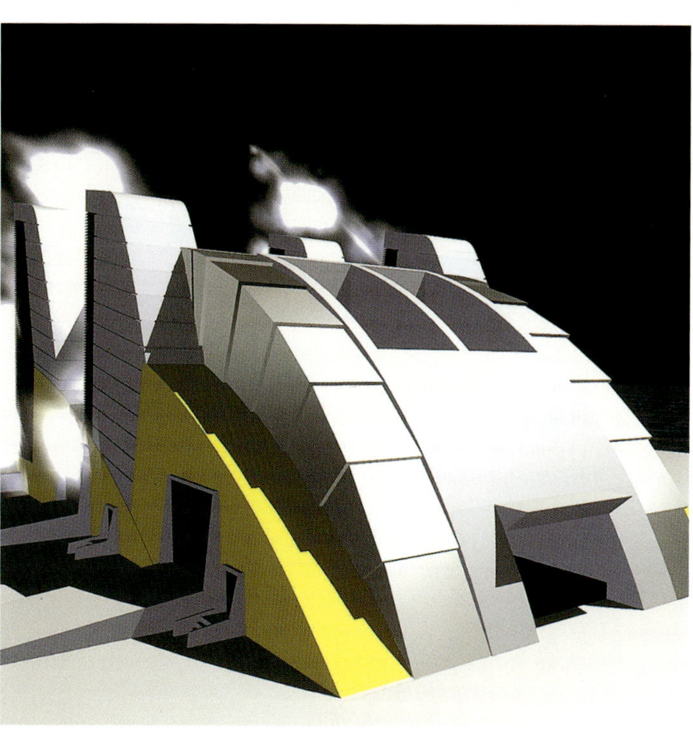

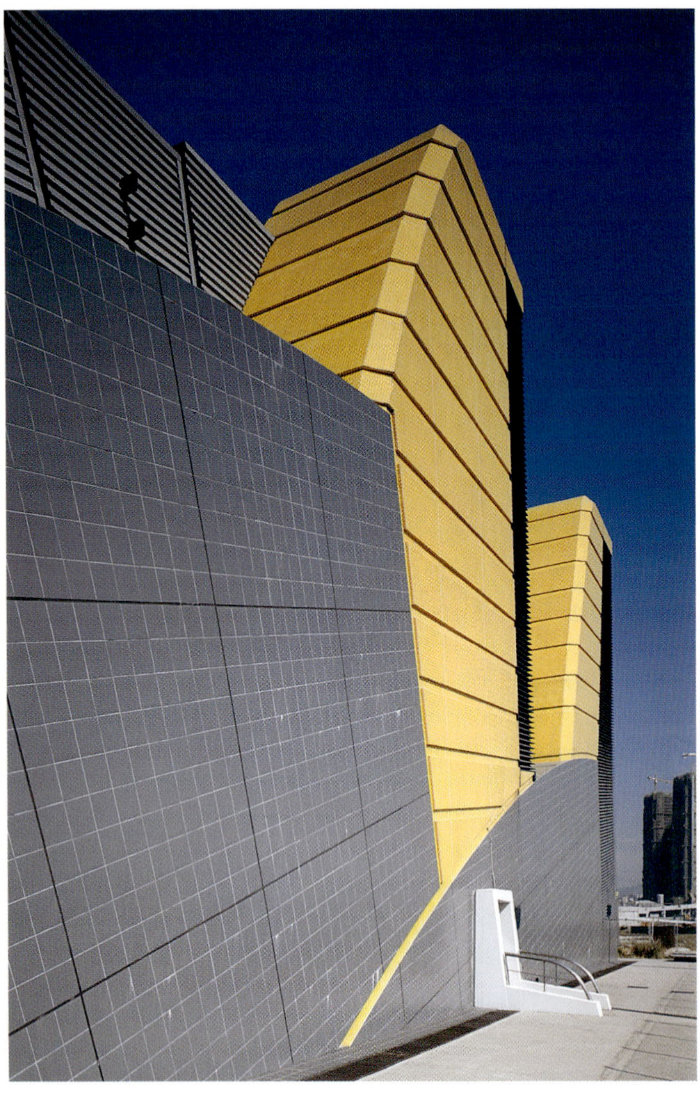

公园竣工之前的通风建筑。远处的凌霄阁与近处的通风建筑之间形成了鲜明的对比关系。一个是“着地的”碗，一个是“飞行的”碗

凌 霄 阁

凌霄阁是TFP在中国承接的第一个工程。事实上，在1990年之前，公司从未做过伦敦以外的工程，也许这个项目出人意外。凌霄阁是一座矗立在欧式建筑旁、充分体现了香港精神的建筑。按泰瑞·法瑞的话说，香港是“迈向一个未知领域的第一步”，而对于公司，设计手法则从英国风格转向了更温和的语言，凌霄阁实现了先前难以想像的可能性。

建筑所处的太平山顶，可饱览香港北面的景色，百多年来一直吸引着人们的关注。山顶有轨电车路线是香港最有名的旅游景点。在1888年开通铁路之前，居民是乘轿子上到400米高的山峰的，可从这里欣赏到中国内地和澳门蔚为壮观的景色。

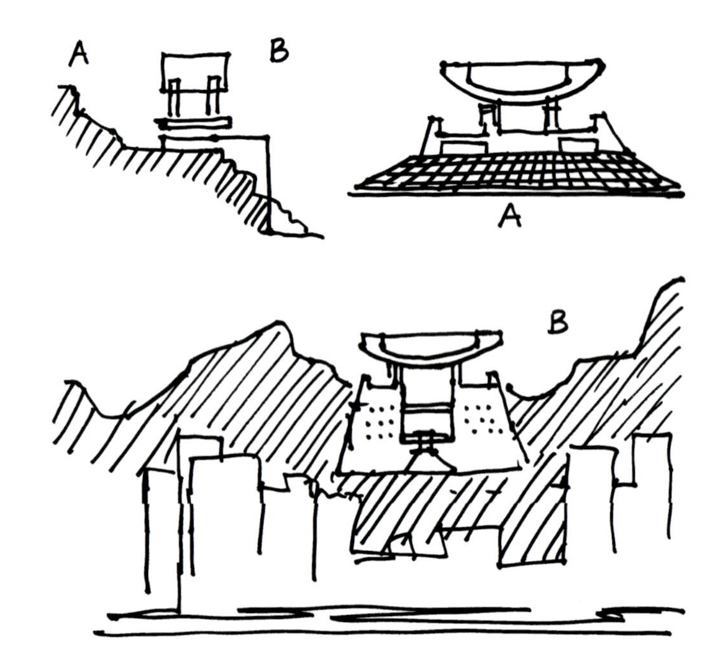

有轨电车运行已有100多年，现处于凌霄阁“大碗”的下面

隔着港口所看到的凌霄阁

上图：法瑞的正、侧立面草图
A：位于城市公共广场处的5层建筑
B：位于山顶的12层建筑

上图：凌霄阁及香港其他标志性建筑的旅游纪念品

1930年代缆车铁路

1960年代前期某些引人注目的建筑完成前的照片

上图：北立面

凌霄阁竞赛阶段概念性构思图

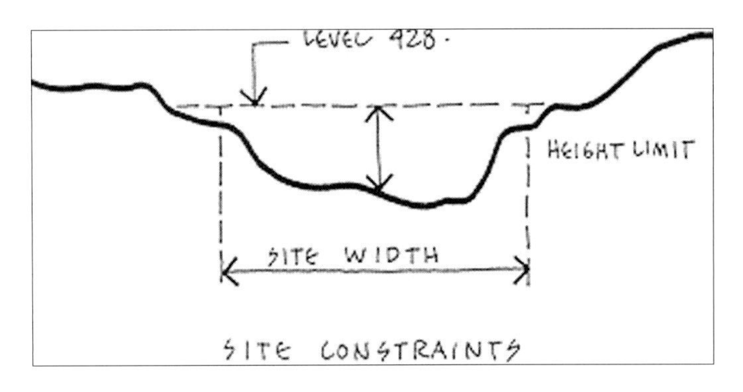

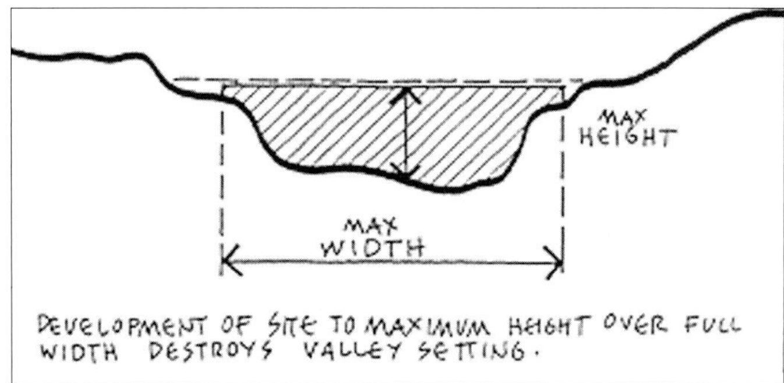

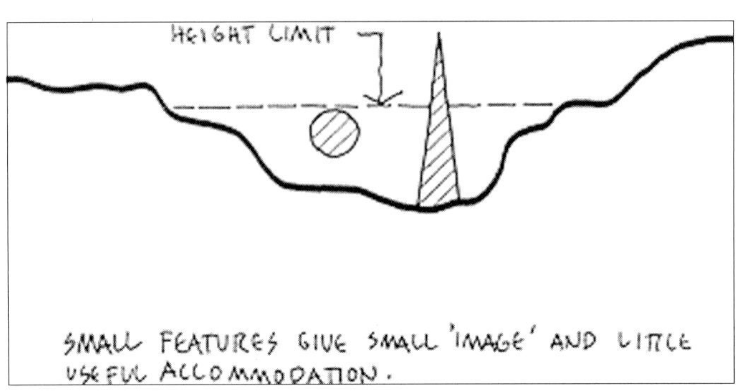

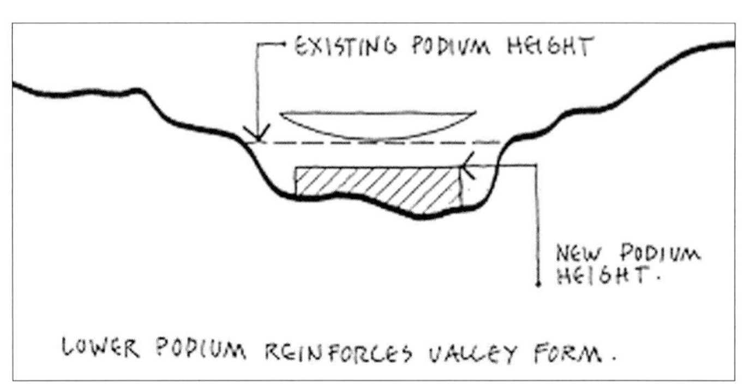

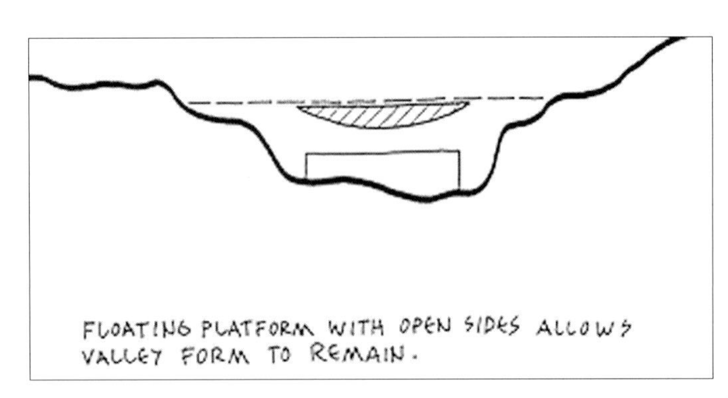

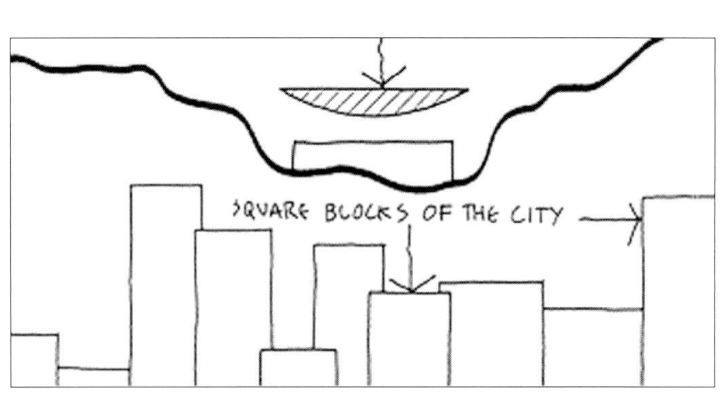

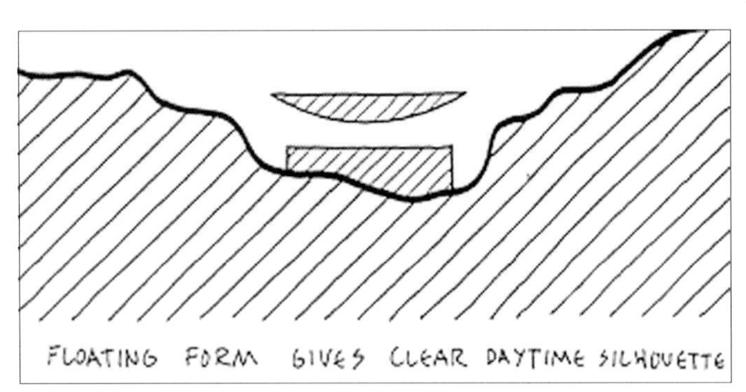

泰瑞·法瑞首次到香港是1964年，但直到1972年太平山顶旅游中心的潜力才发挥出来，由巴马丹拿公司在谷地设计了一座小型的，没有商店与餐馆设施的缆车站。1980年代末，业主香港上海酒店有限公司，已意识到现有的建筑，对于不断增加的游客数量实在是太小了。

当1991年6月TFP受邀与阿尔多·罗西，安藤忠雄和三位香港建筑师参加竞标时，公司认为要有一个能充分利用地势并有标志效应的建筑。尽管在竞赛方案中对任务书有些奇特的构想，如费氏大转轮。但TFP提出了一个只须在原址上施工的设计方案。公司看到了提供一个远处就能辨别、并对香港壮丽的城市景观提供一个令人惊喜的背景的构思。

考虑到周围山峰的天然限制，场地的宽度是有限的，楼高限制为海拔428米。如剖面图所示，建筑将坐落在陡坡上。这种条件最终造成了楼板为75米长、25米宽3：1的少见比例。

TFP在这幢有远见的建筑的设计中，采用了传统的中国建筑艺术的元素。塔式基座与飘浮的屋檐之间的间隔——一种司空见惯的艺术处理手法——用来构成一种升空的碗状结构，仿佛悬于山上的空中。比起碗状结构的特点，建筑的下部植根于山体，并借用了传统的中国和西藏礼仪建筑的风格。该建筑综合使用了牢固的基座、开阔的平台、反宇期阳的上层建筑，让人想起中国帝王建筑的秩序和威严，这种感觉同时又得到了舒缓。凌霄阁在新与旧、过去与未来之间做到了和谐统一。

泰瑞·法瑞利用了中国建筑传统中的象征主义，效果就好比一双手、一只飞翔中的鸟和一艘船。无论哪一个比喻是最准确的，曲线式的碗状结构，相对于维多利亚港中环的密集的楼群，都会给人深刻的印象，并且无论在白天或黑夜，都有明确的识别性。

设计过程中考虑到了大量的实际因素。例如，大厦会遇上高风速，特别是在台风季节，因此利用了风洞来对大面积玻璃和铝材幕墙进行精确的设计。施工阶段还出现了技术问题。拆毁工地上原来的建筑，需要小心规划，因为建筑的重量有助于原来的挡土墙抵御地面压力。为此，在开始拆之前，就向岩石层中插入了有40多个桩的连续墙，并用20米长的钢材锚定。大量未爆的二战炸弹的发现，给承建商带来了意想不到的挑战。上部结构的主要施工问题，就是竖直地安装碗状结构的钢筋混凝土模板。又远又窄的上山道路也给进出带来了不便，因此安装了一个临时的平台来堆放模板，以便浇筑1000多吨的钢筋混凝土。

到达缆车终点站后，人们可穿过一个公共广场，从南面进入凌霄阁，朝向城区和港口的北立面，笔直地落下，直达入口以下四层深处。

从港口方向看去，此立面就像一个堂皇的12层大厦。建筑师想像宏伟的基座和上层建筑能激发人们对它全面了解的兴趣。例如，双重高度的基座包括一个直达最底层的主题参观路径：人们可由此向上进入碗状结构，它内含观景台、餐厅和商店。自动扶梯和高

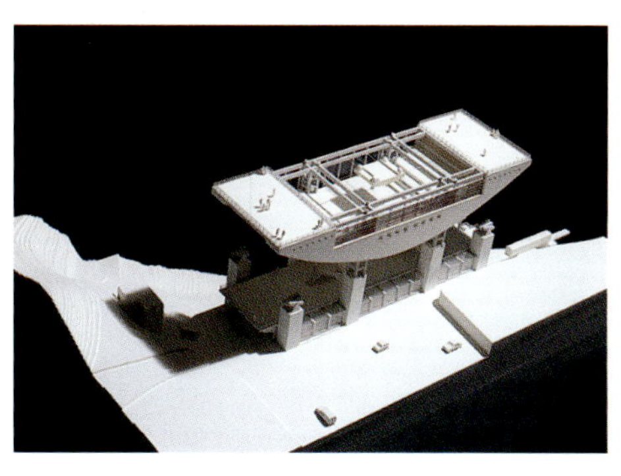
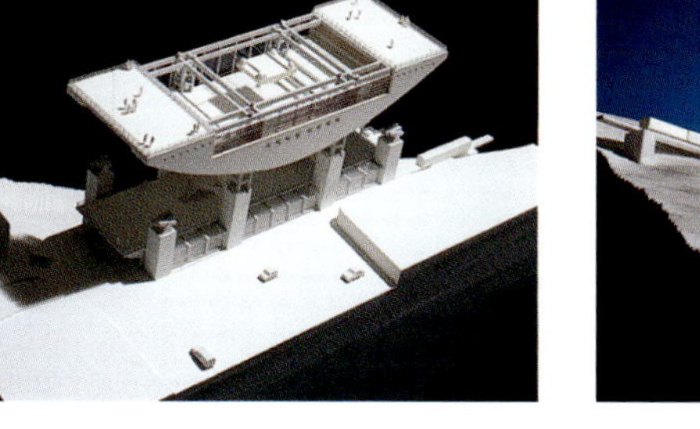

竞赛阶段的模型

速电梯，以及大楼服务设施，都在四个支柱中。缆车站的改造也与设计融为一体，其机房处于大楼的核心。

大楼为两个完全不同的景点提供了新的视角：向南眺望是起伏的山峦，向北俯看是繁华的港口、水道和城区——而吸引游客的是后者。人们喜爱看建筑群、立交桥、飞机的起飞和车辆的流动。远离城区，凌霄阁宁静的环境为了解和思考香港提供了一个有利场所。

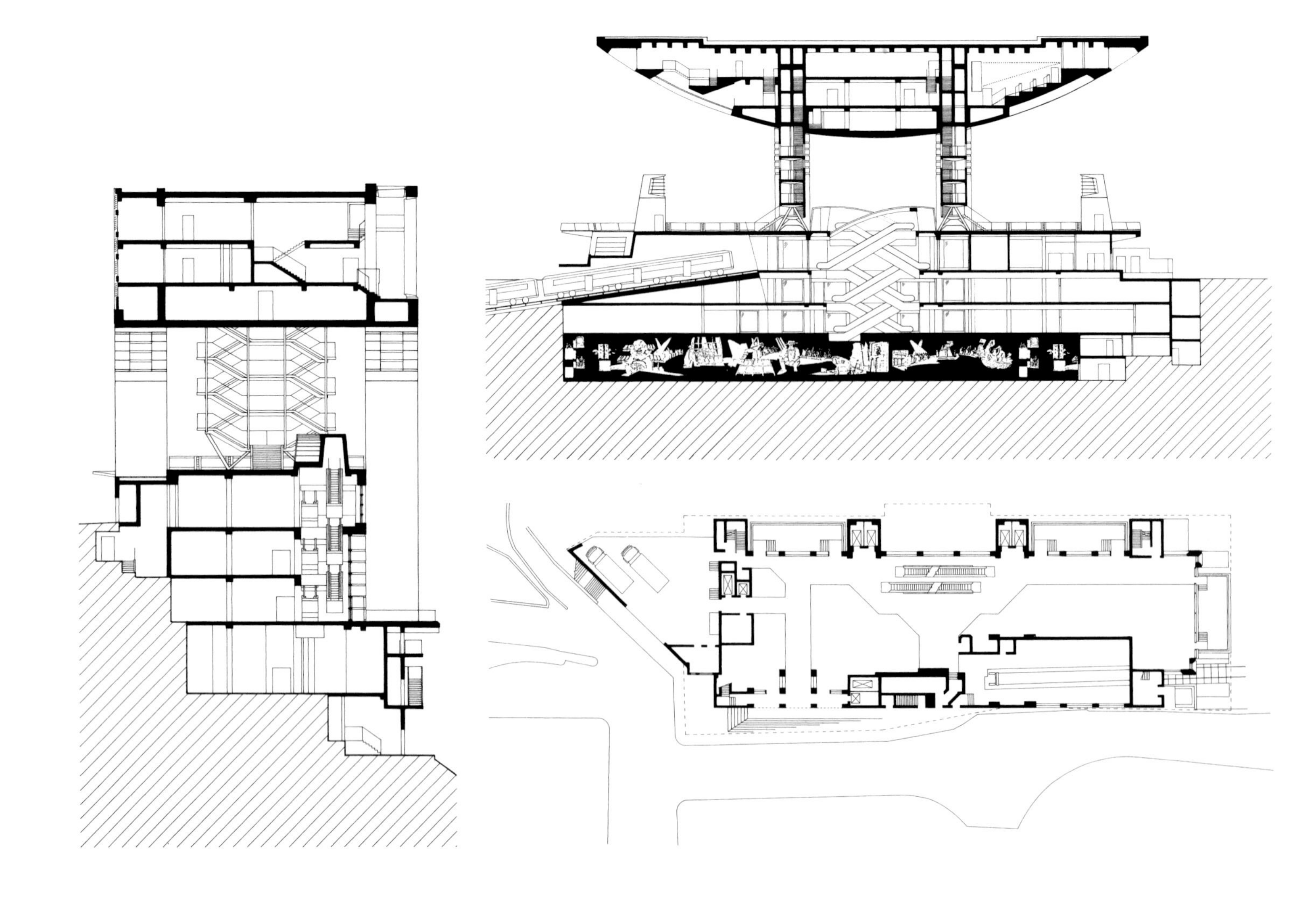

夜晚的凌霄阁
前景是灯火通明的汇丰银行

东立面

细部

下图: 从新广场南边看去，
凌霄阁静处在建筑群之中

南立面细部

BEIJING

第二章

北京

北　　京

左上图：卫星鸟瞰图。天安门广场是城区中心的一个浅灰色矩形，紫禁城位于上方

左下图：紫禁城鸟瞰图。几何形状不断重复，直至最小的结构

下图：绘出了中轴线和外城的北京平面图

作为世界上最古老的城市之一，北京担当了中国700多年首都的角色。其城市布局是为了抵御入侵者，巨大的规模也与欧亚大平原的尺度相配。该座城市是按一系列城中城来规划的——每个都由墙围住——皇帝的住处，紫禁城，位于中心。北京是天、帝、政府和民众的化身，聚集在单一的结构之中，并以城市的形式表达出来。

北京精确的规则性是严格等级社会的一种体现。其原则是集宏观世界与微观世界于一体的、明显的体系秩序。基于微观世界，北京以传统的面南背北的建筑风格为典范。城市规划源自这种结构单元的无限重复，以东西中轴线为基础，而南北向有交叉的干道。其建筑的门朝南开，北部有围墙挡住，以抵御北风。历代皇帝的大规模建造工程以及虽小但不断重复的东西向建筑单位的混合形态——像一个DNA码——使城市规划独一无二。正如培根(Edmund Bancan)在他的《城市设计》中所写的那样，北京“可能是地球上最大的单一工程。”反映了一种不再存在的规则体系，固定化的紫禁城有别于大多数其他主要大都市中心的汇集场所。由于这种高度结构化体系的变通性较差，故北京的现代开发，大体是沿着外环路展开的。问题是如何将这种变化与这座城市融为一体。在我们这个时代可能是最大的一场文化遗产大浩劫中，与市中心大约相距10公里的城墙，在1960年代被拆毁，从而给大都市总体规划让路。

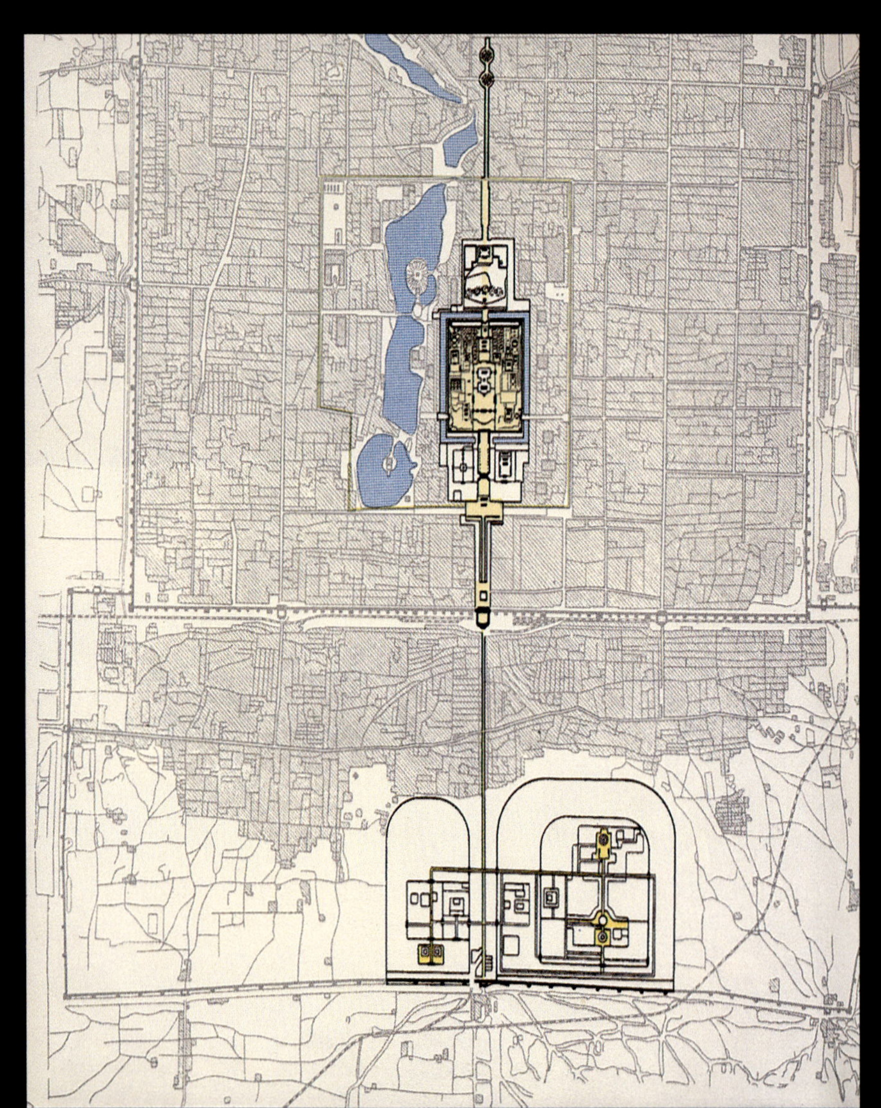

下图：紫禁城的详细平面图表示出主要建筑组成结构

左下图：北京不断重复的宏观和微观结构会让人想起分解的几何图形

右下图：紫禁城航摄图

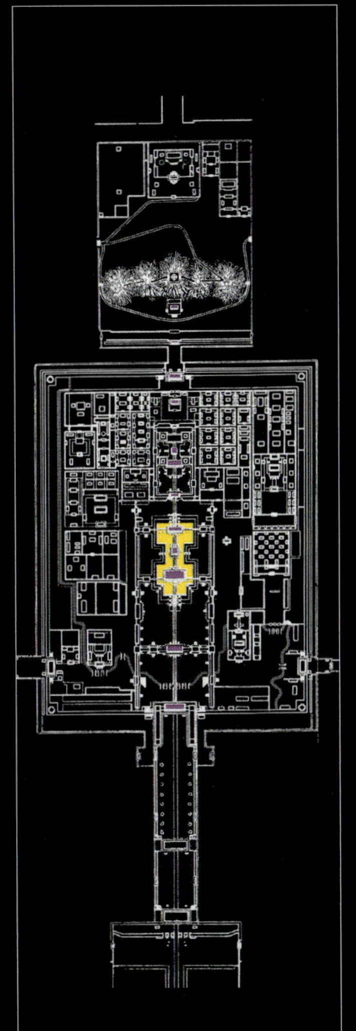

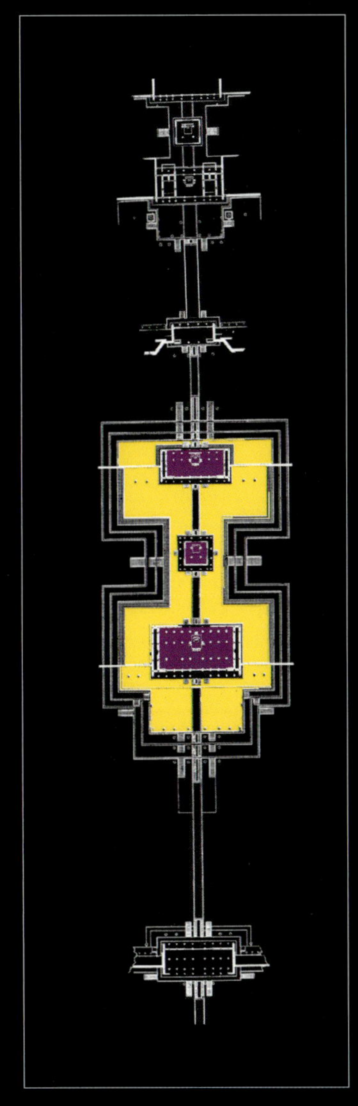

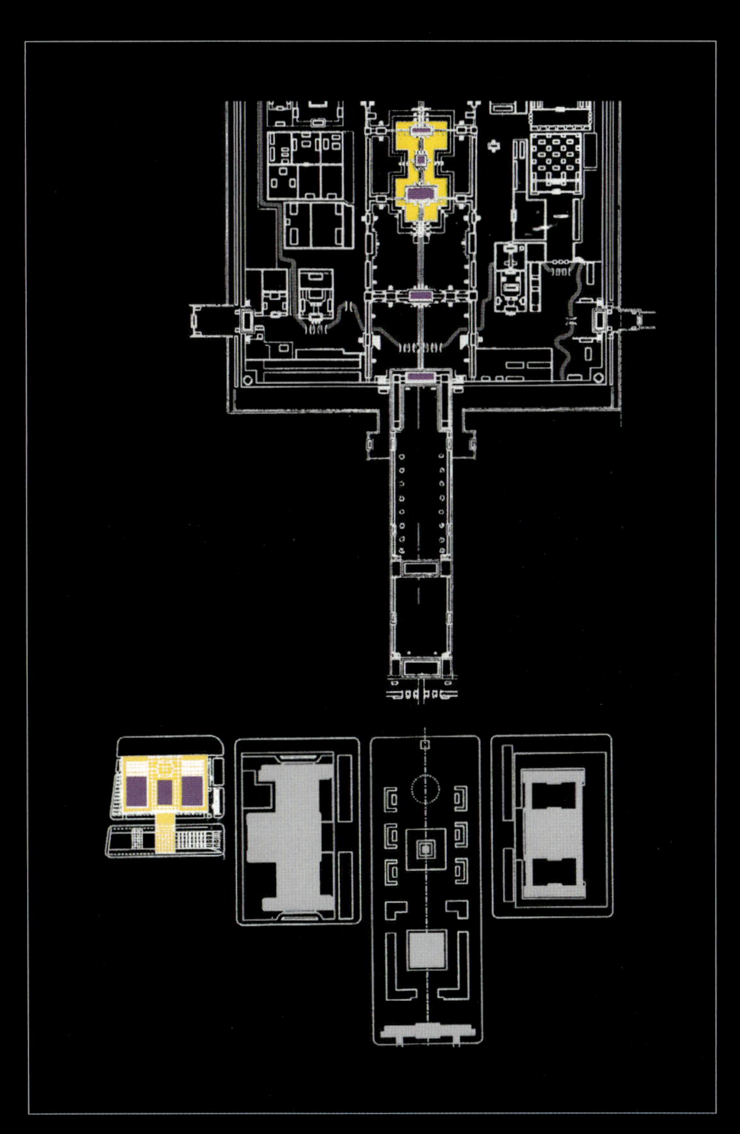

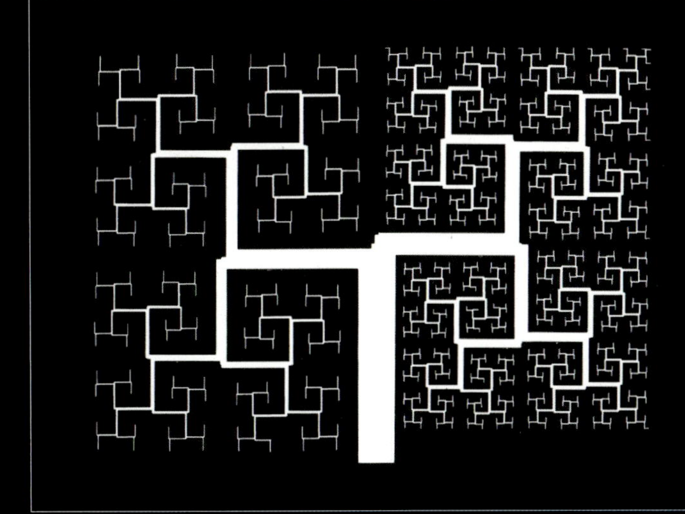

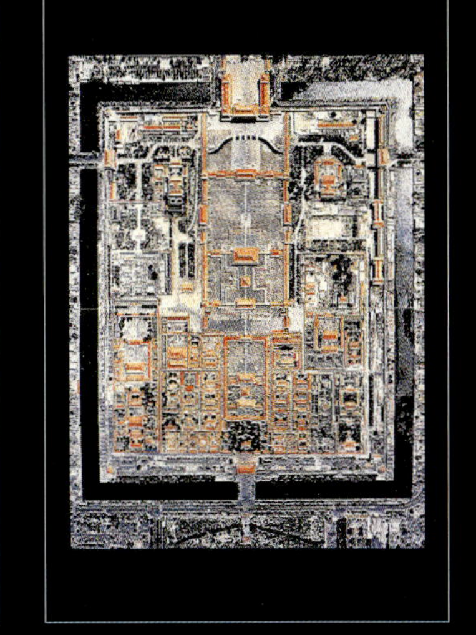

国家大剧院

TFP公司关于北京国家大剧院项目的方案，是基于科林·罗(Colin Rowe)之“空间建设性”思想的（在他的《拼贴城市》一书中有描述），即建筑物之间的空间，要像内部空间那样有活力和用途。TFP设法将大剧院纳入城市传统的格局之中。按法瑞的话说，就是“我认为，随着它的脉络与城区连为一体，该建筑是北京整个格局中的一个决定性组成部分。这种结构的统一，对天安门建筑组群之任何新的组成部分，都是至关重要的，因为其他的西方几何结构形式可能会与整体布局格格不入。”

根据城市的尺度和景象，大剧院体现出了北京胡同——或网格状的特点。

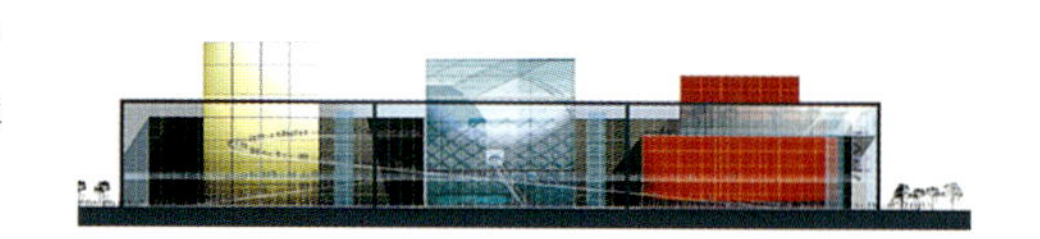

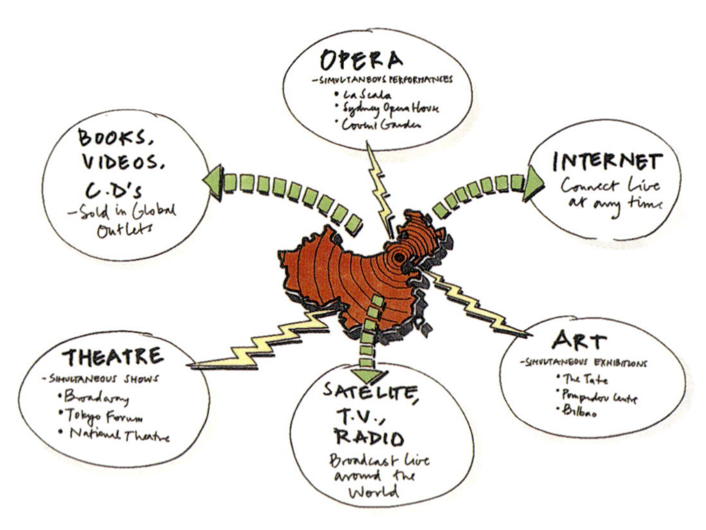

上图：对外的联系能力，大剧院将中国与外部的全球文化活动联系起来

右上和中间：TFP递交的第一阶段草案的CAD北立面及模型

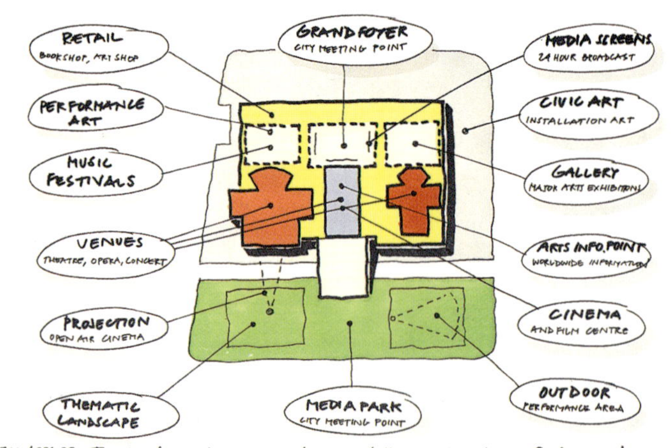

上图：对内的联系能力。表现综合体内部活动的文化场地

前厅。TFP递交的第一阶段
概念设计

北京的国际建筑设计投标是一系列涉及到多方面变更的高度政治化活动。正如泰瑞·法瑞在当时所说的那样，“并不只是靠建筑模型或图纸就能成功的。这是国家投资所要达到的目标。”在最终分析中，中国政府的支持确保了向中国推广建筑设计思想获得成功。该工程——一个符合“开放”、中国的身份和共同文化目的的公开声明——对中国极为重要。对于TFP，投标提供了一个英国建筑师在21世纪建造一个等同于巴黎蓬皮杜中心的机会。

此事开始于1998年4月，即在中国政府为了设计“世界上最好的艺术宫殿之一”而宣布公开招标之时。计划中的工程包括一个2200座的歌剧院、一个音乐厅、一个国家戏院和一个小型剧院（共6500座）及一个公共花园。3.89公顷的场地正对着紫禁城，并与天安门广场中的人民大会堂相邻。方案具有真正的中国风格，突出了越来越流行的文化区现象，并参照了悉尼和毕尔巴鄂的类似工程。12万平方米的建筑面积和3亿英镑的预算，使得该工程会成为世界上最大的文化综合体。它相当于位处议会广场之旁、按一个综合体规划的伦敦国家大剧院、皇家表演厅和卡雯特(Covent)花园剧院。

筛选过程分为五个阶段，共达16个月的漫长的时间。1998年6月，TFP被列入缩减后的40个国际候选者名单之中。第一阶段的结果在中国历史博物馆里被展示出来。在TFP与北京市建筑设计研究院的合作之下，设计方案是要建一个250米长、30米高和150米进深，既含技术因素又看起来很轻的巨大、丰富多彩且低高度的建筑物。设计中考虑到

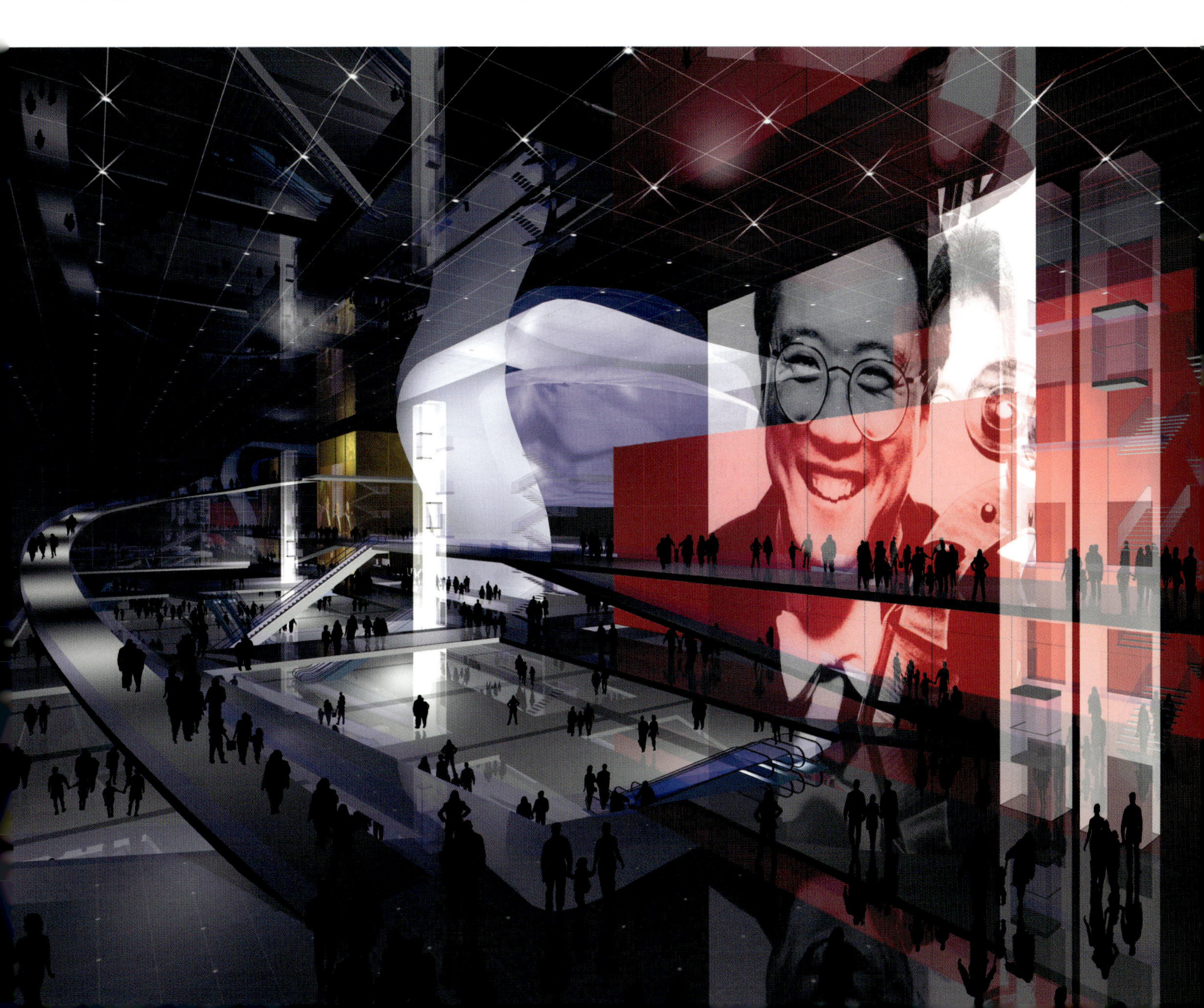

概念设计第一阶段草案。
从东北角面对天安门一面
的透视

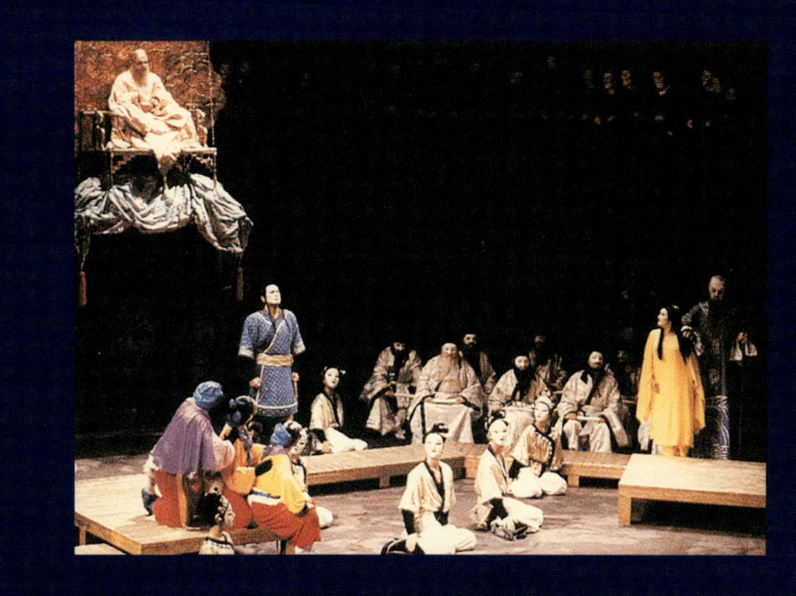

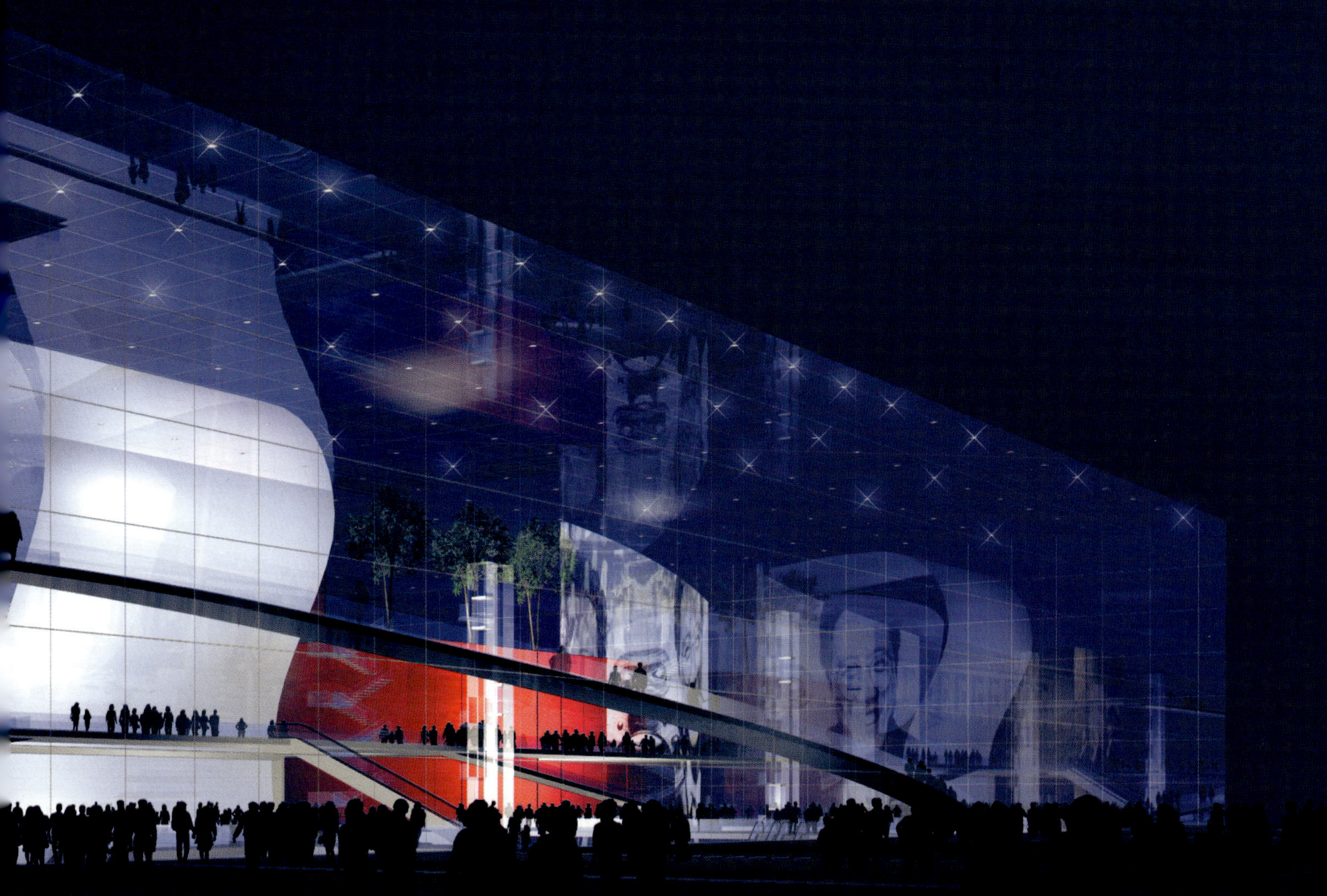

下图：首层平面图（左）。TFP 方案强调了空间的作用，按北京的传统，在正交的南北建筑物之间围成了广场

底层平面图（右）。保罗·安德鲁获胜的方案，即在一片开阔空间中的建筑物

下图：泰瑞·法瑞在不同设计阶段的大剧院草图

了比例，并通过它的半透明性，表现了这个国家与世界上其他国家沟通的欲望。综合体被规划在九个方格之中，各分区都有独立而相互联系的功能。

朝向北边主立面的三个分区是相连的，以构成一个入口和大厅空间，让普通市民看得到变幻的剧院环境。三个中间部分——颜色各不相同——分别是戏院（红色）、音乐厅（蓝色）和歌剧院（金黄色），显著地位于一根轴线之上。南边的三个分区是供内部机构使用的，围绕着一个中央大厅。内部是一个与巨大的空间规模相称的前厅，可在任何时候容纳预期在大剧院内的一万人规模的人群。墙壁覆盖可投射出主音乐厅表演的屏幕，向全球播出。门厅也可以作为带有北京传统公共广场的、有生气的社交空间。TFP 努力宣传利用通信技术来联系其他国际文化场所的表演，如米兰的斯卡拉歌剧院，它能够在宏大的门厅内播出节目。

TFP方案中的一个主要考虑事项就是现场16个地点间的内部关系，它也需要与整座城市产生相互影响。九宫格式的平面与北京城市格局的形式和对称性相吻合。这样就产生了北京城市规划中的一个微观世界，普遍存在的建筑群是北——南朝向的并以循环路径和公共空间为界。

第二阶段，在1998年9月，15名建筑师的名单被缩减至6名，TFP与北京市建筑设计研究院为一方。其他入围者是保罗·安德鲁(Paul Andreu，法国)、HPP国际（德国）、矶崎新（日本）、卡洛斯·奥特(Carlos ott，加拿大)和中国建筑设计研究院。在修订后的方案中，北立面的可透性因一面半透明的水晶墙而得到了提高，使表演区与街道之间的通透性增强；墙壁的排列与相邻的天安门广场建筑之坚实性突出了这一效果。墙上两玻璃层之间可活动的屏幕，让立面能起到滤光器的作用，形成不断变化的光线和色彩景象。

第三阶段，在1999年1月，是一个改善过程，TFP 被告知要在方案中加入更多的中国传统元素。为此，公司调整了两个碟状屋顶下的剧院和戏院悬空塔，以体现出传统中国屋顶的漂浮感。音乐厅被抬高，形成一个中间入口，使公众直接穿过涵盖整个区域的中国式景观的综合体。在这一点上，TFP 的方案很受人青睐。

不过，方案在1999年1月再次作了修订，即中国总理朱镕基将位置转移到人民大会堂之后70米的一个更大、但重要性稍逊的区域。随着位置的改变，原先的高度限制即被取消，对中国传统的要求也降低了。1999年5月，TFP递交了改进后的第四阶段方案。设计保留了原来的半透明性，但有着更强的坚实性和生动的屋顶轮廓线。1999年7月进入第五阶段之前，TFP 已成了竞标过程中仅剩的两家外国建筑师之一。另一家是保罗·安德鲁(Paul Andreu)的，他采用一套完全不同的设计——一个雄伟的钛穹顶——显露了获胜姿态。对于TFP，重点在于发展城市设计的潜力，从而为一个重要的文化综合体创立一种持久而又庄严的定位。安德鲁的建筑风格与TFP 的正好相反。

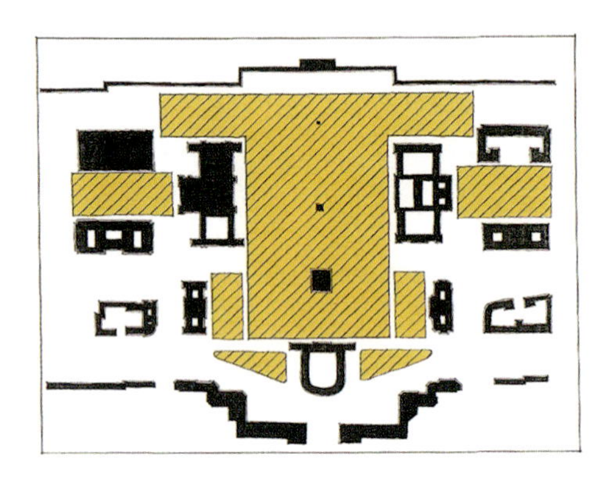

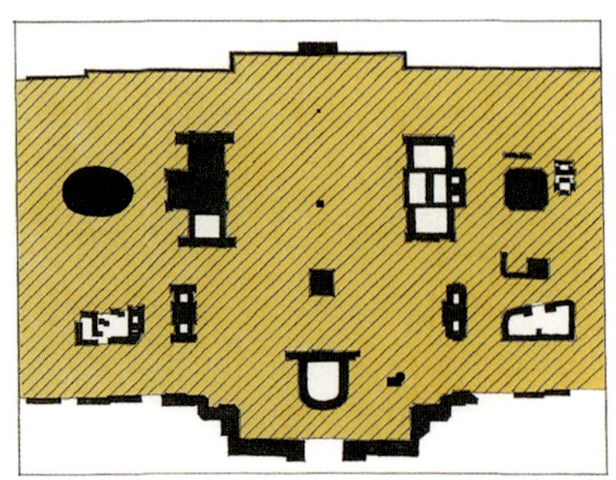

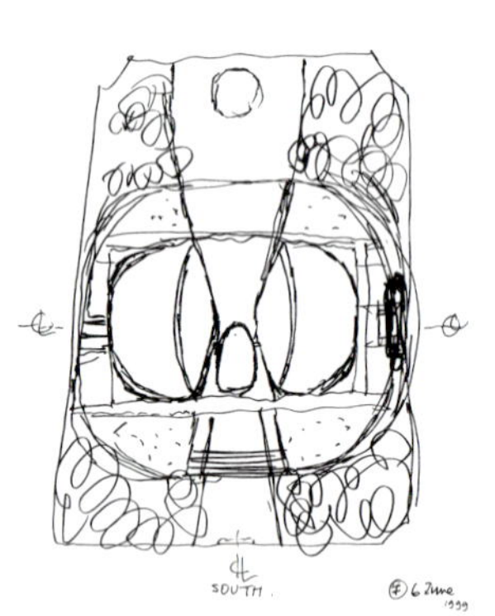

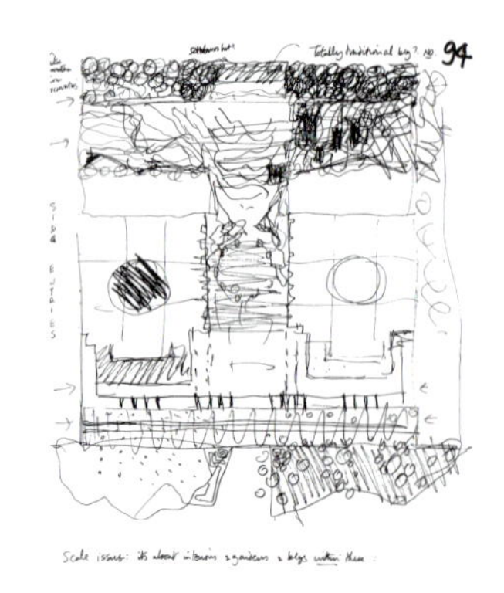

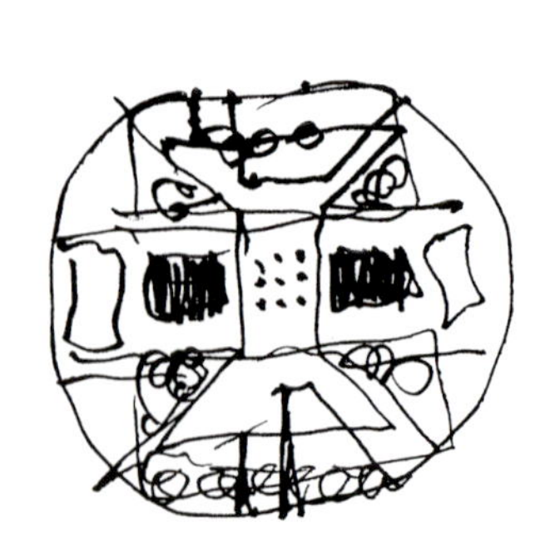

下图：具有高度灵活性的文化活动空间的宏大门厅

最下图：最终方案的剖面图和首层平面图

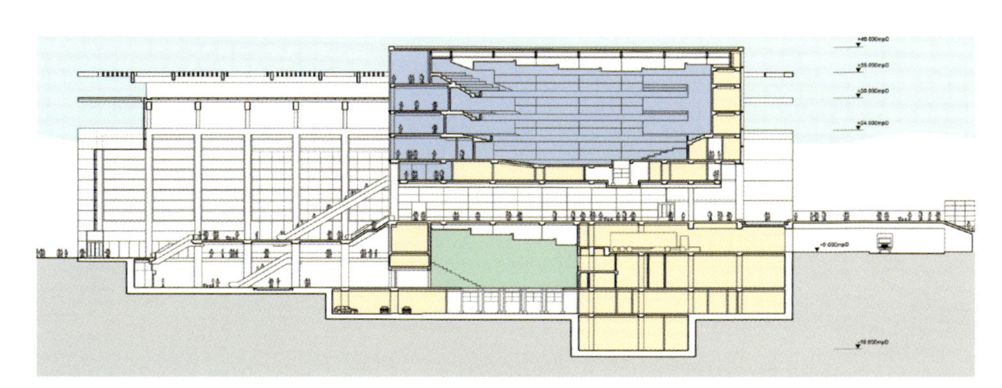

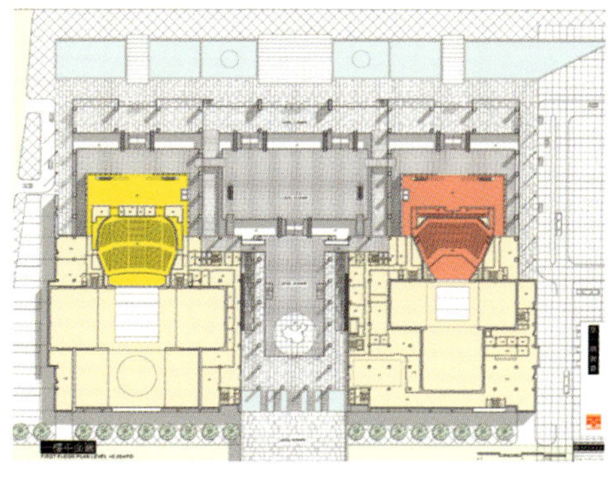

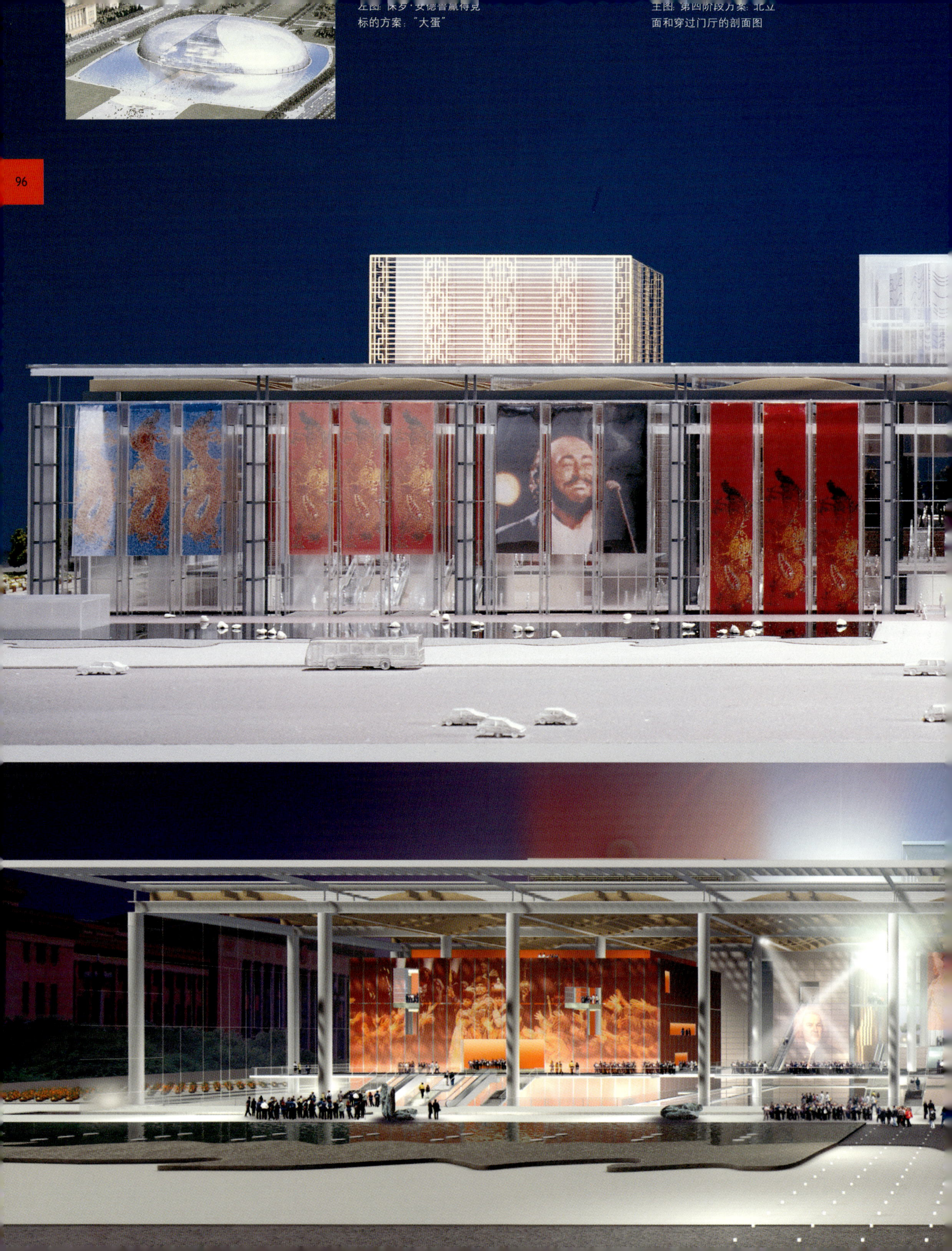

左图：保罗·安德鲁赢得竞标的方案："大蛋"

主图：第四阶段方案：北立面和穿过门厅的剖面图

右图：根据安德鲁建议的新场地，TFP 的第五阶段及最终方案，响应了这种变化

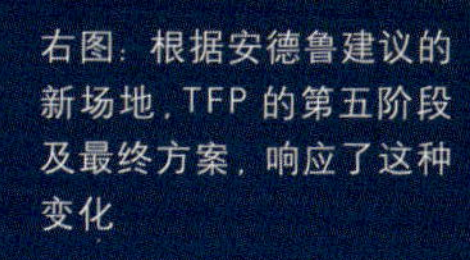

SEOUL

第三章

汉城

汉城是一座给伟大的古代传统带来新规则的城市。历史城市的形象淹没在车流之中，不断地体现出新旧交替的现实。从战时的破坏中复苏之后，一系列世界级公司已成长起来，将城市分成按品牌区分的区域。城市是公司力量的外在表现形式——按汽车、建筑物、标志牌和产品的方式。随着公司的成长，就形成了混乱的多中心城区形式——标志牌和品牌（三星、现代和大宇），而不是城市结构。

TFP公司在汉城的新国际机场的地面交通中心，将成为用标志性建筑表达的、国家最新的品牌形象。

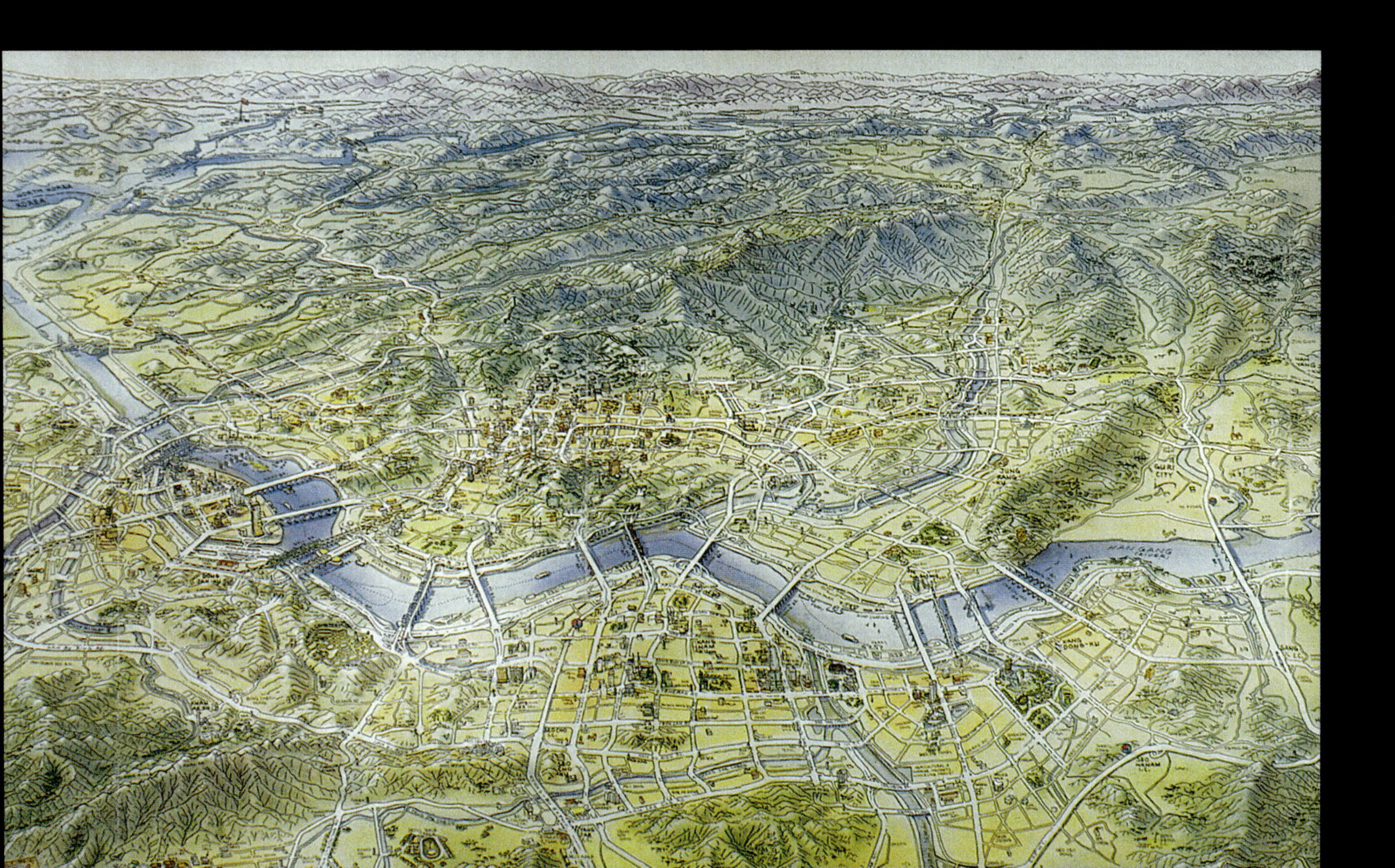

运 输 中 心

仁川国际机场

作为韩国的第二大港口，仁川是汉城的商业中心。机场位处5617公顷的大片陆地上，坐落在原先被海隔开的两个岛屿（Yong-Jong和Yong-Yu）之间。1992年开始施工时，填海土壤是从海底和附近的山上挖来的。南北长8公里、东西长6公里的建成区，距汉城西部52公里。仁川是TEP公司在九龙的综合运输枢纽项目之后，进入东亚市场的一个新起点。九龙站是赤鱲角机场铁路位于城区的终点站——方向是从机场到城区——而仁川项目则是位于机场终端。

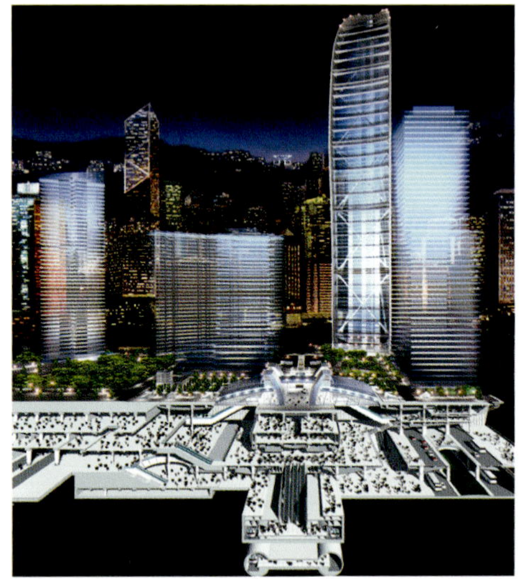

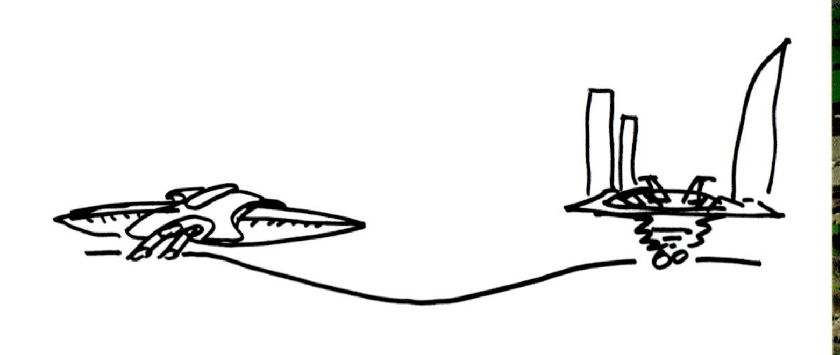

上图：机场位置

下图：仁川和九龙：完整的机场铁路系统。仁川的汉城交通交换系统和九龙的香港交通交换系统是机场铁路系统的两个终点站；独特的是，它们是TFP在两个不同的城市按最大规模完成的系统

整个机场区的鸟瞰图

右上图：九龙站是机场综合体的城区端，而仁川的地面运输中心位于机场端

两个项目均为运输联络线的终端

作为世界上最大的建设工程之一，仁川国际机场将起到跨大西洋和亚洲内部贸易和商业活动枢纽的作用。由于东亚的迅速发展，亚太区的空运量增长速度为世界其他地方的两倍。由于汉城大都会地区的人口超过2000万，且原来的青埔机场在1997年就达到了饱和，故要设计和建造仁川机场来满足未来需要。因此，它将被视为韩国经济实力的一个坚定象征。计划中5000万左右乘客吞吐量进一步体现出了韩国的乐观主义：目前在建的有两个航空站，还有供未来发展之需的土地。

为了服务于汉城市以外的机场，就需要做到高度的运输合理化。在1996年赢得国际竞赛之后，TFP与Samoo和DMJM合作的地面运输中心（GTC），就旨在确保设施和交通枢纽能支持机场的平稳运行——并在国内外树立一种强有力的门户形象。

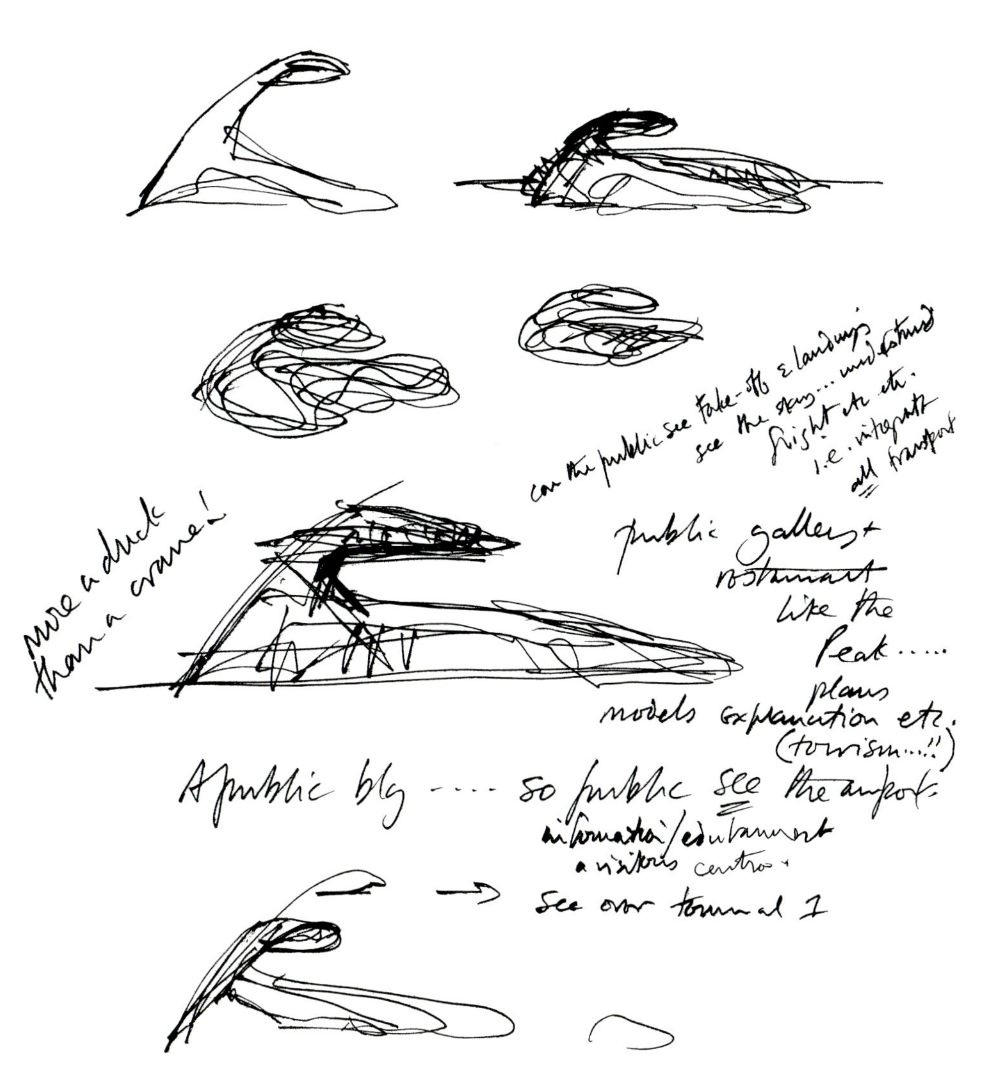

泰瑞·法瑞的草图

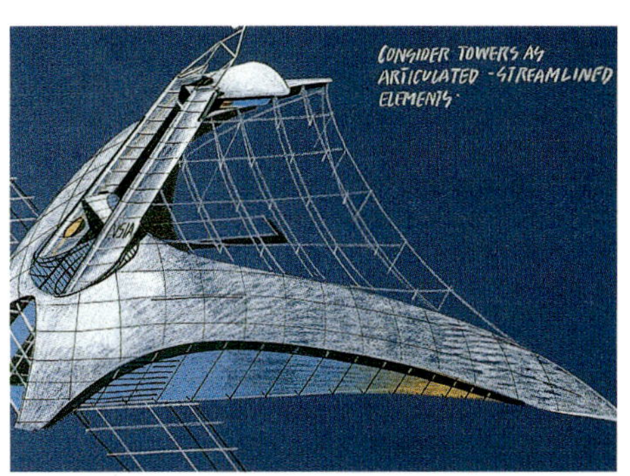

将控制塔与方案融为一体的早期设计图——后来因为经济不景气使得该结构被省除

方案的标志性特点就要有一种企盼朝韩统一并腾飞的、引人注目的隐喻式设计。

早期设计是基于飞鸟这一思想，用带有从大厅屋顶上伸出的细长鸟颈状飞行控制塔来表示。

在设计过程中，韩国机场当局考虑到，技术的进步意味着不再需要这个控制塔。为了保留建筑的标志性特点，TFP设计出了一种宝石状的翼面，用不锈钢和玻璃制成，悬挂在大厅屋顶之上——一种能给下面的大厅提供自然通风的雕塑品。工程的其他方面也有着美学与功能的结合，如地下停车场，它能让大厅四周有一个美丽的花园。一条采用韩国城墙传统的200米长、镶有玻璃的步行长廊，将停车场与大厅连接起来，同时还给景观注入了新的元素。

维多利亚火车站运输中心高度复杂的形式提供了重要的启发，即技术被用到了极限。仁川机场的技术挑战是一个问题，复杂的曲线结构更像是汽车设计，而不是建筑设计。由于这种规模的建筑没有现成的技术，故用泡沫材料做了一个立体的比例模型，然后再按6米为一个单位剖切断面。它们的坐标经数字化处理而绘制成一个CAD模型。这样就形成了一个三维网罩，再据此设计出雕塑模型。这种复杂性使仁川机场拥有了动感而又引人注目的航空建筑的传统。建筑物的雕塑形式和宏大的规模，与埃罗·沙里宁的纽约肯尼迪机场TWA(环球航空公司)航空站之类的标志性建筑物产生了共鸣，而后者避开了多角大棚式的结构，代之以更具波状且给人振奋感的建筑语言。

建筑物的布局简单至极。有着引人注目的玻璃顶及190米开阔的大厅，构成了工程的核心，并且成为所有旅客都会穿过的中央空间。其巨大、开阔和自然的空间，能从所有到达点看到，确保了结构的透明度，并有利于乘客找到附近的出口。对称地坐落在南北轴线之上，大厅将成为地面运输中心与候机厅之间的入口休息场所，候机厅是成扇形向TFP的枢纽大楼的南北方向展开的。它的位置与形状同连接机场航空站与GTC的主要人行道相称。

两个旅客终点站之间有一座独立式建筑，这座六层的运输中心是机场的主要运输交换设施。它与机场的基础设施融为一体，预计每年能供600万旅客使用。25万平方米的庞大运输中心，将容纳五条铁路系统（地铁、普通列车、高速列车和连接机场商业中心的短程旅客列车）；一个公共汽车和长途客车站；以及出租车、汽车租赁、宾馆和旅游巴士上落点。它还能满足复杂的停车要求（旅客、公众、员工、出租车、租赁车辆和公共汽车）。此建筑物计划于韩日合办的2002年世界杯足球赛前竣工。

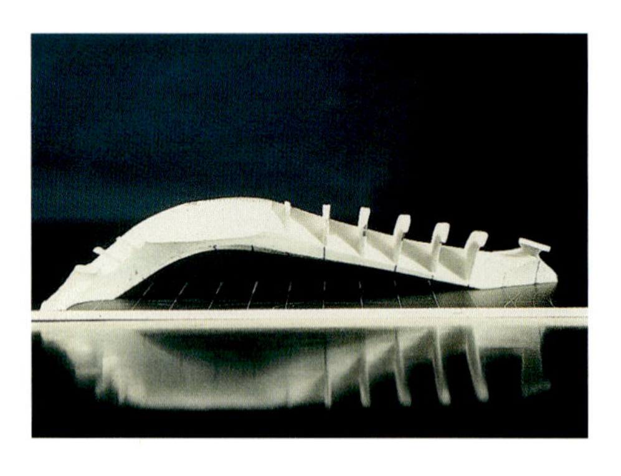

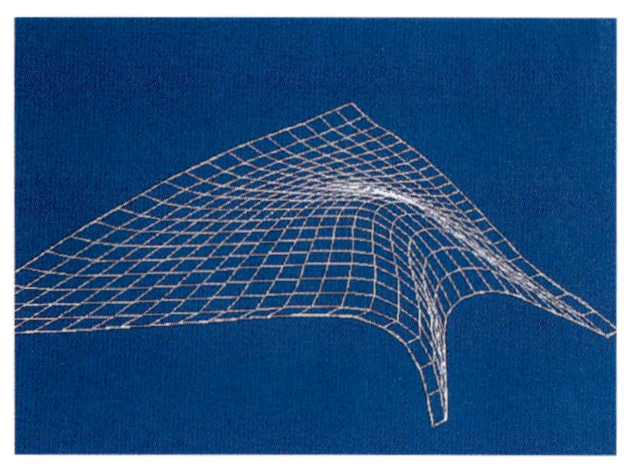

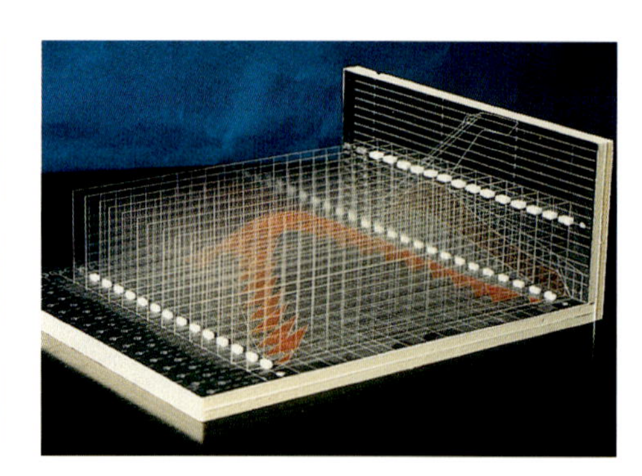

屋顶结构与形式的设计

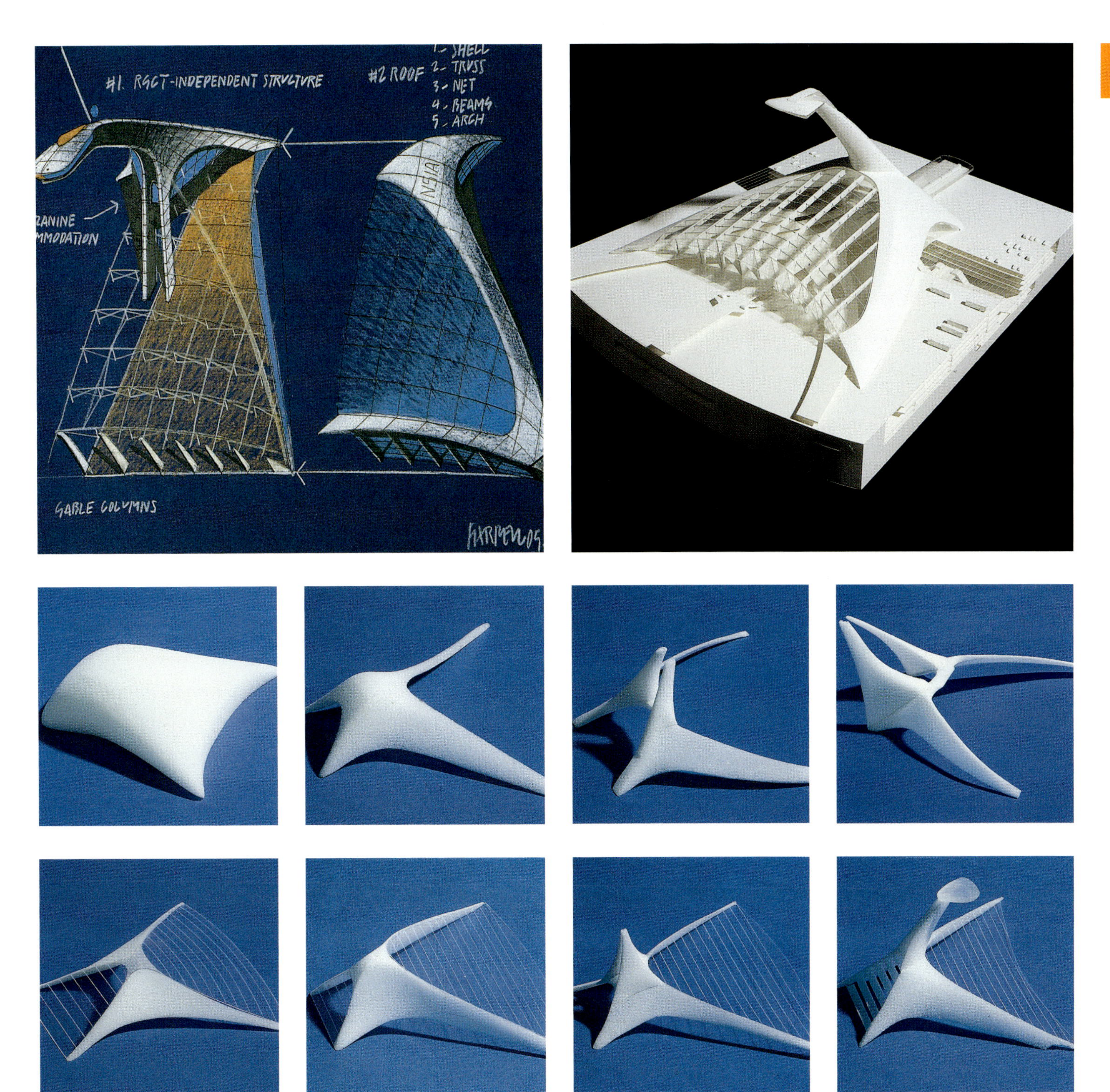

上图：取消控制塔之前的第一阶段方案分析

下图：不同的方案对取消控制塔之后的设计进行了比较

下图：连接综合交通中心与候机厅的人行引道的模型与分析草图

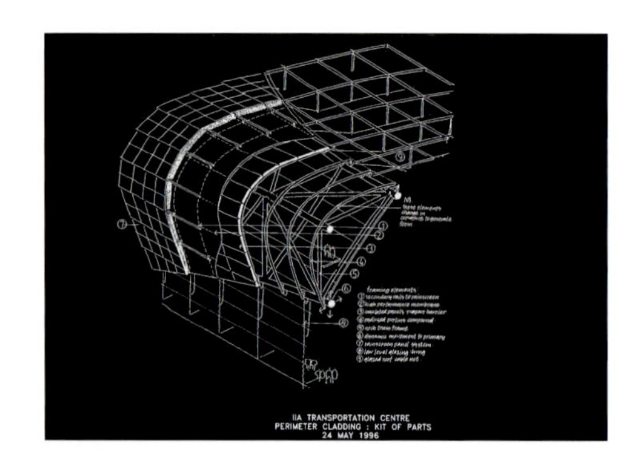

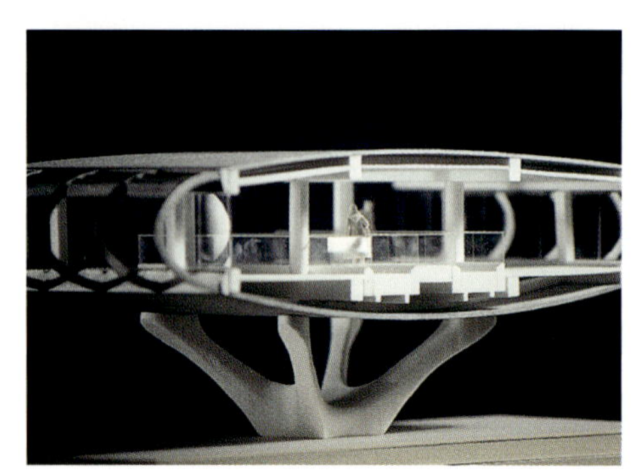

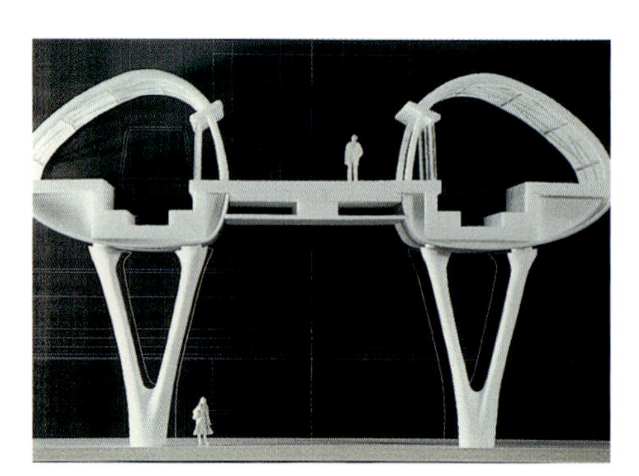

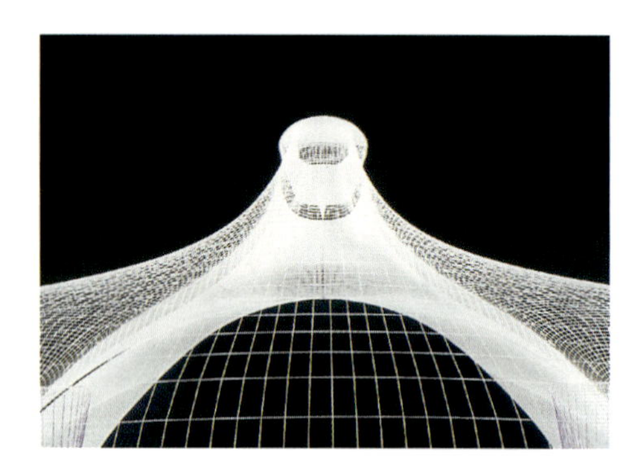

下图：首层平面图及剖面图

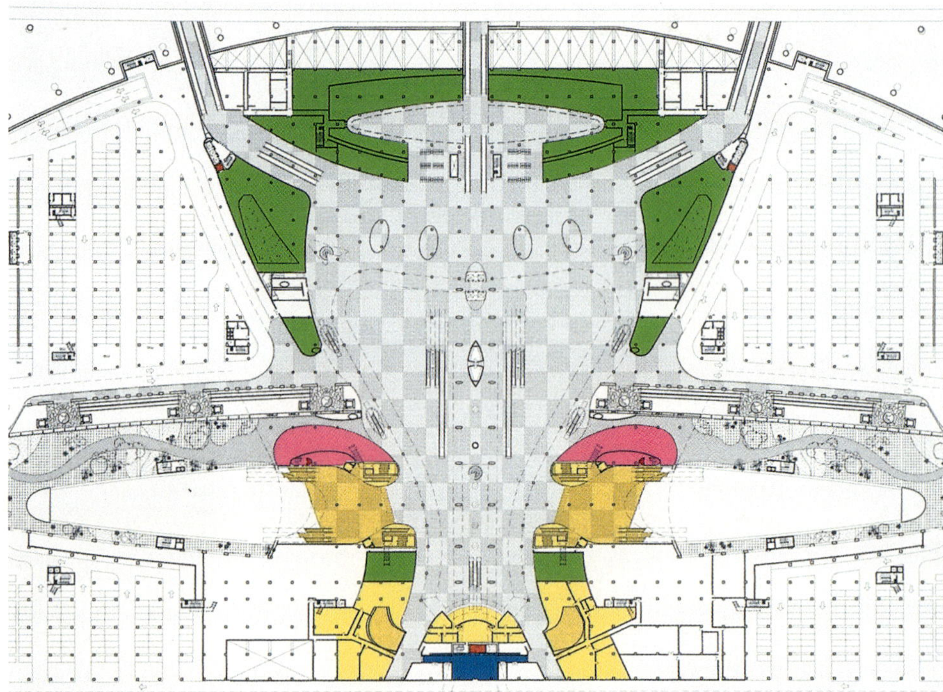

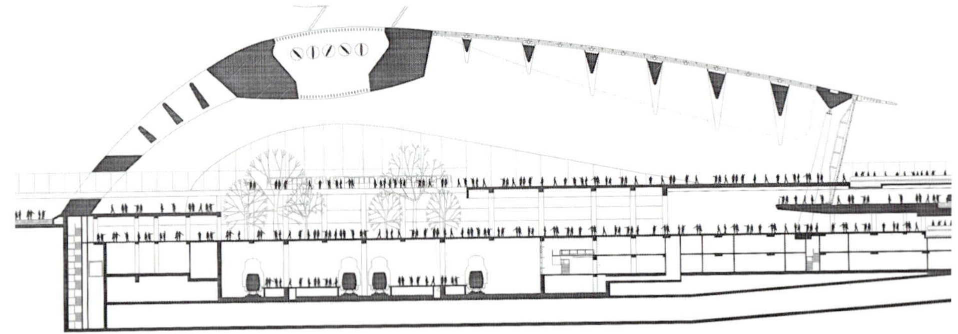

最下图：结构分析及剖面图

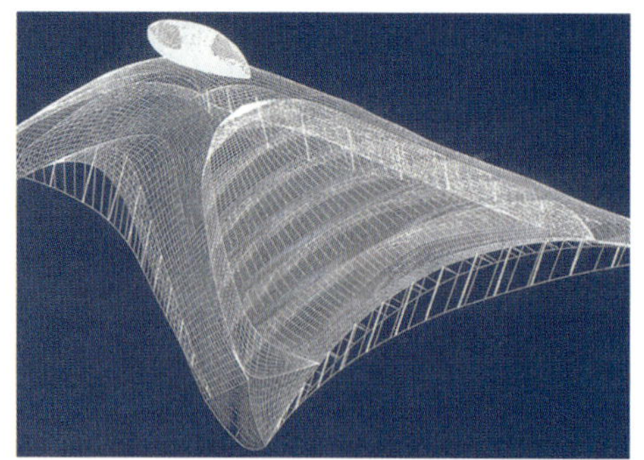

带宝石状翼板的分析模型

建筑在 2001 年春的照片　　左下图：回填场地

“Y”形建筑物

总部，公司总裁公寓，餐厅＋展览室

韩国城市生活的一个特点就是汉城的多中心结构，体现在小型独立环境（choebals）的形成上。TFP的“Y”形总部大楼，拥有一个展览区、咖啡馆和餐厅、健身房、秘书办公室和公司总裁办公室，具有独立的公司环境结构。

“Y”形总部大楼坐落于城区格局的对角线上，其简单的立体结构就能体现出这一特点。这份在国际竞赛中获胜的设计，在金属骨架的前面，有着透明、半透明和不透明的玻璃结构。

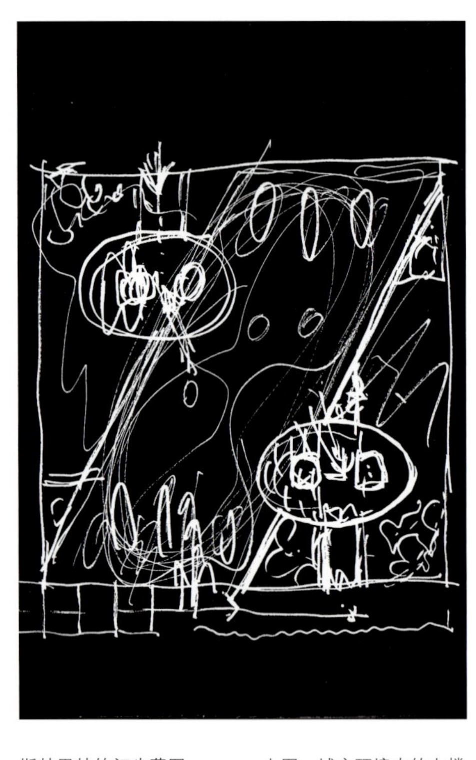

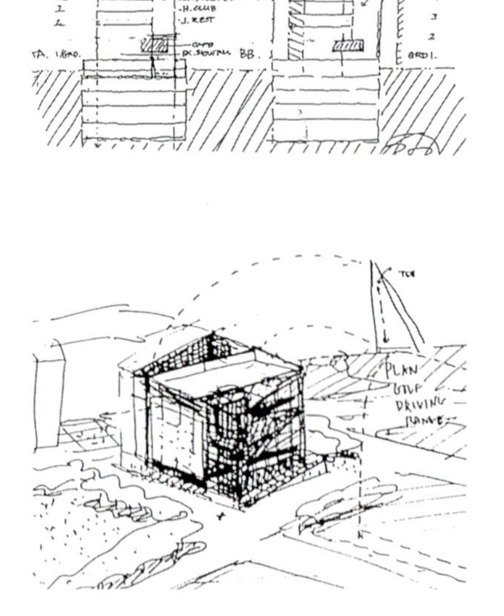

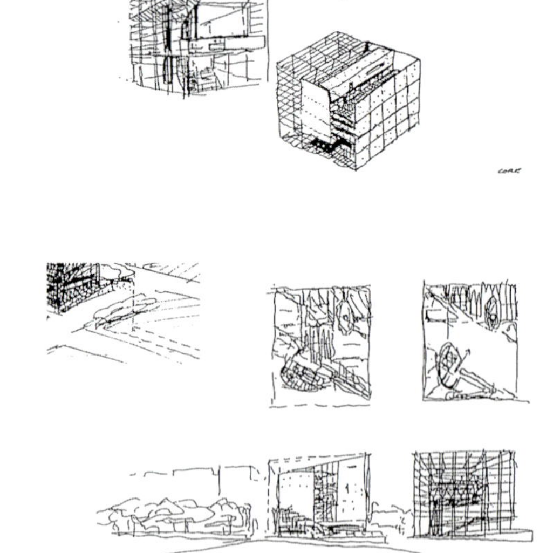

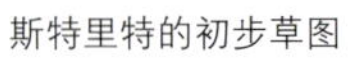

斯特里特的初步草图　　上图：城市环境中的大楼　　设计草图

竞赛模型 · 获胜方案

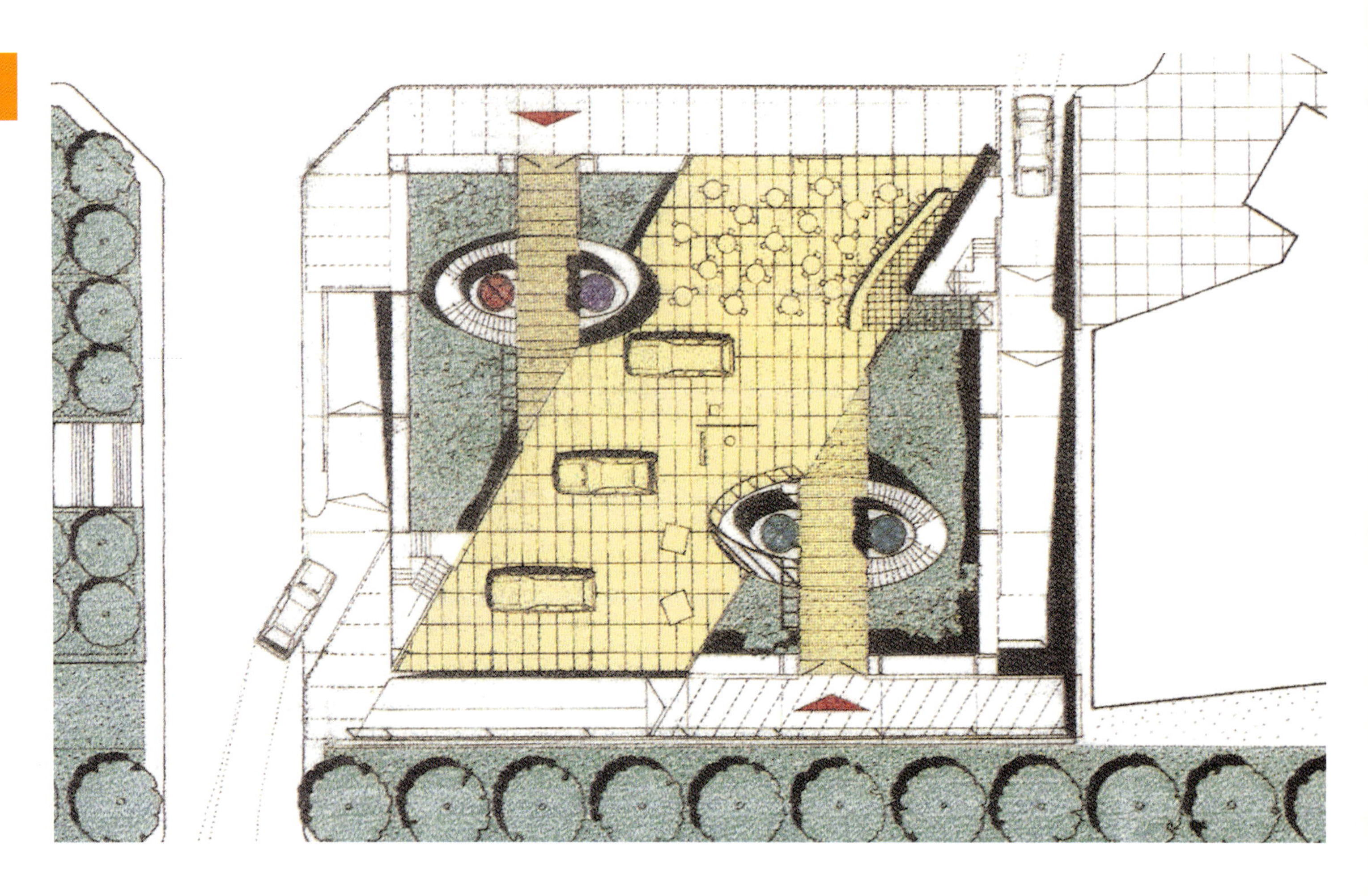

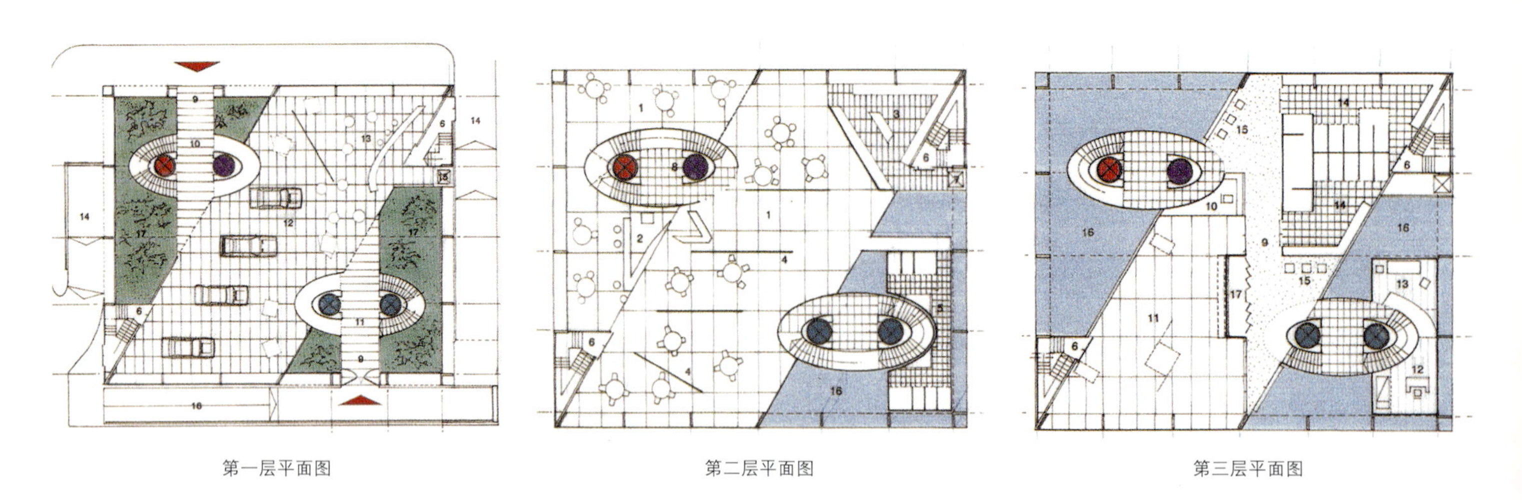

上图：竞赛阶段后经修改的首层平面图　　下图：深化后的平面图

最终方案模型

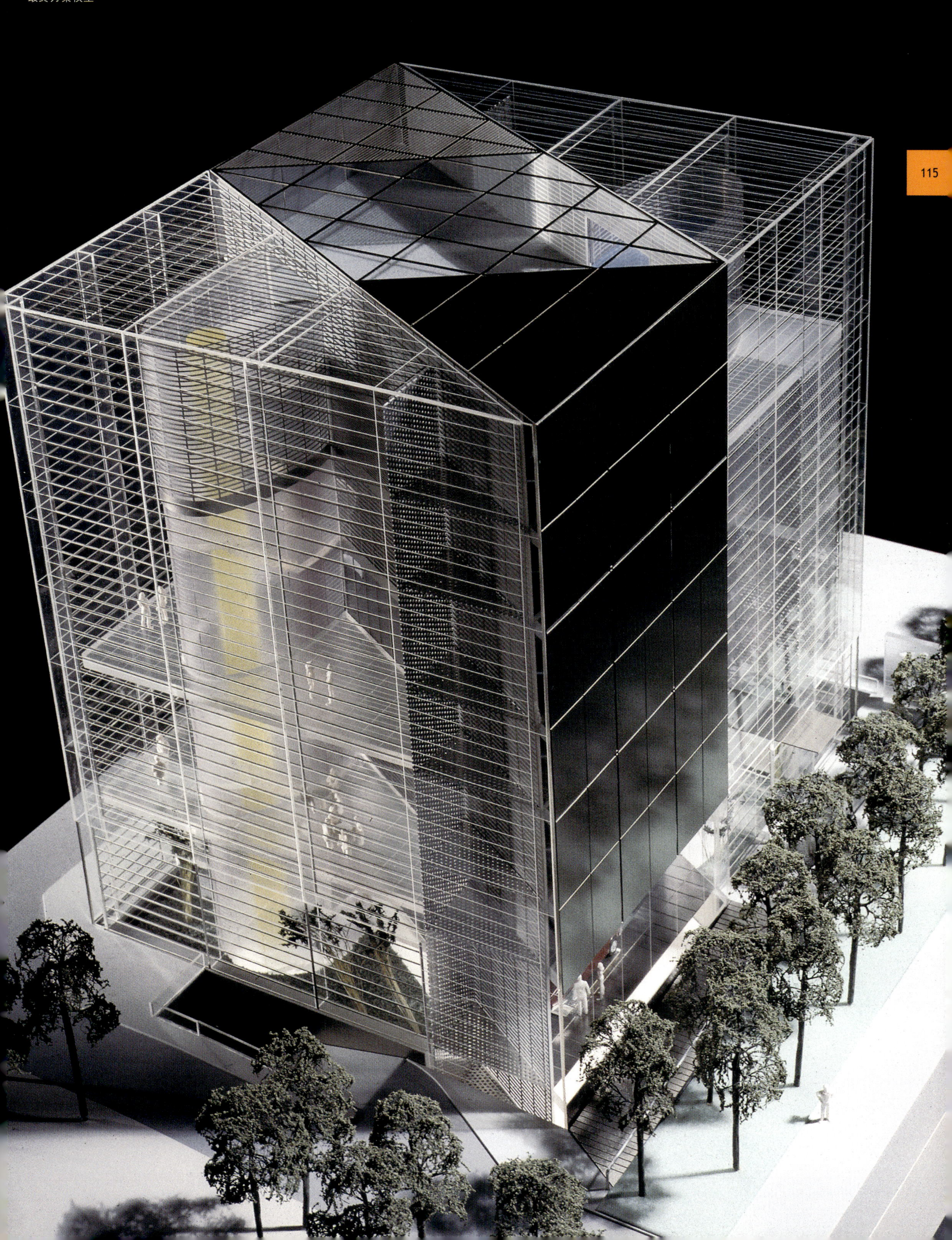

“C”形建筑物

展览室，餐厅＋会议中心

大楼位于汉城主要商业区Kanghan-gu的一块回填场地上，对面是一家主要韩国公司的总部大楼。其街角基址为一条繁忙的四车道公路与辅路的交叉口。受一个韩国工业组织的委托，“C”形大楼就是一幢包罗大千世界于一身的都市建筑的范例。

这幢8层大楼有一个多用途的展览区；有450个座位的中式、韩式和意大利式餐厅；会议室；以及一个宴会厅。大楼内最大的空间，就是用来展示一家主要韩国汽车制造商的最新车型和概念车的展览室。大楼位于汉城的商业区内，旨在作为一个集餐饮、社交、会议和公司娱乐于一身的标志性建筑。

大楼分两部分。第一个是底层的多用途展览区。其上是第二部分，内设饭店。有一个纵向的锥形结构将这两部分连为一体，使阳光能透过大楼而照到底层的展览区。底层部门外覆玻璃幕墙，且是半透明的，而上面的部分覆有黑色大理石和花岗石。

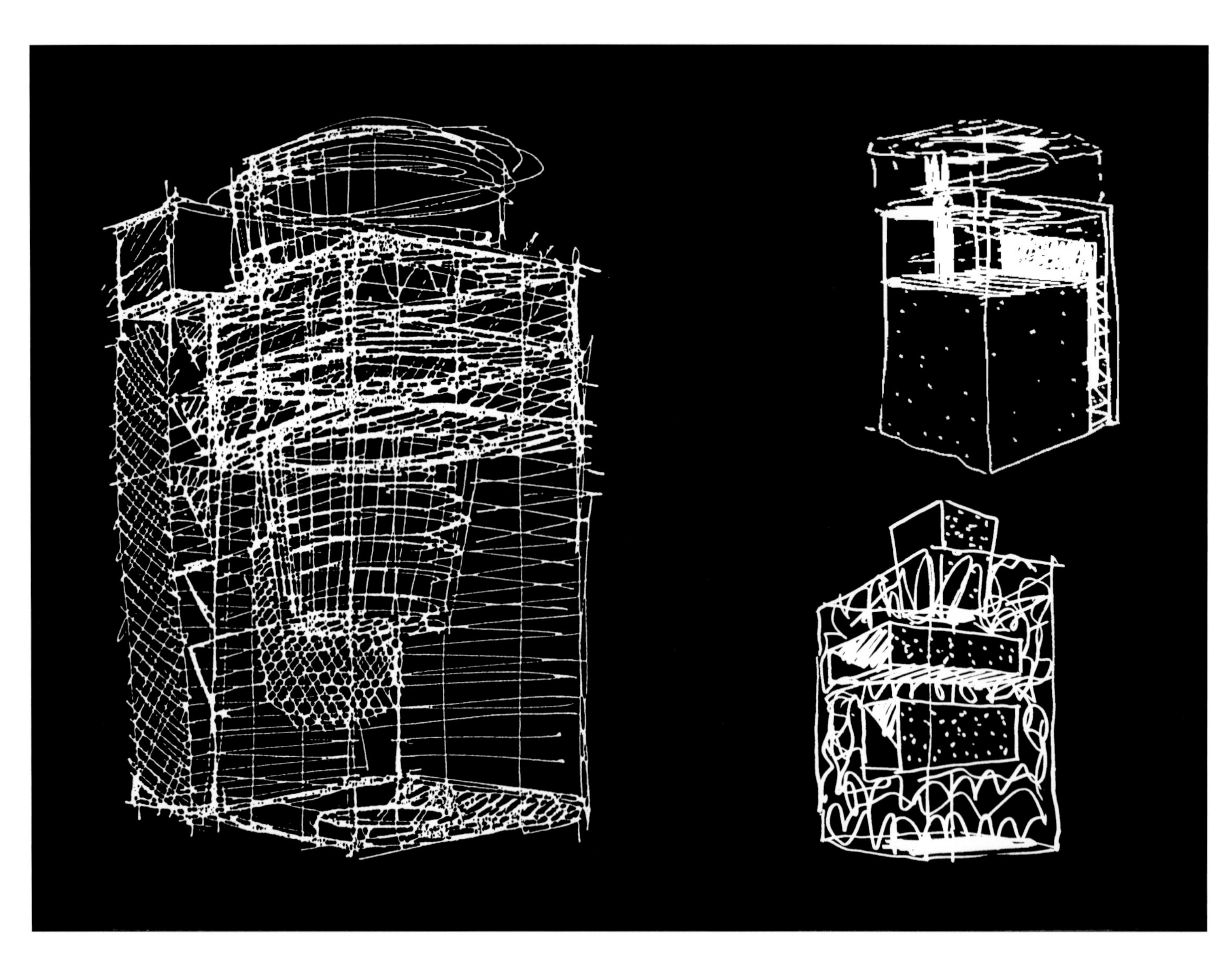

草图

竞赛入选的最终模型

“H”形建筑物

画廊，餐厅＋商场，医院

位于汉城Nonhyon－dong一个建成区内的山上，规划旨在分散的邻里建筑之间实现统一并便于联系。像TFP的其他汉城项目一样，画廊和医院建筑体现了韩国人对整个世界的看法——在一个艺术、健康、商业、零售和休闲建筑的环境中。

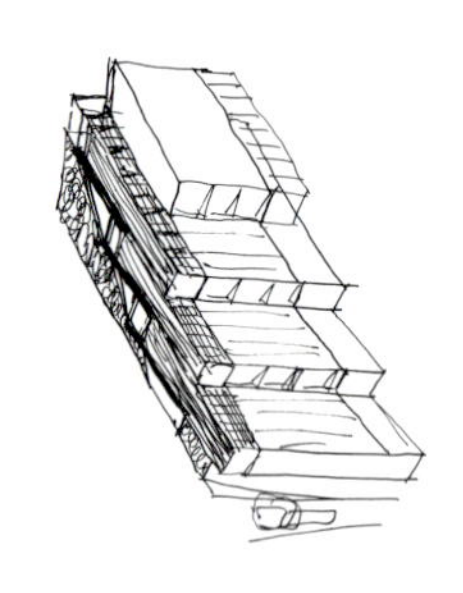

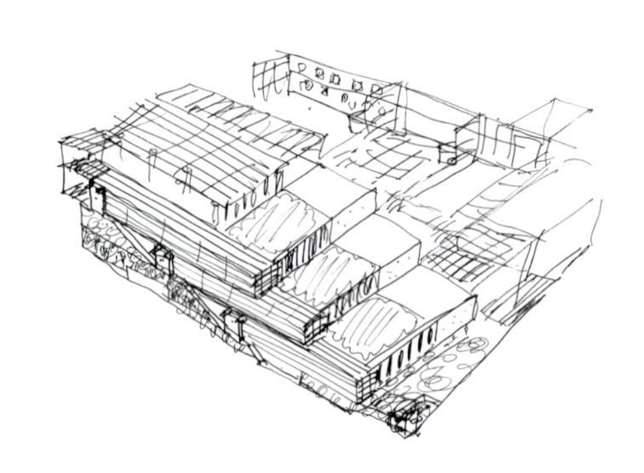

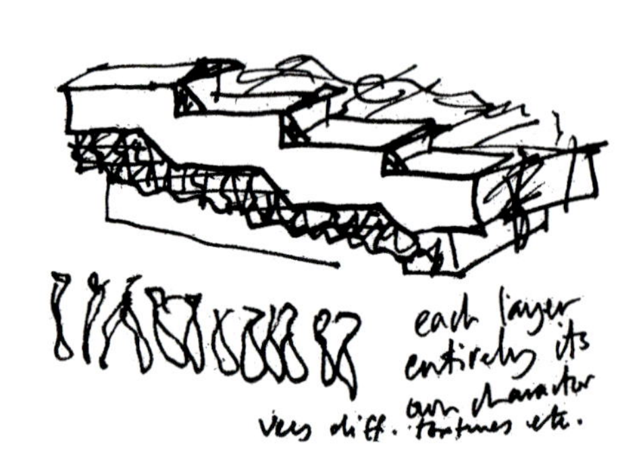

上图：斯特里特和法瑞的医院的草图

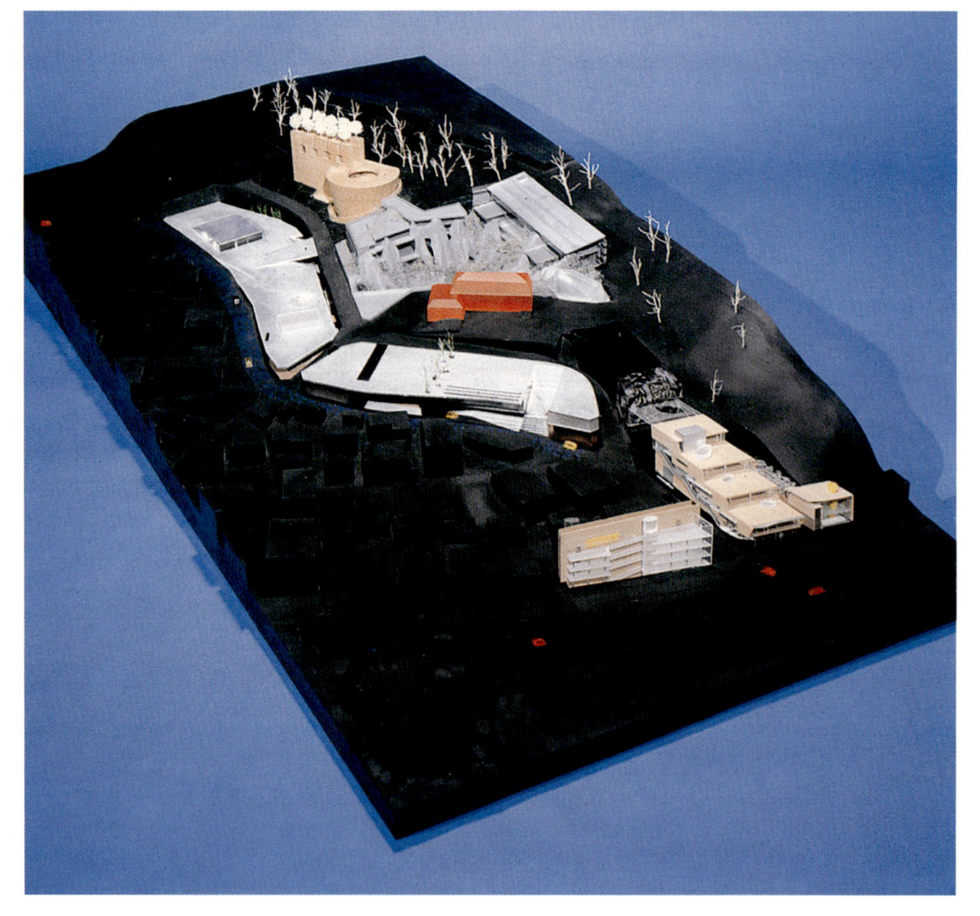

库尔哈斯(Rem Koolhaas)事务所提供的模型表示出了全部建筑组成部分

医院建筑大楼示意图

左边艺术大楼与右边医院
建筑的模型平面图

该组零售和医院建筑，构成了与库尔哈斯(Rem Koolhaas),努韦尔(Jean Nouvel)和马里奥·博塔(Mario Botta)为了构建一个多用途区而合作设计的总体规划，它是由一家主要的韩国公司委托的，该项计划集艺术、健身、商业、零售和休闲于一体。TFP的工作包括位于综合体入口处的一个购物长廊和一所医院：按规划，购物长廊位于山的最低处，而医院位于山的最高处，选址在倾斜的街道旁。购物长廊为整个综合体提供了导向。来访者在穿过长廊和商店之后，会经一个斜坡而走上观景台。在斜坡朝下拐时，会经过一堵有展品的仿佛一个大型雕塑的墙体的任意一侧：从大街上看去时，建筑本身就成了一个巨大的艺术品。广告牌式的设计形式，起着主题展览和具有韩国艺术家及其他专业人士作品之特点的销售活动展区作用。从与综合体相邻的大道上看去，透过四层镶玻璃的墙壁，开敞的展室和倾斜的内部走道一览无余。

按规划，医院将作为公司医疗中心的一个附属机构。行人走道经一个带阶梯的公共花园而通到建筑的北面，它也是一条可通向综合体的路径。建筑的规划结束于有一系列轮廓线和岩层的山脚，邻近挡土墙的岩层表面附近。

项目的中央是现代的欧洲设计风格，窄道和高挡土墙的特点体现出传统韩国人的界限感。行人沿着穿楼而过的一条弯道，直达项目中枢位置的休闲和戏剧研究室建筑。

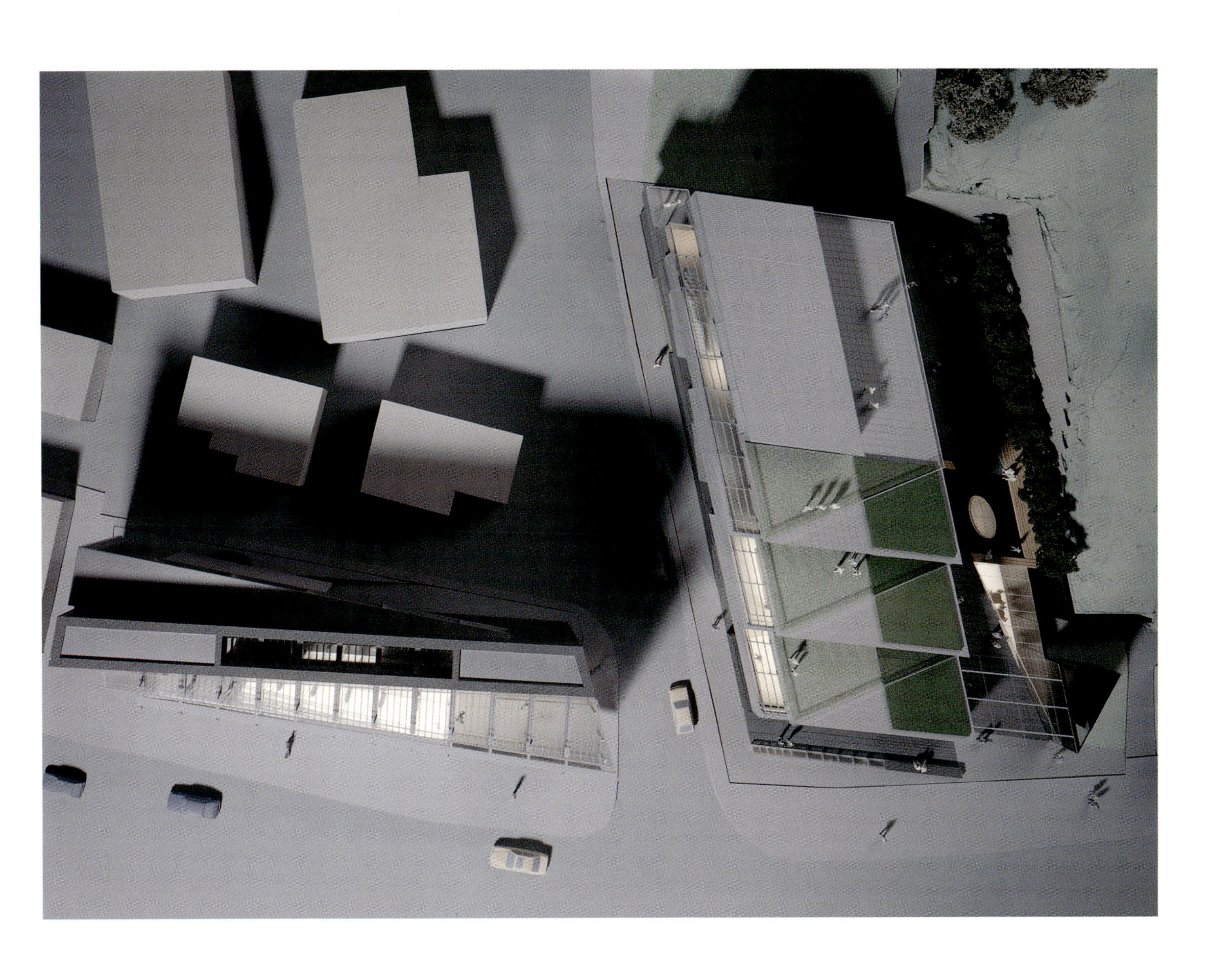

画廊示意图

左下图：平台式医院大楼模型

下图：参观者可从中间为展览墙的斜道任何一侧来回走动

右下图：商场大楼：展墙是一个雕塑展示架

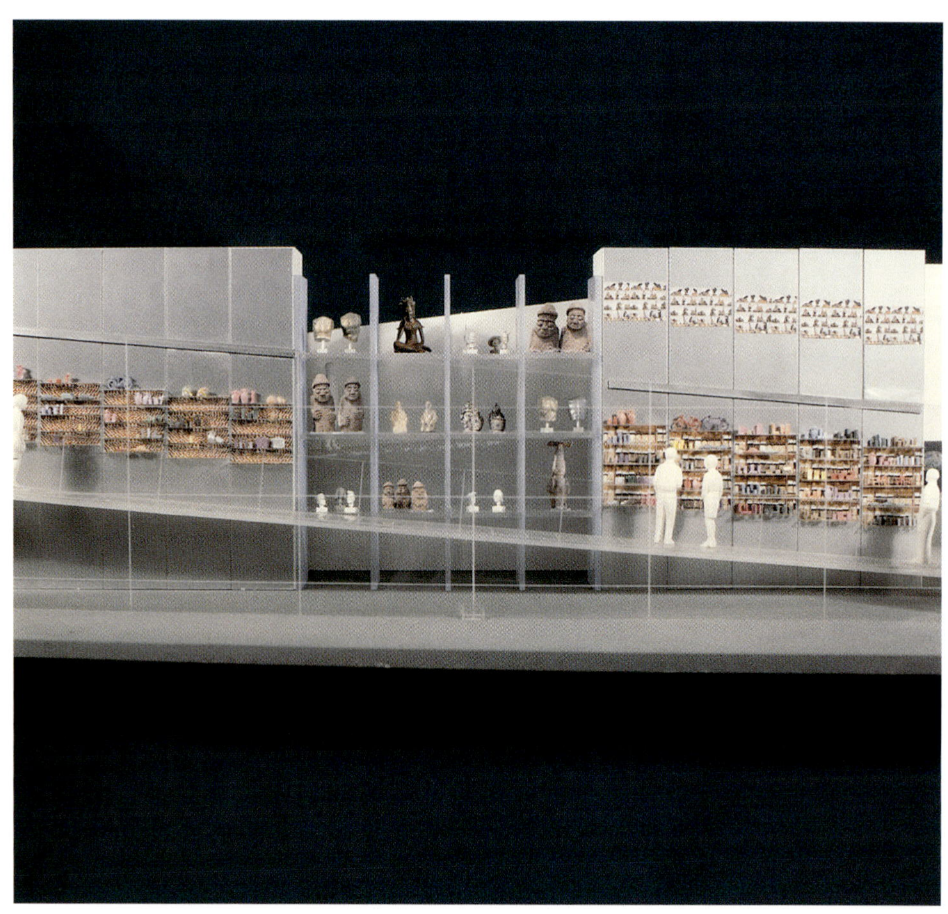

画廊设计成一间镶嵌玻璃的矩形幕墙

下图：零售区（右侧）和医院（左侧）大楼位于综合体的入口处

SYDNEY

第四章

悉尼

悉　　尼

简单说来，帕拉马塔枢纽完全实现了悉尼沿河及过港的铁路连接能力。它是悉尼迈向成熟的一个关键步骤

左下图：卫星照片

中下图：悉尼全景

右下图：帕拉马塔郊区鸟瞰图

悉尼是沿着一个景色未受破坏的界线分明的河湾而建成的伟大港口城市。它位于蓝山山脉的东缘，周围是无边无际的开阔空间。四周是广大的低密度郊区格局，悉尼体现出了澳大利亚这个新大陆的个人主义特色。交通是第二轮城市改造的一部分——虽然长期以来，航空业就在澳大利亚人的文化中扮演着重要角色，但铁路的使用是最近一些时期的城市生活特色。

帕拉马塔(Parramatta)是一个悉尼以西24公里的郊区——悉尼港在此与帕拉马塔河汇合，此地是该区域第二个最具历史的居留地。它的肥沃土壤和淡水，使其成为一个农业中心和进入澳大利亚腹地的门户。市中心是位于分散的郊区格局中的一个人口稠密区。TFP公司的帕拉马塔交通工程，着眼于适合未来发展需要的直线式转运模式。此工程找到了通过新的连接方式而使郊区中心地带重新城市化的方法，以满足当前的人口和未来潜在的需要。

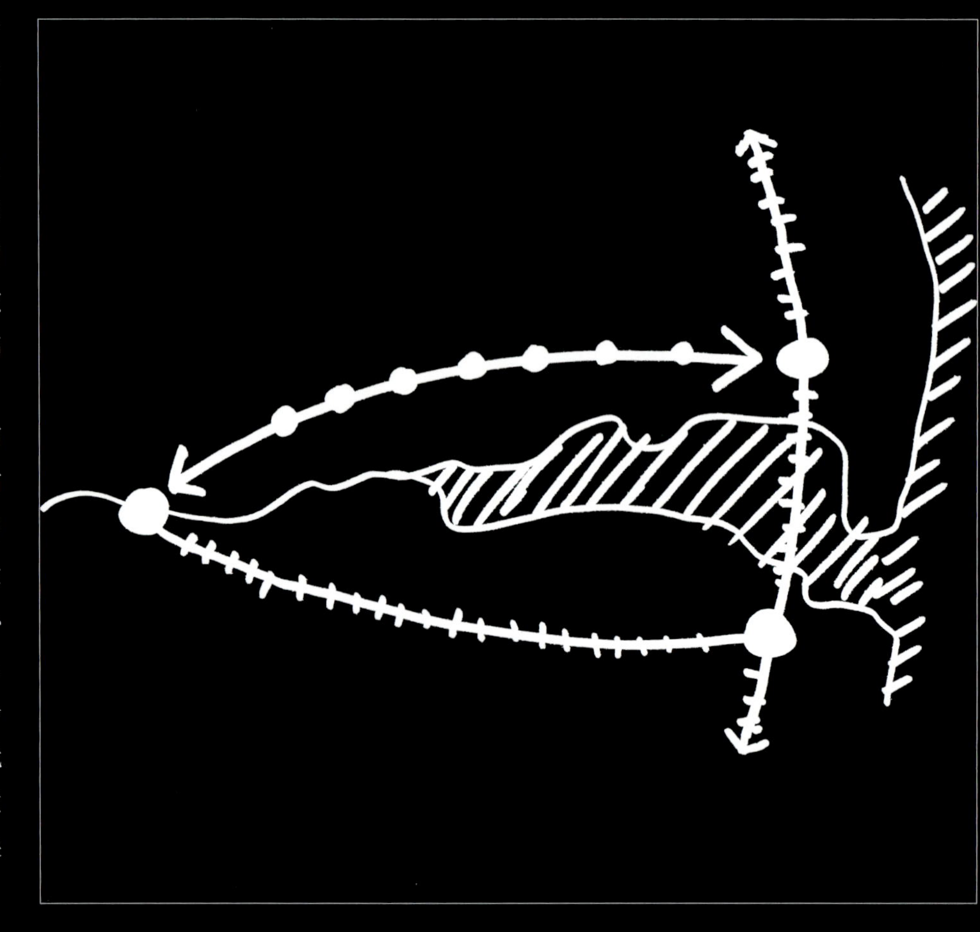

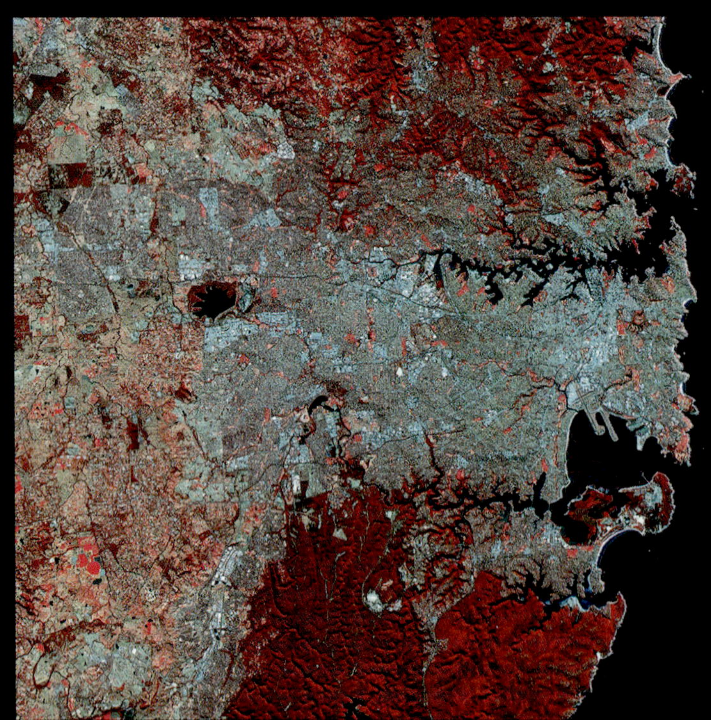

不同站点的布局。新站是按类别分的，有助于理解各站的城市设计思路

下图：铁路线简图

PARRAMATTA RAIL LINK MATRIX

18. 04. 2000

	PARRAMATTA SECTION		CARLINGFORD SECTION				EPPING SECTION			CHATSWOOD SECTION		
NAME	PARRAMATTA	ROSEHILL-CAMELLIA	RYDALMERE	DUNDAS	TELOPEA	CARLINGFORD	EPPING	MACQUARIE UNIVERSITY	MACQUARIE PARK	DELHI ROAD	UTS	CHATSWOOD
NEW/UPGRADED	NOT IN THIS CONTRACT ● UPGRADE	■ NEW	● UPGRADE	● UPGRADE	● UPGRADE	● UPGRADE	● UPGRADE	■ NEW	■ NEW	■ NEW	■ NEW	NOT IN THIS CONTRACT. ● UPGRADE
LINE LOCATION												
PATRONAGE HIERARCHY												
CONTEXT (COMMERCIAL / RESIDENTIAL / OPEN SPACE / HOSPITAL / UNIVERSITY / SCHOOL)												
FIGURE GROUND												
TRANSPORT INTERCHANGE	NEW TRANSPORT INTERCHANGE	INTERCHANGE WITH PARRAMATTA-STRATHFIELD TRANSIT WAY	UPGRADED LOCAL BUS INTERCHANGE									EXISTING INTERCHANGE UPGRADED
CONNECTION TO OTHER LINES	MAIN WEST LINE	Transitway					MAIN NORTH LINE					NORTH SHORE LINE
ABOVE/UNDER GROUND												
KISS'N'RIDE	•	•	•	•	•	•	•	•	•	•	•	•
PARK'N'RIDE		NOT IN INITIAL SCHEME				800 CARS			NOT IN INITIAL SCHEME			
ISLAND/SIDE PLATFORM												
ANCILLARY ELEMENTS												
CHARACTER												

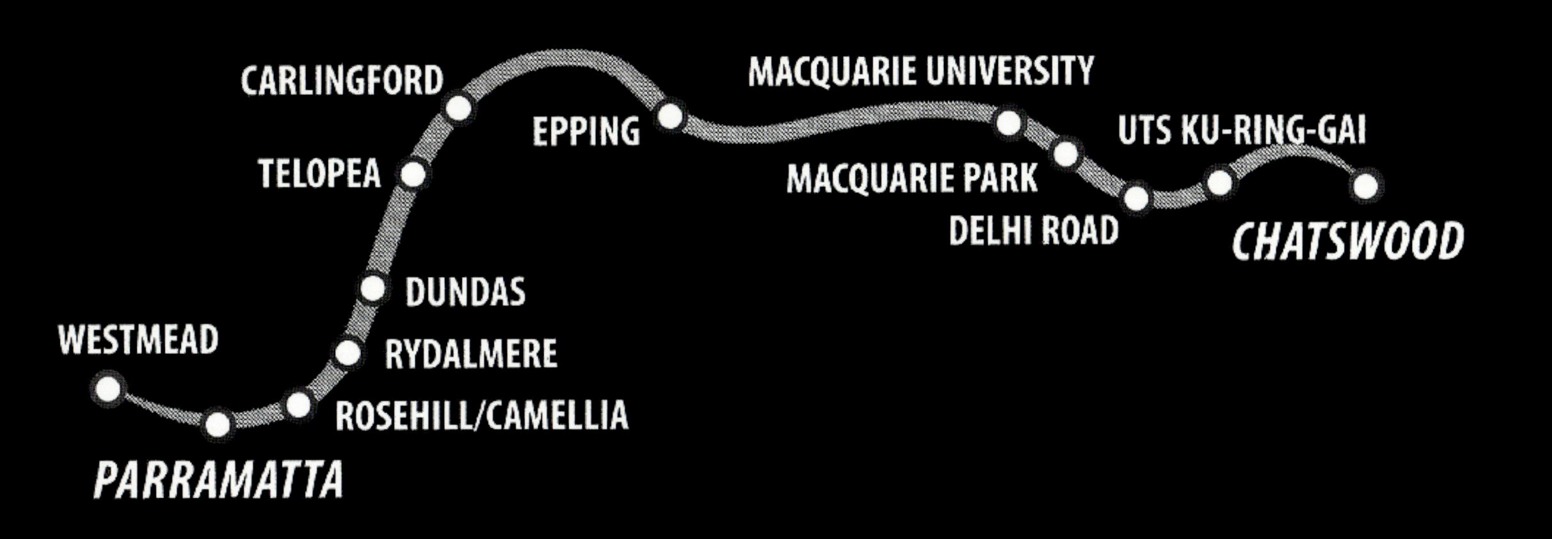

帕拉马塔(Parramatta)铁路枢纽

作为一条新的地方铁路线，帕拉马塔铁路枢纽服务于悉尼的整个北部和西部，是澳大利亚铁路网络的一部分。因没有一套综合的铁路系统，西悉尼已变得与市中心脱节，从而需要全面的城市改造。铁路项目为帕拉马塔提供了一个将目前分散的中心，提升成一个有影响的中央商务区的机会，这反过来又会缓解悉尼市中心的压力。

沿着铁路线的新车站，并没有在南北城区之间造成分隔，在设计上是要成为各区的核心。除提供一套有效的运输系统外，此项目的目标还要创造一个全面改善的公共区域。这将通过仔细的城市设计、敏锐的建筑处理和良好的开发平衡来实现。

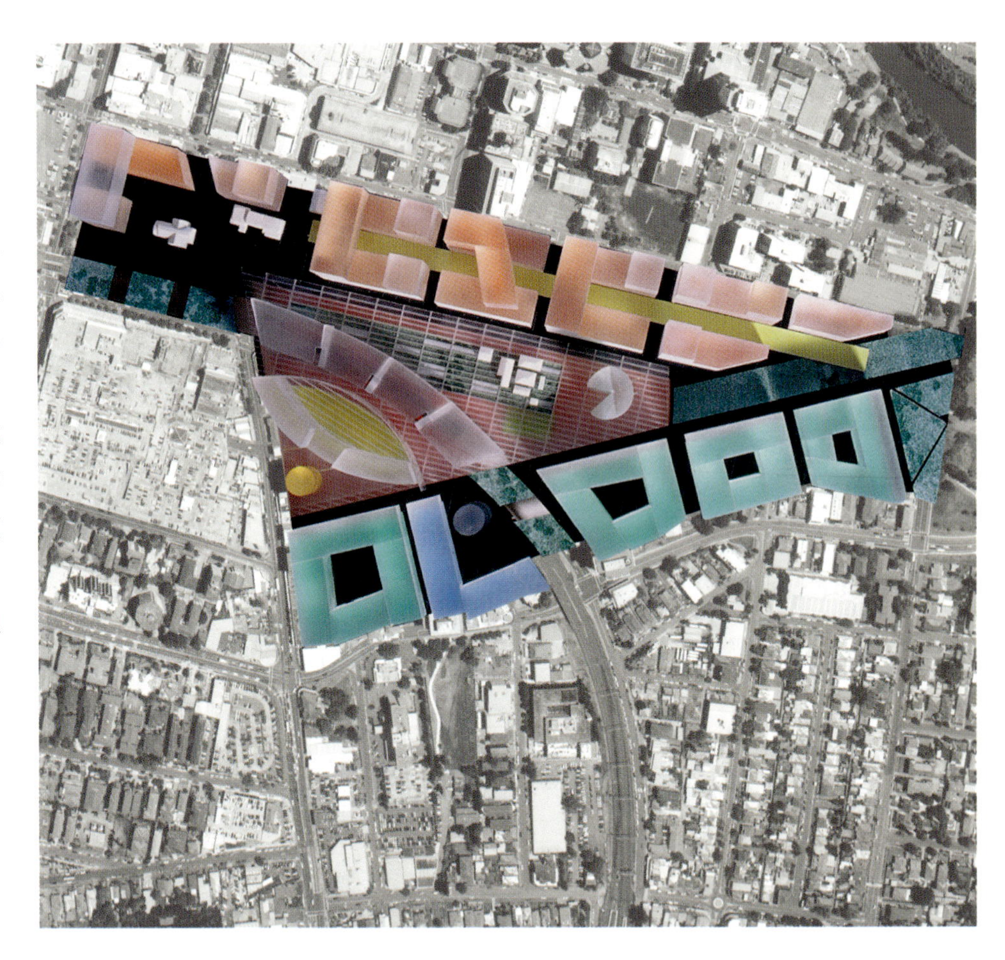

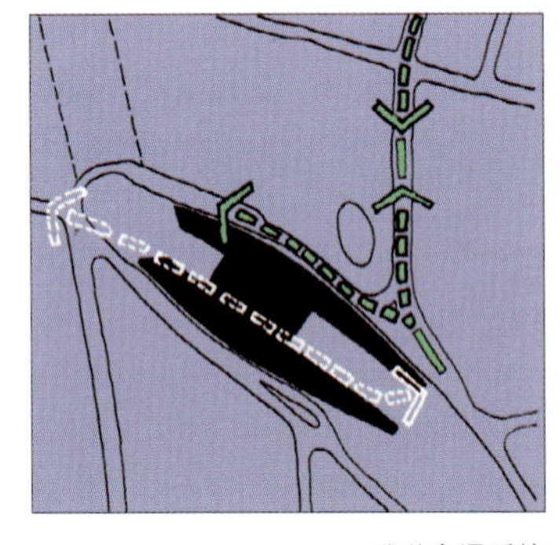

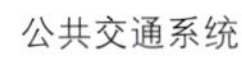

公共交通系统

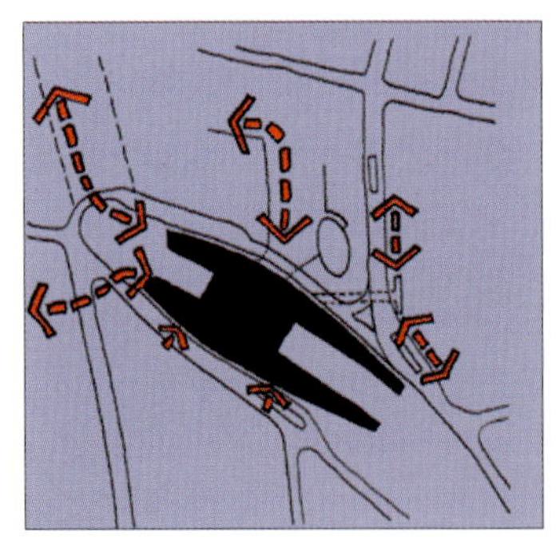

行人通道

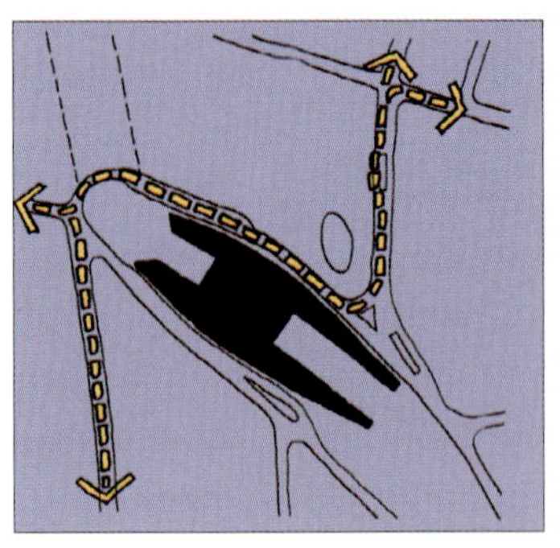

公共汽车和长途客车

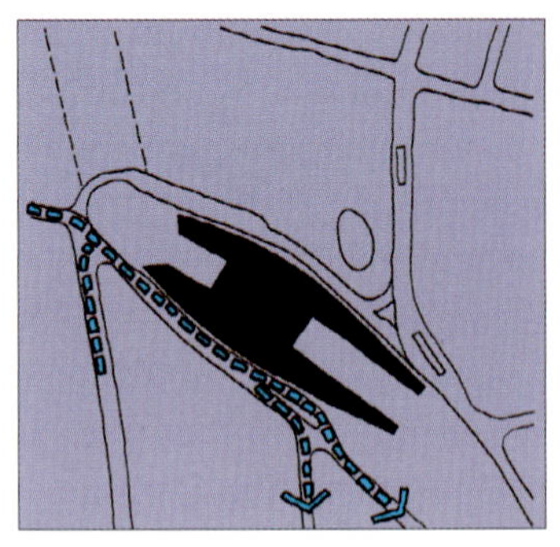

私家车和出租车

帕拉马塔站布局草图。这一点早就是清楚的，若没有通向城中心的城市设计方案，车站设计就不会取得进展。尽管车站给市内带来了活力，但同时也妨碍了城市间的联系。TFP的新设计，既能与城内联系，又能提供一个现代而又高效的车站

上图：帕拉马塔站航拍图，叠放的是初步分析模型

铁路线上的一个小站 Ca-
mellia 的分析模型

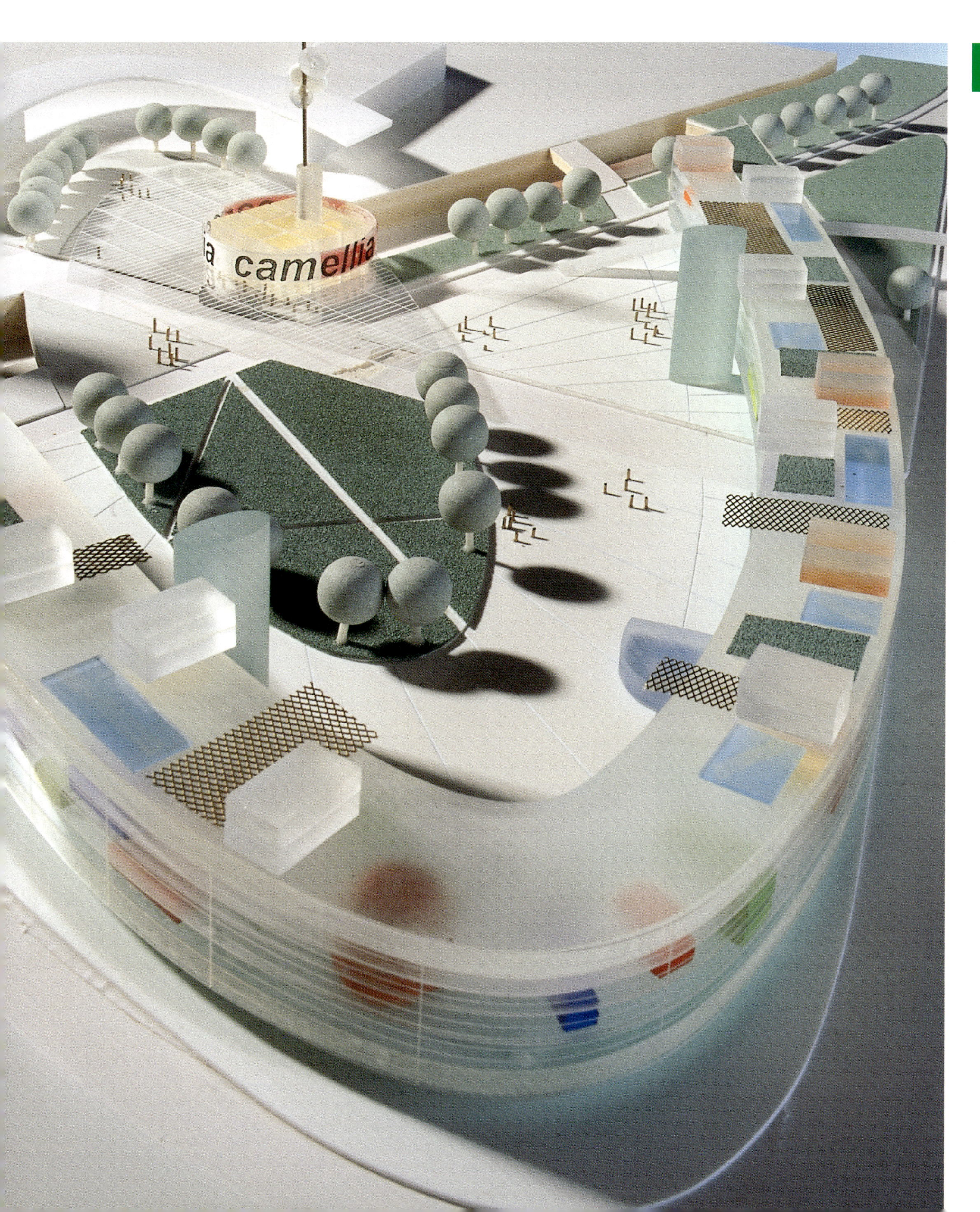

在山顶给轻轨、主干线、帕拉马塔新铁路等选址的比较方案。分析探讨了利用方便而有效的联络通道来增强城市两边的连接能力

帕拉马塔市中心规划的初步分析，对车站上方和周围的控高作了进一步研究

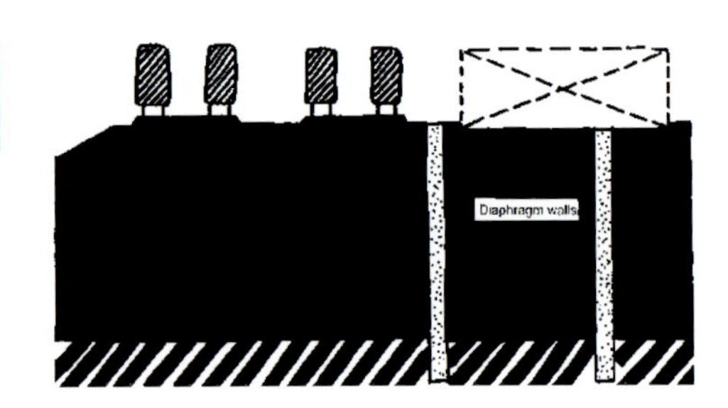

1.封闭 Argyle 街，并疏散交通
2.修筑隔墙

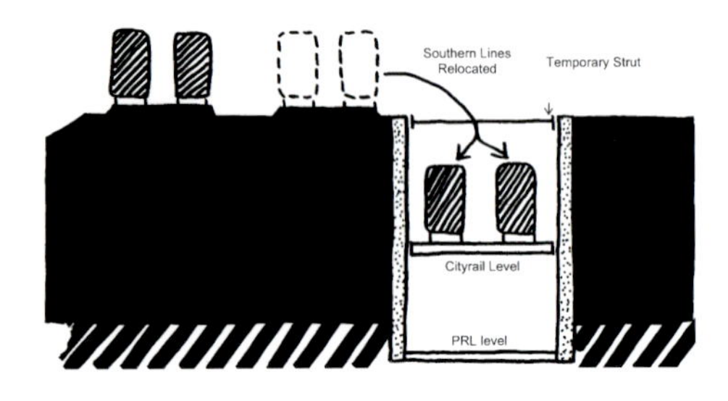

3.开挖至 PRL 高程
4.给南边的“城市铁路线”重新寻址

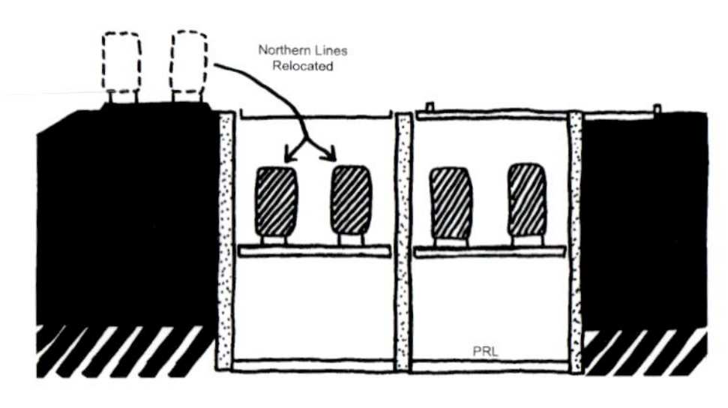

5.修筑第三道隔墙
6.将北段开挖至 PRL 高程
7.给北边的“城市铁路线”重新寻址

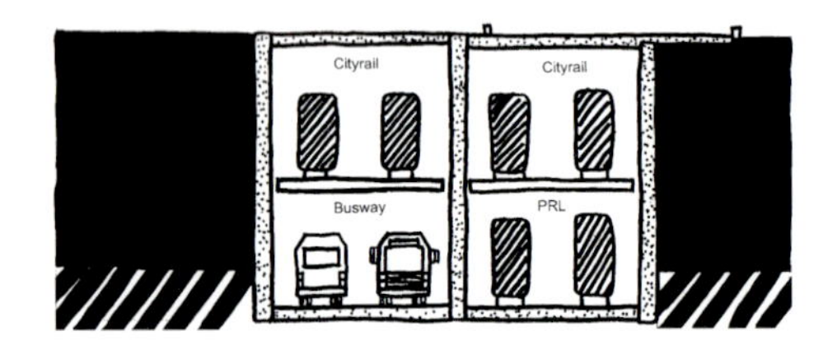

8.修筑 PRL 铁路线
9.修筑公共汽车道
10.改进上述各点

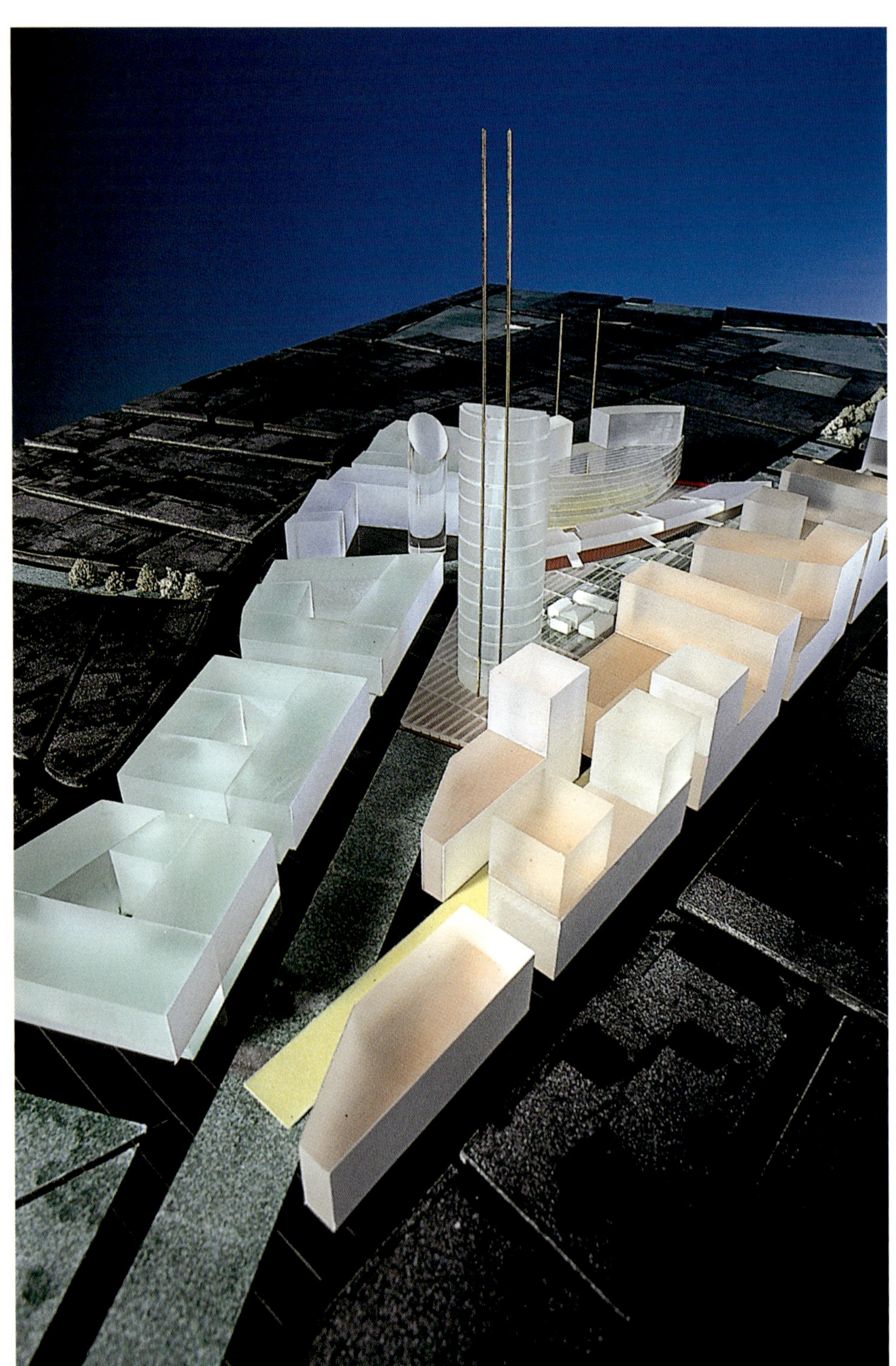

TFP公司与总部在悉尼的Conybeare Morison事务所，针对帕拉马塔铁路枢纽，共同递交了一份城市设计，已被列入最后的候选作品之中。此份1亿英镑工程的核心，就是悉尼西部从帕拉马塔通向Chatswood的27公里铁路。此铁路将成为悉尼人口不太稠密的郊区内新社区发展的催化剂。工程涉及到新建一条铁路，并设计12个地面或地下车站。有几个车站与原有的铁路线和公交车站构成了复杂枢纽的一部分。每个车站都被设想成一个“城市标志”，与环境相适应并重新确定了城市格局的特点。各车站风格统一的入口给铁路线带来完整的形象。

作为递交方案的一部分，TFP设计了帕拉马塔站转运中心——城市门户和新的城市中心。新枢纽提供了改善帕拉马塔中央商务区的核心地带、并弥补现有不足的机会。TFP的设计消除了原有车站和铁路线的阻隔效应，在地面上有了一个大型的广场和转运中心，以改善南北向的行人和车辆的流通性。历史性的铁路大楼和库房构成了朝向广场东端的传统建筑群，重新确定了从车站所处的山顶俯瞰帕拉马塔河的重要性。设计包括一个开放的车站，能自然通风，同时阳光能经一个飘浮状的玻璃和金属屋顶而射入。

12个车站有几种不同的功能。它们是运输枢纽；与周围区域融为一体，通过可透边缘能看得见和直接联系的中心；以及行人活动的多用途场所。交通设计与新旧城市开发的一体化，使得TFP能利用承担MTRC九龙站总体规划和城市设计经验。

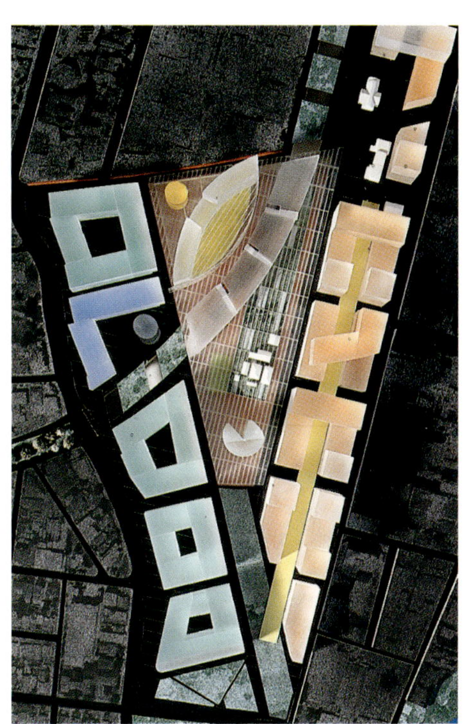

初步分析模型

帕拉马塔站的最终呈交方案

中下图：阿尔丹·波特(Aldan Potter)的草图。站顶是一个与城市在视觉上统一的标志。"伞"下是一个行人网络系统，迎合全城而不只是车站的需要

下图：斯特里特带有独特屋顶的最终设计图

模型

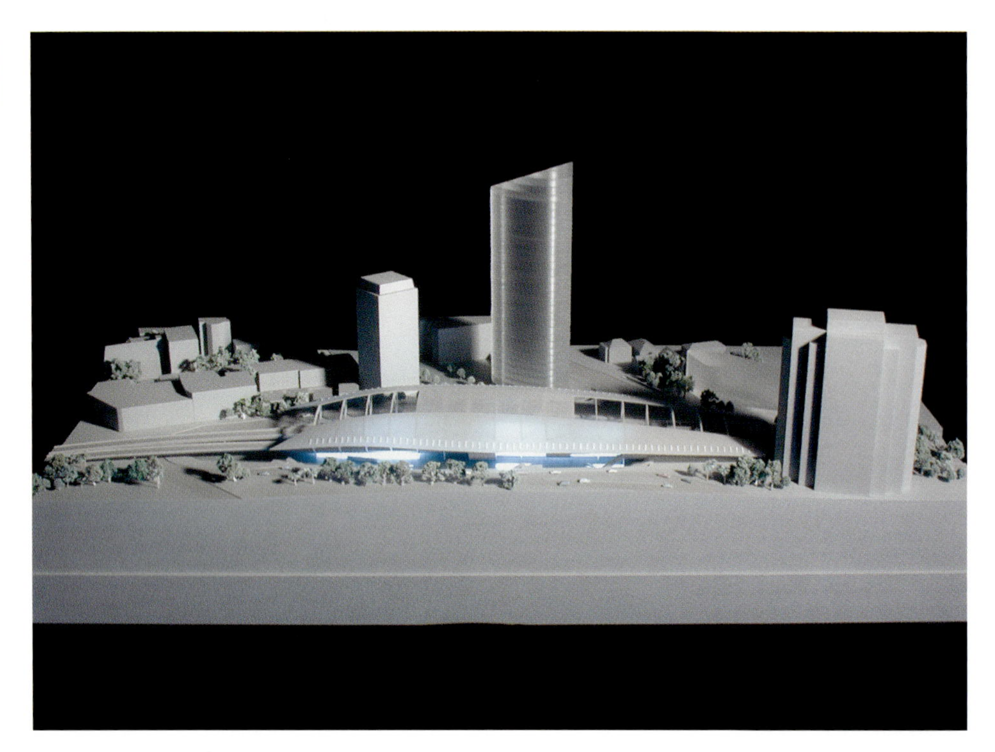

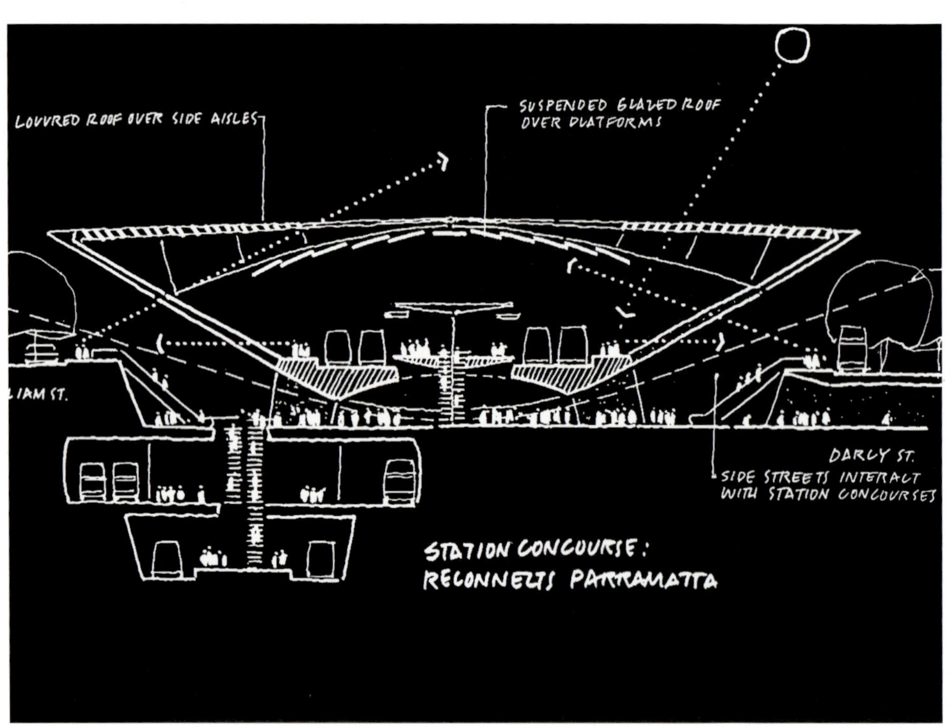

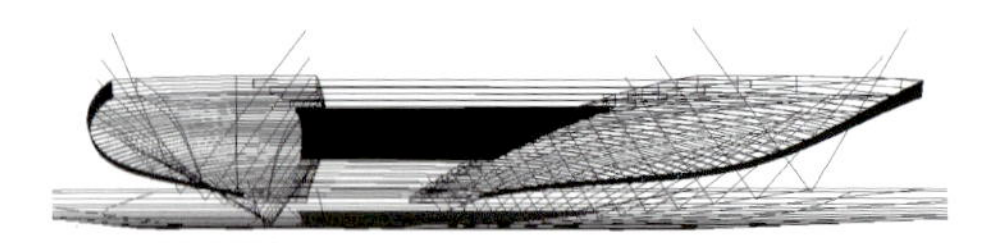

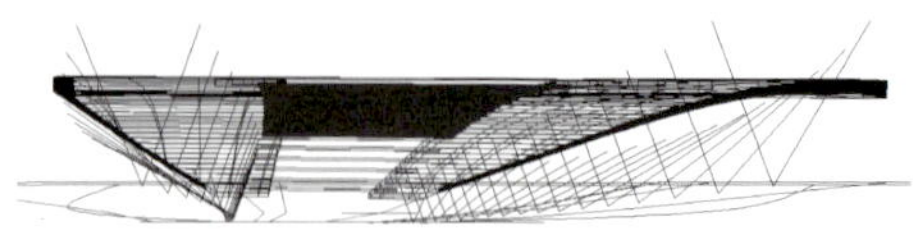

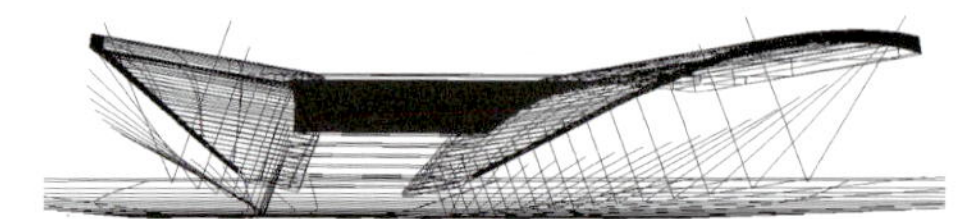

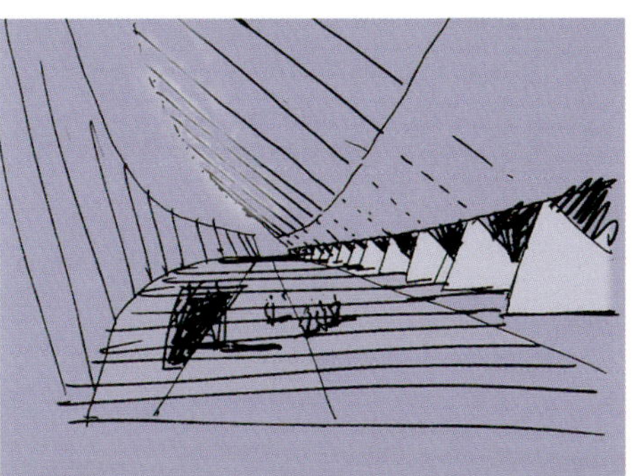

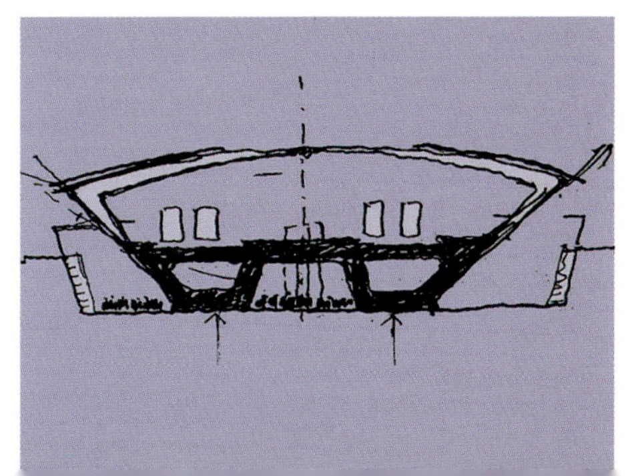

符号般的屋顶与车站底层平面达到了视觉上的统一，它就像一个城市广场，是新的社区中心

从月台处看到的屋架结构，它就是新的城市广场

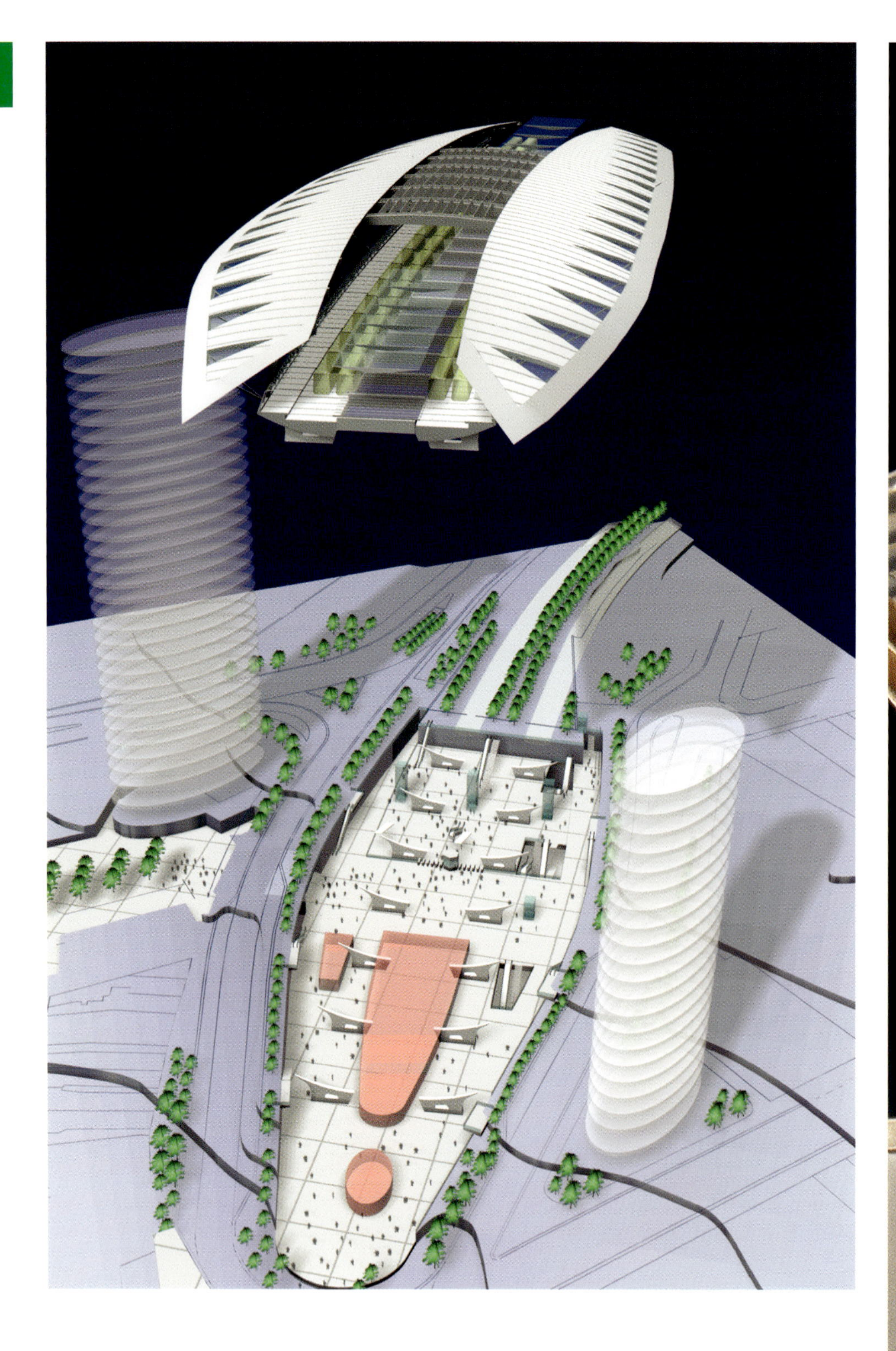

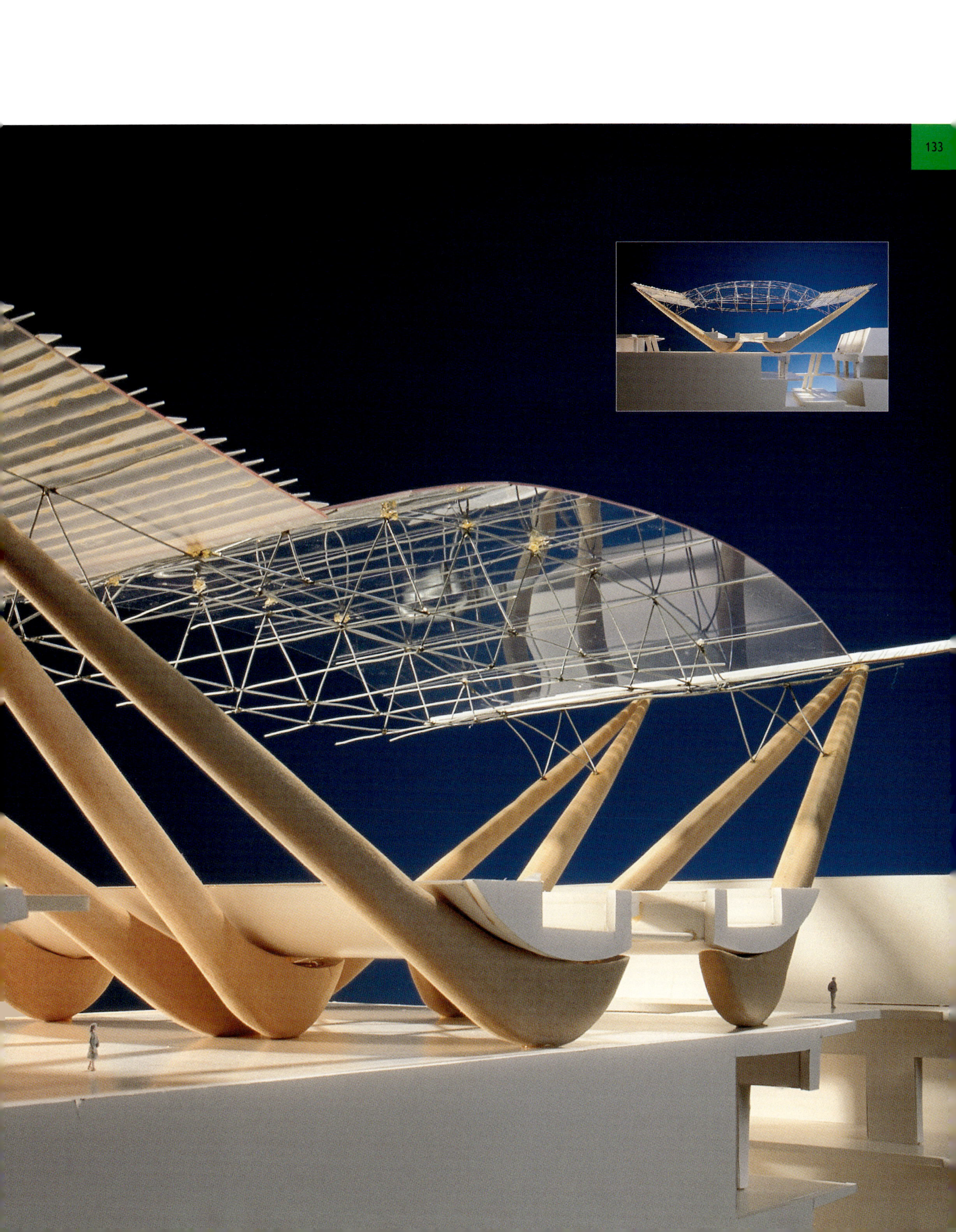

SEATTLE

第五章
西雅图

西 雅 图

左图：卫星照片。太平洋的一个入海口Puget Sounel位于中央位置

中间：西雅图城市标志

右图：西雅图的区域和标志

下图：1925年的城市鸟瞰图。此地区包含数千英里的滨水环境

西雅图晚至1869年才成立，目前是华盛顿州最大的城市——其经济发展体现在微软这样的公司所创造的财富，它们的总部位于西雅图。

简单地说，西雅图建立在一个自然景观和港口相结合的格局之上。从规划中可以看出它是自由发展的，与北京这样“秩序井然”的城市形成了鲜明对照。

西雅图的特点是注重生态。它由三个体系确定：山海相连的生态体系；产生西雅图格局特色的房地产历史体系；沿着滨水区防波堤的港口和铁路。TFP公司的太平洋西北水族馆就是与这三个体系相吻合的。整个城市改造体现出重新发现城市生活的全球现象——体现在1971年拯救Pike place市场、北边Denny Regracle区的发展以及1970年代中期进驻西雅图的职业体育会场。TFP在西雅图的工程将这类历史体现在了该市的现代生活之中。

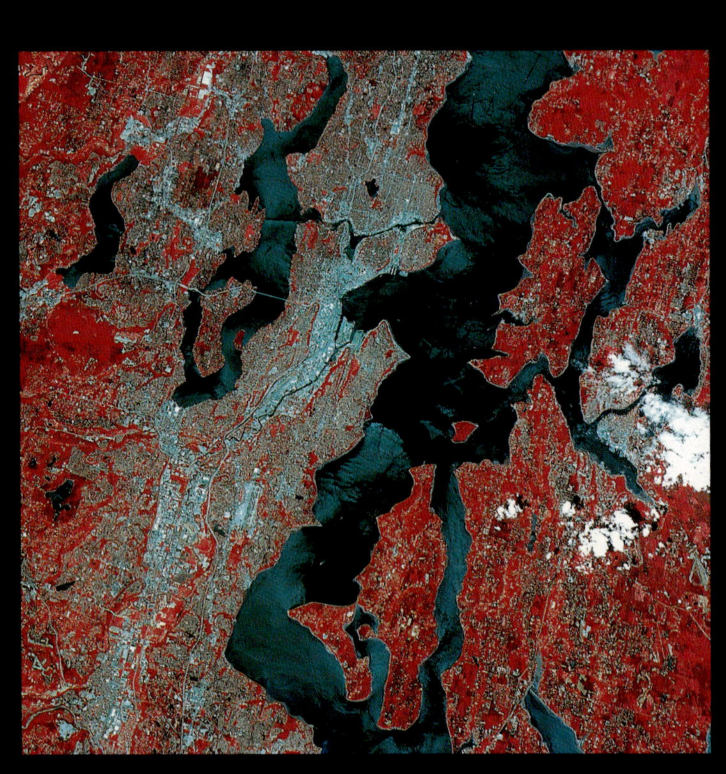

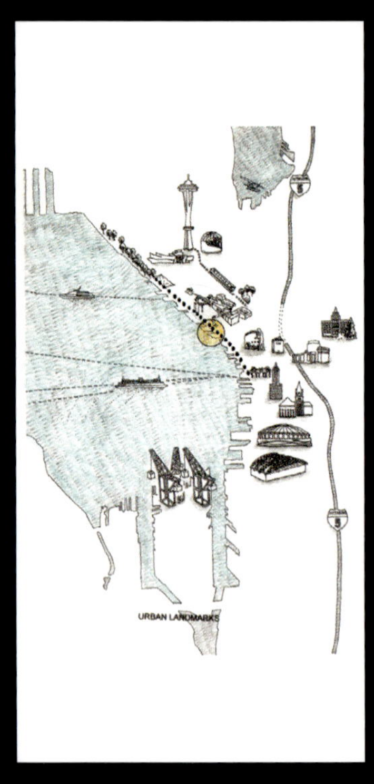

西雅图 Elliott 湾的滨水区

下图：1884 年，迅速发展的城市鸟瞰图

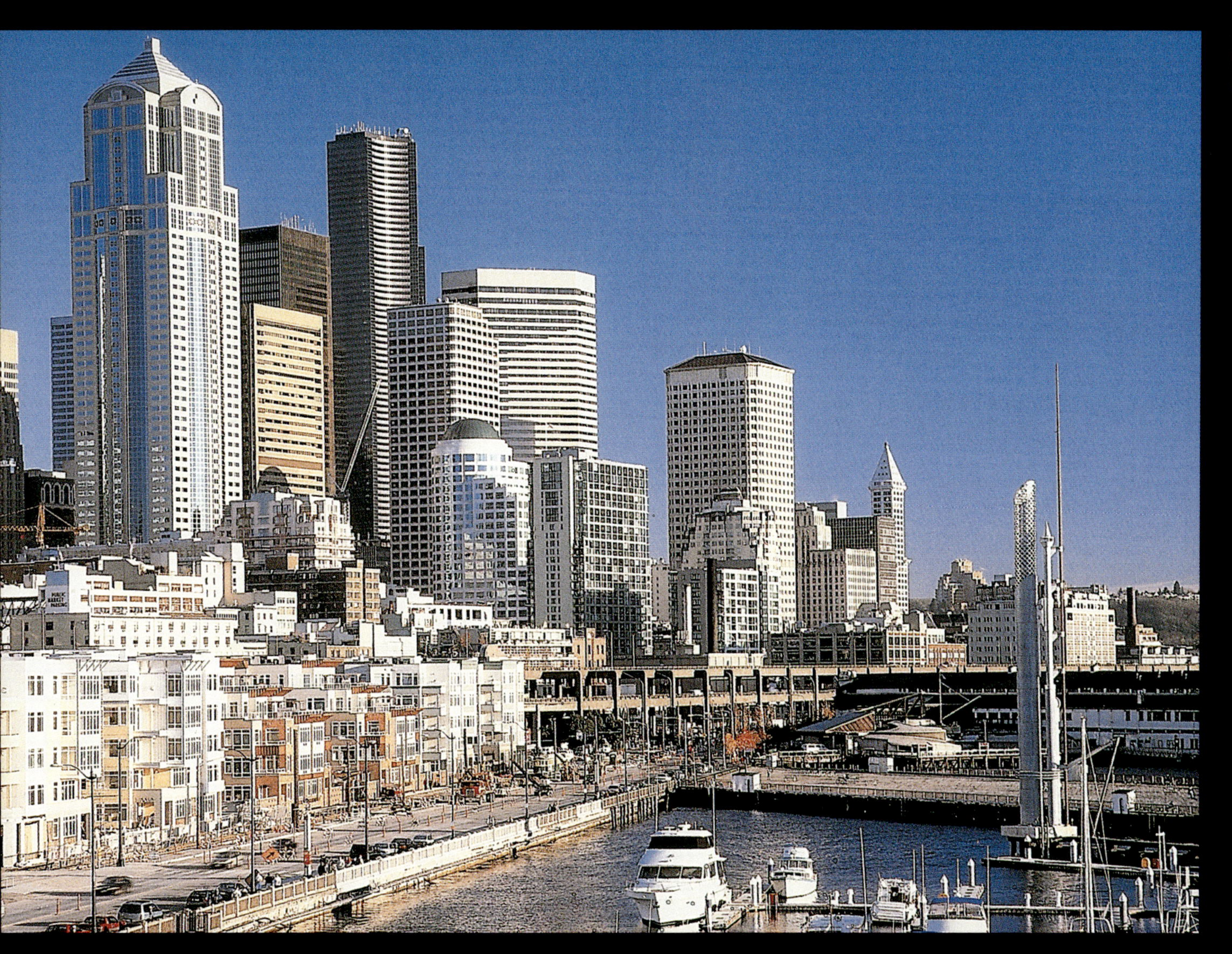

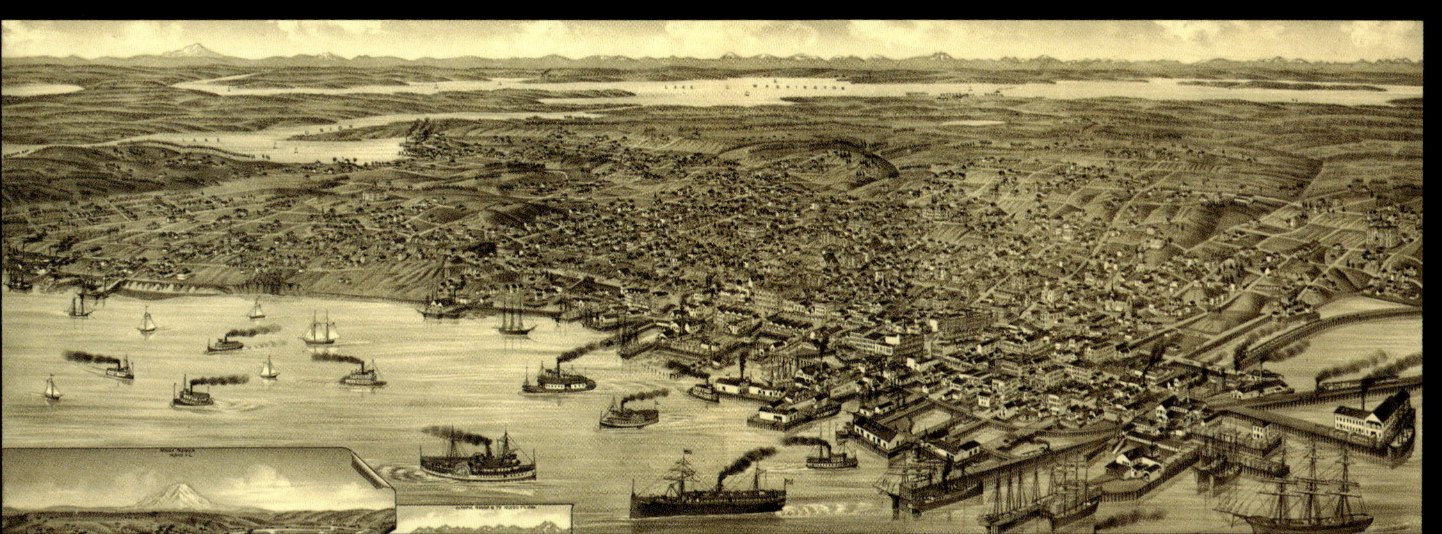

南西雅图总体规划

对南西雅图改造的研究，着重于同先锋广场相邻的场地，它是城市以往核心的一部分。这里正实施大规模的改造方案。除重新开发联合街和国王街铁路站及修建新的世博会设施之外，1960年代的王国体育场也在被一个新的棒球场取代，而一个有72000个座位的新橄榄球场，也将于2002年竣工。

TFP公司分析了如何对该地区进行改造，以建设一个集居住、办公、社区设施于一体的多用途场所。方案包括开发铁路线之上的物业、穿越主要公路的往来通道，并将人行范围延伸至火车站附近。

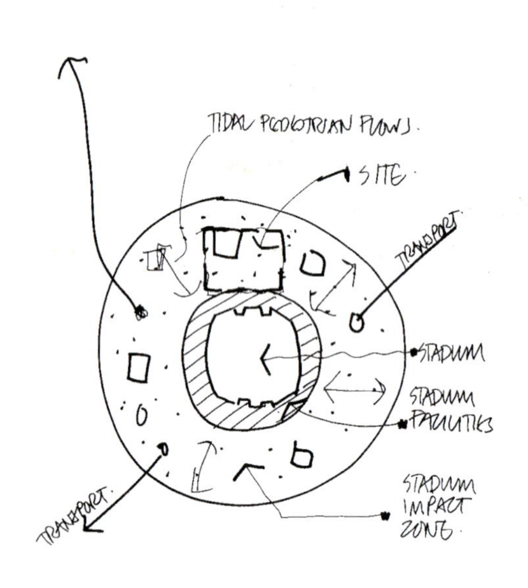

TFP的城市设计着重于三个新体育场和展览机构附近的大物业场地。项目包括要建一条跨接铁路线并含多用途设施的行人通道

南西雅图总体规划。与原有的城区格局相比，该场地衬托着大规模的建筑群而显得特别醒目。圆形建筑为72000座的新橄榄球场，下方是新展览中心。最前面的是西雅图水手队主场——47000座的Safeco棒球场

南西雅图铁路货场中的新建筑CAD图

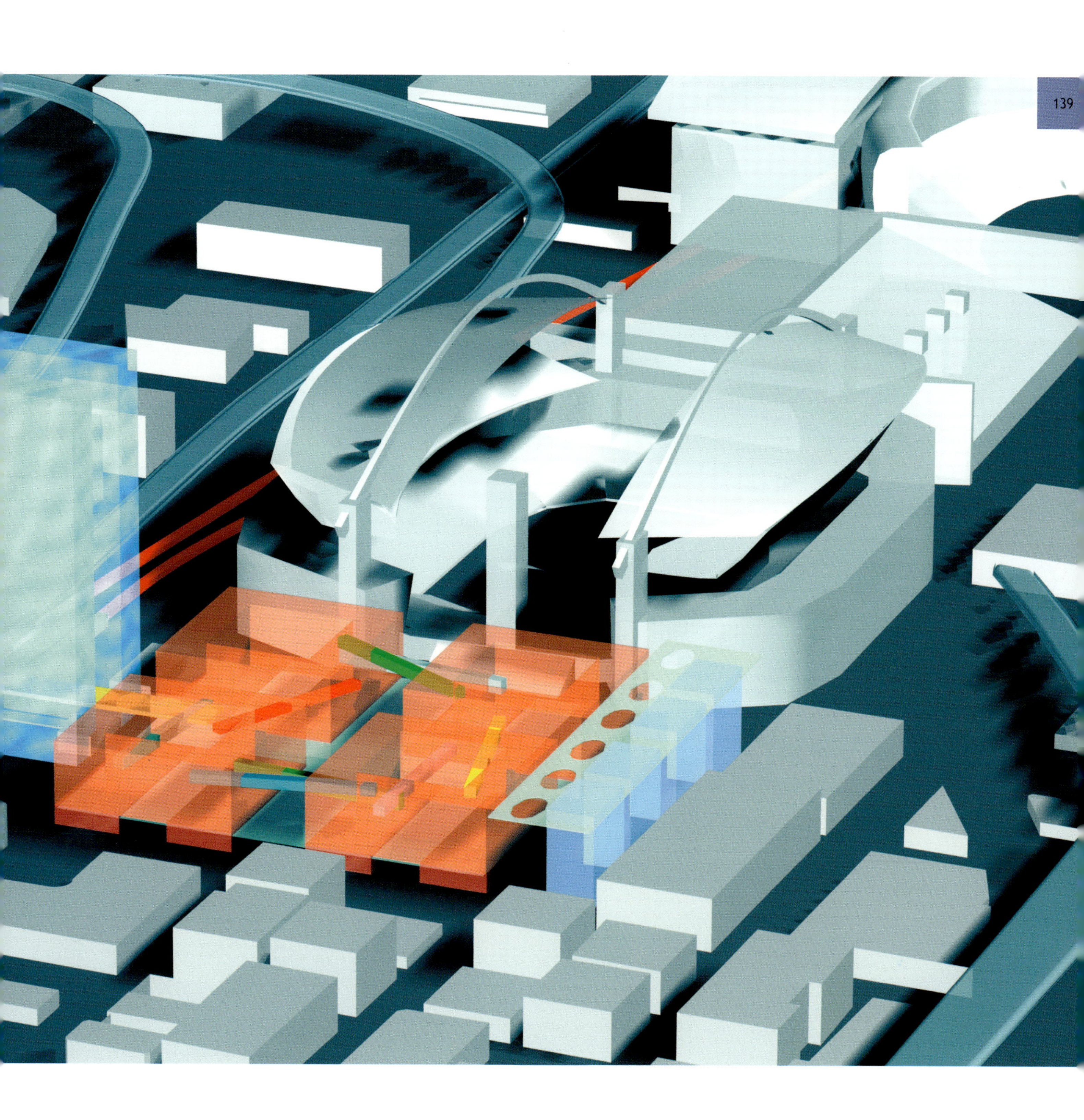

太平洋西北水族馆＋总体规划

西雅图市中心的西边以Puget Sound的Elliott湾为界，是一个由东向西倾斜、直通海滨的945公顷狭长地带。4万平方米的总体规划现场位于靠近Elliott湾中点，可向东直达城市商业中心的海岸线。它俯瞰广阔的海湾，并有码头、仓库和一条铁路散布其间——城市以前留下来的工业残迹——以及在一定程度上会影响城市其余地方的一座嘈杂的高架桥。与城市格局成切线的码头，给城市地貌带来了一个意想不到的嘲弄。

TFP公司与米森(Mithun)合伙人事务所、斯特里特(Streeter)合作事务所、温斯汀·科普兰(Weinstein Copeland)城市设计顾问及罗伯特·穆拉瑟(Robert Murase)园林建筑师合作设计的太平洋西北水族馆，受到了Puget Sound和奥林匹克半岛自然美景的启发，这个15000平方米的“浮岛”与方案的位置相称。半山半水是西雅图的地貌，该建筑物即刻就成了市景和海湾的一部分。

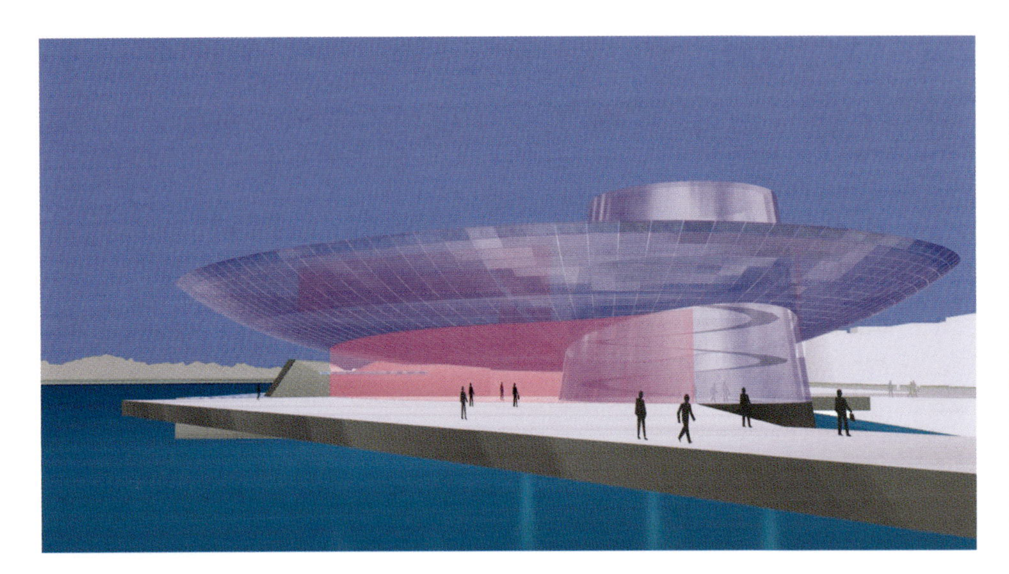

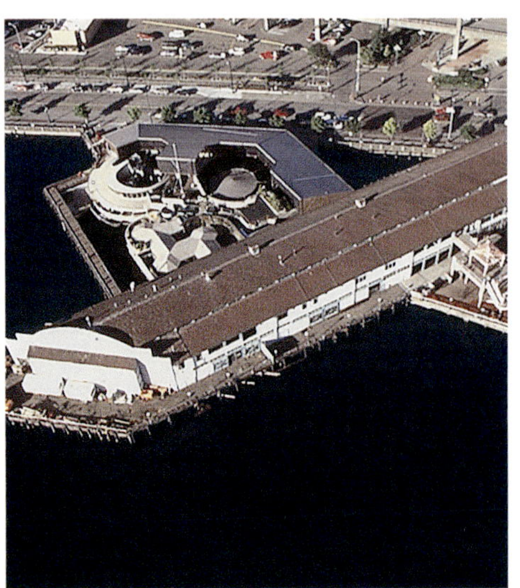

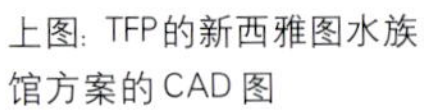

上图：TFP的新西雅图水族馆方案的CAD图

下图和右图：原有水族馆场地的鸟瞰图

总体规划场地包括四条具有历史的码头，其中的两条已连在一起并作了改造。在全面分析了场地的新用途并试图利用该区域的以往特点之后，TFP与当地作为城市设计顾问的建筑师李·科普兰(Lee Copeland)联手建议修建一个一体化的海湾公园，以打破先前的直线式码头形式。

西雅图露天看台式的地貌，使得该城有着大量的自然景观，这对设计产生了强烈影响。建筑物的主要组成部分，是一个内含主要展区的高架“壳体”。人群主要聚集区采用这种形式，使得在底层就能产生一种空间感，保留了Elliott湾和奥林匹克山的美丽景色。建筑物的顶部是一幅由水池和水景庭园构成的全景画，从上面看去时，会感到与Puget Sound融为一体。这种景色是开放的，它向空中展开，从而显示出成阶梯状、直至海湾，使自然世界与展区环境相互交融。

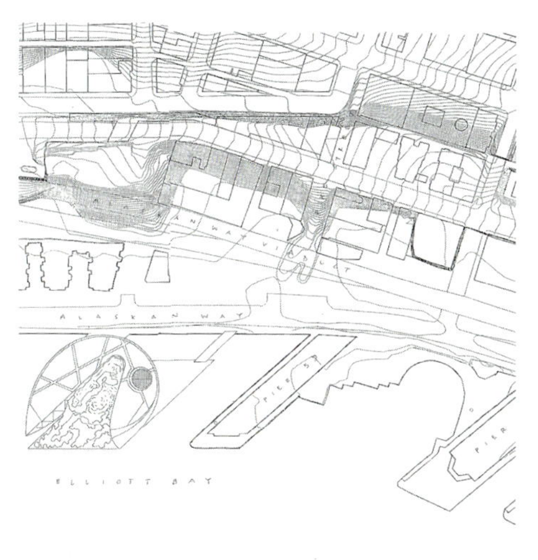

上图：现场的初步设计方案

下图：杜格·斯特里特的草图

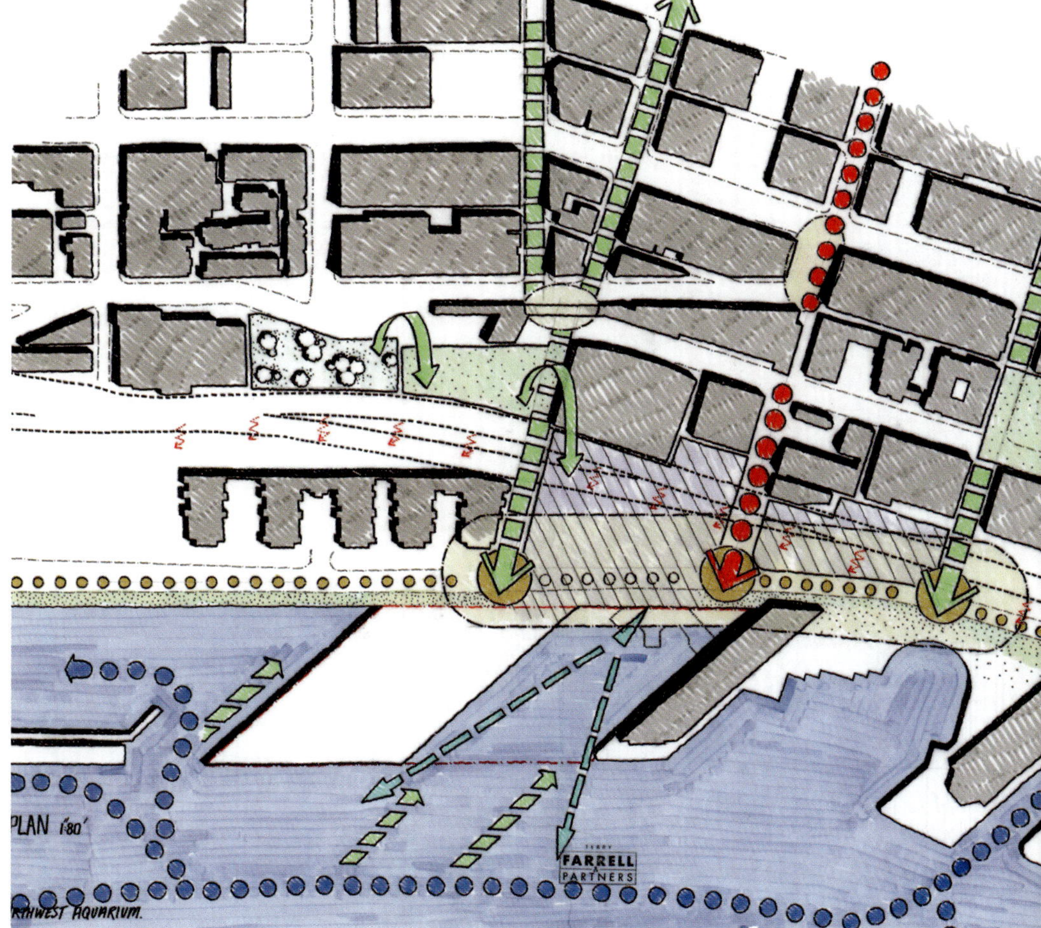

沿着海湾的主道和辅道城市设计图，此路止于水族馆前的公共空间

顶上一排，从左至右：格网；码头排布；港口图底；城市图底；城区首层；港口层面

中排，从左至右：地区水域；港口水域；周边看场地；场地看周边；原有行道树线；计划的行道树

下排，从左至右：连接通道；高架桥噪声；原有的公共露天空间（上）；计划的公共露天空间（下）；现状（上）；规划（下）

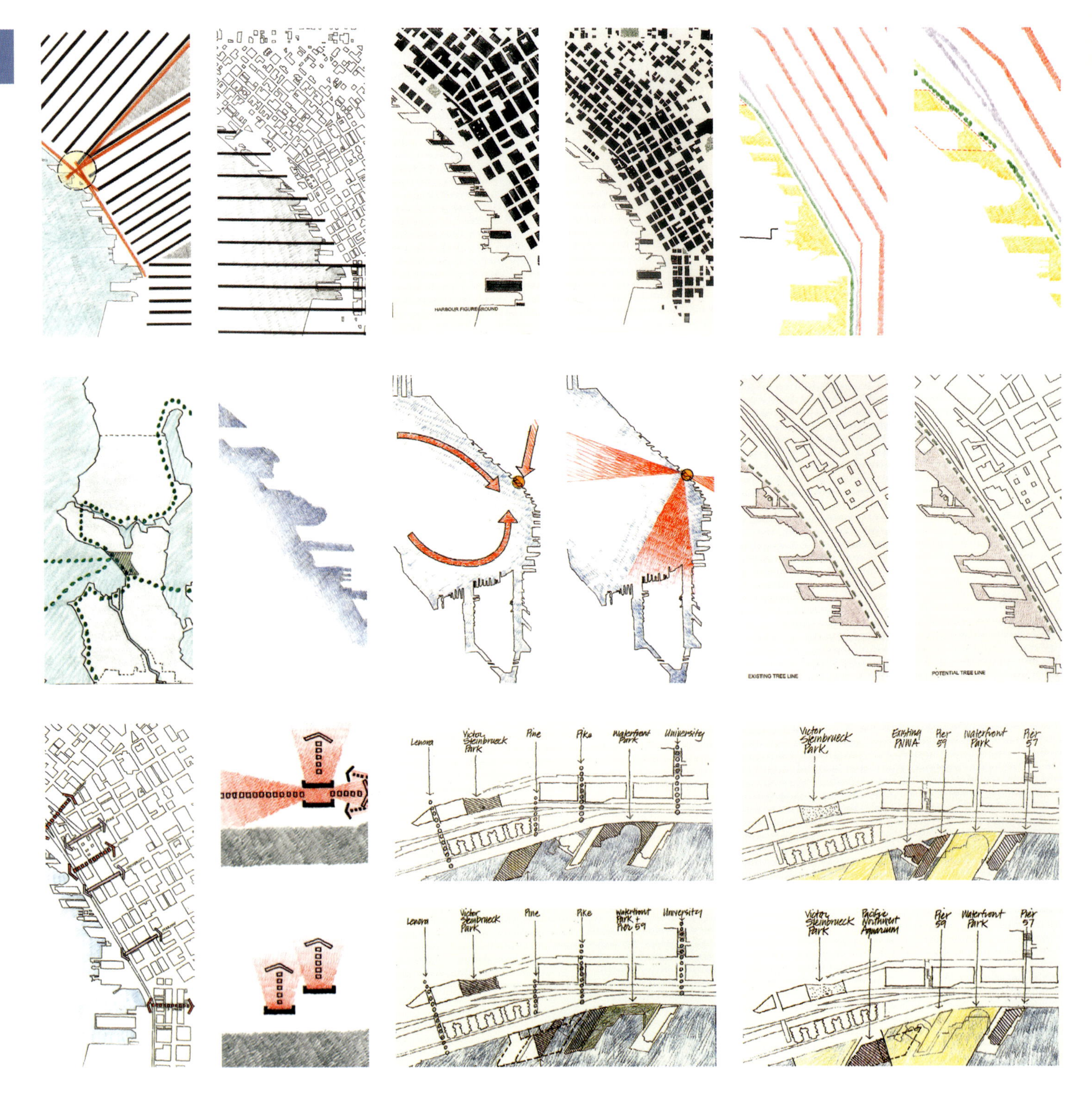

规划水族馆环境

此建筑使人想起与陆地相连的峭壁，不过是刻意地朝海边靠拢。它的有机结构与四周刻板的城市格局形成对照。从滨水区的城区高度看去，屋顶就像一个引人注目的风景点。作为一个集公共开放空间、堤坝大道、景观和通海便道于一身的教育、研究和娱乐场所，这项2.06亿美元的工程，将对西雅图中央滨水区的改造起到重要作用。

规划的水族馆模型。高架结构形成一个光线充足的潮汐涨落区，能使三文鱼沿海岸线顺利迁徙

新水族馆的周边环境断面

水族馆的主入口位于一个圆柱形的半透明柱体之内，柱体会穿透屋顶，形成一个标志

泰瑞·法瑞的草图

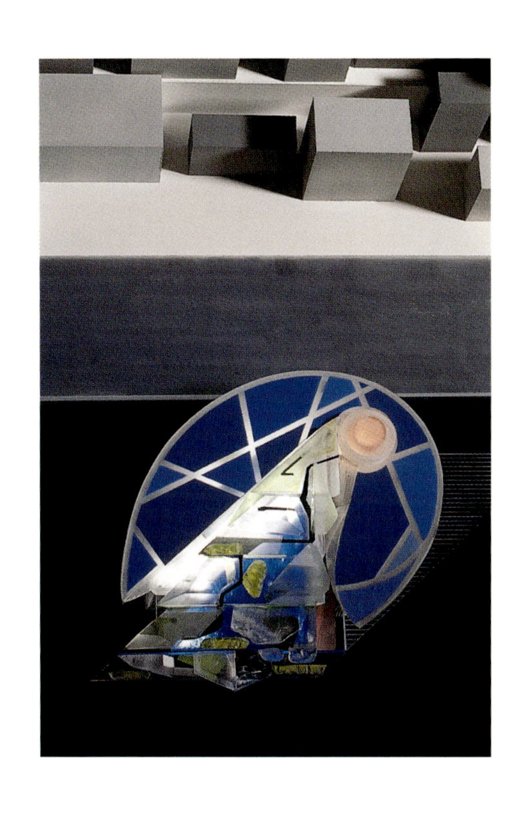

西雅图的水族馆工程，为TFP从城市规划和形态上设计建筑的方法提供了一个良好的范例。初步方案是将一个标志性建筑安排在没有防波堤的场地。随着与当地社区的不断讨论，认为如果新水族馆能利用码头上的部分库房，码头的保留和固化效果就会好得多。这种新思路是基于城市设计原则，以及西雅图社区的咨询与参与而得来的，西雅图社区是这一过程的积极参与者。

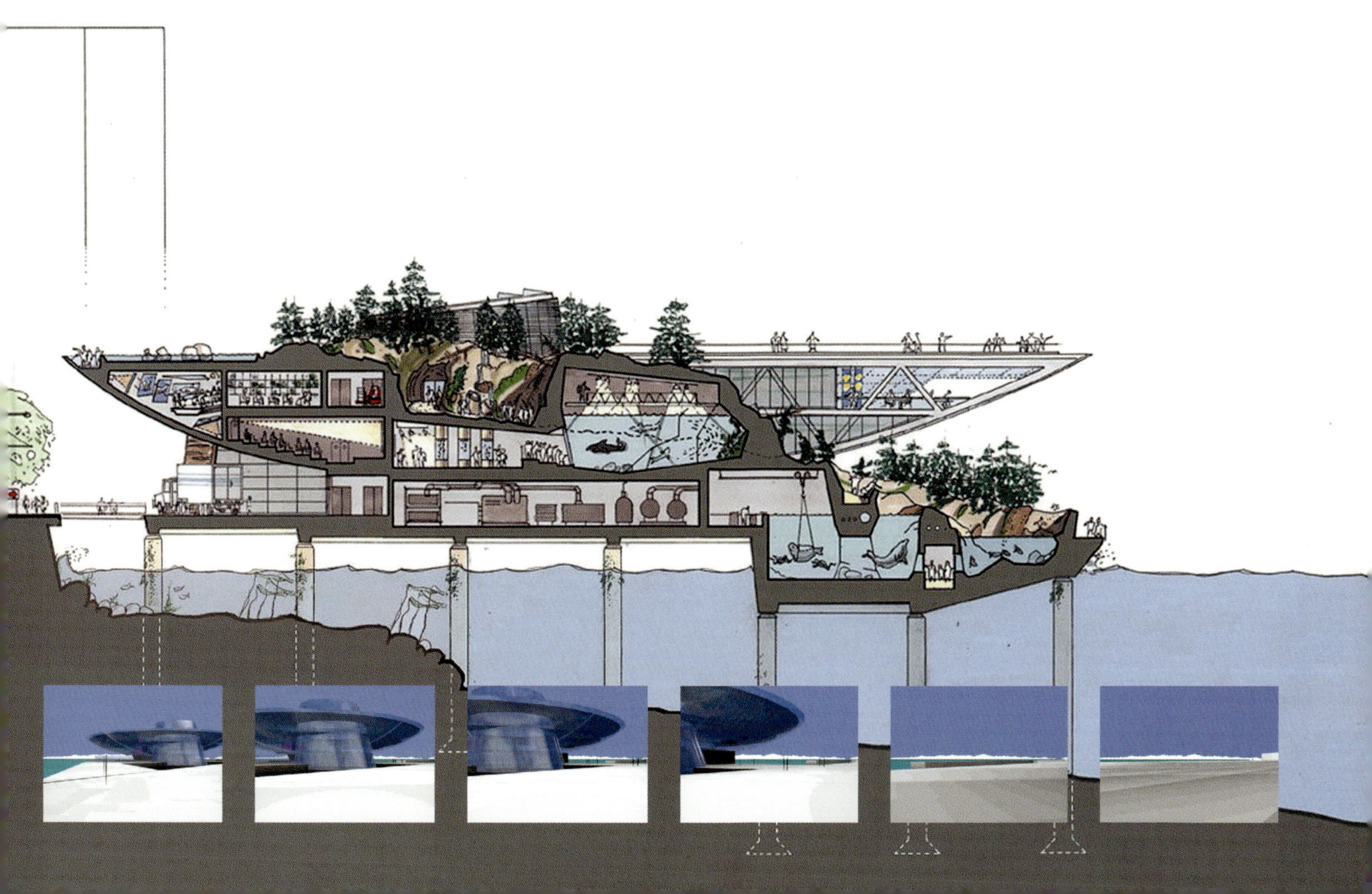

对基址与选择
方案的不同分析

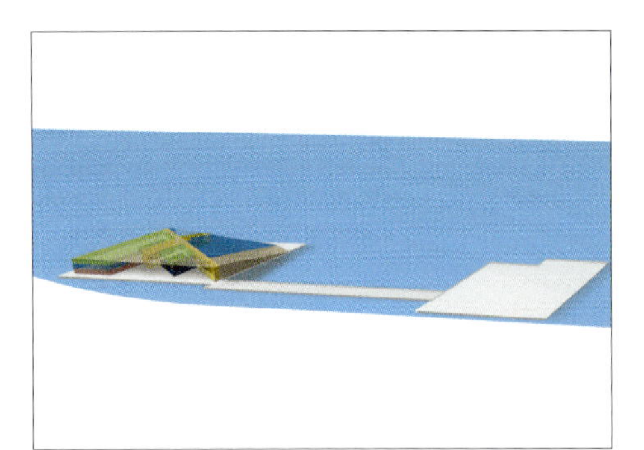

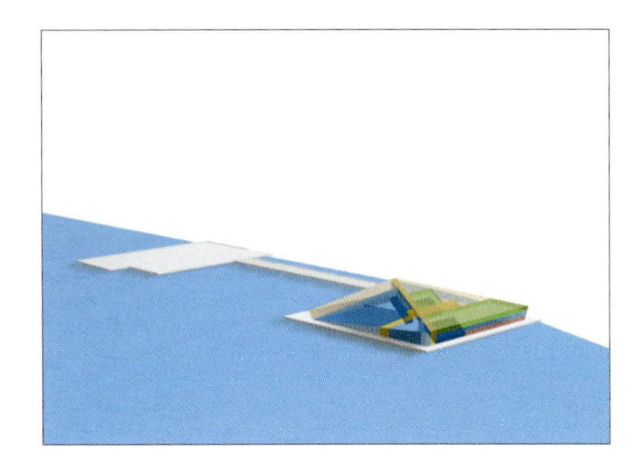

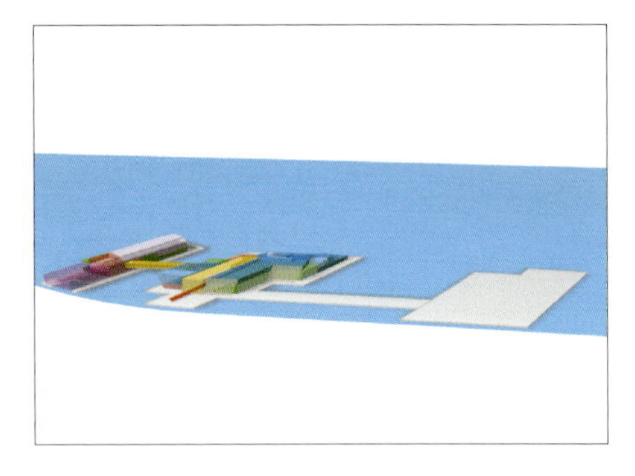

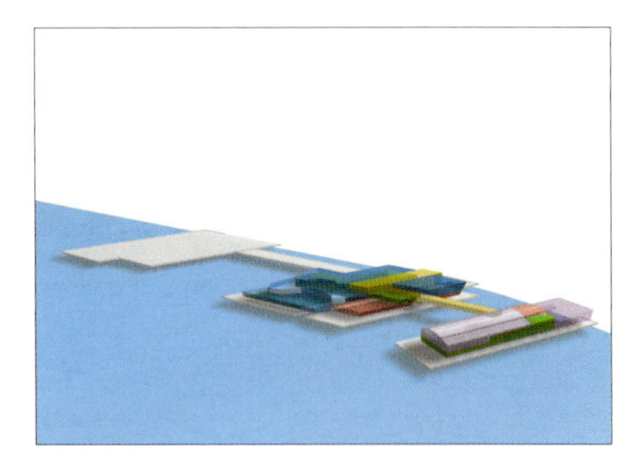

原方案的安排

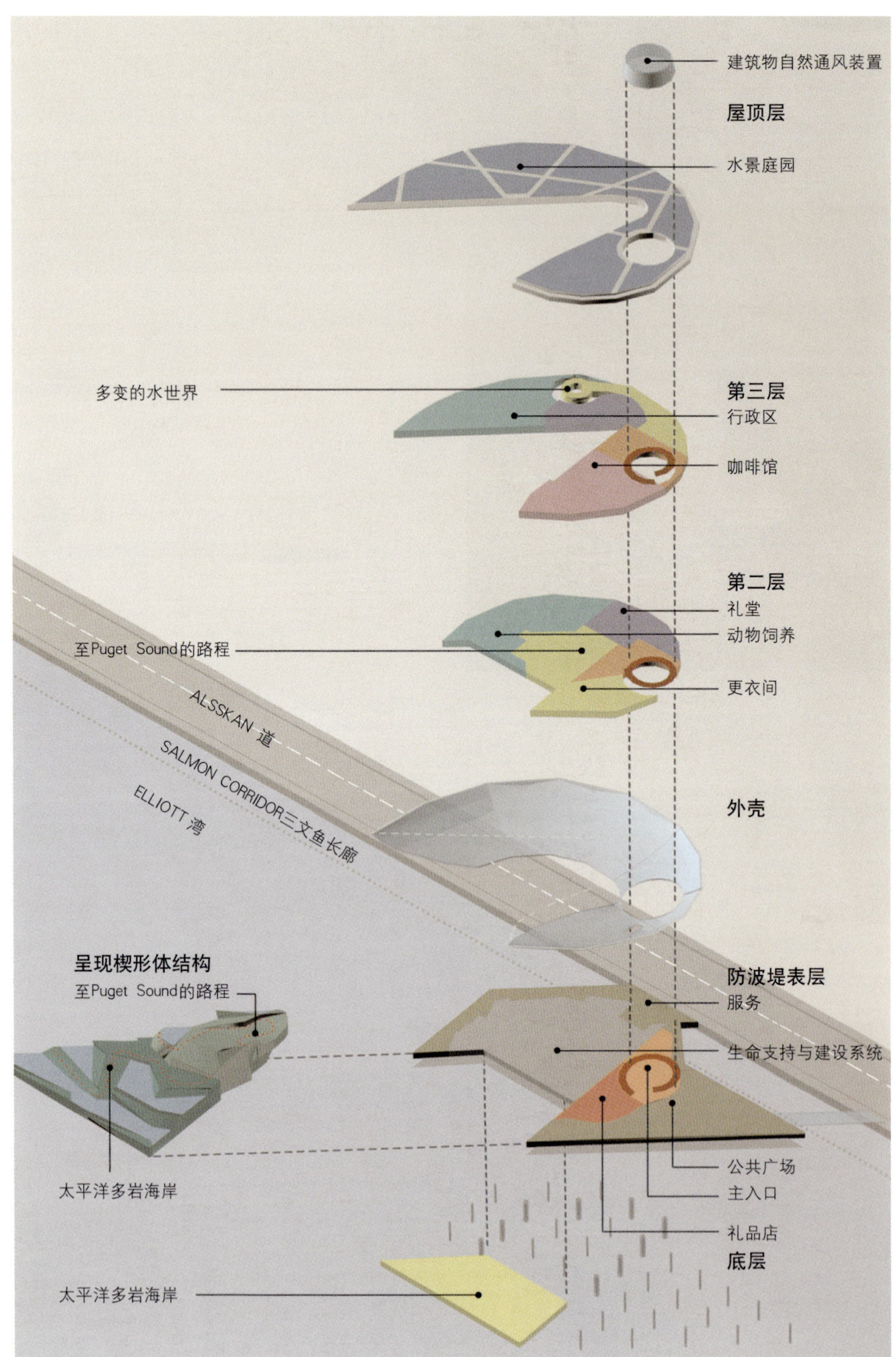

水族馆将内外部环境融为一体

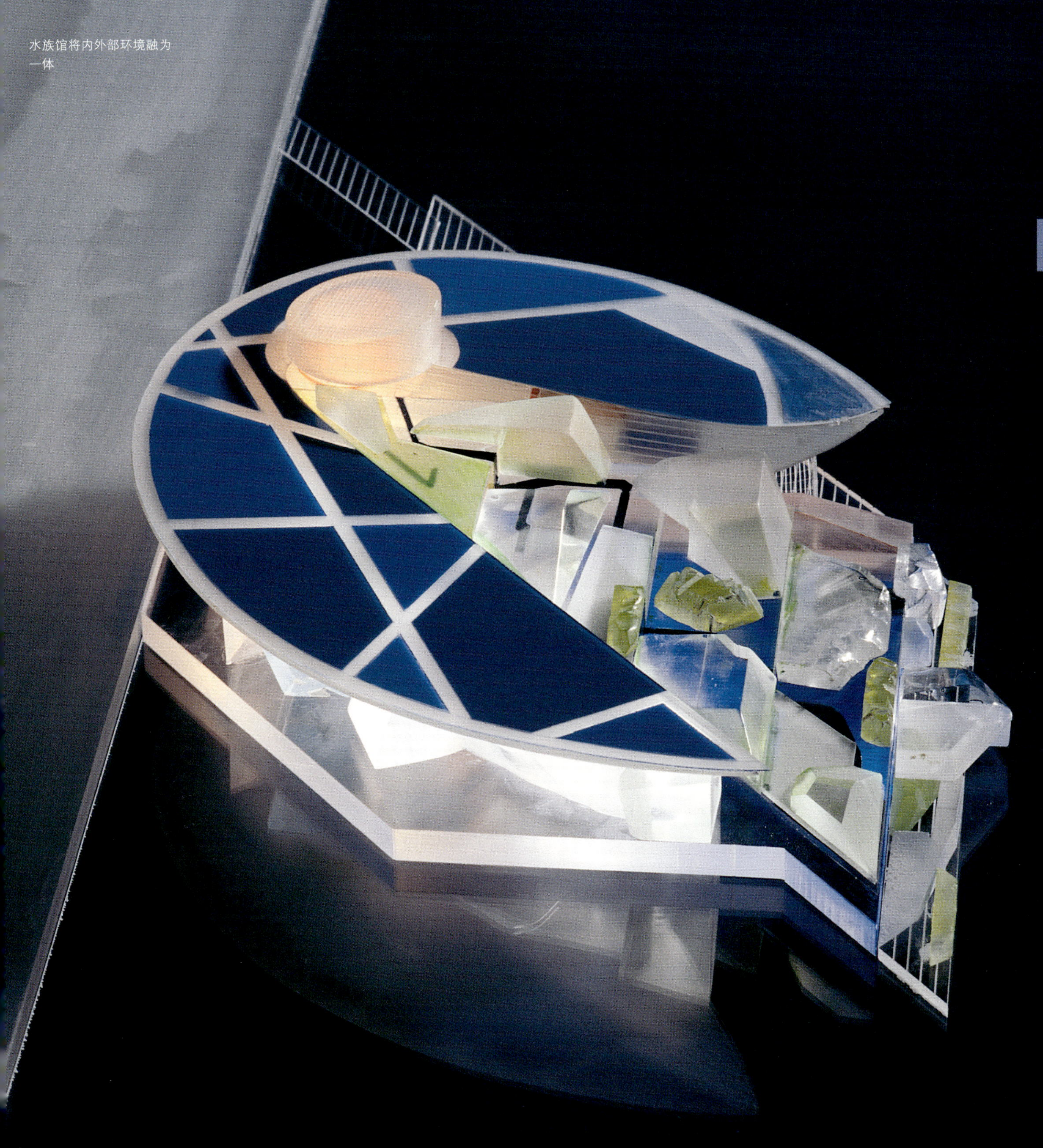

随着与西雅图各种利益团体和市民团体讨论的深入，方案采用了一种新的城市设计思想。有历史意义的码头得到了保留，且项目中有一个新的公共花园，形成了一种内容更丰富的新建筑方法

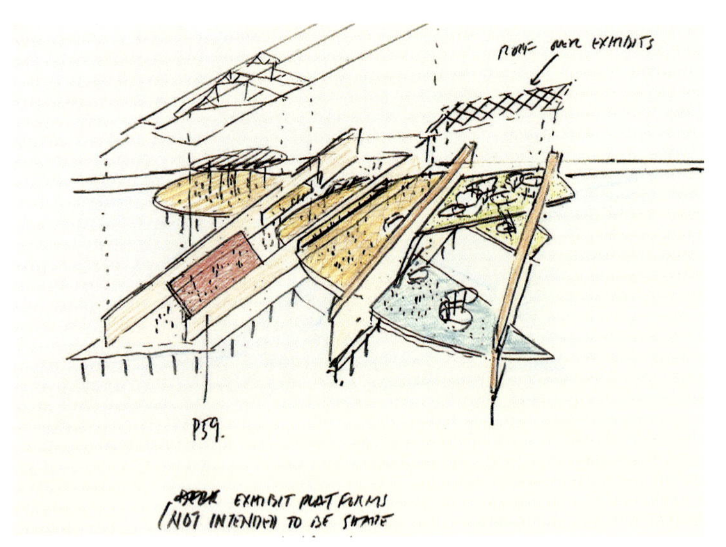

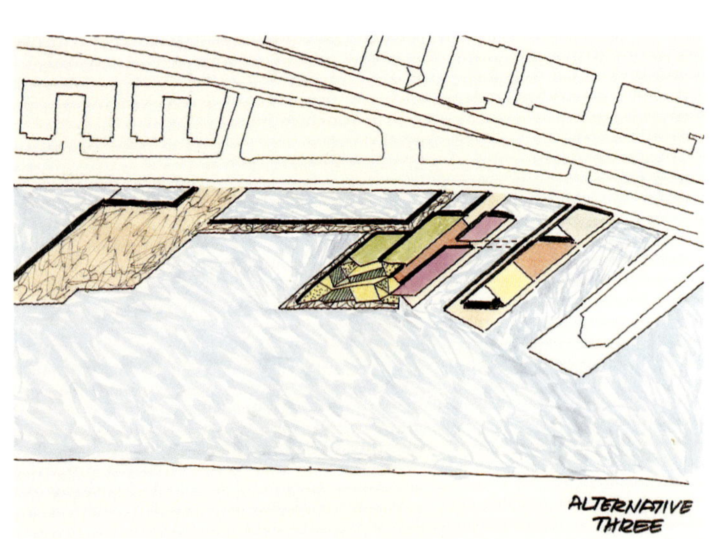

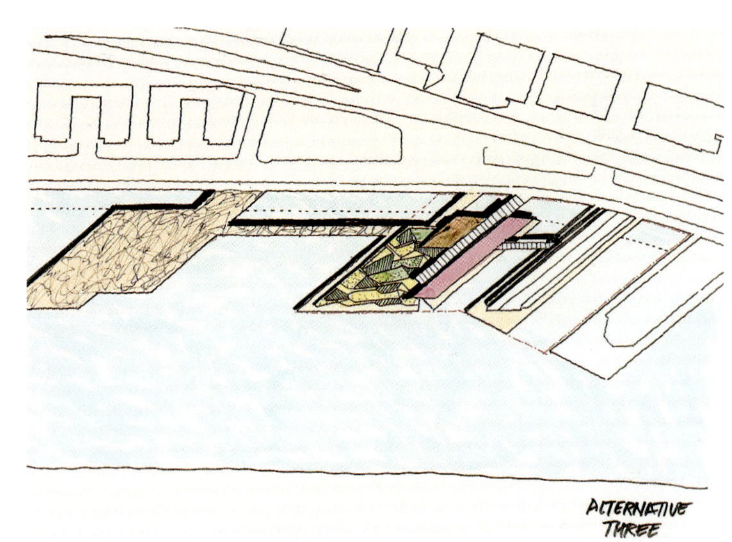

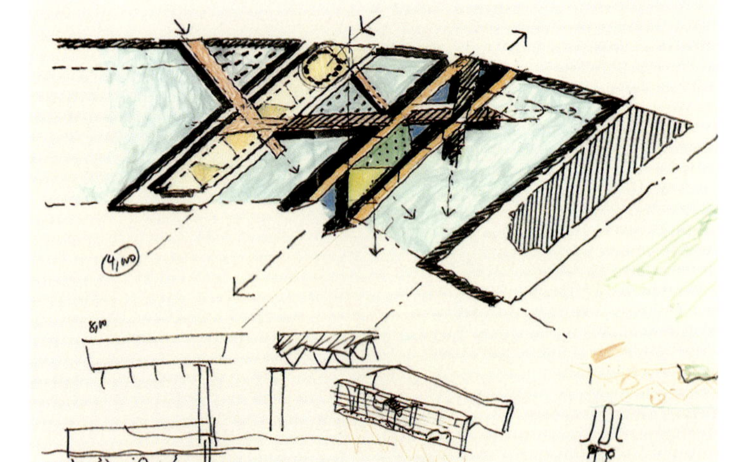

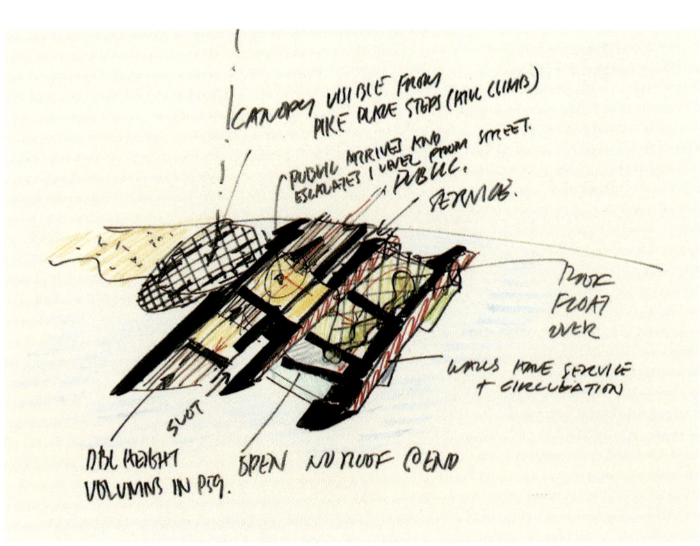

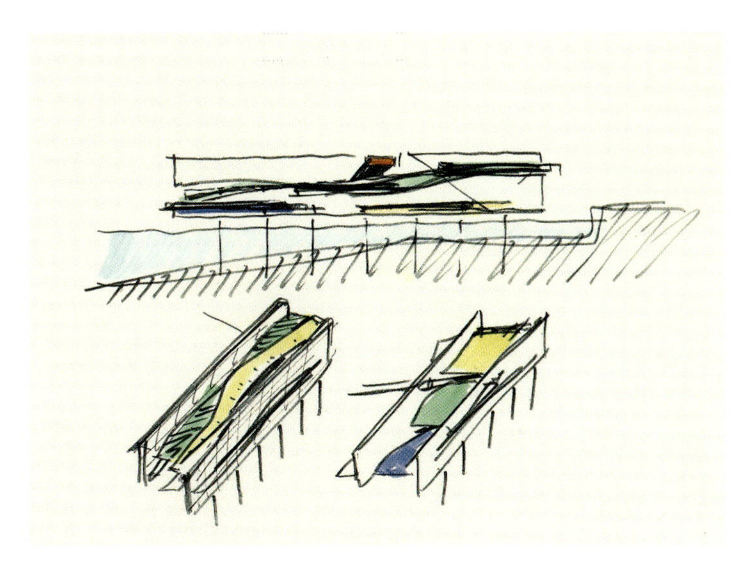

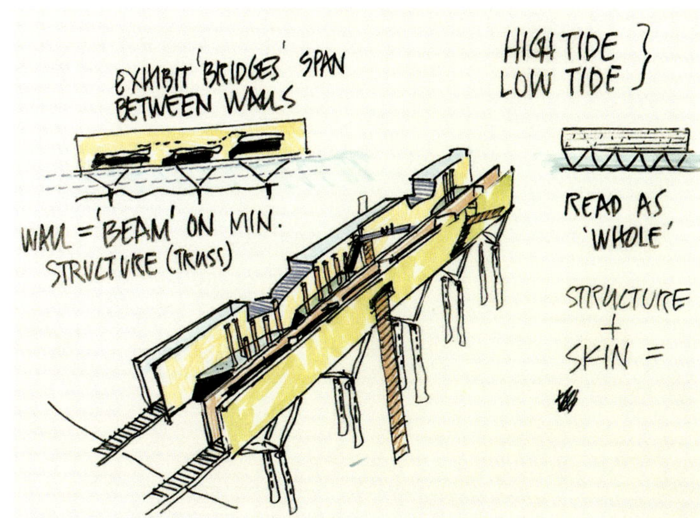

EXHIBIT 'BRIDGES' SPAN
BETWEEN WALLS
HIGH TIDE
LOW TIDE
WALL = 'BEAM' ON MIN.
STRUCTURE (TRUSS)
READ AS
'WHOLE'
STRUCTURE
+
SKIN =

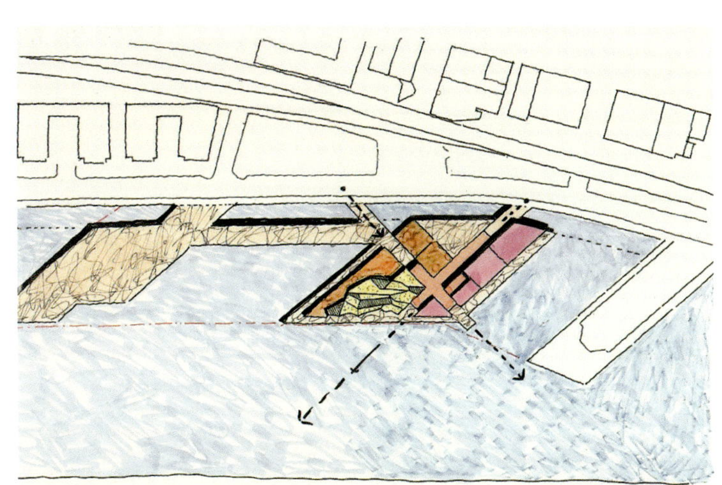

ALTERNATIVE
TWO

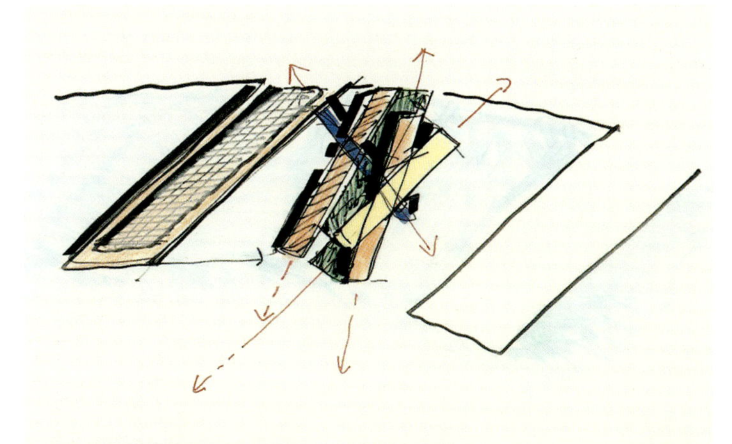

A CLUSTER OF LINEAR VOLUMNS

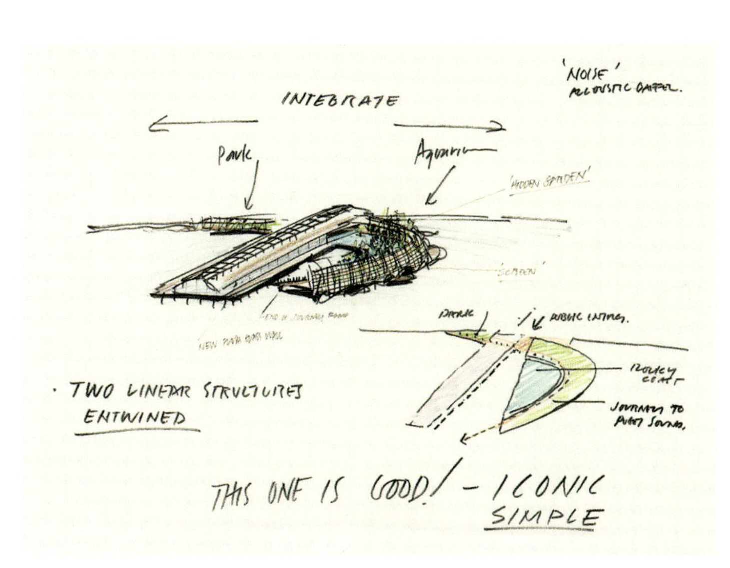

INTEGRATE
· TWO LINEAR STRUCTURES
ENTWINED
THIS ONE IS GOOD! - ICONIC
SIMPLE

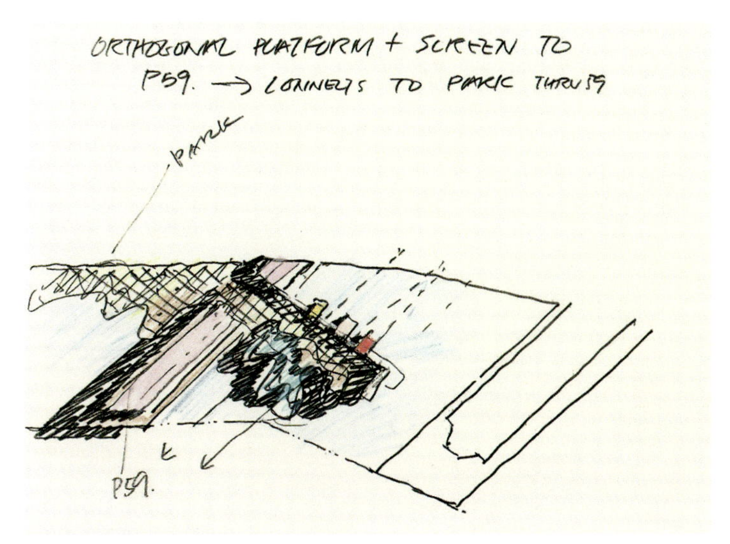

PARK
P59.

LISBON

第六章
里斯本

里 斯 本

里斯本与河海毗邻，实际上就是一座海湾城市。凭着罗马时期奠定的基础和层次分明的中世纪及文艺复兴式的街道与建筑，极像一座伟大的地中海城市，但它面向的却是大西洋。里斯本有伟大的航海和探险传统，并宏伟而自信地沿塔霍河水道扩展。原先由葡萄牙海军占据、公众难以接近的12公里公用滨水区，是一个非同寻常的公共区。这里曾因20世纪工业化的影响而与城市的其他地方隔离，但TFP公司与Ideias do Futuro实施的一套总体规划，使得它迅速繁荣并与城市连成一片。沿重新开发的滨水区而建的1998年世博会是该市的伟大成就之一。

从Avenida da Liberdade至Rossio和Baixa，并穿过Arco纪念碑直至Praca do Cem é rcio的中轴线，是世界上最好的城市布局之一，而面河的拱门和“大厅”，能与威尼斯的圣马可广场相提并论。

上图：里斯本及与大西洋交汇的塔霍(Tagus)海湾的卫星照片

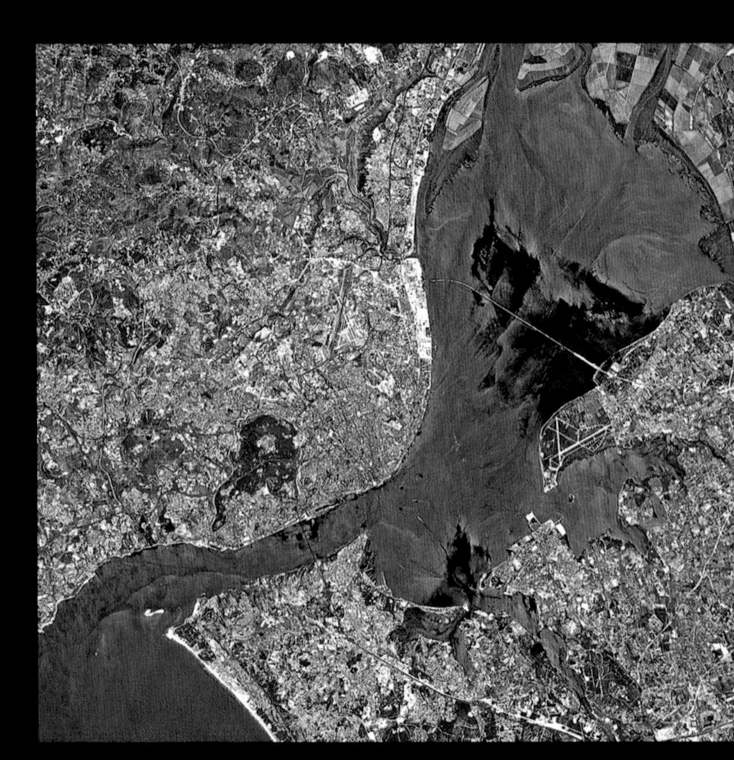

下图：可比较的海湾城市：西雅图、悉尼、里斯本和香港

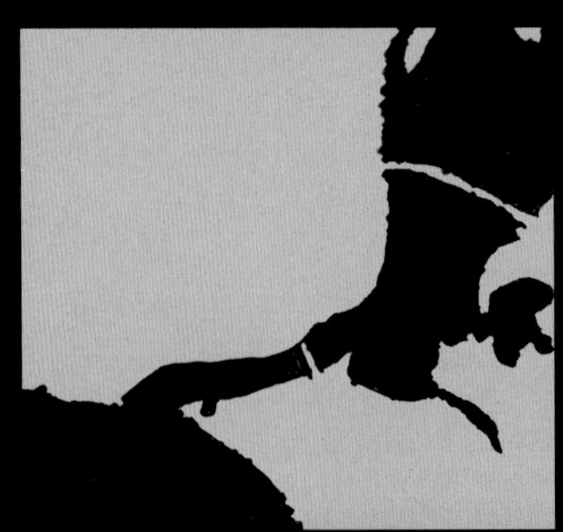

上图：1909年这座港口城市的地图

上图：从Rua Augusta朝Arco纪念碑和Praca do Comércio方向看去的街景

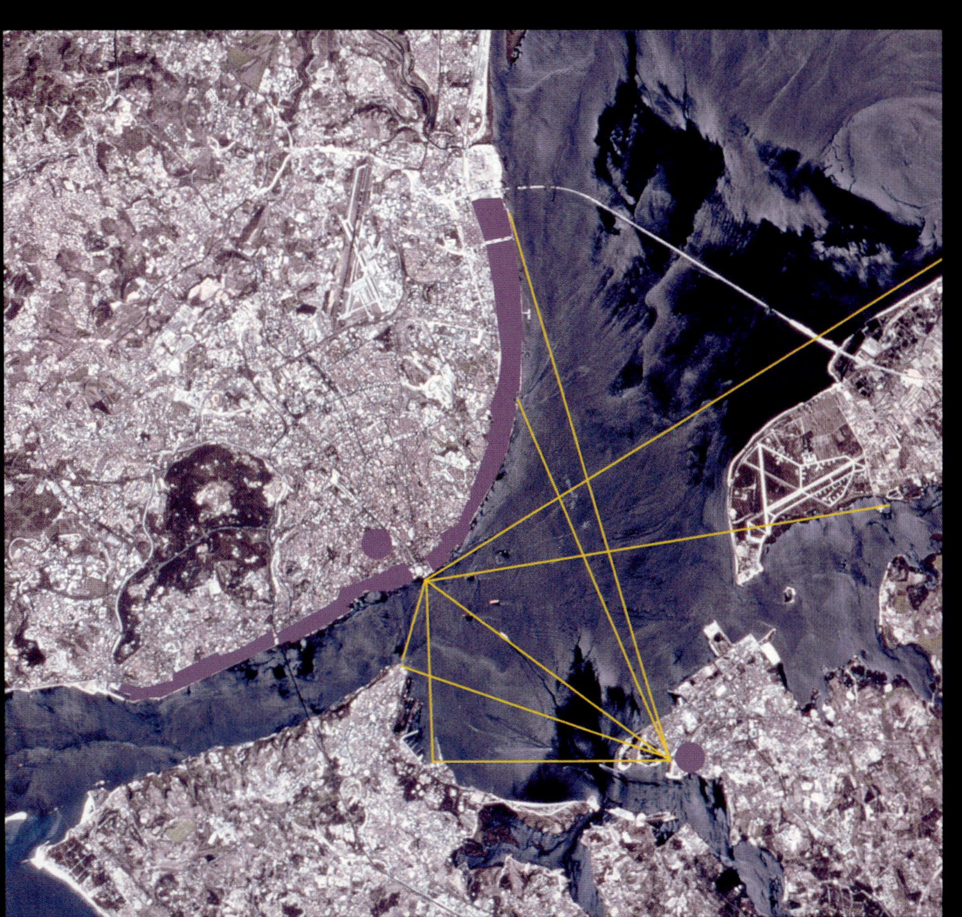

左下图：TFP在里斯本位于Barreiro、Do Rossio及滨河区的项目

右下图：Praca do Comércio，里斯本的“大厅”，是Baixa轴线的起点，沿山而上可直达do Rossio站

里斯本港口总体规划

上图：TFP与Ideias do Futuro共同设计的里斯本港口总体规划模型。这个按1:500比例做成的模型，于1994年夏季被放入Gare Manitima de Alcantara展览。

总体规划从西部的Musen da marinha沿海岸线穿插过Praca do Comércio，直达城市东区的98世博会

下图：总体规划区示意图。从左到右依次为Doca de belém，Doca de Santo Amaro，Doca de Alcântara，Praca do Comércio，Santa Apolonla，Doca do Blspo．

流经里斯本的塔霍(Tagus)河宽度从50米到400米不等。滨江地带包括干船坞和湿船坞、历史性建筑物和纪念碑、绿地以及行人和车辆过道。不过，这里与整个城市并未融为一体，衰落的船坞区已被与河流并行的公路和铁路同市中心割裂。港口基础设施的复兴及对活动的合理化与改进处理，旨在让滨河地带复苏，并将其作为城市的边缘。

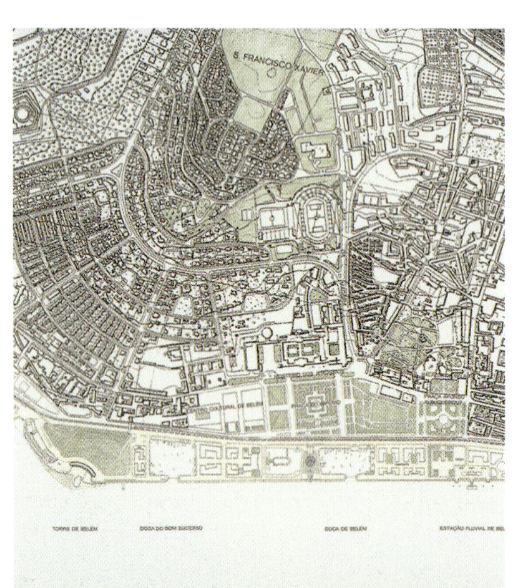

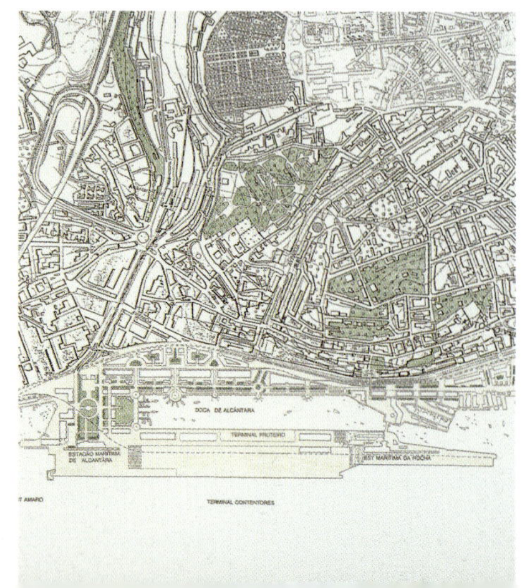

1994年，在里斯本世博会项目之后，TFP公司和Ideias do Futuro受里斯本港口当局的委托，对沿塔霍河的14公里范围，进行为期六个月的总体规划分析。建设目的与世博会的相仿，但规模更大，就是将里斯本衰落的滨河地带恢复为城市的“主要门户”，同时提供与市中心的交通联系。合同要求TFP在咨询里斯本港口当局的基础上，设计出一个城市改造框架。

TFP与Ideias do Futuro一道确定了大量独立的开发区，它们是按场地特征和土地用途区分的，并按基础设施、交通能力、人流量、泊车能力、基址密度及城市设计方式对它们进行了分析。

TFP总体规划探讨了克服港口区与市中心隔离的问题。港口事务得到了合理化，并集中在界定的区域之内，使其他区域能得到开发。通路、服务、基址规模和阶段安排全归入到城市设计方案之中，还有与城区规模和格局一致的扩展方案。原有建筑和土地用途也作了分析，并提出了应予取舍的建议。总体规划提出要将里斯本港变成一个国际级邮轮的理想停靠点，以及新邮轮的终点站。原有的船坞将改成休闲场地，并已确定了多功能区域。

方案最后于1994年夏季在Gare Mar-itima de Alcântara 作了展览，它是里斯本的主要港口建筑之一，葡萄牙海事当局于1994年6月将其开放。

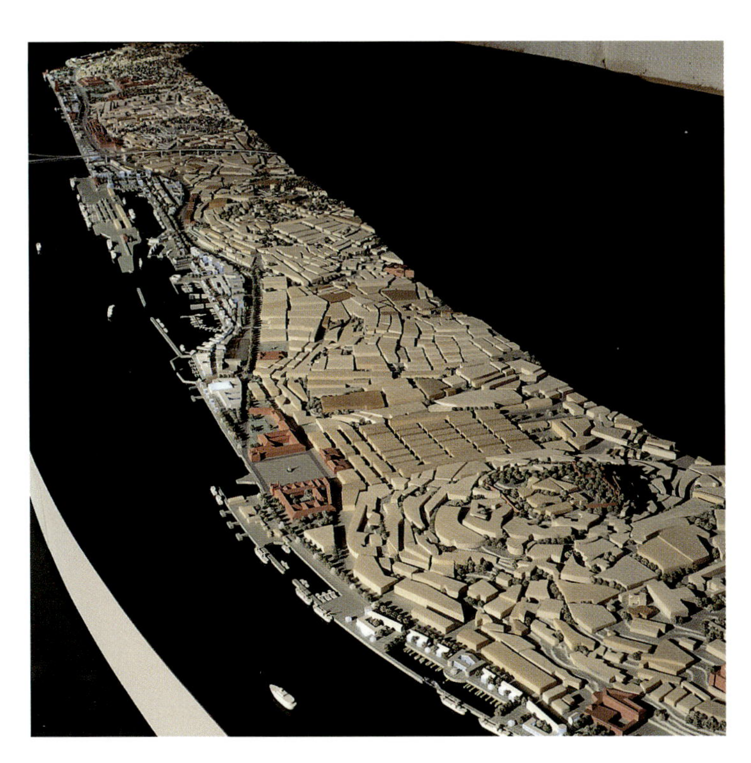

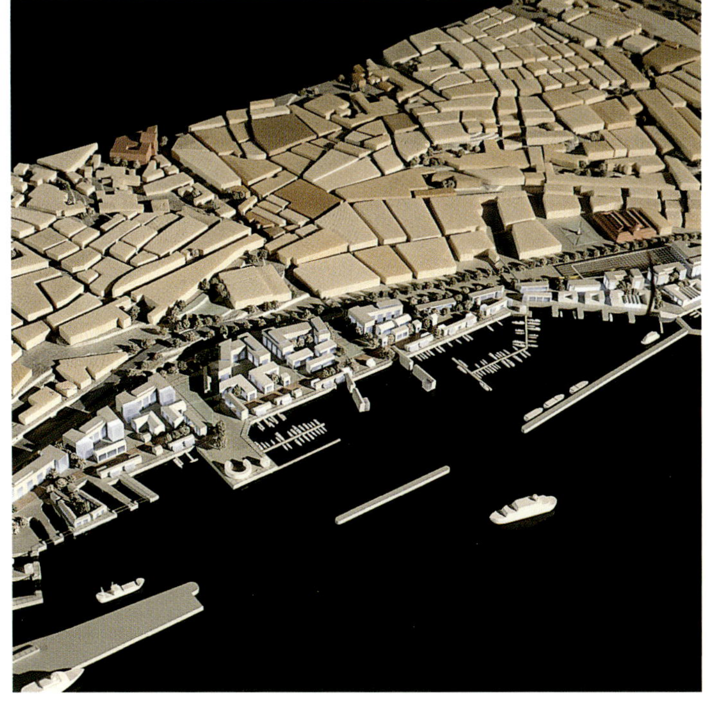

Alcântara 地区改造后的 Santo Amaro 船坞

下图：城市全景

1998 世博会场地鸟瞰

1998 世博会总体规划

Expo 98 位于里斯本城东的开发区内，它将在一个原已衰落的工业建筑群占据的地域中，以更快的速度进行开发。这片 340 公顷的场地沿塔霍河蔓延 5 公里，能俯瞰 Olivais船坞周围最宽的海湾部分，在1930和1940年代，这里曾是水上飞机基地。TFP 公司与Ideias do Futuro合作参与了Expo 98

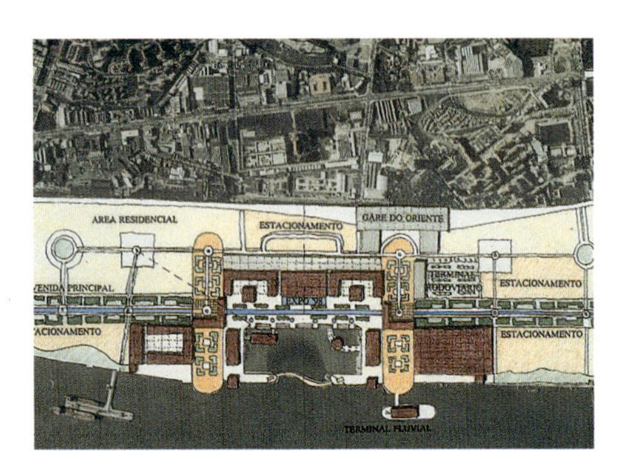

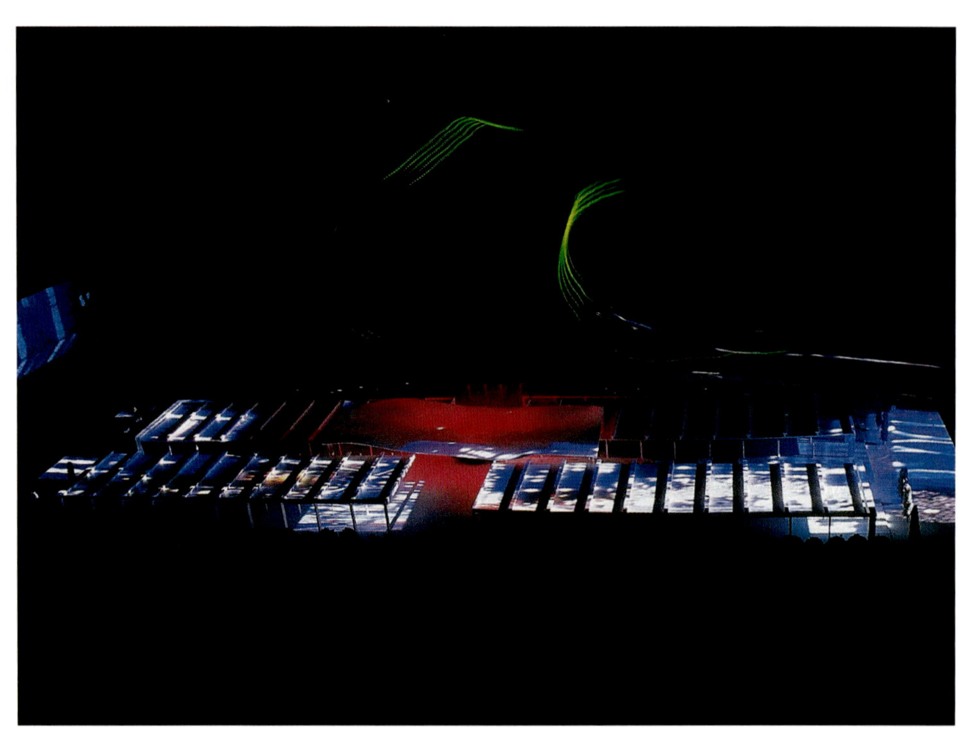

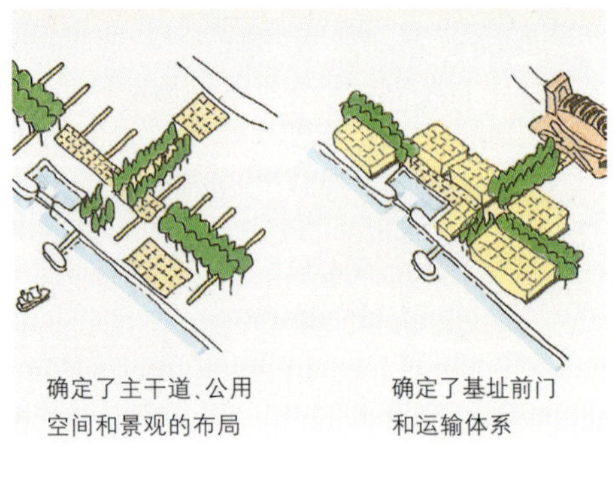

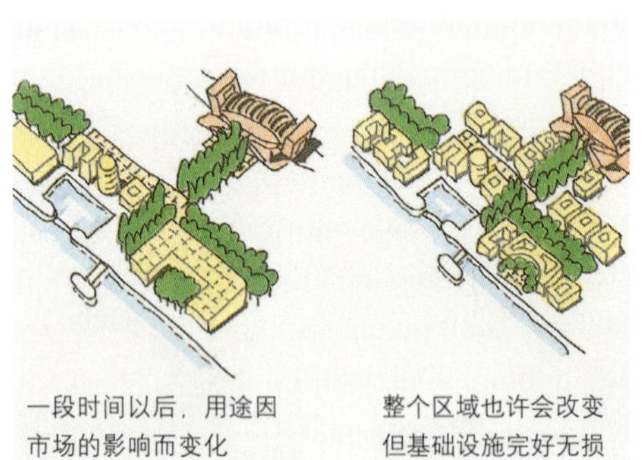

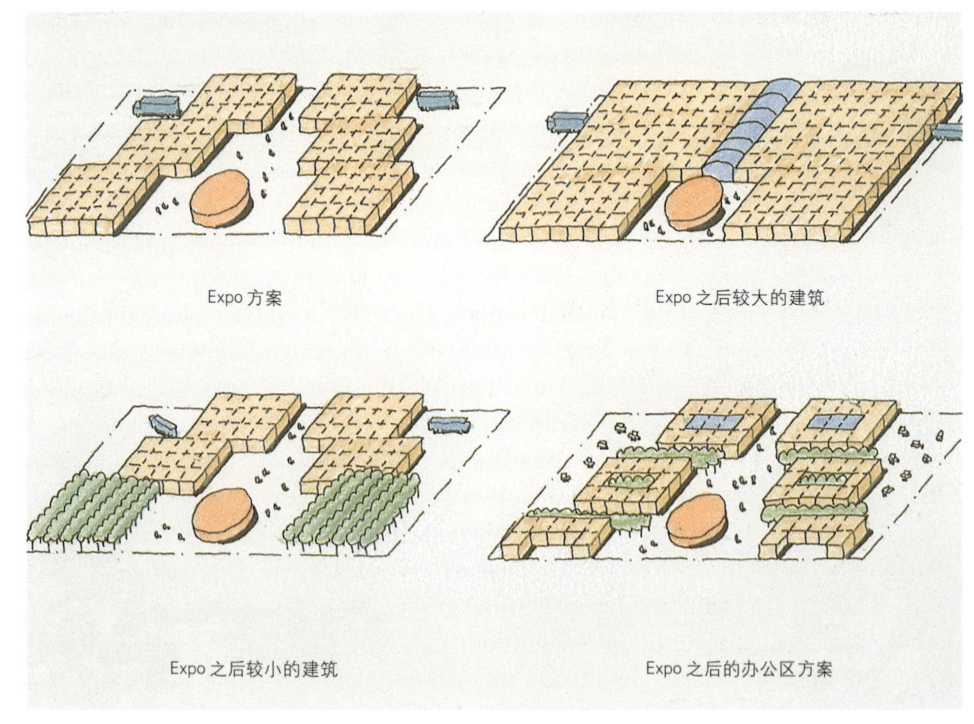

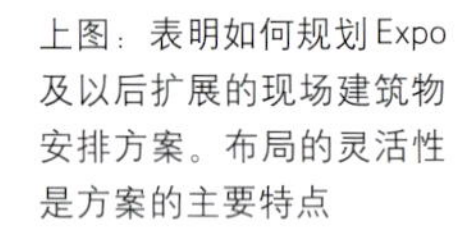
上图：表明如何规划Expo及以后扩展的现场建筑物安排方案。布局的灵活性是方案的主要特点

左上图：TFP关于Expo的概念总体规划

上图：Expo 98 模型

的三次不同竞标——分别是总体规划，设计Oriente火车站和展览厅。

TFP公司于1992年为Parque Expo 98设计25公顷的总体规划，被列入最后的五位候选人名单之一。公司将临时性的Expo作为规划滨河地带全面改造的一个机会，将设计战略放在了里斯本的未来上。规划体现了Expo主题——“海洋：未来的遗产”——用悬架的天篷代表翻转过来的海底。这种天篷是用金属网做的，能反射阳光，使参观者免受强光照射。

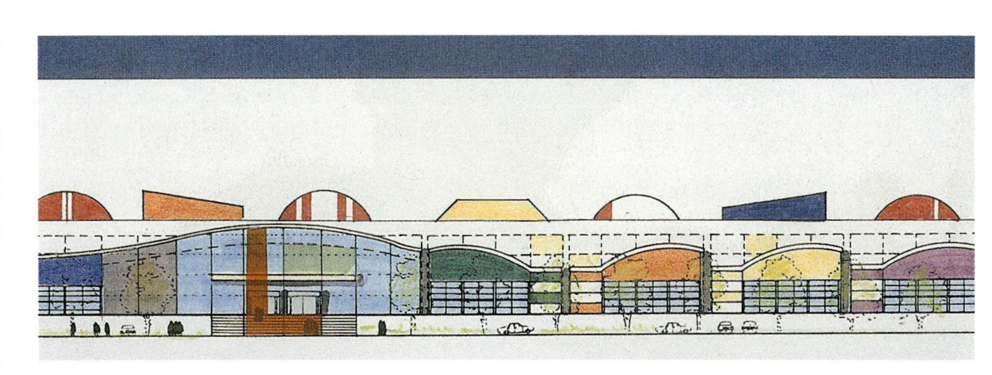

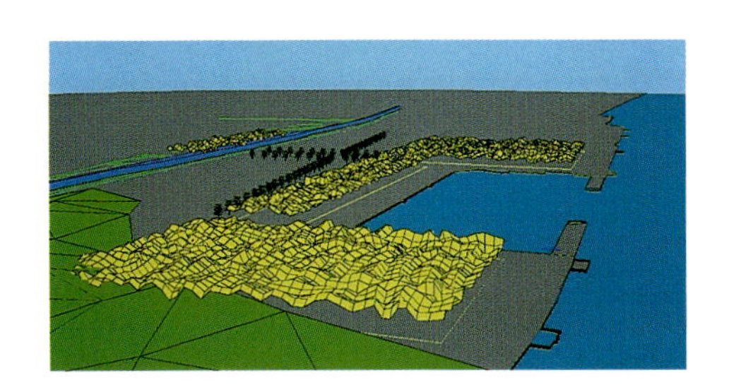

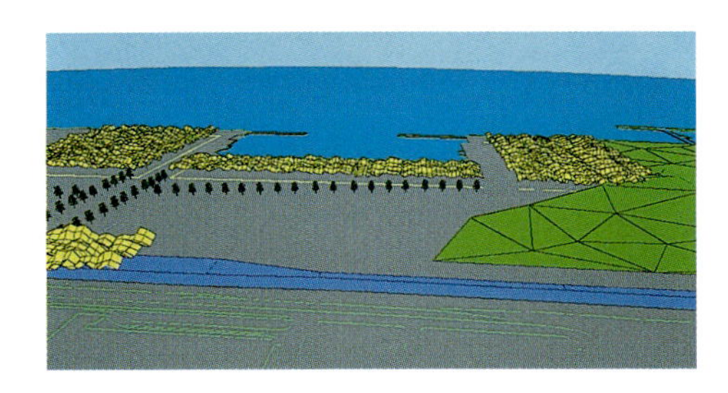

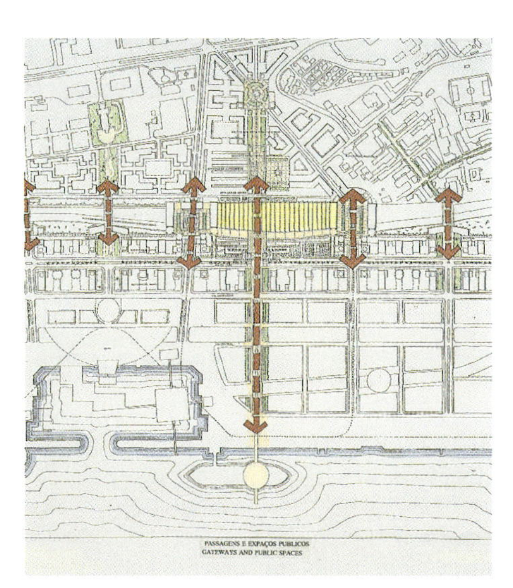

Expo 98休息室草图。天篷表示翻转并悬空的海底

下图：Expo总体规划，始于Oriente站的城市设计规划

上图：后期的展览大楼方案

中图：Expo之后，可用来作为办公室和工作室

ORIENTE 车站

Gare do Driente 的竞标方案，一端为宾馆，另一端为办公区，有一个大门通向公共汽车站

TFP 后来被邀请递交 Gare do Oriente 的方案，它是一个重要的火车站和运输综合体，位于 Expo 98 的主入口附近，以提供 Expo 与里斯本机场的快速运输能力。车站综合体包括里斯本至葡萄牙中部的铁路干线的扩建；连接地铁、公共汽车和出租车路线的通道；并集零售、办公、宾馆和休闲场所于一体。

设计思想是基于屋顶下的一个主体，它提供一根横贯东西向的轴线。阶梯状的层面由斜道、台阶和自动扶梯连接，构成了一个能清楚表现出内部布局和循环路径的基座。基座之上是一个疏缓弯曲的屋顶。一系列型壳组成的形状，会使人联想到鱼群，屋顶的朝向可让光线照射车站。屋顶的南北两端是供商业使用的建筑。

基座、屋顶和建筑一起构成了一个简单的综合体，表达出铁路线性和动态的特点，同时又能连接里斯本市中心与塔霍河。车站综合大楼的各端前面都有一个人行广场，当从相邻街区过来时，会有一个明确的标志。

TFP 的第三次竞标是一幢 50000 平方米的大楼，内设展览厅，间隔灵活，不仅能满足 Expo 98的需要，还可用于将来的里斯本交易会。设计还考虑到了往来路径和界限，将现场与周围地方联系起来，无论是在Expo期间或是之后。

因此，该大楼对未来的空间使用限制最少。TFP 方案的要旨在于提供一个中性的空间框架，使参加Expo的国家，能基于“海洋：未来的遗产”这一主题而突出自己的特点。

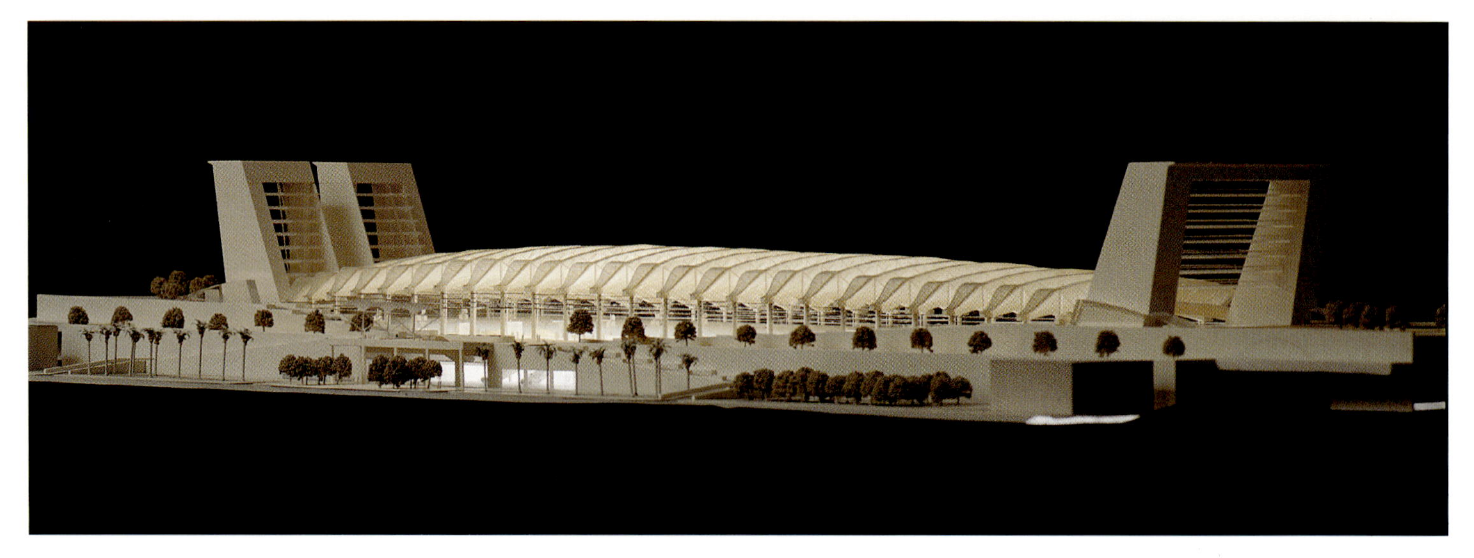

车站通过一根主轴线与Expo综合大楼融为一体，该轴线使人联想起Baixa区引人注目的轴线。大楼本身是一个大弧形结构，灵感来自于Arco纪念碑

Do Rossio 站 + 总体规划

Do Rossio 站位于里斯本 Baixa 谷地众多独特小山的旁边，地势在Rossio中央广场之上。列车经一条从山中开挖出来的隧道驶入，停靠在经开挖后的平坦山脊上，火车站就位于这里。火车站体现出了场地的不规律性——其主要的街道入口在站台以下四层的地方。

随着里斯本围绕Do Rossio火车站后期发展工作的进行，它就成了城内的一个主要标志，在Baixa和Bairro Alto区之间提供重要的连接作用。Do Rossio 醒目的屋顶，更突出了它的存在，特别是从城堡和Santo Mote区看去时。

Do Rossio 火车站地区成形于 1755 年，即在一次灾难性地震摧毁了里斯本大部、并规划新街道格局以构成现代城区之后。1889 年开通的铁路隧道，及带顶棚的火车站——可与伦敦的King' s Cross相提并论——是由José Luis Monteiro在1890年设计的。火车站的主立面是对16世纪Manueline（或晚期哥特式）建筑风格的高度个性化设计，带有修饰过的石方工程，特殊的扶壁和一个有

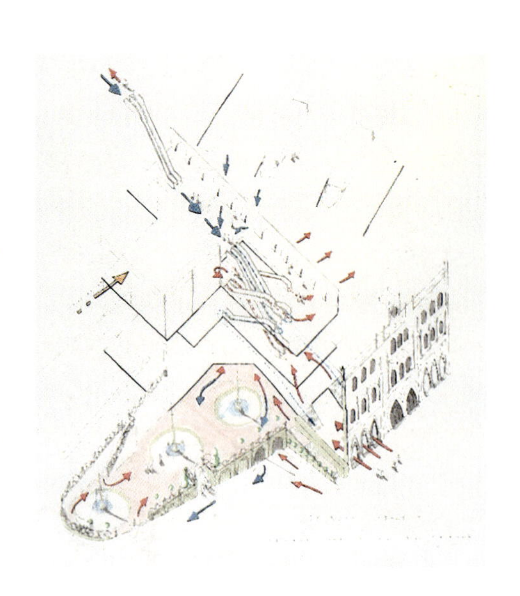

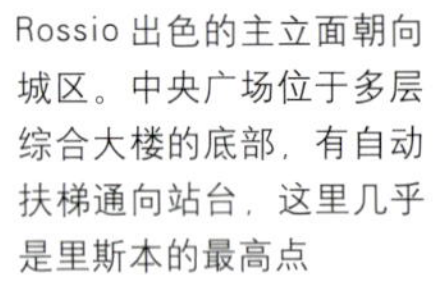

Rossio 出色的主立面朝向城区。中央广场位于多层综合大楼的底部，有自动扶梯通向站台，这里几乎是里斯本的最高点

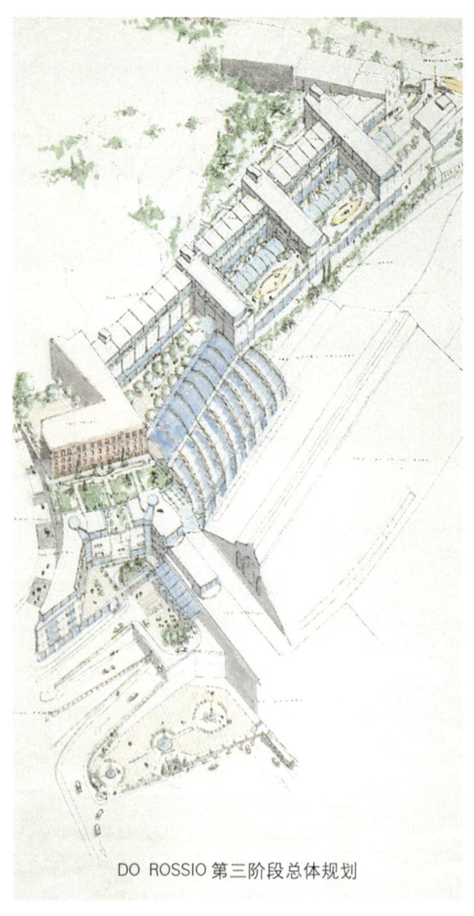

DO ROSSIO 第三阶段总体规划

TFP的Rossio总体规划使火车站的流通体系和周边地区重新焕发生机

异国情调的马蹄形拱——构成了双入口门架。1959年对基础设施的改造工作包括建一个每日大约供25万人使用的交通枢纽。Rossio地铁站是1963年开通的。

1993年，葡萄牙全国铁路当局Caminhos de Ferro Portugues，委托TFP公司和里斯本的Ideias do Futuro，制定一份重新开发Do Rossio火车站周边地区的总体规划，一百多年来，这里就是让人习以为常的里斯本街景。合理利用该国铁路当局所属的火车站邻近土地的方案，提供了一个连接Baixa区和Do Rossio，乃至远到Bairro Alto的机会。它意在改造该区域而让行人和车辆交通受益。

这份分几个阶段的合同，汇集了气候、经济和功能问题。既有整修火车站四周土地的内容，包括改造Do Rossio火车站广场（提供地下停车场和人流通道），又有与火车站有关的多功能开发设计，在火车站大楼内实施了一个新的旅客流通方案。TFP与里斯本的Ideias do Futuro，合作承担了新中央广场和站台修整的设计工作，将新的建筑元素与原有的内饰结合在一起。

原有站顶——由Alexandre Gustare Eiffel设计——作了重新覆盖和加大，以盖住站台的扩建部分，并使火车站经隧道直接与山侧相连。站顶扩建部分在规模和特征上要与原有的站顶一致，于是TFP将它设计成一个中央弯曲的拱顶，由独立的分段组成，其几何形状能在原有站顶的端隔板、轴线和隧道中形成中央拱顶。

凉风一直就是老车站自然环境控制的一个特点，设计也考虑到了这样的一个事实：站顶的扩建部分会妨碍空气的自由流通。TFP的设计提供了可控的通风装置，可让凉爽的晚风穿过车站。在白天，通风装置只能让凉风从结构体上散发出来。

Rossio工程让TFP实施了一套将有历史意义的火车站同周边区域完善结合起来的设计。

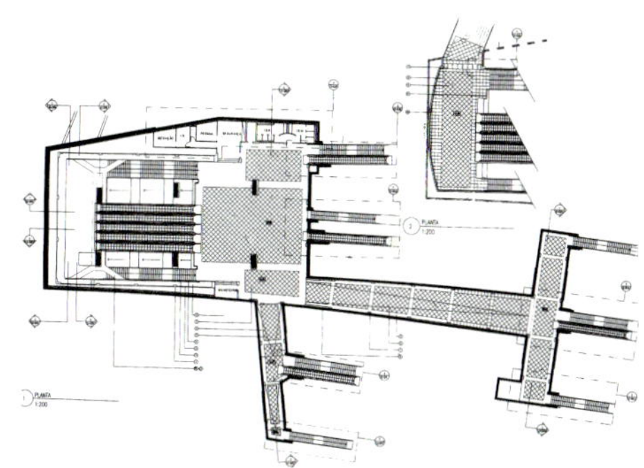

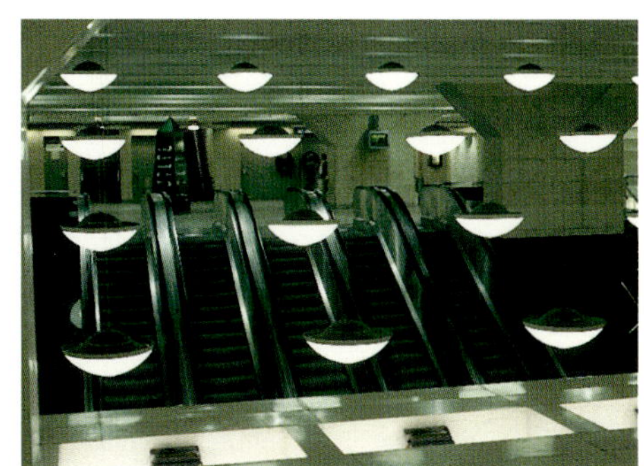

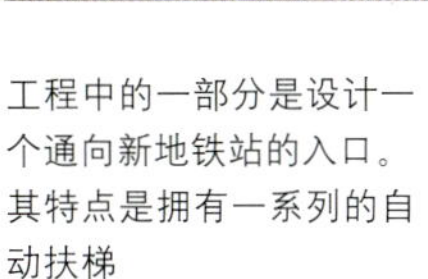

工程中的一部分是设计一个通向新地铁站的入口。其特点是拥有一系列的自动扶梯

上图：越过Eiffel设计修复的铁路月台屋顶看去，是在建中的火车站

中图：从屋顶朝山侧开挖出来的隧道看去的景象

下图：Gustav Eiffel修复的铁路月台屋顶内部，方向是朝车站扩建部分和隧道看去

朝隧道方向看去的扩建区内部。弯曲的站顶部分与主屋顶和隧道成几何相交

巴雷鲁(Barreiro)码头＋总体规划

巴雷鲁位于塔霍(Tagus)河南岸，与里斯本隔河相望。它曾是19世纪的一个小型滨河居住地，以造船、渔业和软木生产为主。该镇目前有大量的人口入住。它还成了一个工业中心，东北方向有一家占地300公顷的化工厂。

巴雷鲁的铁路终点站建于1863年，而原来的渡口大楼——建在与登船浮台毗连的一个填造半岛上——于1884年建成。在没有连接巴雷鲁与里斯本的公路桥的情况下，轮渡在该地区的交通设施中，一直就占据重要地位，但到了1990年代早期，原有的铁路和渡口已不能满足穿梭乘客急剧增长的需要。

1993年，葡萄牙的全国铁路当局Caminhos de Ferro Portugues，委托TFP公司和Ideias do Futuro设计一套巴雷鲁滨河地带的开发方案。总体规划将一片原先利用率不足的20公顷的土地，转换成了一个繁荣的码头，它把葡萄牙南部铁路网络战略性地连接起来了。

在Ponte 25 de Abrie大桥下修建了铁轨之后，巴雷鲁的码头和火车站就得寻找新的出路。总体规划提供了连接里斯本市中心的改造和新的转运轮渡方案。1998年开通的横跨塔霍河的铁路大桥，使得巴雷鲁与里斯本的联系得到了进一步加强。

上图：总体规划现址填造之前的巴雷鲁鸟瞰图。在伸向大海的半岛上能清楚地看见火车站

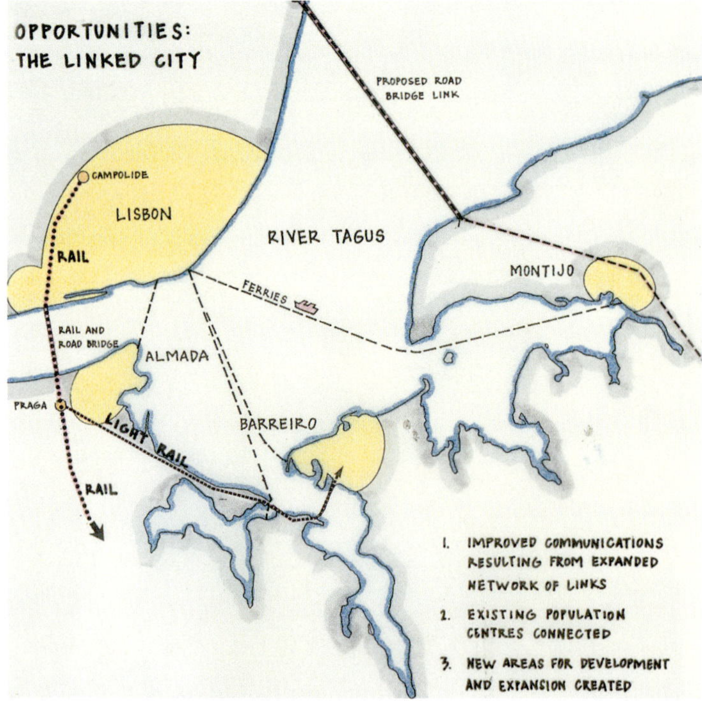

横渡里斯本与巴雷鲁之间的塔霍河的轮渡示意图，其中有连接南北两侧的规划中的铁路

显示出最前面新轻轨桥和水边渡口第一阶段方案的总体规划示意图

方案设计图

下图：渡口的分区立面

TFP的总体规划是对巴雷鲁市政会拟定的框架方案的反馈，即要对周围区域进行城市化和扩建改造，以供居住、商业、社会和娱乐之用。TFP与当地的建筑师Ideies do Futuro共同设计，第一期总体规划包括一个运输中心，带有上落场地的私用和公用运输区，且有经改善的行人通道，沿滨河地带的一个潜在住宅和商业开发区——可俯瞰北面的塔霍河——被认为是TFP方案的一部分。因此，新终点站将位于南部。

总体规划将场地分成一个主广场，和一系列由林阴道隔成的空间。在渡口和火车站之间形成了一个主中心，广场备有公共娱乐和零售场所。购票和营业区在一个公用的中央广场内，它是总体规划的一个视觉焦点。

在人行道和Avenida da Republica的交界处，是场地的入口，有一个大型的花园广场将场地与城内有不同功能和特点的其他区域分开。花园还为乘客和居民提供了一个休闲空间，并将公共汽车和小汽车停车场与开发区隔开。在高峰时段，新中心每小时能疏散15000名旅客，这些人中有上下轮渡再换乘其他交通工具的，也有步行到巴雷鲁的。

在总体规划获准之后，TFP和ideias do Futuro被委托设计一个新码头。1995年竣工的这幢线性建筑物，在设计上融入了城市和滨河地带的特点。它是一个简洁然而精巧的建筑，有效地表达了它的功能。与巴特尔·麦卡锡(Battle McCarthy)共同设计的双跨式屋顶，优化了结构；而且，它的轻质钢结构能在难以施工的地面条件下，经济地修建基础。为了消除跨距32米的外罩可能带来的压抑感，在中跨上就开了一条缝，使得大楼中心能有阳光和新鲜空气进入。

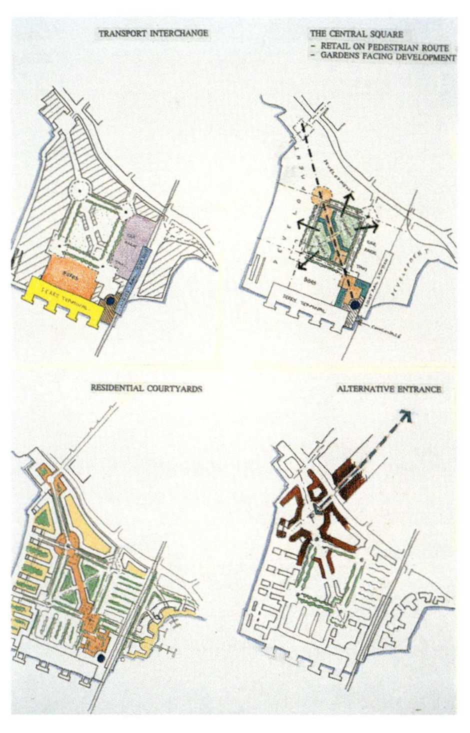

从新广场处所看到的码头

左下图：总平面图

右下图：码头鸟瞰图，远处是以前的车站

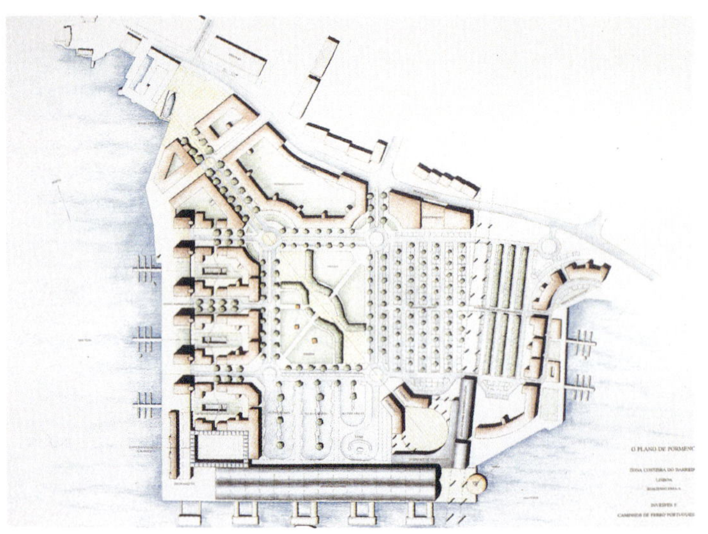

从乘客入口侧朝主广场看去的景象

通向水边乘客浮台的甲板

售票区主入口内部

显示出通向新栈桥入口的
检票区

EDINBURGH

第七章
爱丁堡

爱　丁　堡

左上图：爱丁堡的发展阶段：老城、新城、铁路的开通，以及最近的位于Lothian路的TFP做的国际会议中心总体规划，此路连接新城和老城

右上图：卫星照片。爱丁堡位于右边，与Forth海湾口相邻。虽然郊区星罗棋布，但城市周边的大部分土地属乡村

下图：泰瑞·法瑞的新总体规划天际线

从爱丁堡城堡的有利地形看去，爱丁堡中心是最容易了解的“城区”之一。原先是一座建在岩层上的设防居留地，四周是低洼的土地，时间一长，它就分成了四个部分。老城，从城堡向下延伸至好莱坞(Holywood)宫；山谷中的花园与湖水，铁路线穿过其间；带状新城；以及从远处就可望到的海湾。

老城设防的特点，意味着扩展的空间有限——因此，从18世纪晚期开始，就在与老城差不多相距半英里的平坦土地上，建起了新古典主义风格的新城，再由横跨海湾的、引人注目的高架桥连接起来，此湖后来被排干，并作了美化。在新城的边缘有一条弯曲的Leith河，它沿着峡谷流去，最后到达海湾。每一部分——老城、海湾（或花园）、新城和海湾口——是按四个层次从东向西分布的。这是一种异乎寻常的组合，使得爱丁堡成了世界上的伟大城市之一。

爱丁堡有序的市内格局，掩饰住了无序的周边地区。市中心具有受到哲学思想启发的城市理想景象，它的富足是建立在看不见的另一面上的：巨大、混乱、变化和零散的工业区，侵蚀着远方的景观，最终同与爱丁堡同样老的城市格拉斯哥连成一片。

TFP公司的爱丁堡项目，体现出了城市的多样化，邻近Leith河的名人美术馆别致的风格，在从市区的会议中心和疗养俱乐部及温泉健身俱乐部看去时，会有非常独特的效果。

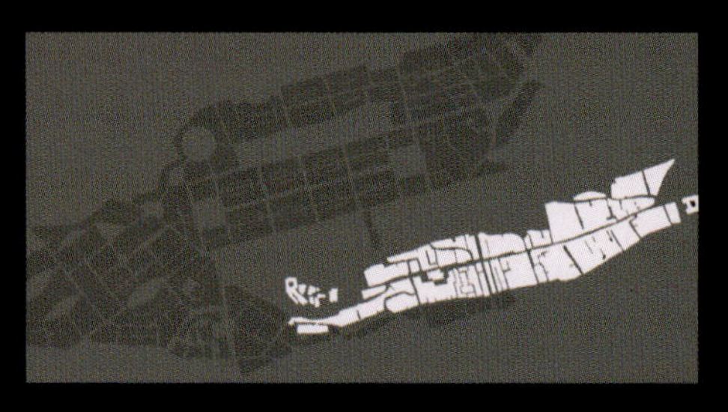

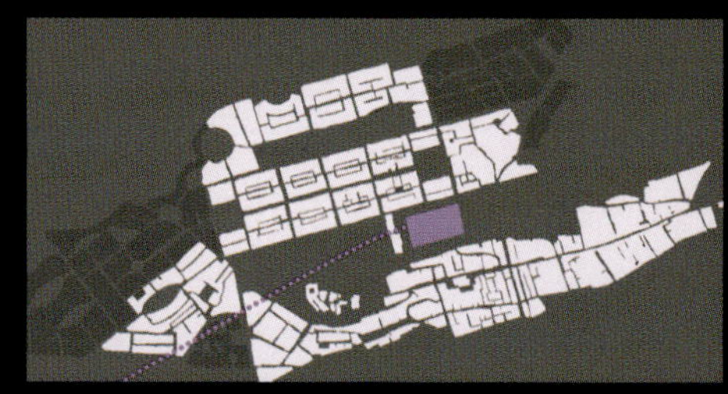

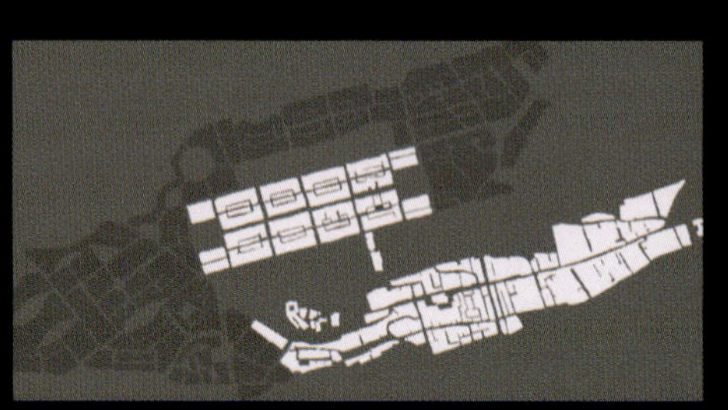

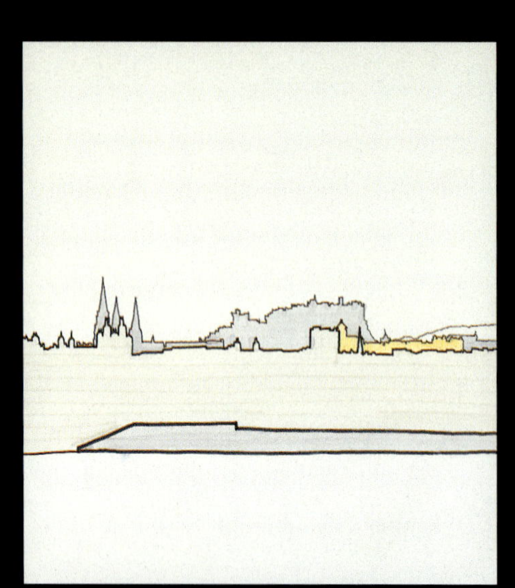

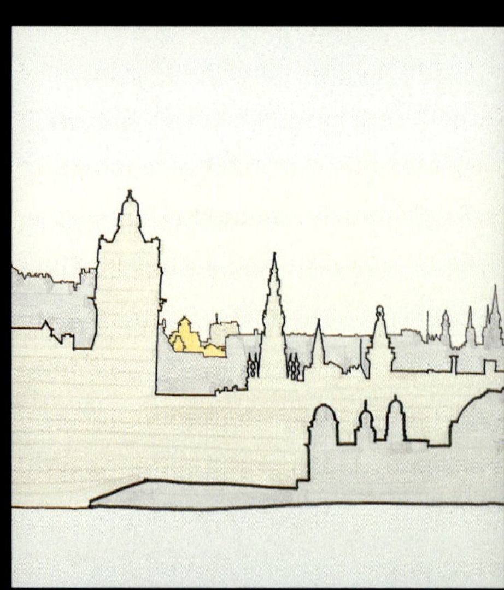

左上图：从城堡朝网格状的新城看去时的鸟瞰图

右上图：俯看王子大街的景象，城堡在远处

下图：TFP的三个项目的位置：Mound，交易金融区总体规划和名人美术馆

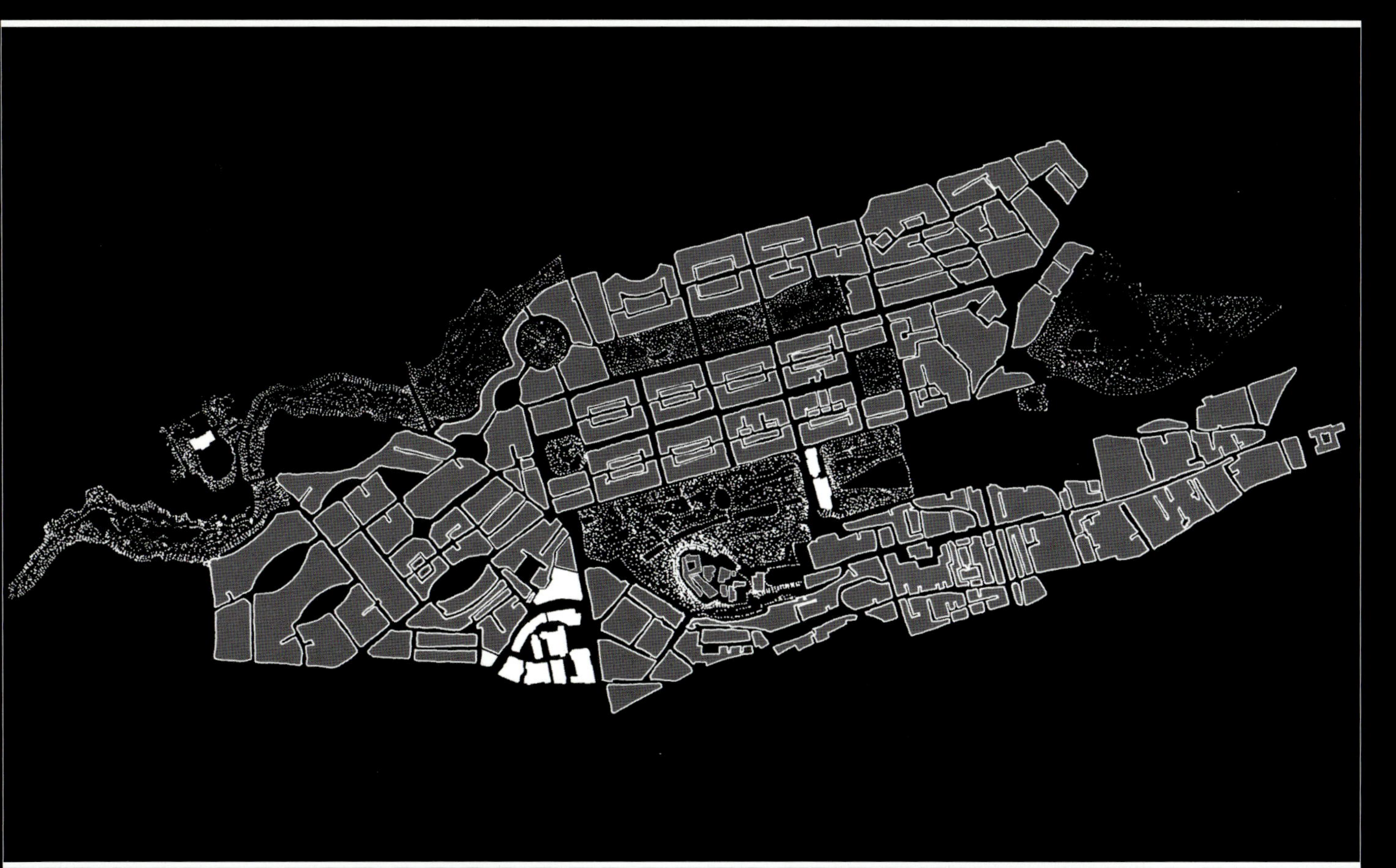

国际会议中心＋总体规划

位于爱丁堡中心西部的原有铁路用地——包括Caledonian火车站上的这片4.2公顷场地，提供了一次重要内城复兴的机会。

爱丁堡有着细致而又巧妙的城市规划传统，这使得有组织的中世纪街道模式与有序的乔治式的规划得以和谐地并存。不过，因1870年修建Caledonian火车站而破坏了这种和谐。该站位于老城与新城交汇处，在新城和Lothian路及Morrison街构成的三角地带之间，它是一个很大的障碍。

TFP的总体规划弥合了这一分裂状况，即恢复了穿过原先的铁路用地而与新城的联系，同时又让该地区恢复了适当的城市格局和密度。新区旨在将爱丁堡向西扩展：TFP的总体规划在最大程度上，开拓了一百年来公众难以进入的土地。

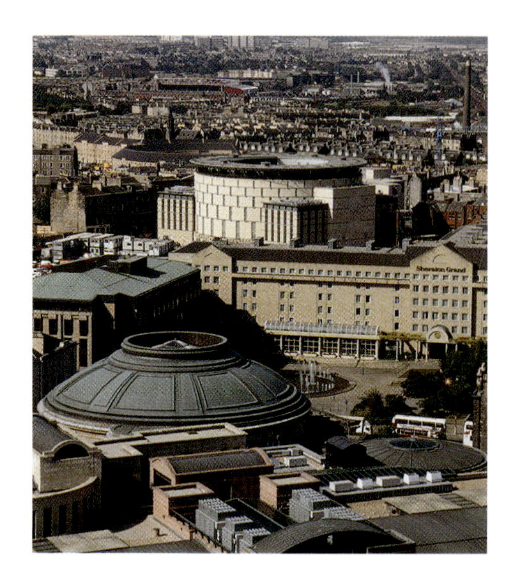

鸟瞰照片表示出了原来用作货场的场地的爱丁堡。铁路位于新城和老城之间，直达远处的Waverley 站，在美丽的城市环境中形成了一个萧条的工业区

鸟瞰照片表示出了会议中心、疗养俱乐部和温泉的总体规划

上图：会议中心、喜来登酒店和Usher大厅的视图

金融区总体规划，是TFP在伦敦之外承接的第一个主要国内合同。TFP是在1989年获得竞赛胜利的，它唤起了TFP对“温和建筑”的热情，这可在公司最早作品中找到这一主题，从总体规划与周围环境的紧密联系之中，也能看出这一点。1984年，法瑞在专论中写道：“温和建筑”意指可让各类人进入；在环境处理上没有疏远感且内部功能和入口通道要外在地表现出来；在色彩、形状、形象和布局形式上是无懈可击和常见的；在没有过激的理论和技术阐释方面是明智而亲切的；最重要的是，一种不会造成任何情感发作的、不产生焦虑的建筑艺术。

利用从其他的伦敦项目中所得到的经验，如King’s Cross铁路用地、烟草码头和Charing Cross，以及Comyn Ching Triangle、Covent花园的总体规划，方案体现出了爱丁堡伟大的城市规划传统。

1995年竣工的、独特的鼓形爱丁堡国际会议中心，是这块场地的标志。为了体现出工作、参观和居住的人们的不同需求，TFP使之具有多种功能，包括办公和会议场所、零售区、休闲场所和停车场，以及仔细地与原有的喜来登酒店融为一体。

利用该市特有的平台和新月形布局传统，将城市空间和花园围绕在内，建筑群是按舒缓的曲线方式布局的，形成了场地的围合。在项目的核心部位，是三角形的会议广场，它构成了会议中心的主要公共场所。附近是像大楼内的公共空间和走廊一样的各色公共场所和人行道。并不是要沿建筑提供与私密空间无关的延伸，TFP的总体规划是集对比和惊奇元素于一身的。例如，挤到未

Atholl Crescent位于最前面的南向鸟瞰图。新总体规划的曲线和新月状形体与城市的原有布局相协调

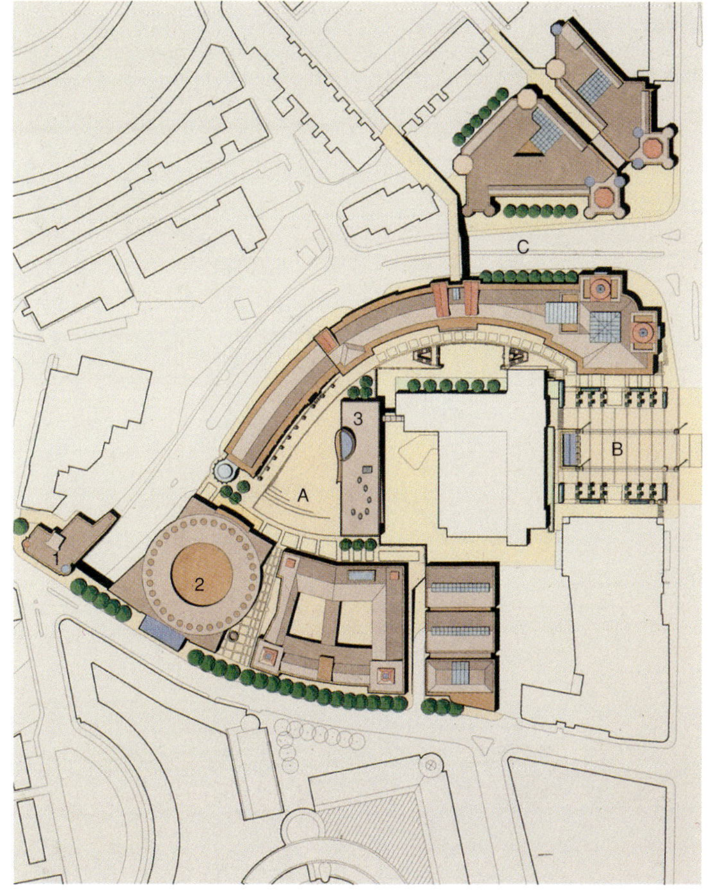

表示了TFP设计元素的总体规划示意图

图例：
1. 会议大厅室
2. 会议中心
3. 喜来登健身俱乐部
A. 会议广场
B. 节日广场
C. 西引桥

表示出主要通路的TFP总体规划早期草图

总体规划的公共区域：
1.会议大厅
2.会议中心
3.Morrison街
4.会议广场
5.喜来登健身中心

下图：从原有的喜来登酒店的台阶上看，重新设计的节日广场

必有良好效果的小块土地中的喜来登健身俱乐部，却与圆形的会议中心有着视觉上令人吃惊的协调。与此相仿，构成直达会议广场开阔空间的半月形通路的小径也有此效果。

为行人提供一个有形的公共场所，是总体规划的核心——它的成功取决于良好的首层联通性。尽力处理好车辆交通以及过去与现在之间的差异，使爱丁堡对行人的吸引力降低了。行人场所的质素有赖于各建筑物的设计和形式。

在金融区内，延伸的人行道和自行车道构成了与场所之外的原有街道的联络通道。会议广场和节日广场是由半月形人行道连接的，这样，会议中心就与喜来登酒店和接待厅直接连接起来，并经一座新的人行天桥和Rutland广场与西端和新城连接。内部空间和建筑物周围区域被视作同样重要。

历史延续性新旧统一，行人通行能力及对多样化的需求，是爱丁堡总体规划的推动力。TFP始终如一的城市设计概念，使得该区域能以自己的方式逐步成长。正视城市情况的现实——而不是虚构一个空想的前景——是TFP观点不可分割的一部分。

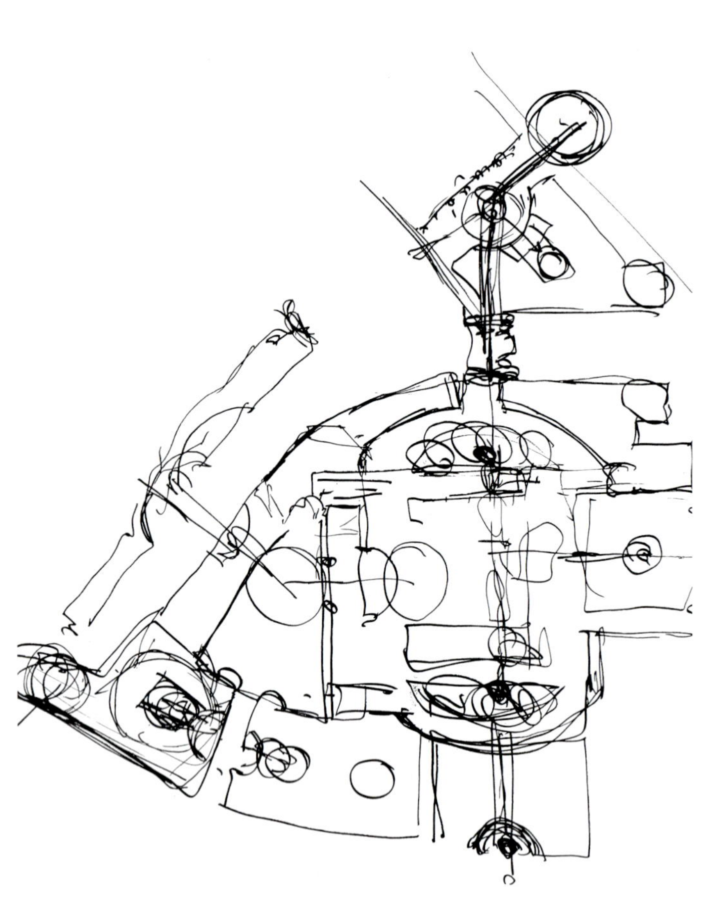

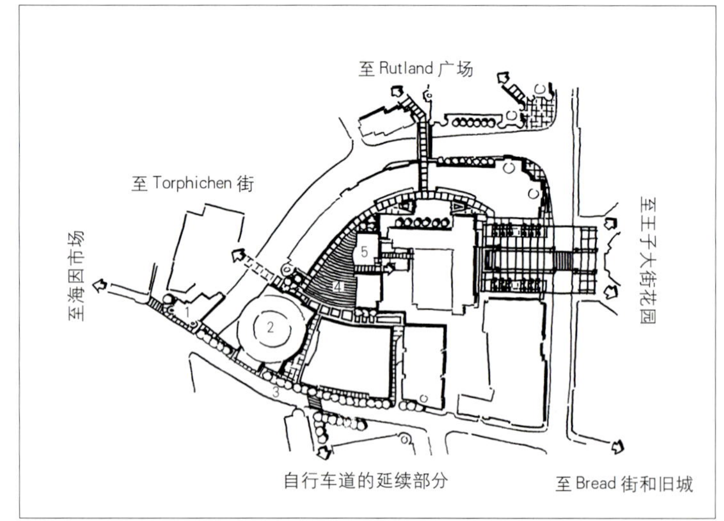

TFP 规划的节日广场

竣工后的会议中心

左下图：首层平面图

右下图：会议广场位于右边、西侧道路位于左边的剖面图

对面页：入口立面

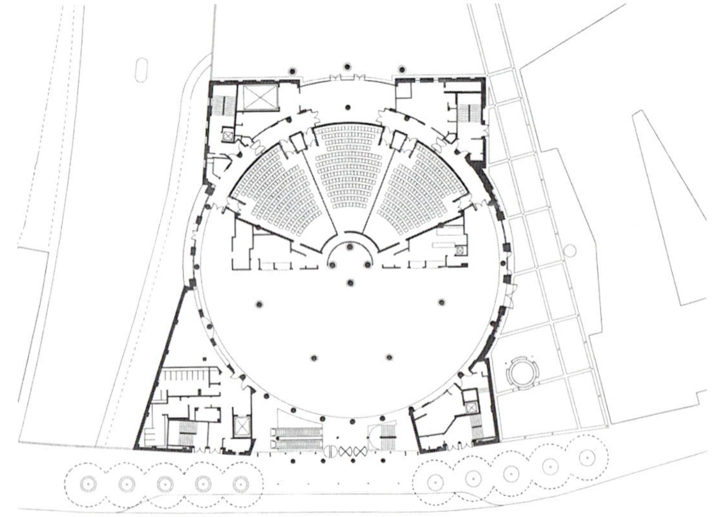

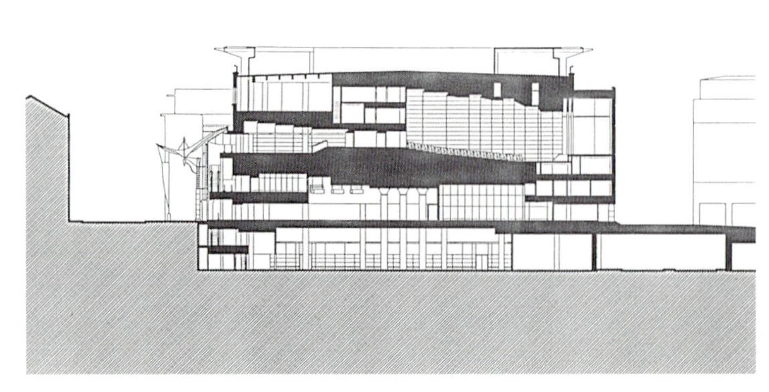

E I
EDINBURGH INTERNATIONAL
C C

TFP 的设计草图　　　　　　下图：分析模型图片

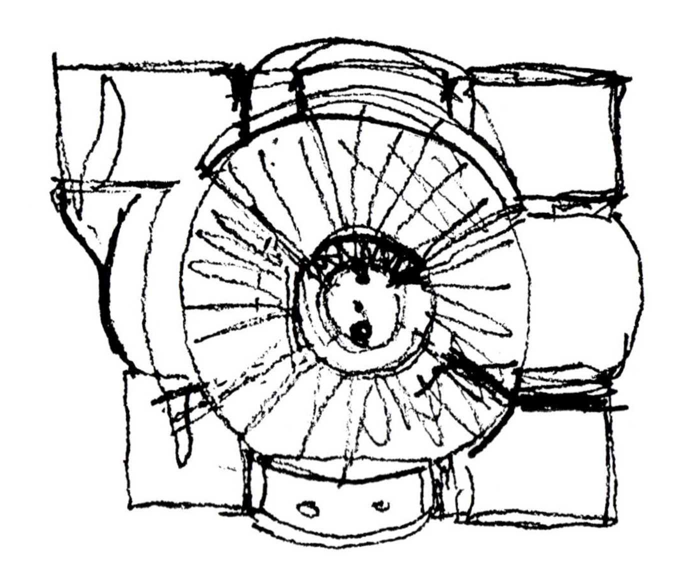

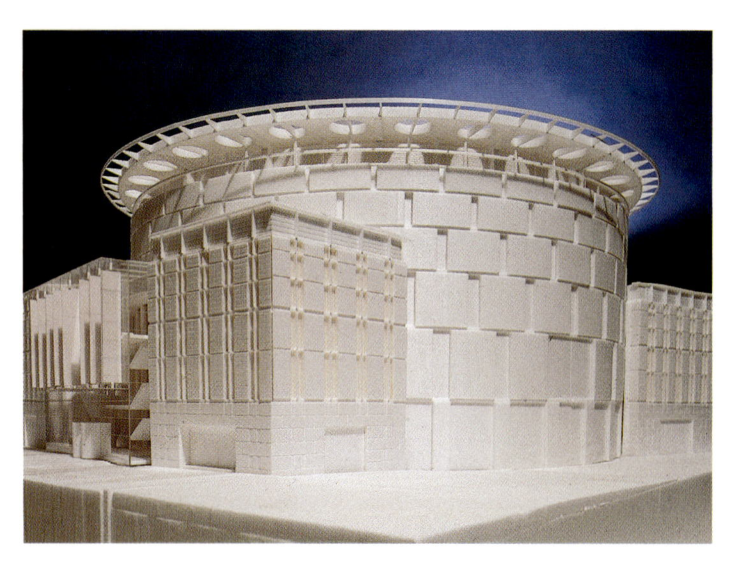

会议中心的大礼堂可以从1200座的大礼堂细分成两个300座和一个600座的空间，或一个900座和一个300座的空间

左上图：有1200个座位的大礼堂
右上和中左图：900座的两种变换方式
中右图：两个分离的300座和一个600座的礼堂

注意，小礼堂的活动隔断形式回应了会议中心的外观形状

下图：设计草图及第三层平面图

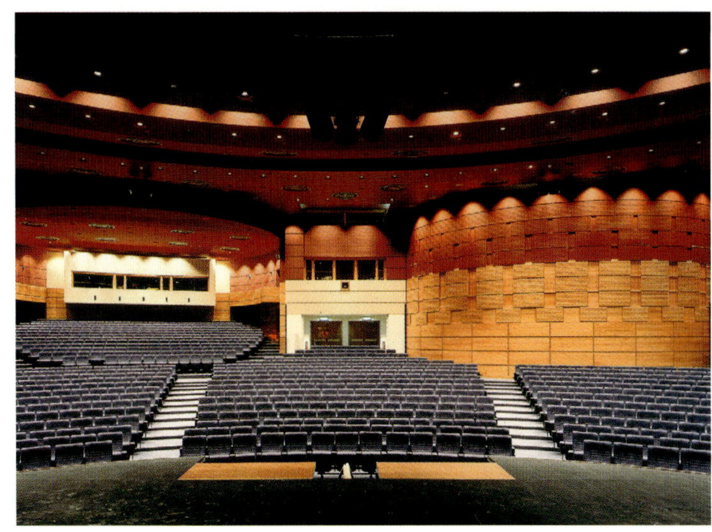

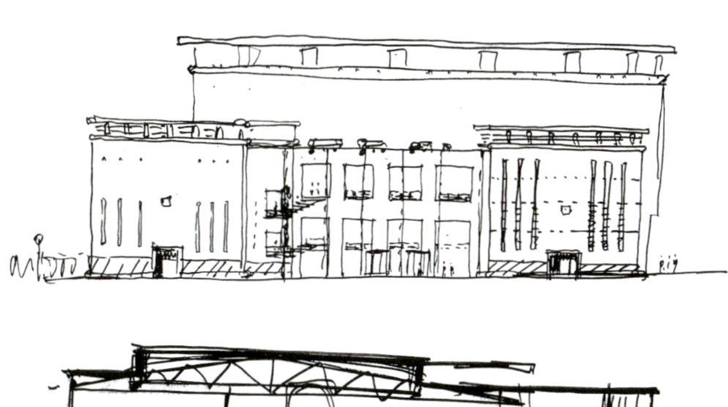

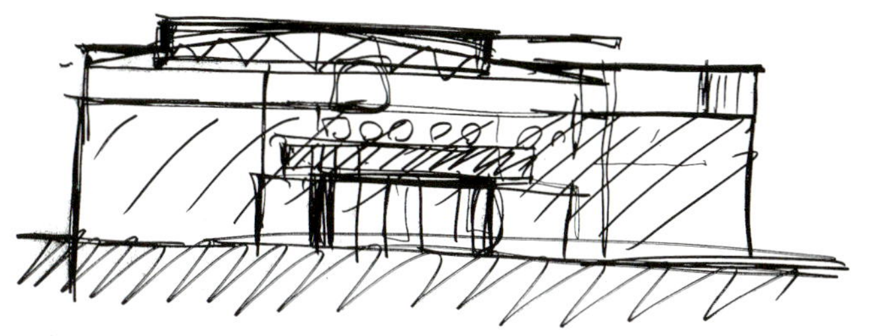

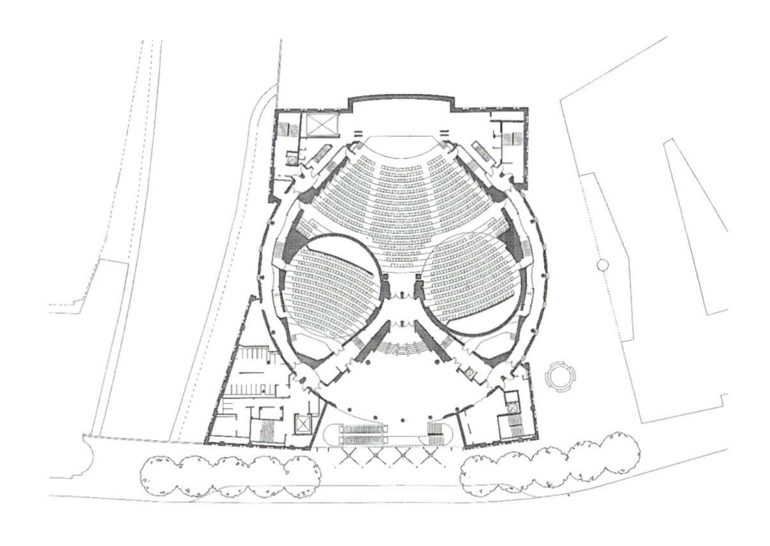

莫里森大街上的入口覆以
膜结构屋顶

温泉健身俱乐部

金融区——位于原先 Lothian 路边的一个铁路货场的地方——成了爱丁堡的一个新商业区。TFP 的 C 形总体规划，突出了周围街道的曲线和半月形特点，同时又为市中心和两个新的公共场所——会议广场和节日广场——提供了重要的步行联系。

于 1995 年竣工的 TFP 爱丁堡国际会议中心，成为总体规划的基础，并以它简洁的鼓形结构而引人注目。与圆形会议中心和现场弯曲地形合二为一，喜来登温泉俱乐部像一个令人吃惊的带状混凝土玻璃盒子一样突了出来。因四周被其他建筑物围住，它就像最后一段楔子那样挤进到有限的空间中：它的北立面与相邻的 Clydesale 广场立面相距不到 12 米。

连接会议中心和温泉俱乐部的是三角形的会议广场，它是一个新的人行空间，朝向温泉俱乐部的西（入口）立面，且位于双层停车场的上部。会议广场中出现喜来登的景

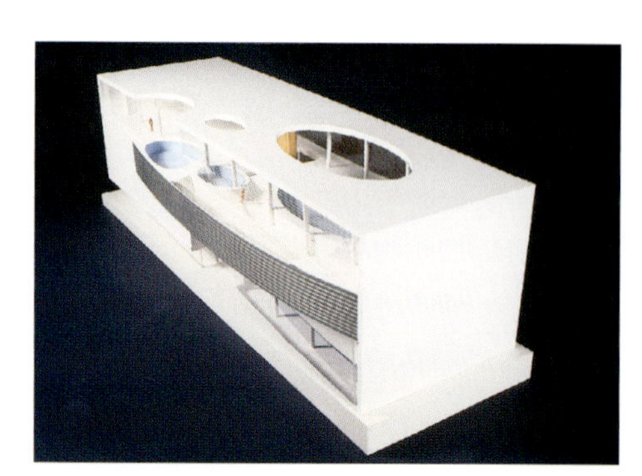

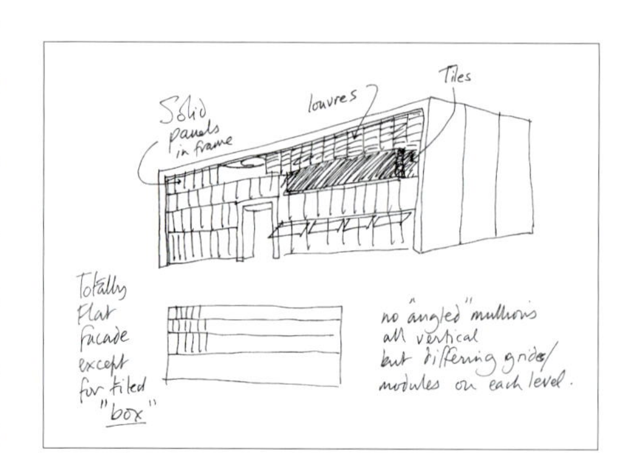

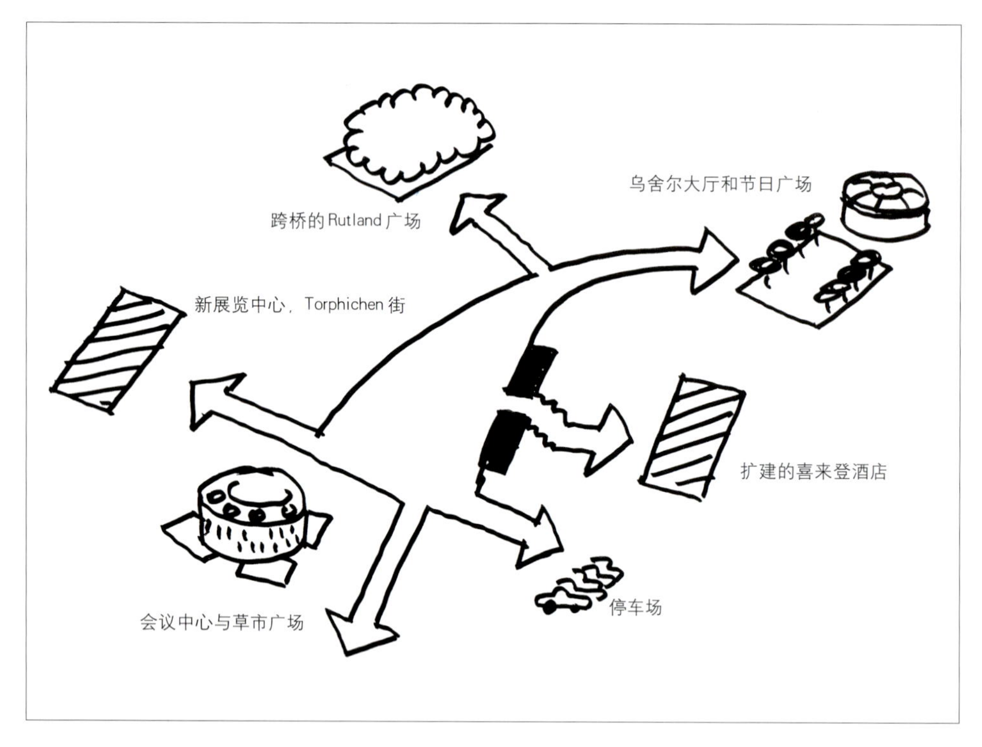

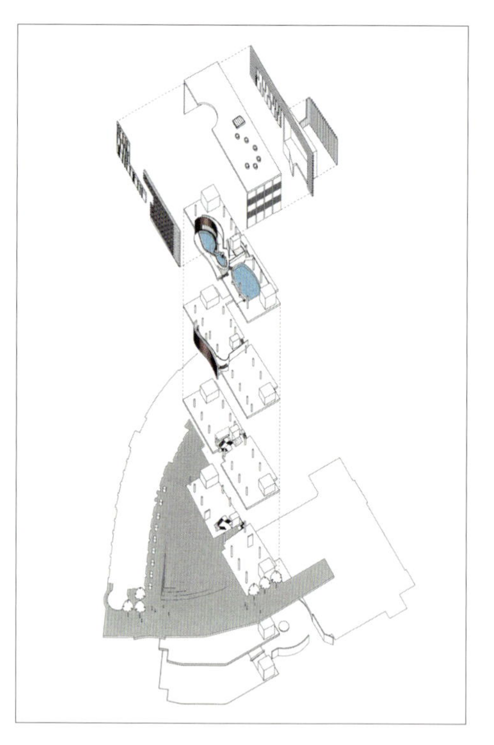

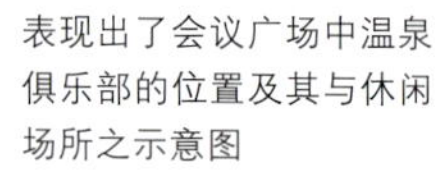

表现出了会议广场中温泉俱乐部的位置及其与休闲场所之示意图

中上图：TF 的草图

右上图：喜来登酒店俱乐部的分析模型

轴测图

象，证明了总体规划包容不同建筑风格的能力，并证实了规划者的这一信条，即在完善的总体规划中，材料、建筑物类型和建筑物表达方式能有效地统一。

含有室内和室外泳池、水疗及美容、体育馆、练功、饭店、酒吧及相关零售店的4层疗养温泉俱乐部，于1990年开工，已经完成。

温泉俱乐部本身的建筑风格是要做得紧凑。材料和颜色合成为带欢快色彩的调色板，能从规划场地周围的许多地方看到，吸引了现场内外的参观者。其平坦且看似简单的构成方式，使得建筑的东西立面，像两个伸到白色混凝土框架之内的巨大水平帐篷。这些立面的轻盈、空灵，与周围的石材立面形成鲜明对比，并明确表示出这是一个休闲、轻松和促进健康的场所。

温泉俱乐部给人以结构简单的初步印象的假象，其实在设计上，它采用了一系列对立的构成形式：水平与竖直；密实与空隙；角状与弯曲；半透明性与透明性；运动与静止；失重与稳健。相互对立的一种关键表达方法，就是在外立面上将内部元素立体地表示出来。在西立面上——充满动感的“鱼尾”——罩住室外水疗池的璀灿的铝质结构，在温泉俱乐部的矩形空间中进进出出。水疗池的外部呈水平的带状结构，从大楼北端的第六层的更衣区的更衣室，过渡到南端的水疗池大厅。其内表面是从釉料中挖出的，像一条折转的长带，并用柔色的Iroko板覆盖起来。当木天花穿过大楼中央的裂口时，就成

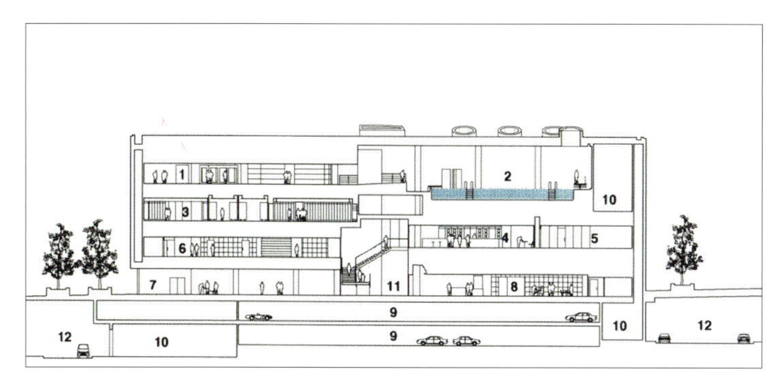

左上图：表现示出了位于温泉大楼地下室中的停车场的长断面图。大楼的地板由北向南呈升高趋势

图例：
1.温泉室
2.水疗池大厅
3.更衣室
4.俱乐部休息室
5.健身室
6.水疗室
7.零售店
8.饭店
9.停车场
10.配电室
11.入口门厅
12.服务信道

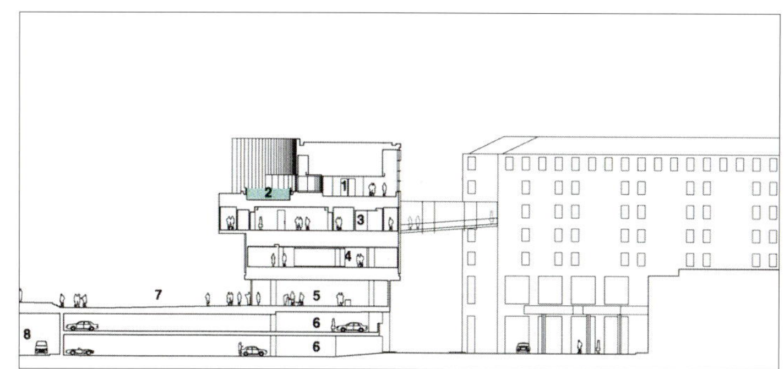

右上图：表现出了连接喜来登酒店廊桥的剖面图

图例：
1.温泉室
2.室外温泉池
3.更衣室
4.水疗室
5.零售店
6.停车场
7.会议广场
8.服务通道

上图：早期方案的计算机示意图

下图：东（背面）、西（正面）立面

第六层平面图
图例：
1. 温泉池大厅
2. 室内温泉池
3. 室外温泉池
4. 温泉室

第四层平面图
图例：
1. 健身室
2. 体育馆
3. 水疗室

第三层平面图
图例：
1. 入口门厅
2. 饭店
3. 厨房
4. 零售店

了下方双层高入口的顶盖。因在矩形空间中开了一个洞状的裂口，入口就更能表现出水疗池的开敞感，并能提供与上面的鱼尾形均衡的对照效果。此裂口的作用就是一条内部的东西向路径，在大楼的中央自行展开，对平面也有影响，并将地面分成两个可辨别的区域。平面的动态感在于层次的变化，这在内部路径的两侧可以了解到，而建筑的地面由北至南会逐渐升高。

整个矩形结构——蓝/绿色彩色玻璃和灰白色混凝土——可作为两个十分不同的立面。因集透明性与半透明性于一身，故条状饰纹玻璃被和谐地结合起来，使用户得到适当的开放感和隐私感。为此，大楼南边的温泉池大厅有着分层的玻璃，以保护使用者的隐私，而下面的酒吧间却有较高的透明度。在东立面上，同样的酒吧间用的是透明玻璃，使能够看到邻近的喜来登酒店。温泉和酒店之间由一个镶玻璃的廊桥增强了连接能力，它是从温泉的第五层更衣室直通酒店的。东西立面上的磨纹玻璃使光线和阴影有了微妙的变化。这将私人或封闭场所与公共场所区分开来。当光线沿大楼移动时，透明性使立面的色彩发生戏剧性变化，这反过来又突出了它在周围建筑物中的存在。在爱丁堡阴暗的冬季，此大楼就像一个发光的灯箱，给新区带来温暖。

两个立面边缘的整体灰白色混凝土框架，是与东立面的较小框架结合的，它包括酒吧间的玻璃立面。被打碎的几何结构就像一个巨大的窗框，它的白色是背靠天空的深蓝色玻璃的衬底。混凝土框架是失重与隐重的分界线，它突出了建筑基座。基座勒脚在结合失重、稳定和平衡感方面起着重要作用，并能改变东立面的构图，在这里，健身房和酒吧间似乎形成了一块挤出来的楔形空间。这块楔形空间增强了与酒店入口转弯区的对比效果。这种集中的形式能深入到朝东的裙房之中，伸出来的是弯曲的三米高蓝色墙壁。

温泉俱乐部就是将建筑风格与城市定位融为一体的典范。它是一种寻求用最少的形式、材料和色彩来实现最大可能性的建筑。建筑风格的目标就是，通过将其变成一个多姿多彩的焦点，而给城市的新区带来多样性。

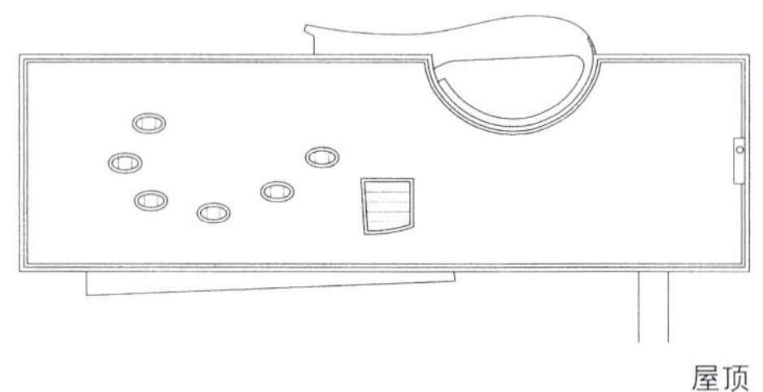

屋顶

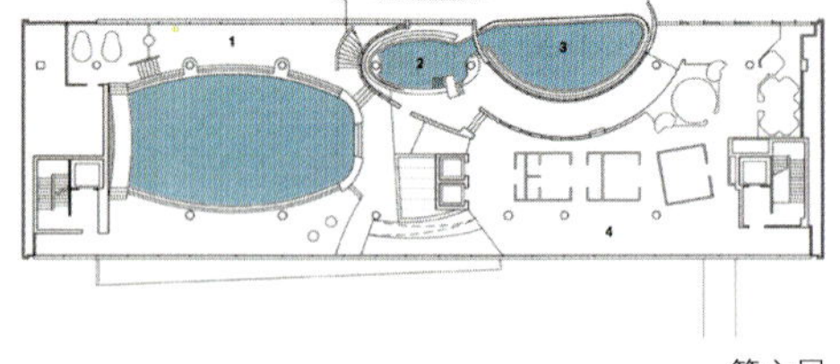

第六层

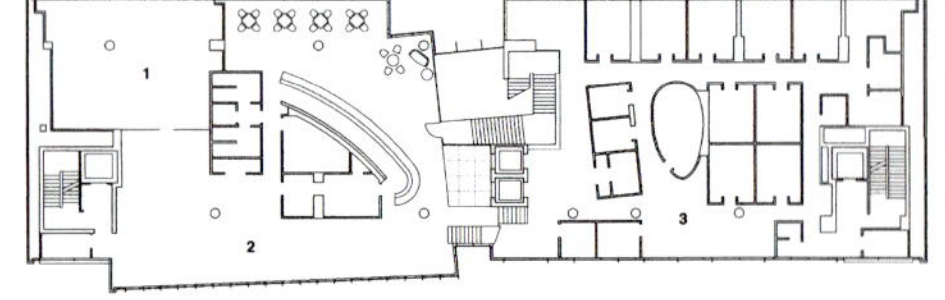

第四层

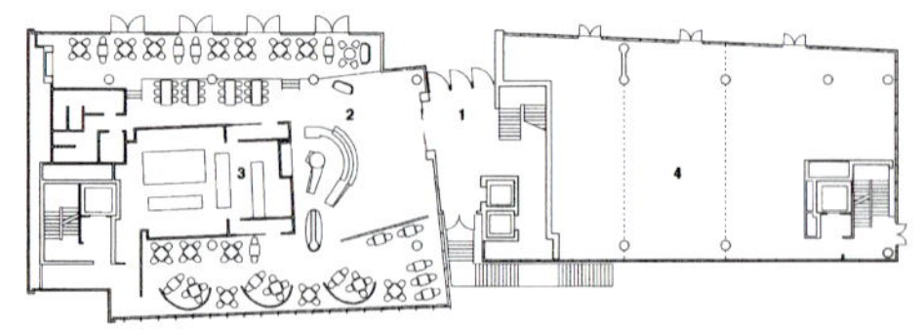

第三层

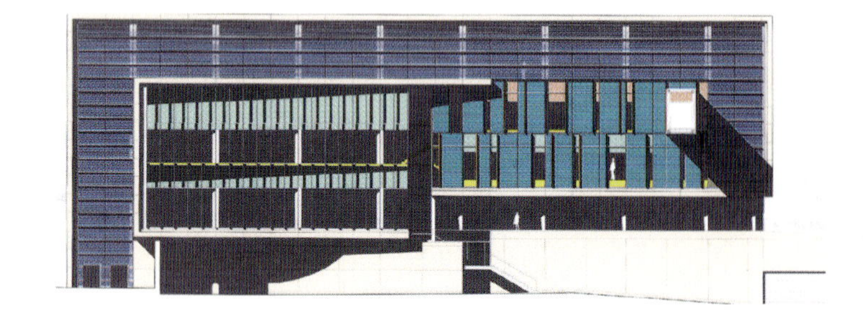

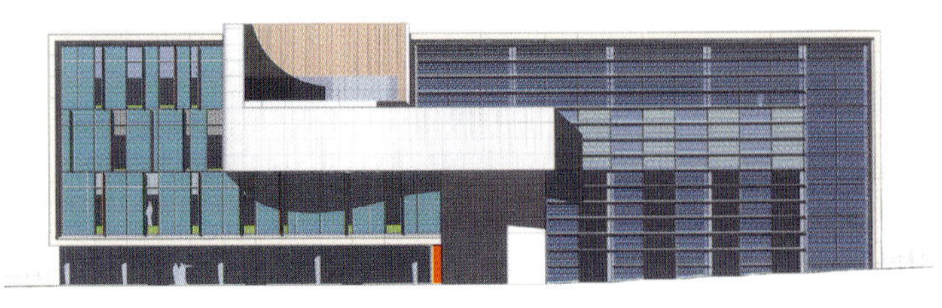

上图：纵向剖面图。第六层的特点是真正拥有室内和室外温泉池

中图：温泉的正立面朝着会议广场

左下图：屋顶户外温泉池的弯曲墙壁

右上图："鱼尾"

右下图：大楼将一系列复杂的对立元素统一起来：水平与竖直，密实与空隙，角形与弯曲，半透明性与透明性

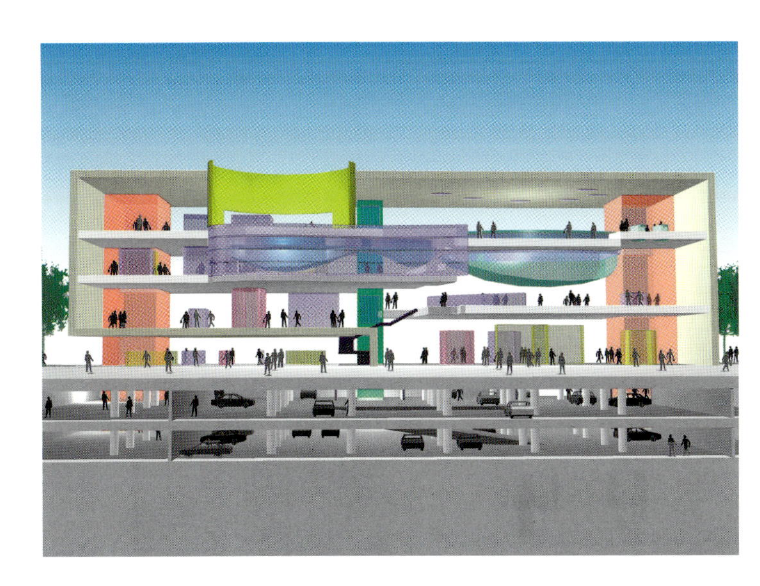

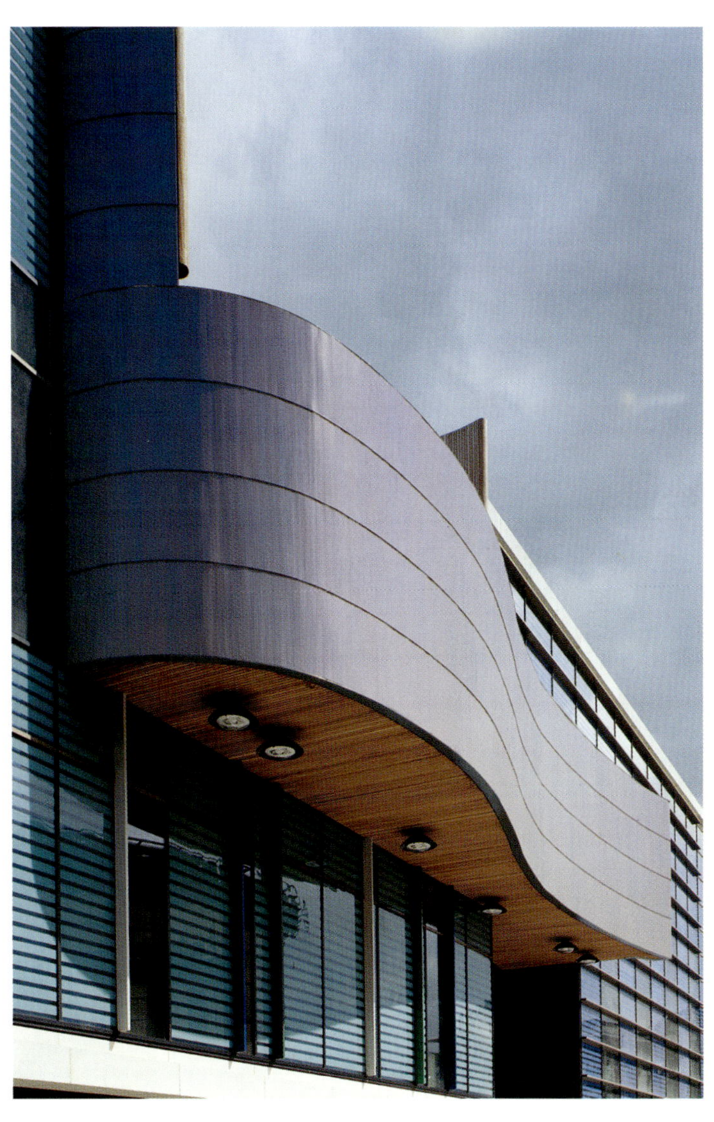

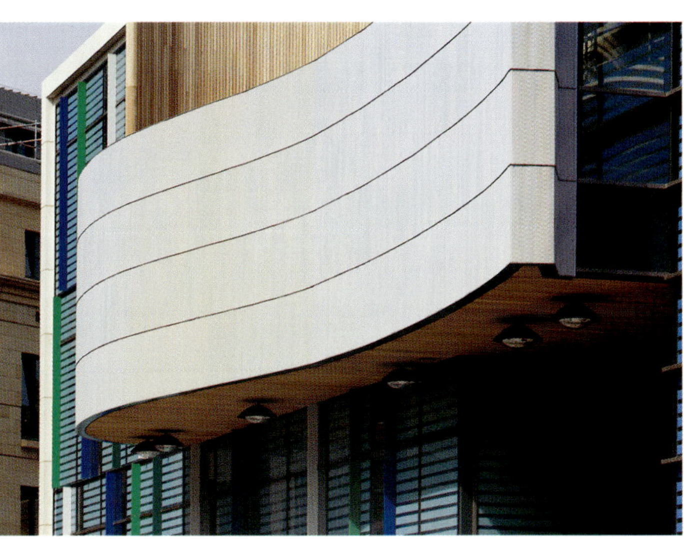

从节日广场看去，建筑透明的中央部分

左下图：条纹玻璃，创造了一个集玻璃、色彩和光线于一体的西立面

右下图和下页：廊桥，能使喜来登酒店的宾客在两幢大楼之间走动

迪恩美术馆+总体规划

在重新设计19世纪的迪恩孤儿院之前，TFP公司将景观改造成了适合美术馆的形式。景观设计的理念，就是要利用并突出爱丁堡旧城的合理格局与新城景色之间的反差。

目的是要在迪恩美术馆和国家现代艺术馆之间，设计出一片带人行散步通道的场地。规划还包括迪恩公墓，具有维多利亚风格的墓地，拥有爱丁堡最丰富的名人纪念碑，包括William Playfair的三块（有一块是他自己的）。Serpentine路将墓园与附近的Leith河人行道连接起来——一条顺着深谷树木茂盛的陡坡的美丽小道，Lcith河就从此穿过新城——其他的路可通向城市的不同部分。更吸引人的是与查尔斯·詹克斯(Charles Jencks)共同设计的地貌，此设计借鉴了他和Maggie Keswick在Dumfriesshire的Portrack所取得的经验。这种布局的目的是，将艺术与自然结合起来，这就是自然美。

为了让别致的墓园得到宁静，停车场就设到了迪恩美术馆背立面以北的地方，而在南边留下一块不受干扰的公共场所。这也适用于国家现代艺术馆：以前，车辆是从艺术馆前面穿过的，影响了主立面的景观。原来划给孤儿院的园地，已得到了改造。

迪恩美术馆是TFP哲学的最明确的典范，其特点是，体现一种人生乐趣，并给使用或参观建筑物的人们带来满足。

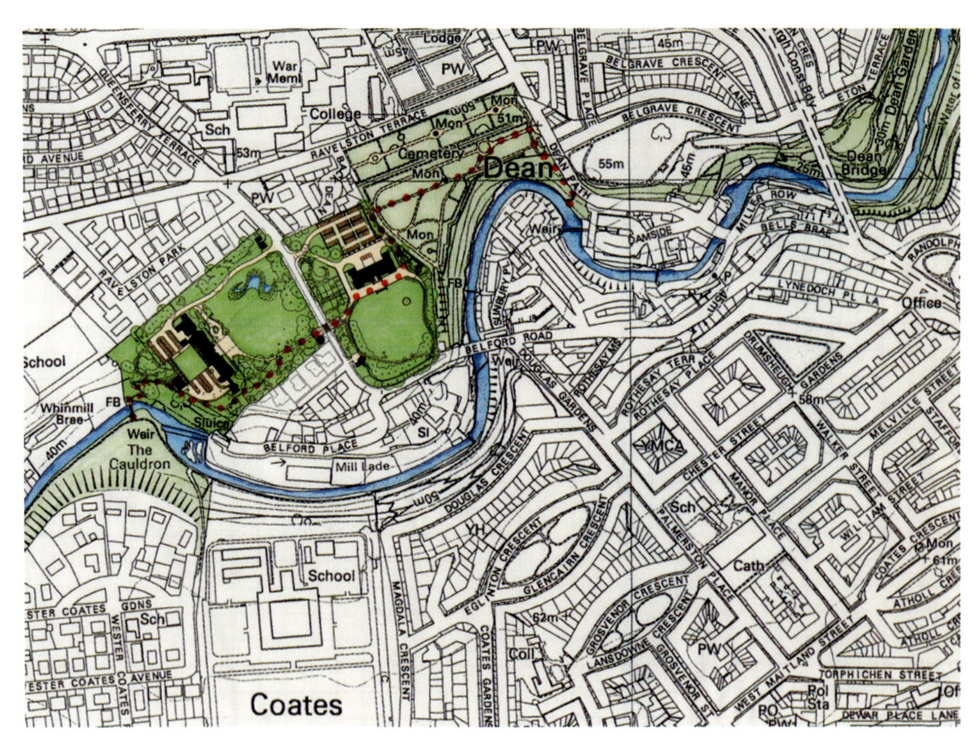

上图：总体规划将迪恩美术馆、现代艺术馆(GMA)及两者之间的场地融为一体

下图：鸟瞰图。迪恩美术馆的特点是有两根巴洛克式的烟囱

位置平面图。迪恩和GMA位处Leith河弯。虚线标出了从公墓到Leith河间的公共场所。结果将建筑/景观/雕塑与精致的内部空间和艺术品结合了起来——一个完整的世界

上图：泰瑞·法瑞和查尔斯·詹克斯为GMA前面的草坪设计的地形

从托马斯·汉密尔顿(Thomas Hamilton)1831年到1833年所建的现有A类建筑物中，吸取了到丰富而层次分明的文化和历史风格之后，TFP致力于灵活地在并置、游戏和历史范围中找到平衡，而刺激人的感知。

迪恩作为艺术建筑的命运，是在1995年明确的，即在国立苏格兰美术馆（NGS）决定将存放于The Mound地下室中的大量艺术作品迁址的时候。之后，当地的雕塑家Eduardo Paolozzi将他的收藏馈赠给NGS，还有达达派和超现实主义收藏家Roland Penrose和Gabrielle Keiller的赠品。与此同时，NGS正在寻求一个新的总部，并认为改造后的迪恩美术馆就是一个理想的选择。不过，即使用它来存放NGS的藏品、赠品并设行政中心，迪恩仍将不能发挥最大的作用，因而出现了将设计馆改作临时展馆的想法。

除汉密尔顿的现有建筑之外，TFP还要处理一批遗迹。公司试图设计出融汉密尔顿、Paolozzi、Penrose、Keiller和达达派与超现实主义赠品于一体的三维陈列结构。受伦敦John Soane爵士展室的启发而采用的主题，进一步增加了复杂性。这获得了极大的成功——按真正的超现实主义方式，它仿佛是一个幽灵，但可知的内容在建筑内是活跃并能产生反响的。为了体现这种多层次的内容而和谐布置的美术馆，在设计上是积极的，而不仅仅是一个被动的衬托。

迪恩十分有序的规划，是为了体现出艺术和建筑历史的不同景象。它不采用传统的“白盒”式的美术馆——一种纯粹和宁静的场所，其中的艺术品是“自言自语”的——TFP旨在设计出一种以丰富和活跃为特点的场所。他们创造了一种可知的环境，为参观者提供了能加深视觉印象的参考点。

并不是为了突出建筑物新旧部分间的差别，相反，TFP给大楼断面引入了一种所谓“Emmental奶酪效果”的元素。空间得到了挖掘和挑空处理；尺寸或天花高度不存在一致性；室内有着各种色彩和灯光作用；交通空间和展览空间都作了细心处理。

这是一种能触动并吸引参观者的建筑风格；它并不反映出合理或现代主义。现代建筑的主要趋势，是强调建筑师要利用高科技材料来克服原有束缚。迪恩美术馆背后的理念是，新建筑风格要纯感性的、看起来要与原建筑融为一体。

上图：在1997年取得国家六合彩基金时，为向基金会汇报准备的模型

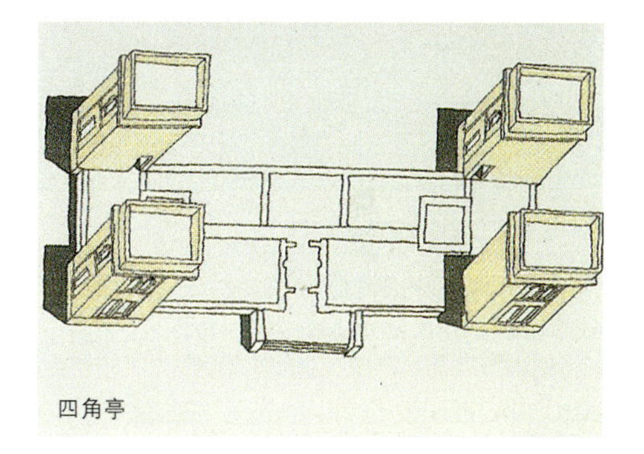

四角亭

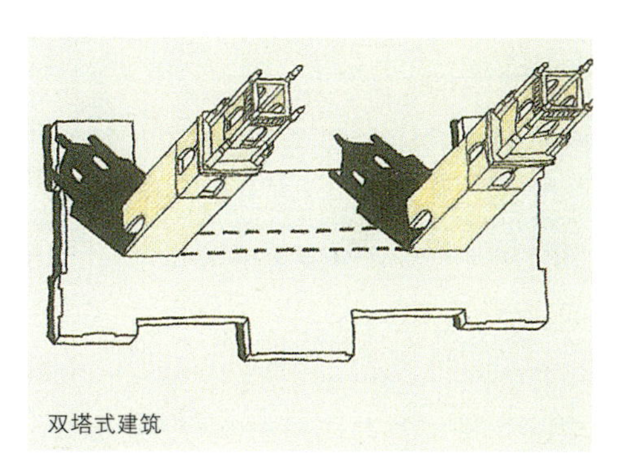

双塔式建筑

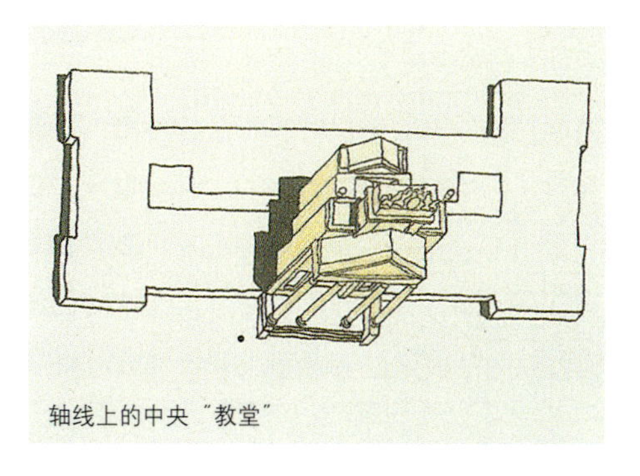

轴线上的中央“教堂”

构成Thomas Hamilton具历史意义的迪恩建筑的三个主要组成部分的示意图

上图：迪恩的南立面。修复工作使得整个建筑回复了从前的壮观景象

下图：从停车场入口处看北立面。从窗口可以看到大型的Vulcan雕塑

汉密尔顿孤儿院具有奇怪的现象，最明显的就是入口立面的风格(Greek Rivival希腊复兴的严肃与巴洛克的轻浮)。外表的宏伟对孤儿几乎是没有意义的，而内部也几乎带不来感觉上的愉悦感。壁炉上方的开口，意味着儿童们时刻会受到监视；男孩和女孩分住不同的侧楼，并用厚墙和一条中央过道及双重门隔开；只有病房才能看得到景色。

虽然汉密尔顿大体上被归类为19世纪理性的建筑师，但迪恩孤儿院的结构充满着矛盾和奇怪的布局。为了让该建筑复活，以将其作为超现实主义艺术作品的展览馆，TFP乐于探讨这一主题。

法瑞的主要工作就是使建筑物的内部恢复活力，将外部的活跃元素引入到内部空间中。把原来的汉密尔顿作品，与受到更有乐趣的约翰·索恩(John Soane)的伦敦展室作品启发的主题作品并置一处，就达到了这一效果。这样，孤儿院生活的残迹，如监视窗（象征着压抑），就像Soanian的作品（有乐趣）一样再生了。索恩的作品在整个建筑物内都存在着，但在入口高度的长廊上的有限空间内，显得特别突出——它是一个得以窥见建筑物组织元素的匙孔。涂成深蓝色的长廊，在视觉和气氛上都是设计的中心。顺着迪恩轴线的南北方向蜿蜒曲折的路径，能看得到通向侧楼及上面的美术馆的双塔——天花饰以孔洞——还可透向美术馆、咖啡室和商店。监视窗使得空间光线阴暗，这带来神秘和愉悦的气氛，底部显然是索恩的作品。

其余物品放在建筑物内而不是美术馆内，体现了TFP要抛弃将展区与公共场所分开的这种传统作法。在迪恩，整个馆内的物品起着想像的跳板作用。在美术馆有序的布局中，看到长廊落地灯照射下的石膏模型时，看到玻璃方盒、壁龛中和过梁上的艺术精品时，会给参观者带来惊喜，进而一直看下去——对超现实主义哲学，这也是一个重要的主题。就像索恩的伦敦展室一样，色彩被用来描绘出空间元素，通过光线效果来唤起某种情绪，并让参观者产生一种愉悦感。

此美术馆就像一个剧院，其中的每一个空间都由一种正式和/或象征性的活动而带来活力。影响是大小不一的。美术馆最引人注目的特点就是大厅，专门用来展览Eduardo Paolozzi 9米高的罗马神Vulcan的雕像。这种狭窄然而为双层高的展室，比起主展馆，可提供一种令人振奋且稍带超现实主义的空间。

左下图：1859 年的“贫民建筑”景象。中间的是汉密尔顿(Hamilton)的迪恩馆；左边是约翰·沃森(John Watson)的研究院，即现在的GMA，右边是埃涅尔·斯图尔特(Eaniel Stewart)的医院

图中没有出现威廉·普莱费尔(William Playfair)设计的Donaldson的孤儿学校，第四座“贫民建筑”

右上和右下图：参观者通常会认为改造后建筑中的宏伟空间，是原有建筑的一部分，不过其素色的内部与华丽的外表形成了鲜明对照

中图：TFP在寻找将建筑物恢复原貌时的草图

其他影响是微妙的，如礼品店的展柜，它们位于底层以下，并给地下室备了采光井。

通常，迪恩馆最令人惊奇的就是由汉密尔顿创造、并在新设计中强调了的元素——如通常用来供烟道用的位置、壁炉上方的监视窗（可以站在壁炉地面前看到邻室或采光井），以及双塔上方的巴洛克式烟囱。

为了体现汉密尔顿和索恩的作品风格，迪恩馆的设计是基于一种拼贴式方案——以前和现在的基本图案被用于建筑表达之目的。美术馆的设计是多样化的，且比起界限分明的现代“白盒”式美术馆，在有形方面和隐喻意义方面的范围更广。迪恩馆的设计是对传统风格的赞美，浸透着异国情调和情感，并将其建成适合每个人的建筑。

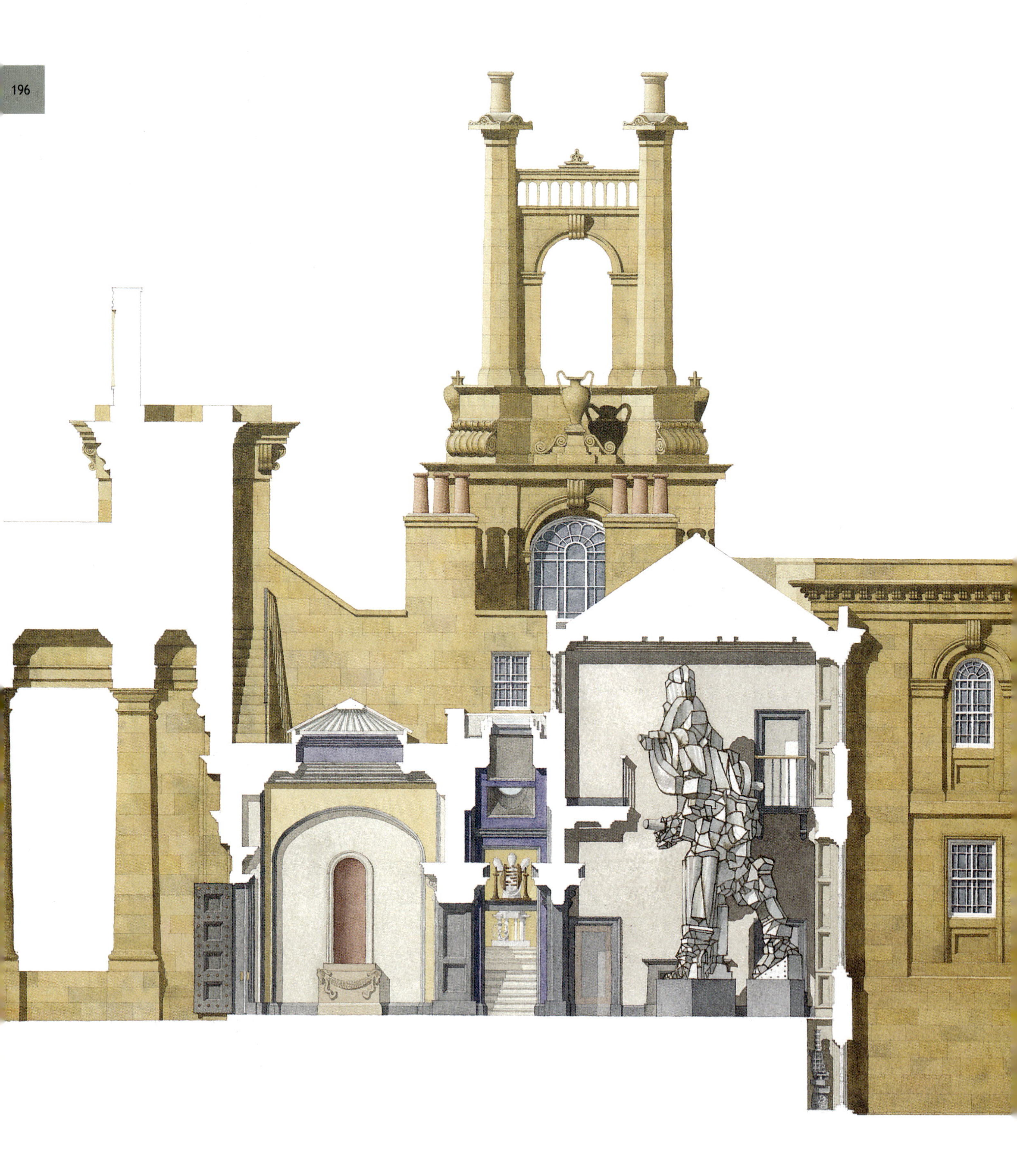

下图：表现出新设计的纵横连接性的纵向剖面图
A：从天窗直达地面的两个采光井，在凹陷的雕塑洞口中达到最高点，使地面和第一层长廊上照得到自然光
B：原有的带楼梯的塔楼，是建筑的主要交通路径
C：屋顶窗位于主屋顶间的排水沟中，通过入口与一楼展室相连。嵌有雕塑品的圆形透明地板，给通向底层展馆的入口提供照明。透明地板两侧的玻璃方盒穿过地面给地下室画廊照明
D：中央入口门廊连接地面与第一层，给先前隔开的建筑带来更大的透明性和连接能力

上图：TFP的空间概念草图

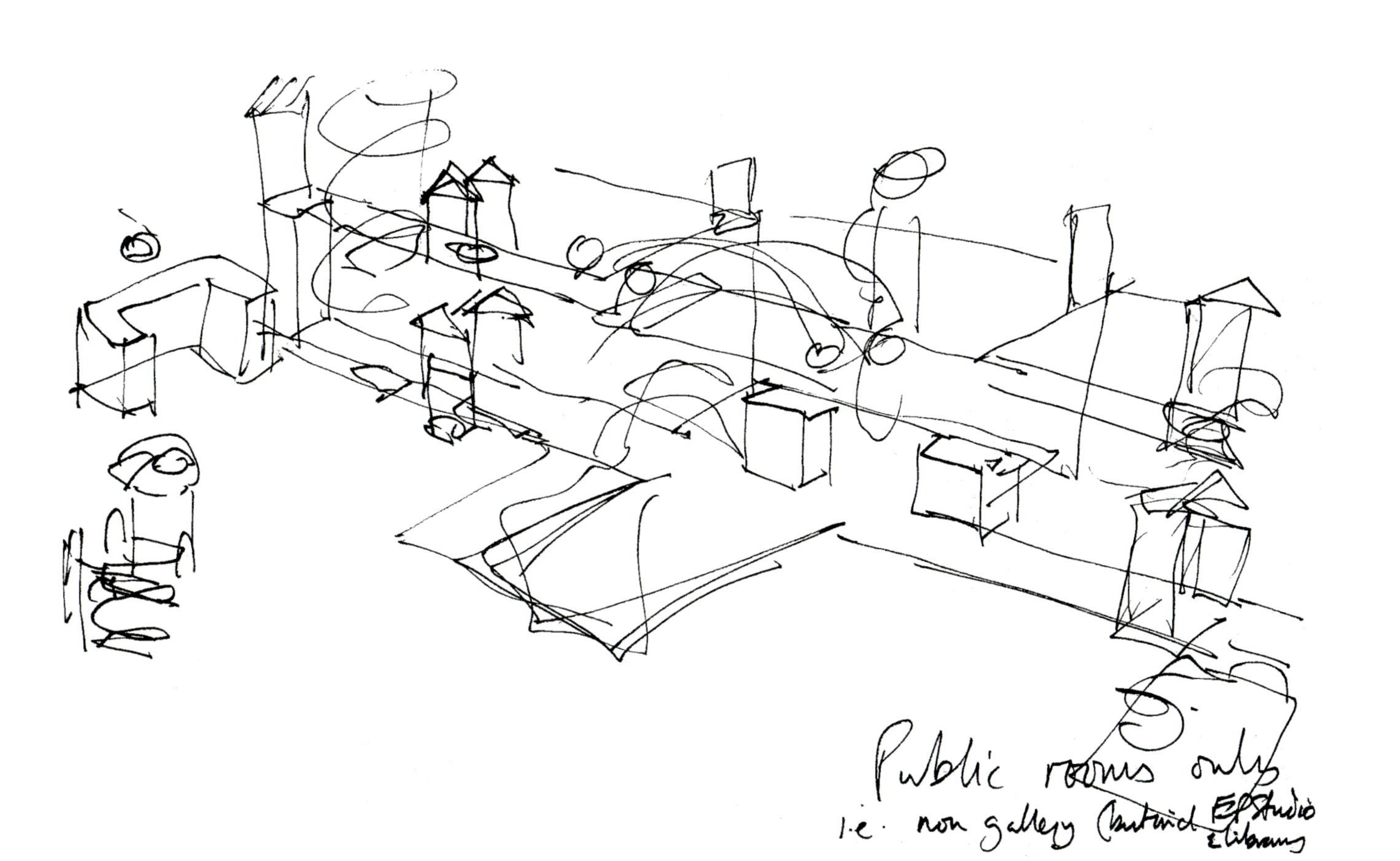

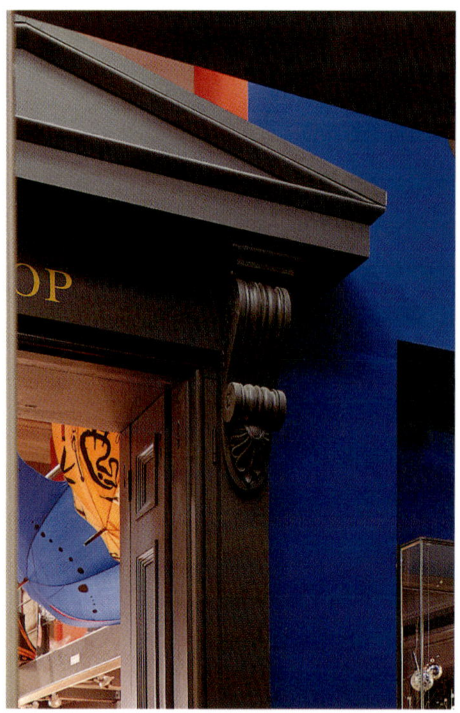

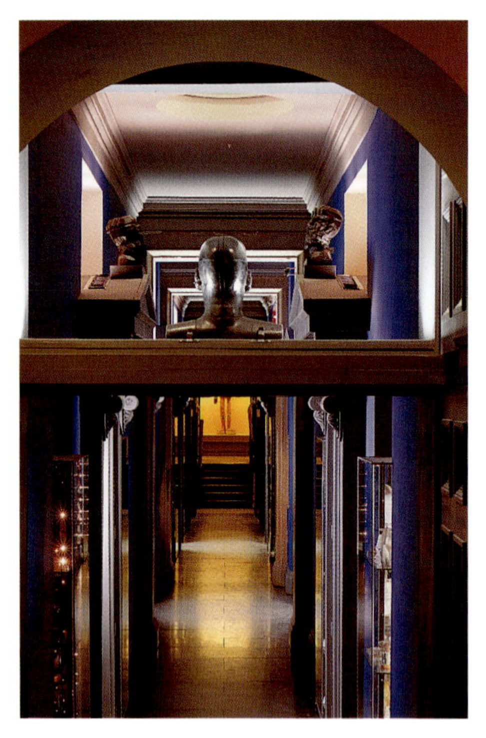

底层轴线主画廊的布局

EXIT
GREAT HAL
Morandi and hi
Dean Gal
TICKETS
IN GALLE

左上和右上图：有达达派展品和超现实主义原稿和出版物的Gabrielle Keiller图书馆

左下图：如主剖面图C (p.197)所示，两个监视窗之中有一个位于底层和第一层之间，两块玻璃之间是展品

右下图：从新咖啡馆朝底层的Paolozzi 馆看去时的景象

下图：泰瑞·法瑞设计的上有牛顿雕塑的咖啡桌草图

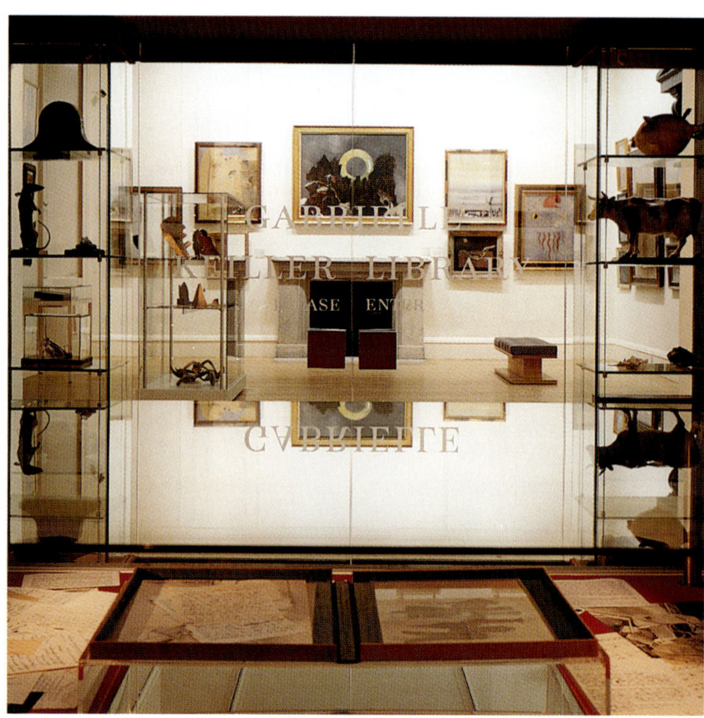

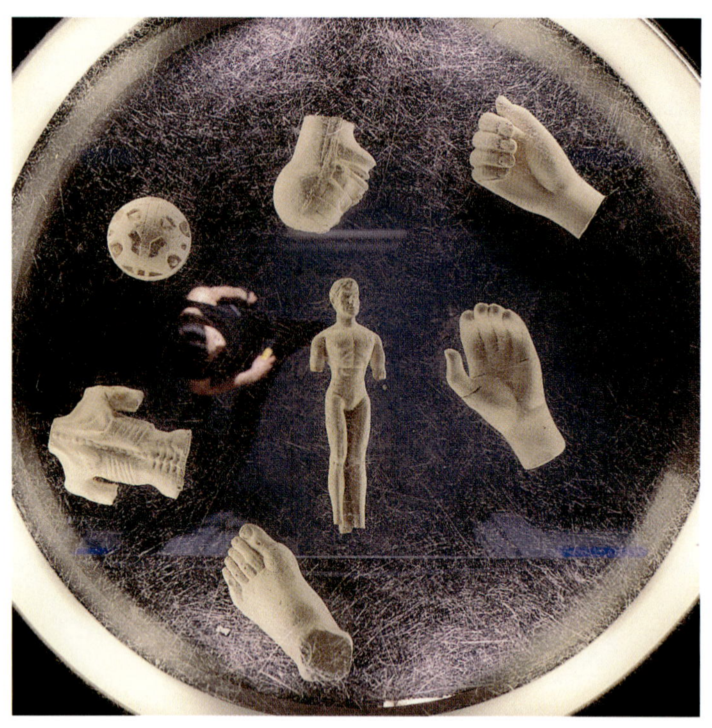

从底层主长廊朝咖啡桌上
的一个玻璃方盒中的雕像
看去时的景象

THE MOUND

TFP在1993年对位于格拉斯哥Keloingrove的国立苏格兰艺术和历史陈列馆的设计，构成了对NGS藏品未来之研究的一部分。为了便于扩建爱丁堡的原有陈列馆，此处就被搁置了，自TFP参与这一项目之后，它的Mound方案才得以延续

Mound是爱丁堡的历史和城市经历的中心。新城的建筑师詹姆斯·克雷格(James Craig)，将这一“陆上桥梁”——1781年至1830年为了建新城而在废墟上建起来的——视作临时结构，威廉·普莱费尔(William Playfair)在上面建了三幢建筑：皇家研究院，后来改成国立苏格兰美术馆和皇家苏格兰学院。他还设计了从Mound下面穿过的爱丁堡铁路。景色怡人的谷地（以前的Nor Loch）的平衡，被老城和新城之间的“陆上桥梁”打破了，这成了Mound的城市戏剧效果的关键。普莱费尔恰到好处地布置了两座

1

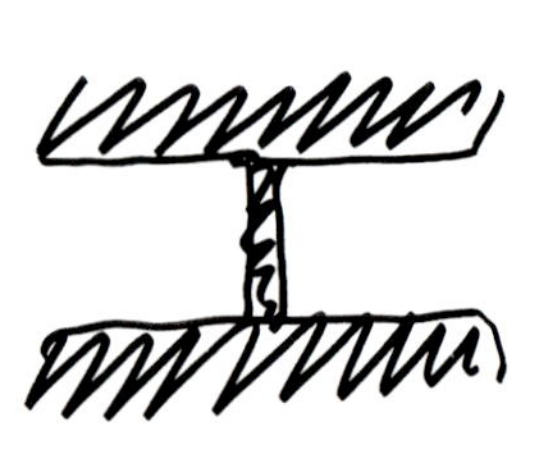

2

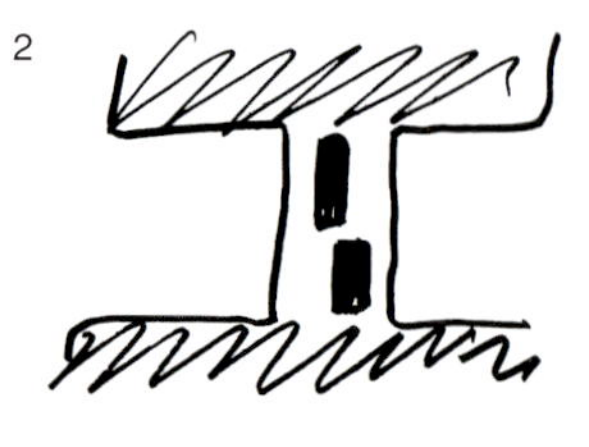

3

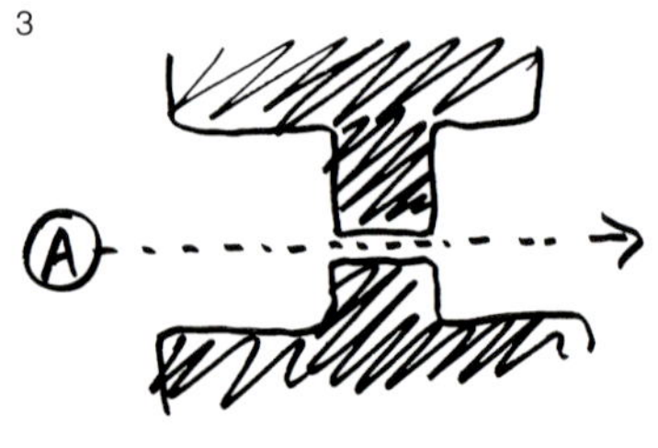

4

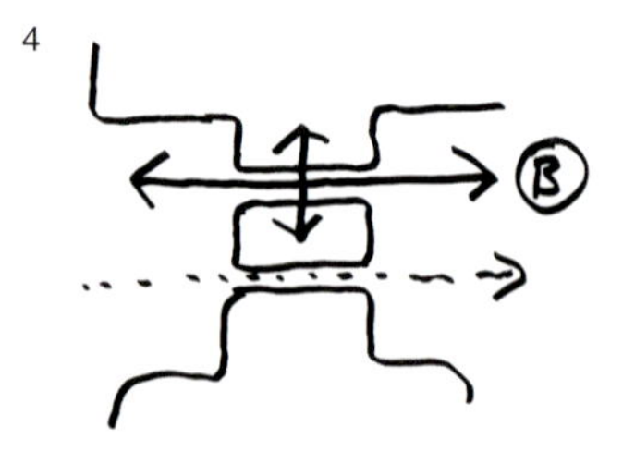

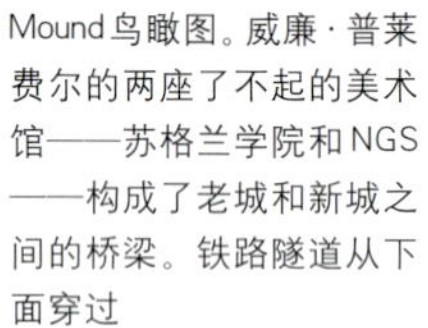

Mound鸟瞰图。威廉·普莱费尔的两座了不起的美术馆——苏格兰学院和NGS——构成了老城和新城之间的桥梁。铁路隧道从下面穿过

右上图：表达新城填土区历史的图画，这就是普莱费尔(Playfair)后来能建两座场馆的地方

作为TFP方案之一部分的Mound开发阶段草图：

1.横跨谷地连接新旧城的陆上桥梁

2.建有皇家苏格兰学院和国立苏格兰美术馆的陆上桥梁——它们是普莱费尔建在Mound上的两座主要公共建筑，以创建一座艺术之城

3.铁路从陆上桥梁下面穿过，直达Waverley站

4.规划中的联系将谷地两侧以及下面的RSA和NGS连接起来

上图：两个花园的剖面设计

上图之下：Mound的底层平面图。东西两向的花园和南北两向的场馆之间有通路。中间是一个商店

中图：上视轴测图

下图：平面图

建筑——国立苏格兰美术馆和皇家苏格兰学院——它们被视作谷地的延续，且正视了景观的作用，而不是利用城市或建筑将新旧两城连接起来。

TFP的竞标着重于用Mound本身的风格做到连通性。国立苏格兰美术馆项目就是要建起一个起着使皇家苏格兰学院和国立苏格兰美术馆复兴作用的建筑物。TFP曾经被要求提供一种减少立面的方案，即在高度上不要超过普莱费尔的新古典主义风格。此方案是经过一系列引人入胜的场所，以连接东西花园的地下建筑，同时在Mound的两侧还能形成一条明显的轴线。就像穿过Mound的新铁路对19世纪的参观者一样，地下建筑有着同样的吸引人的效果。

地下建筑可以从玻璃屋顶照入自然光，它对着国立苏格兰美术馆和皇家苏格兰学院各有入口，还有一个售票厅和行李寄存处。美术馆占据着地下空间。采用了一面60米长、4.5米高的背光墙壁，用作印刷品、照片、录像带和电影的展示区。中间部分是与上面的入口相连的，用的是起采光井作用的透明雕塑基础。两边都有通向花园的倾斜人行道，为建筑的内部带来明亮的自然光空间。东端的咖啡馆和西端的饭店，与Mound的原有和改造过的过道衔接。最大的场所是演讲厅和培训室，它们位于皇家苏格兰学院的东南角。

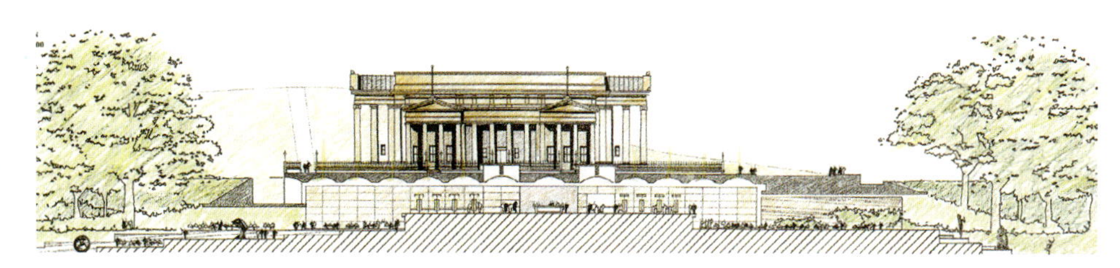

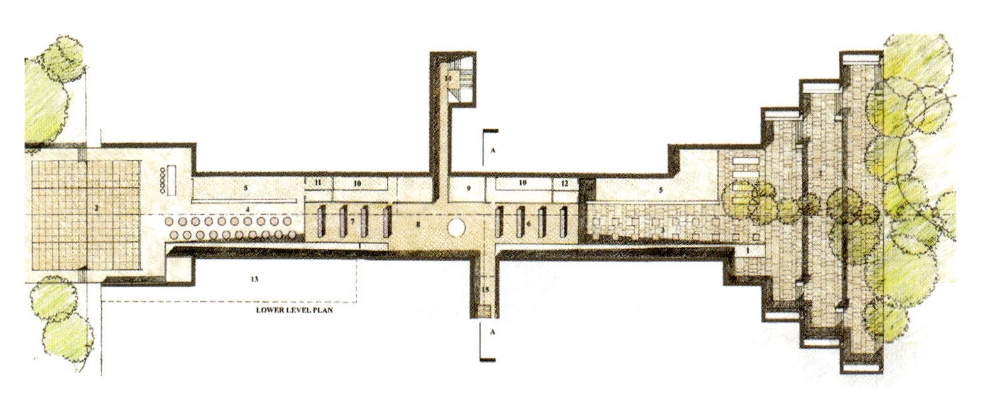

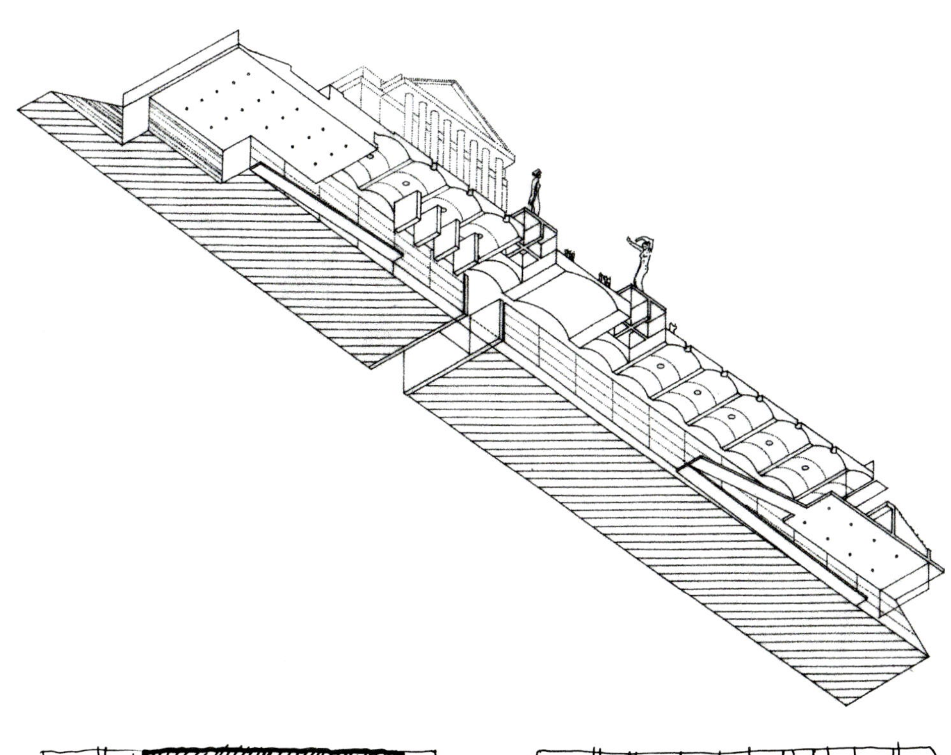

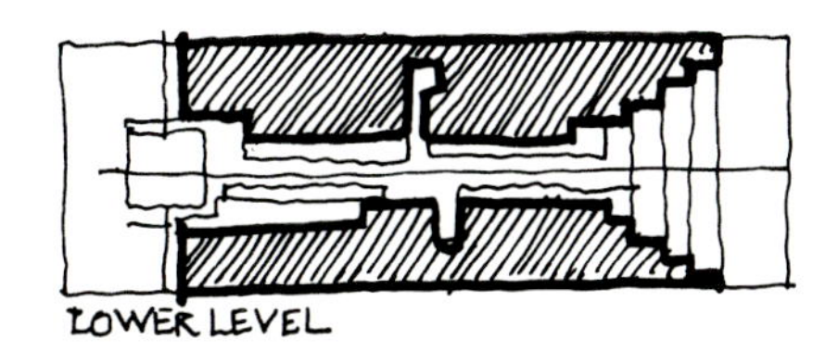

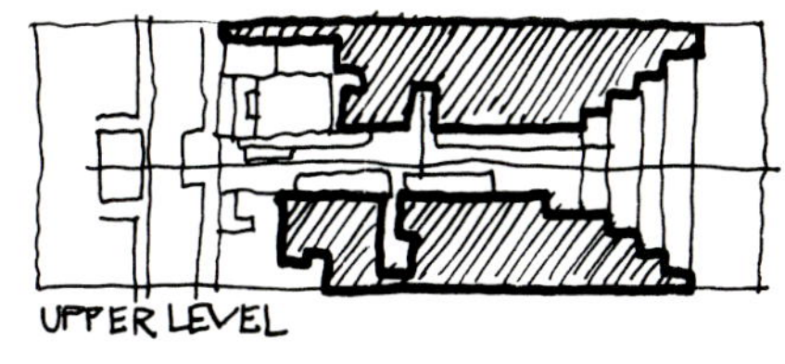

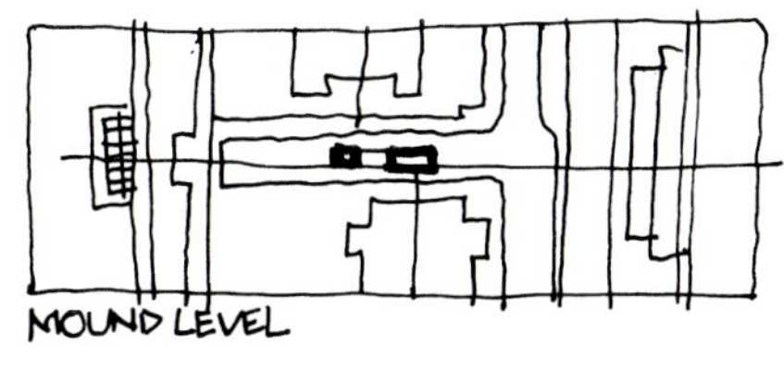

左上和右上图：显示NGS和RSA之间连接技术的工程示意图

左下和右下图：泰瑞·法瑞的概念性草图

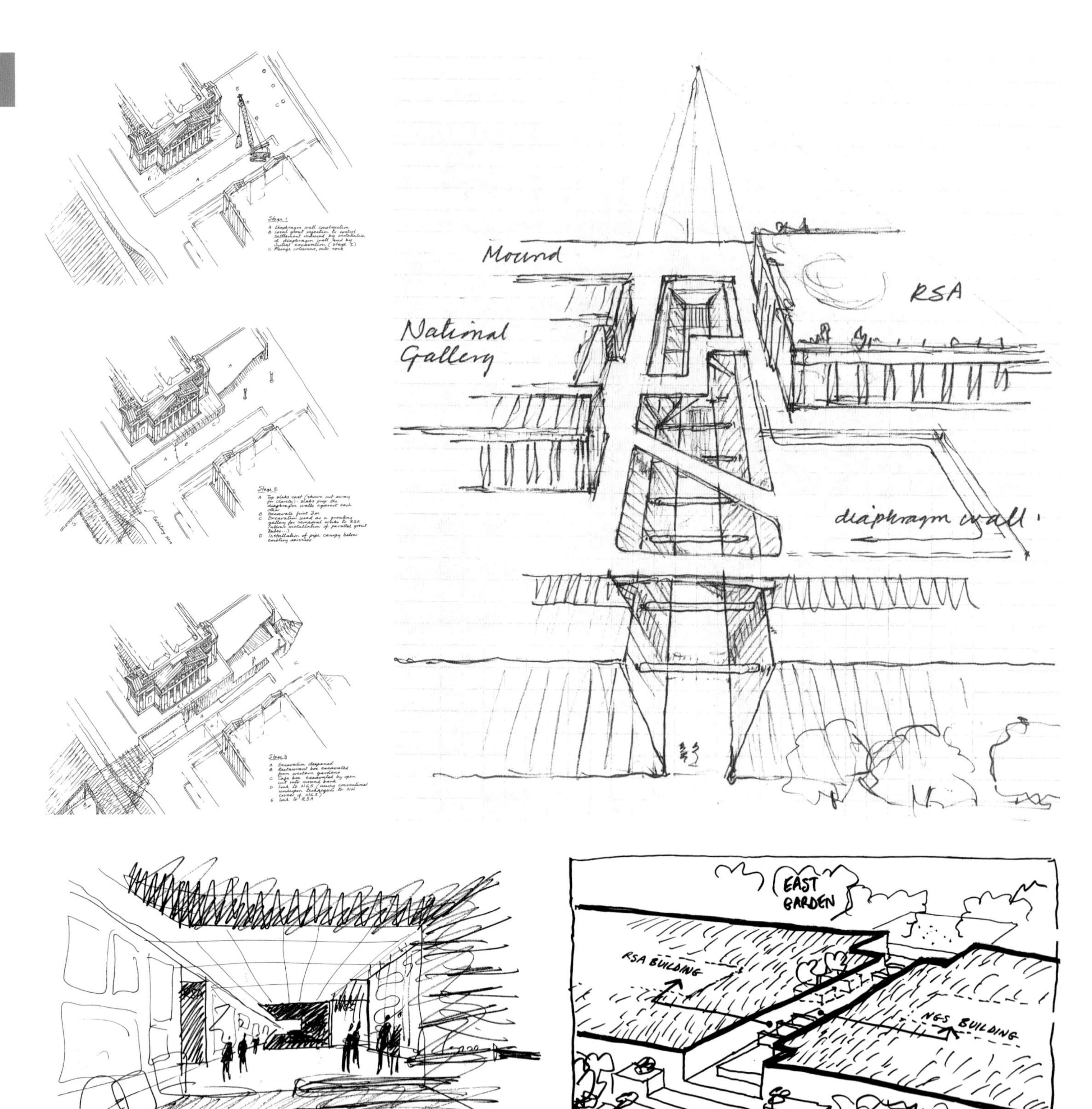

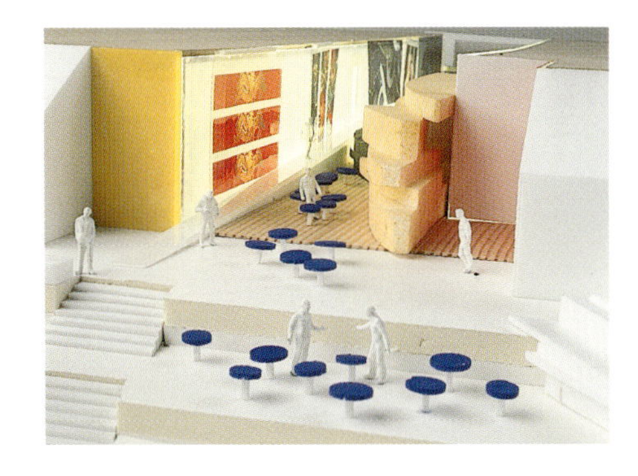

从两个花园间的连接通道
看去的内部结构分析模型

模型鸟瞰图

上图：显示花园与上面展
馆的通路的1：500模型

NEWCASTLE

第八章

纽卡斯尔

纽 卡 斯 尔

在蒸汽火车开通之前，纽卡斯尔是座沿深峡谷底部的Tyne河两码头区（Quayside）发展起来的带状城市。新城急剧的工业扩张，造成城市规模巨大变化，在技术与自然的较量中，技术占了上峰。罗伯特·斯蒂芬森(Robert Stephenson)于1846–1849年所建的High Level大桥，有两桥面，一个桥面用于公路，一个用于铁路，并绕开了旧城。在峡谷上的平原上已建起了一座精致的新城，而码头区受到了冷落，并逐渐荒弃。战后该城的工业已衰落，公路更是造成了码头区与其余城区的隔离。

码头区在20世纪末又重新复苏。将城区的新旧部分重新统一起来，一直就是，并将仍然是对城市规划的严峻挑战。不过在过去的10年中，已有了极大的变化。随着Tyne河北岸的Gateshead与南岸码头区的统一，纽卡斯尔正经历着一场真正的城市复兴。这种复兴源自新型的以休闲为主的经济，这就构成了TFP的码头区和国际生命中心工程的环境基础。

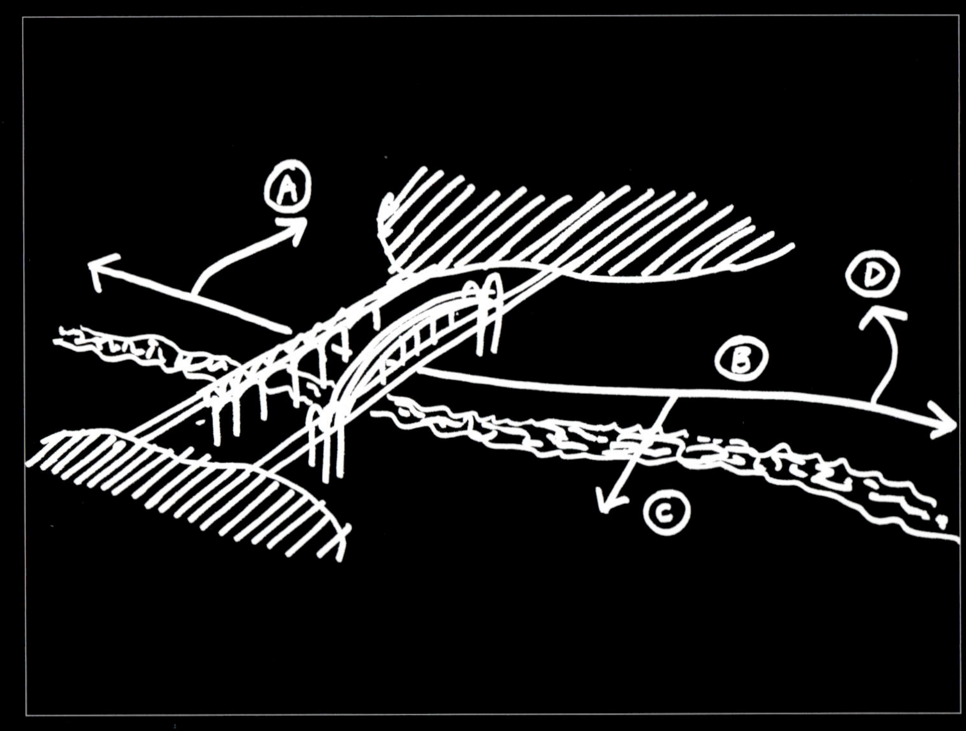

上图：卫星照片。Tyne河经纽卡斯尔流向北海。纽卡斯尔和Gateshead位于河的两侧

下图：草图。19和20世纪的桥梁有效地绕开了Tyne河两岸有历史意义的城区。凭借四个新项目，南城区不仅复苏了，而且更有中心感，有更好的规划和通行能力——一次真正的城市复兴

Gateshead是沿南岸发展的。独特的桥梁将这两个地区连接起来：Redhengh，King Edward，Queen Elizabeth II，High Level，Swing，Tyne和Millennium

区是该市的商业中心

的街道之一。TFP对52-60号的多功能改造，着重于将新建筑与历史格局融为一体，令人想起伦敦Comyn Ching三角地的主题

就一直是一个纽卡斯尔标志的Tyne大桥景象。远处是斯蒂芬森(Stephenson)的High Level大桥(1846-1849年)，下面是Swing大桥

东码头区总体规划

左下图：1993年沿码头区举办的帆船比赛

右下图：Wilkinson Eyre设计的千禧大桥，将完工后的东码头区总体规划与Gateshead连接起来

码头区位于Tyne河北岸、被城墙围住的城区以东，直到1840年代，这里就一直是一个人口稠密的郊区，是工业化让其有了改变。随着从Swire（老城区）延伸到Ouseburn的新码头的兴建，房屋被拆迁，土地经重新开发后用于仓库和工厂。1840年代修建的High Level大桥，对码头区与市中心起到了沟通作用。

在1991年赢得了重新开发码头区的合同之后，TFP公司计划要在纽卡斯尔建立一个新的“场所”——基于能对分阶段的多功能开发起到框架作用的一系列城市空间和人行道，继而成为纽卡斯尔迅速发展的区域的焦点。

公共场所、人行道、道路、停车场和其他市政基础设施，以及各种建筑物，已设计并建造了出来，且艺术和雕塑项目也已委托。对每个基础都有一套开发准则，包括密度、高度、规模和总体建筑布局的细节。

TFP方案体现出了场地作为一个码头的历史用途：建筑的布局就像城市仓库建筑群，它们之间的空间，就像旧仓库间的窄道。用于景观、家具和小品的特殊材料，能体现出仓库和码头的特点。因此，并不需要同邻近的建筑群相比，码头区的开发就能恢复这一地区的传统城市风格和规模。

总体规划就是将建筑物和公共场所，沿着码头区边缘地带进行带状布局。用TFP的话来说，布局“就像项链上的珍珠。”千米长的规划（共占地10公顷），是沿河的自然流向延伸的，体现了这个位置的特点，并突出了码头区城墙的曲线美与河景。带状布局使得河边有了一条没有障碍的人行道。建筑物之间的间隔，向行人提供了从马路走向河边的便道。与标志性道路（Chair和Swirl）相接，使得该项目与周围的城区更加融为一体。

总体规划限制了它的中点区域，对Tyne河与纽卡斯尔的标志性大桥——Tyne：Swing和High Level大桥——的视野更宽广。沿着滨河地带的两个曲线的公共场所，是该项目的焦点，并能吸引人们对各幢建筑的正入口的注意——所有建筑的正入口都朝向码头区。

在与Ouseburn入口邻近的总体规划东端，TFP设计了一份含111套住房的方案。根据总体规划方针，这幢建筑面积9800平方米的建筑，要能最大限度地欣赏到河景。从与邻近的4层公寓楼的同样高度开始，建筑就缓缓地向上倾斜，在最高的第十一层就靠近了滨河地带。开发地带围绕着一个朝室外车库上的草皮屋顶堆起的、美化过的半私人露天场所。

完成后的总体规划——得过许多奖项——创建了一个对纽卡斯尔市中心有补充作用的新区。此项目的特点来自于沿河而建的系列美化广场和城市空间，并与邻近区域相连，从而与城市融为一体。作为一种改造力量，东码头区有着重大的影响。目前，该城市能提供极好的步行景观，即从标志性的Swing大桥，到改造后的码头区，再经新千禧大桥，到Gate Shead，这里有诺曼·福斯特(Norman Foster)的音乐中心和多明尼克·威廉姆(Dominic William)的Baltic Miu。这些项目正改变着Tyneside。

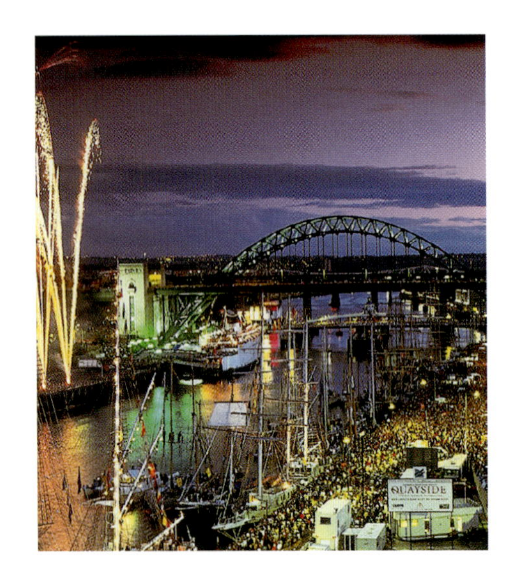

上图：从Gateshead看去的码头区景象，最前面的是千禧大桥

中图：竣工后的码头区，挡土墙是浮雕式的，是用来确定场地界线的艺术作品计划的一部分，也是一个城市标志

左下图：码头区景象。右边是潘特·赫兹佩思(Panter Hudspith)的Pitcher & Pi–ano酒吧

早期概念性草图

下图：码头区总体规划示意图

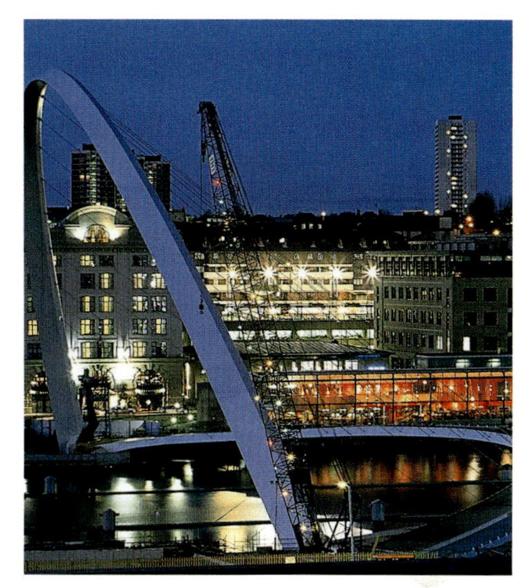

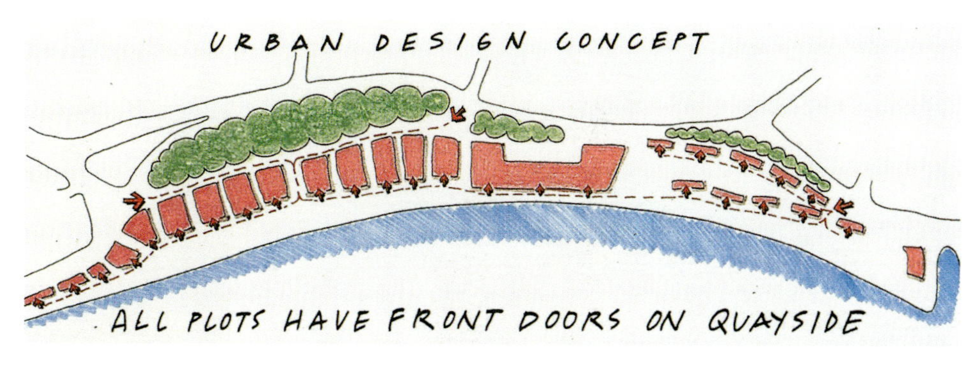

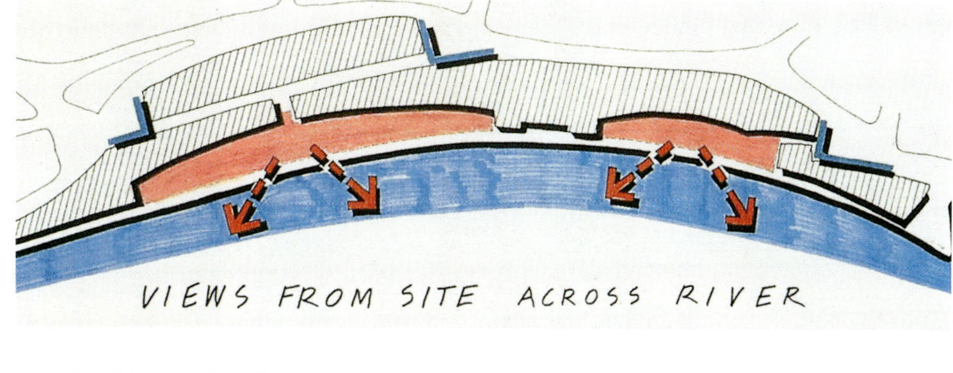

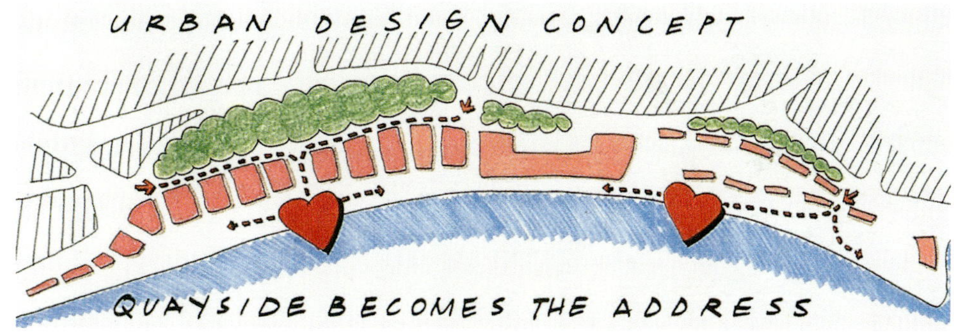

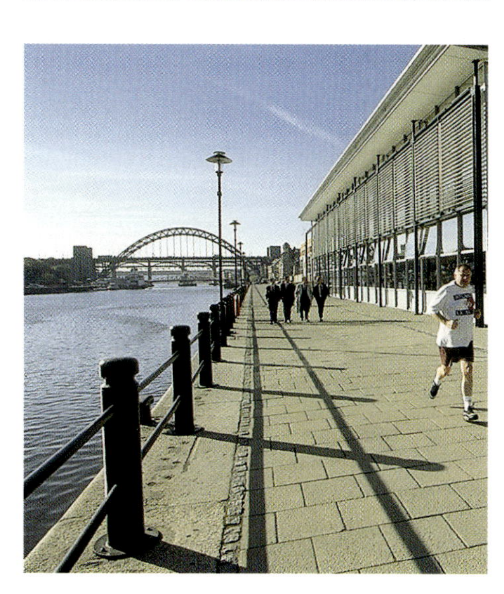

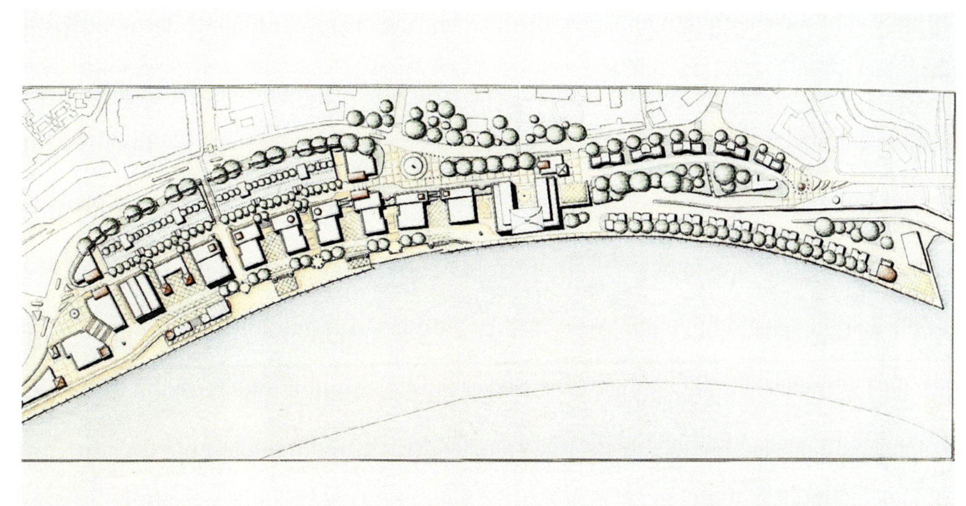

施工前确定码头区界限的"红线"。码头区对纽卡斯尔/Gate Shead地区的改造有重大影响

左下图：坍毁的码头和弃置的船坞是该地区改造前的特点

总体规划模型

右下图：总体规划旨在将历史与现在完美地结合起来

与场地东端的 Ouseburn 入口相邻，Crescent 建筑是总体规划住宅方案的一部分

PITCHER & PIANO

国际生命中心

国际生命中心(ICL)位于Forth Banks，纽卡斯尔的一个有着丰富和引人注目的历史的地区。数百年来，就以它的疗养性公共场所和建于1752年的纽卡斯尔医院著称。

直到19世纪早期，Forth Banks都一直是郊区，此后才受到许多重要的早期工业家瞩目。John Dobson的中央站建于1830年。目前的大道Neville街和Scotswood路，是于1835年开通的。该地区还成了机车制造业的重地，著名的Hawthorne引擎厂、Stephenson机车厂和Joicey技术加工厂都落户于此。西边是1830年的牲畜市场；具有历史意义的Market Keeper大楼——也是Dobson的作品——与ICL综合大楼融为一体。随着工业的发展，铁路和高架桥穿市而过，将东西码头区隔离开来。1960年代修建的大路，在城西和其他地区之间形成了更大的障碍。

在历史发展过程中，Forth Banks也是牲畜市场、加油站、汽车站、修道院和墓地的聚集地。在ICL项目于1995年开工之前，大部分铁路活动和工程行业，已被成为许多内城棕色区域之特点的行业取代。

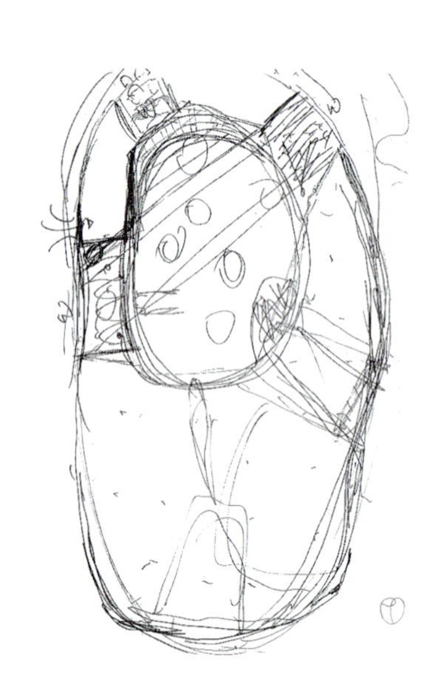

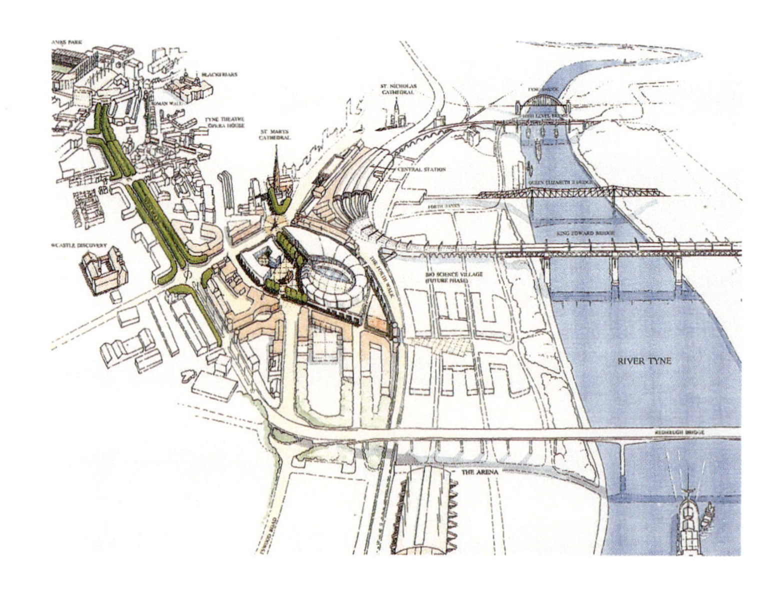

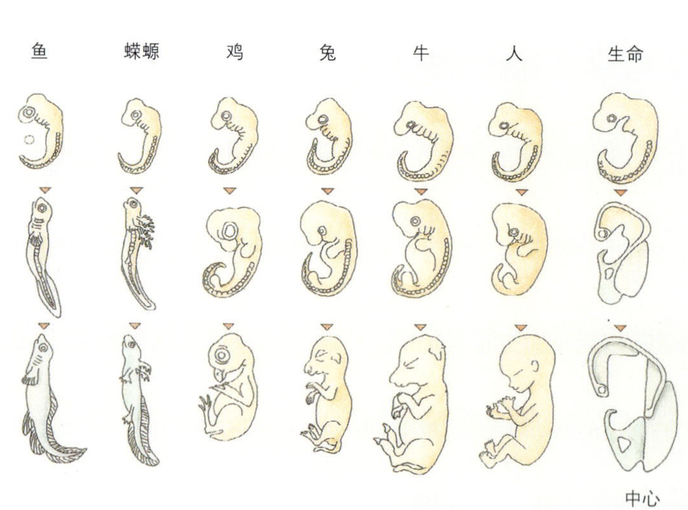

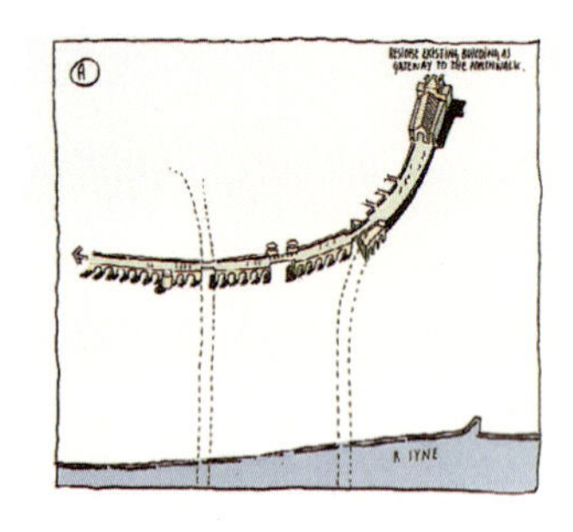

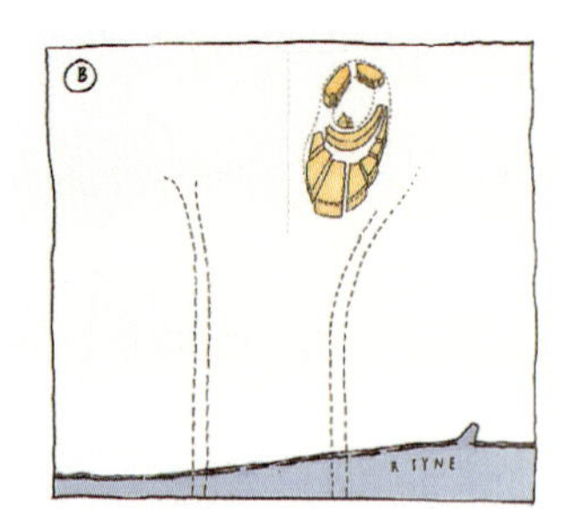

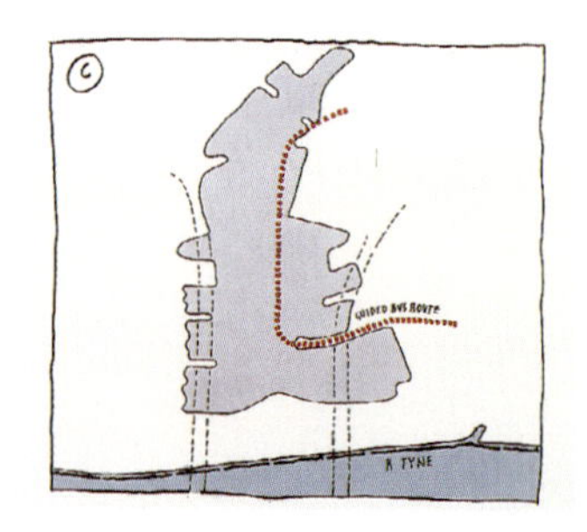

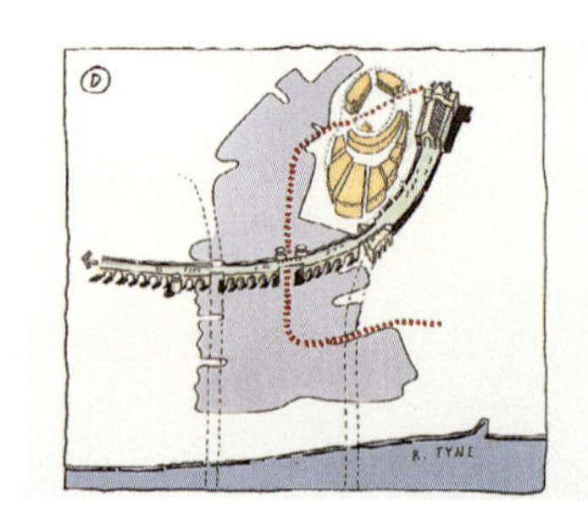

上图：早期的总体规划示意图

下图：从一开始，总体规划就旨在对大面积的城区改造产生影响

上图：1996年夏季的第一份草图

中图：形成最初特色的设计概念。此图基于Mahlon Hoagland 1995年《生命成形的方式》一书中的思想

ICL与半月形城市景观和铁路线融为一体。纽卡斯尔中央站位于东面，Pugin1842年的著名圣玛利亚罗马大教堂位于东北面，纽卡斯尔足球场（St James公园）位于北面

国际生命中心证明了TFP支持罗伯特·文丘里(Robert Venturi)在他的《建筑的复杂性与矛盾性》一书中的观点："我喜欢建筑杂而不要'纯'，要折衷而不要'干净'，宁要曲折而不要'直率'，宁要含糊而不要'分明'……我认为用意简明不如意义的丰富。我既要含蓄的作用，也要明显的作用。我爱'两者兼顾'，不爱'非比即彼'、非黑即白；是黑白都要，或是灰的……"

作家肯尼思·鲍威尔(Kenneth Powell)将泰瑞·法瑞描绘成英国最主要的"建筑局外人"，不顾通常的建筑风格的ICL，就使人想起了这句话。法瑞对环境建筑有着浓厚的兴趣，ICL就是集多种风格之大成的作品。此项目给城市主义理论和改造带来了新元素，体现了纽卡斯尔及其历史、生物科学的特点。

作为文丘里多义性风格的典范，ICL是一种旨在避免被贴上标签的建筑。事实上，它并不是单一的建筑，而是三位一体。其风格结合了丰富性与简约性和功能性。ICL是在Tyne河旁的纽卡斯尔复兴的催化剂。

ICL的作用是，将纽卡斯尔脱节的西部中心区，纳入到城市格局之中，同时提供一个基因研究中心。项目总投资为6000万英镑，其中的一半来自于国家彩票基金。它的分阶段总体规划包括三个部分：一个带学校和大学教育场所的展览区（LIFE互动世界）；纽卡斯尔大学的人类基因研究所；以及一个商用图书馆／办公区（生物科学中心）。

在已经参与了城市东码头区总体规划的情况下，TFP于1996年得了竞标合同，现场工作在三个月内展开。

方案包括绕着一个公共露天场所的、成

LIFE互动世界的包铜屋顶，是基于一片树叶的弯曲几何形状

Aldan Potter 的设计构思发展

大曲线布局的各类建筑——一种可分阶段完工的可靠而又灵活的设计。在综合体的中心没有标志性建筑。焦点就是步行时代广场，它是100多年来在纽卡斯尔所建的第一个重要广场。

从一开始，时代广场的弯曲布局就像一个胚胎。一种令人想起生物成长的早期阶段的情景，似乎要成为“生命中心”和废弃城区之改造的主题。弯曲形状是用来比喻连续性的，ICL总体规划努力地在城市的过去与未来之间注入一种凝聚力。不过，象征性的形状并不只是一个象征；它与铁路线、高架桥和纽卡斯尔西端的半月形特点相吻合。

场地一旁是具有历史意义的Scotswood路，在纽卡斯尔长大的Terry Farrell，对将它纳入总体规划有兴趣。Scotswood路是Geordie文化的一个象征，因“Blaydon比赛”而变得令人记忆深刻（“沿着Scotswood路去看Blaydon比赛”。）此路在中央入口将ICL场地一分为二，带有纪念性的铺路石。Scotswood路通向ICL场地的入口处也有钢架——是Dobson在通往邻近的中央站入口处的类似风格钢架的现代版。

与时代广场两侧邻接的是生物科学中心，是场地上的第一座建筑。作为商用图书馆和办公区，中央是一座以沙岩饰面的功能建筑，在临街的立面上，是作了粉刷并加装了玻璃的。它于1998年竣工，差不多就是TFP接到关于研究和景点部分的最终合同的时候。

任务书上说明，视觉焦点有一层半高——比原来设想的要矮，因而破坏了弯曲形体的连续性。这就形成了连接人类基因研究所与“黑盒”风格的单层景点之间的所谓“滑坡”。“滑坡”是该项目最有趣的雕塑接合点之一——通向景点最下层曲线的螺旋结构的起始点。在这一点上，地面几何结构就符合原Market Keeper建筑的室内比例，而这又有助于将有历史意义的建筑与规划融为一体。

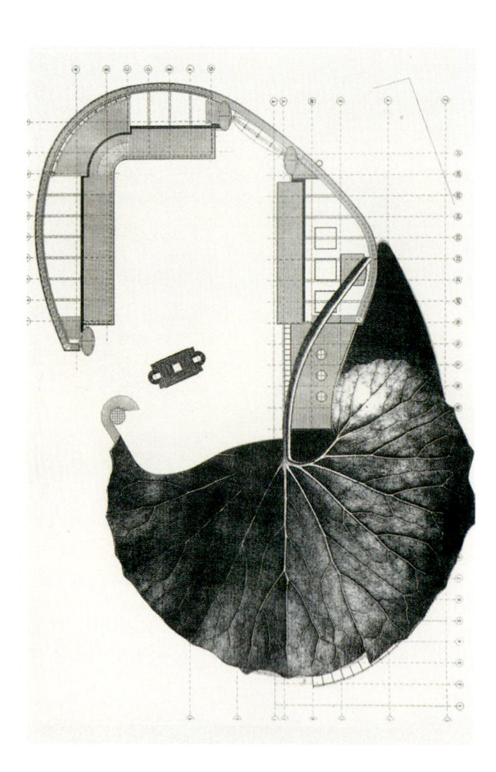

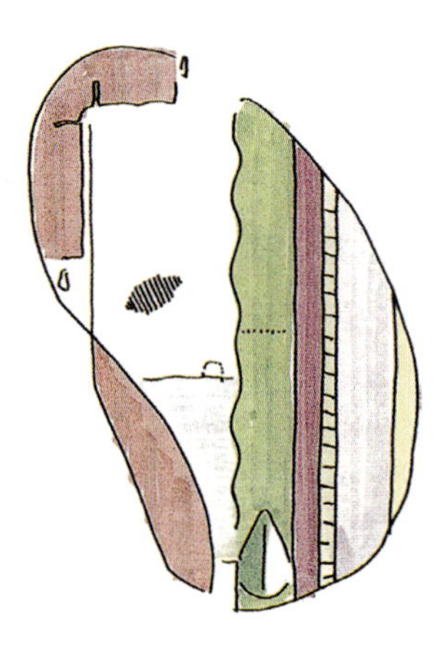

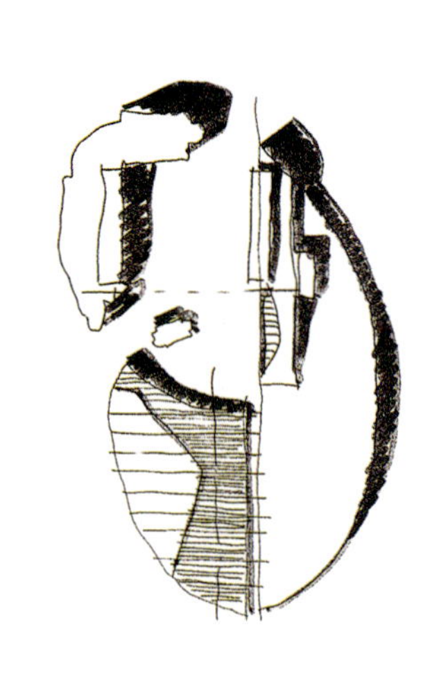

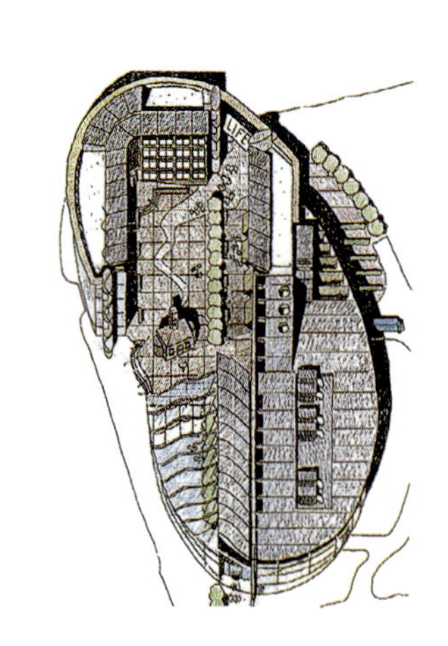

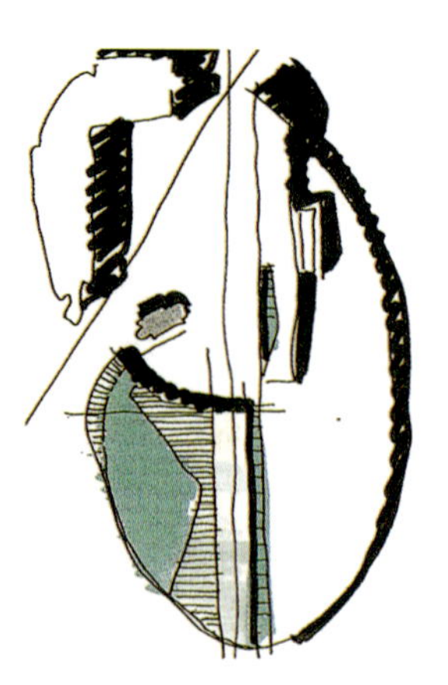

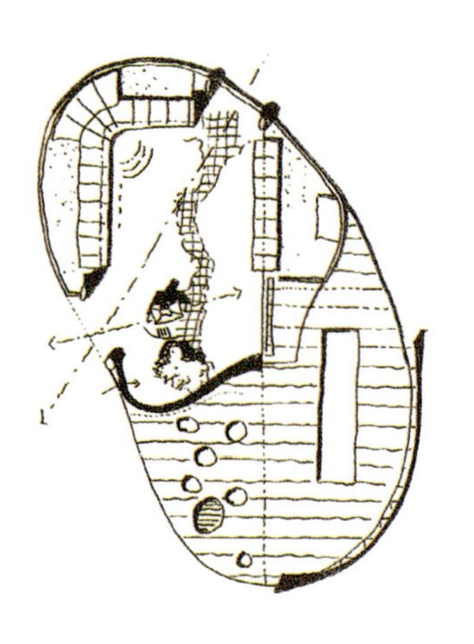

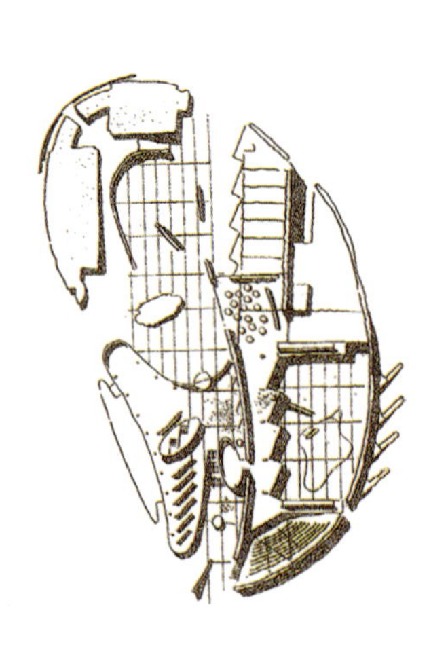

在周围的公路和铁路之间，ICL综合体起着一个地标的作用

这种螺旋结构与基因研究所的立面邻近，它像来福枪射击一样，笔直地进入该方案的参观区部分。

“黑盒”内有不需要建筑或环境的多媒体展示装置。这部分综合体具有优良的功能，令人想起法瑞／格里姆肖在1960至1970年代设计的某些建筑。它是按型材金属设计的，在平坦的屋顶上有辅助材料，建筑具有盒状的结构，与纽卡斯尔的铁路传统相吻合。

通向参观区的入口大厅，是一个与黑盒建筑完全不同的场所，内外部有充足的自然光。它平坦的屋顶似乎是翘曲在许多立柱之上的，造成一种几乎直达地面的软天篷感觉。这种奇特的灵感来自于叶子的结构复杂性。（在多年的进化过程中，大自然产生十分有效的结构形式，屋顶概念就采纳了那些与生命有关的原理。）

绿色的铜包层屋顶像一朵百合花一样盖住了木质骨架，使其成了迄今为止以木材和钢材所建的屋顶中最为复杂的几何结构之一。断面形状沿纵向不断地变化着，不存在着数学或解析式的形状。设计是利用先进的计算机完成的，以将分析模型转换成一系列断面图和网格节点，然后再转换成可添加内容的结构模型。放在铜包层结构中的展品体现了生命之令人吃惊的多样性，而建筑的有机设计正是对此的回应。

TFP采用了深色，以将综合体的不同部分区分开来，并突出其多样化的特点。表示DNA编码颜色的绿色（参观区的屋顶）、黄色（生物科学中心和基因研究所）、蓝色（基因研究所）和红色（参观区的内墙），多变的立面带平了更大的丰富性。

综合体的建筑设计是与环境相称的，并给建立新区带来了足够的一致性。ICL是一个标志性的城市改造工程，使纽卡斯尔以往的风格得到了复苏。建筑和城市规划有效地促进了更新和改造，并折射出该场所的功能。

ICL 的四座建筑是环绕时代广场布局的，它是有一百多年历史的纽卡斯尔第一公共广场

下图：有文脉的立面

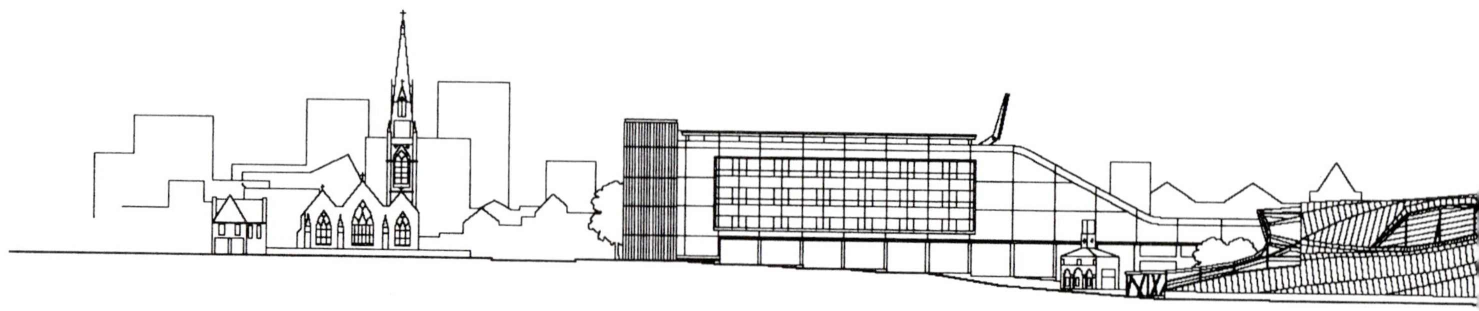

左上图：广场保存了 John Dobson有历史意义的Market Keeper 建筑（市场管理所），并与查尔斯·詹克斯（Charles Jenck）的DNA 螺旋饰雕塑融为一体

中左图：ICL 包含四座建筑：
1.生物科学中心
2.人类基因研究所
3.生命互动世界“黑盒”展馆
4.生命互动世界“参观者中心”

中图：四种几何要素：
1.Scotswood 路
2.Embryo 构造
3.脊柱
4.Market Keeper建筑的轴线

右上图：从纽卡斯尔中央站看去的综合体景象

中右图：行人的穿行

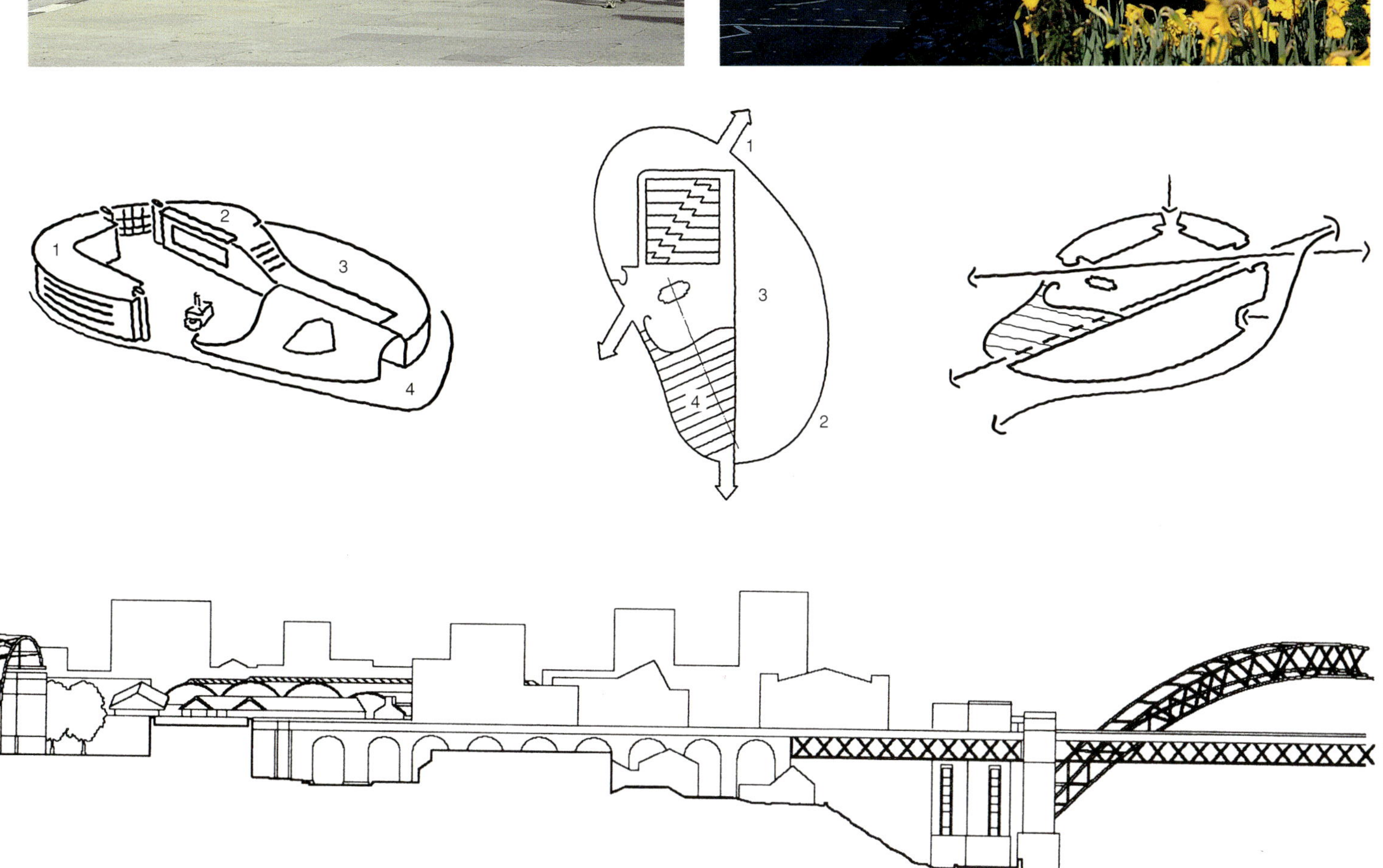

底层平面图
1.生物科学中心
2.时代广场
3.Market Keeper 建筑
4.零售区
5.基因研究所入口
6.会议室
7.景点
8.参观者中心

左下图：景观拼贴

二层平面图
1.生物科学中心
2.基因研究所
3.诊所
4.培训室
5.Helix 馆
6.景点
7.参观者中心

屋顶平面图

右下图：结构示意图

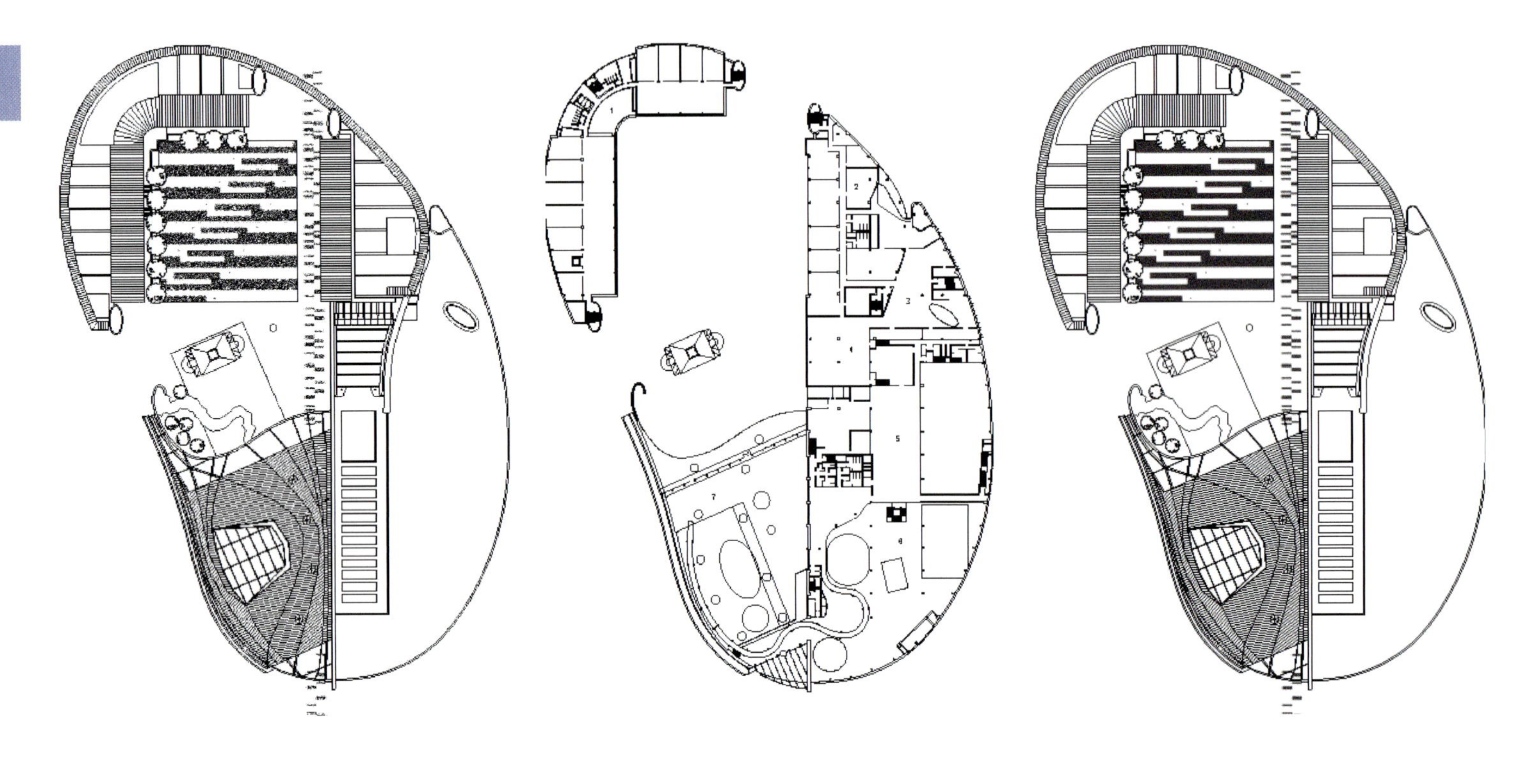

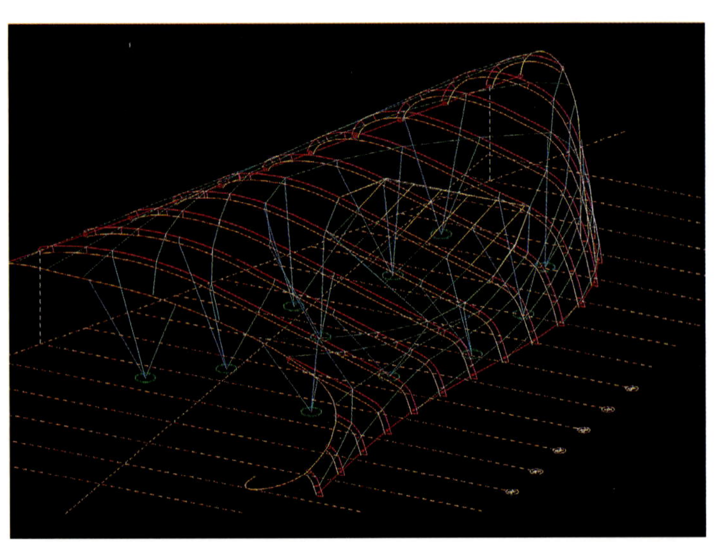

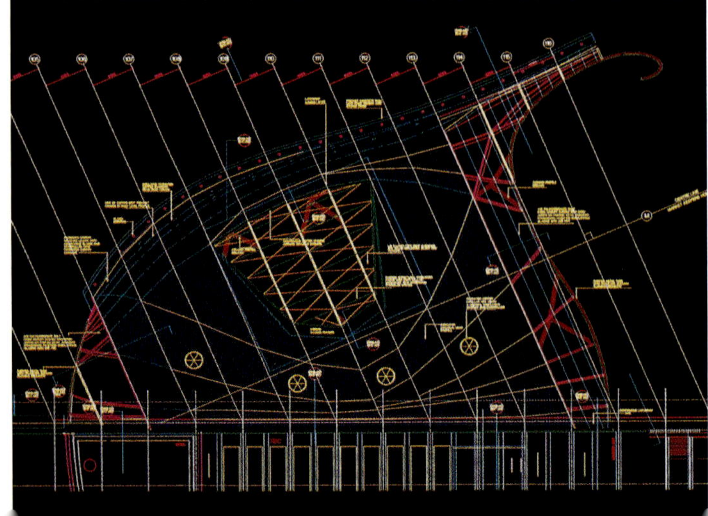

参观者中心剖面透视图　　下图：纵向剖面透视图

参观者中心上视透视

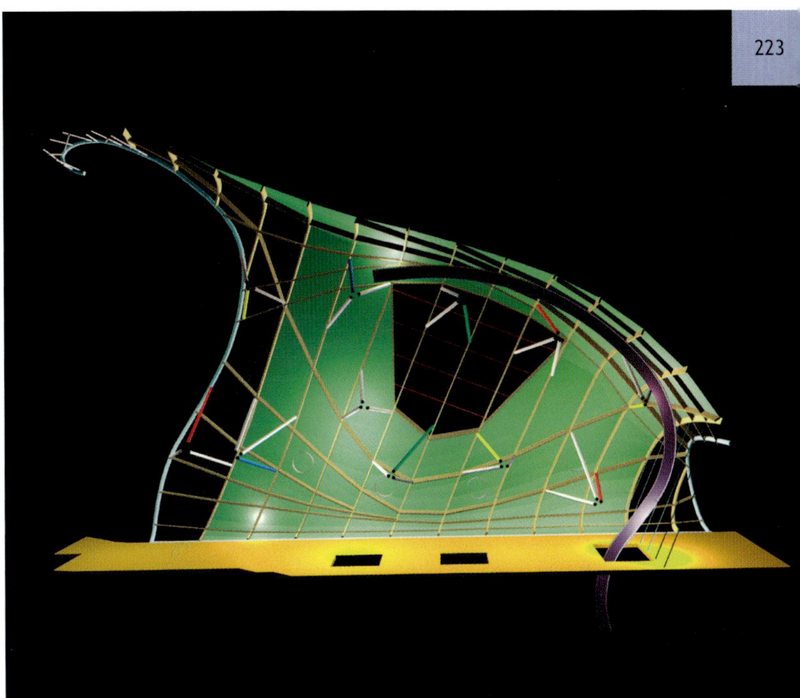

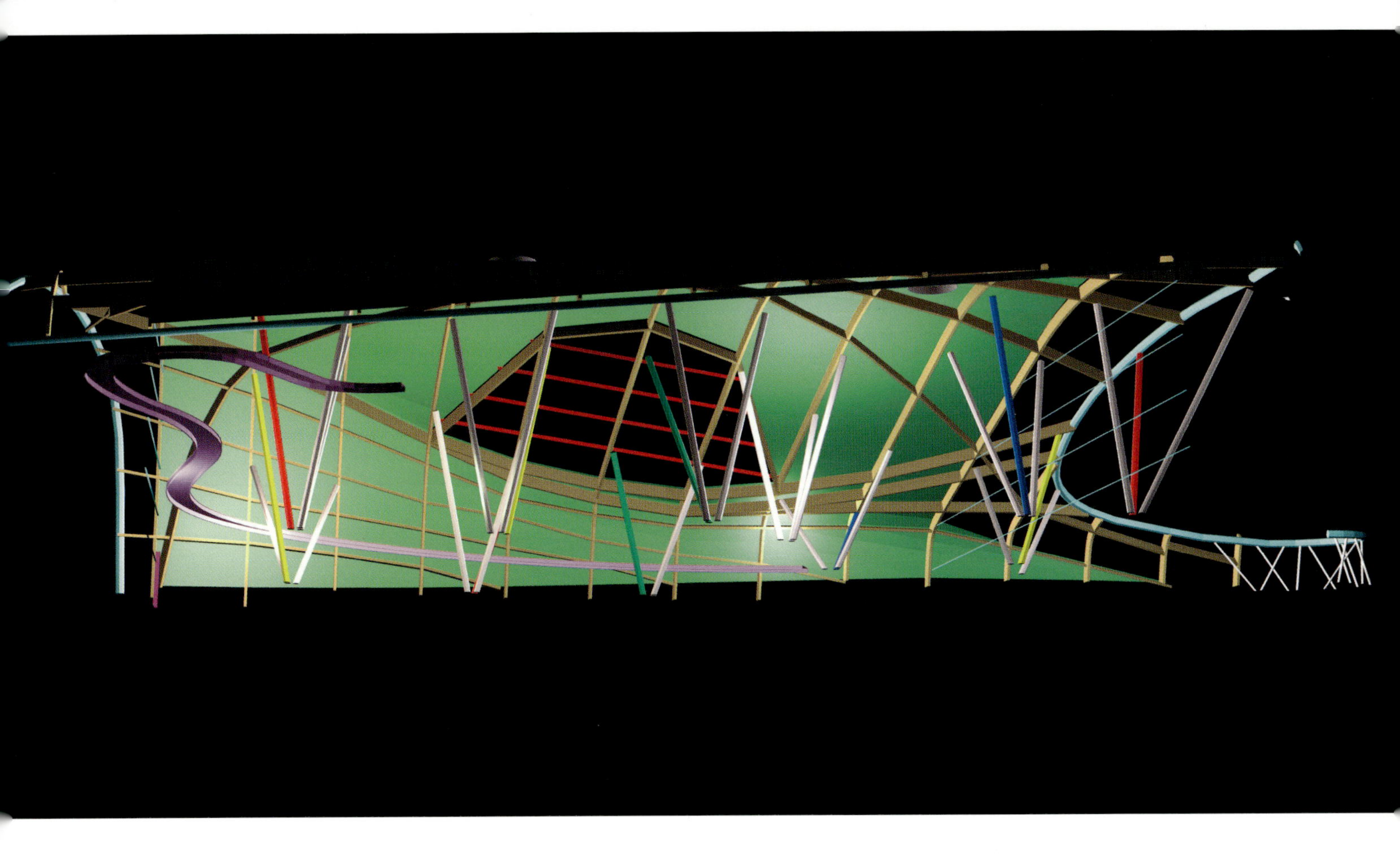

生命互动世界的入口要穿
过参观者中心

生命互动世界东墙

下图：综合体的主入口有一个钢架作为标志，它在人类基因研究所的塔楼（左）和生物科学中心（右）之间横跨23米

人类基因研究所与"黑盒"景点的街道立面

下图：人类基因研究所

朝向生命互动世界的生物科学中心细部图

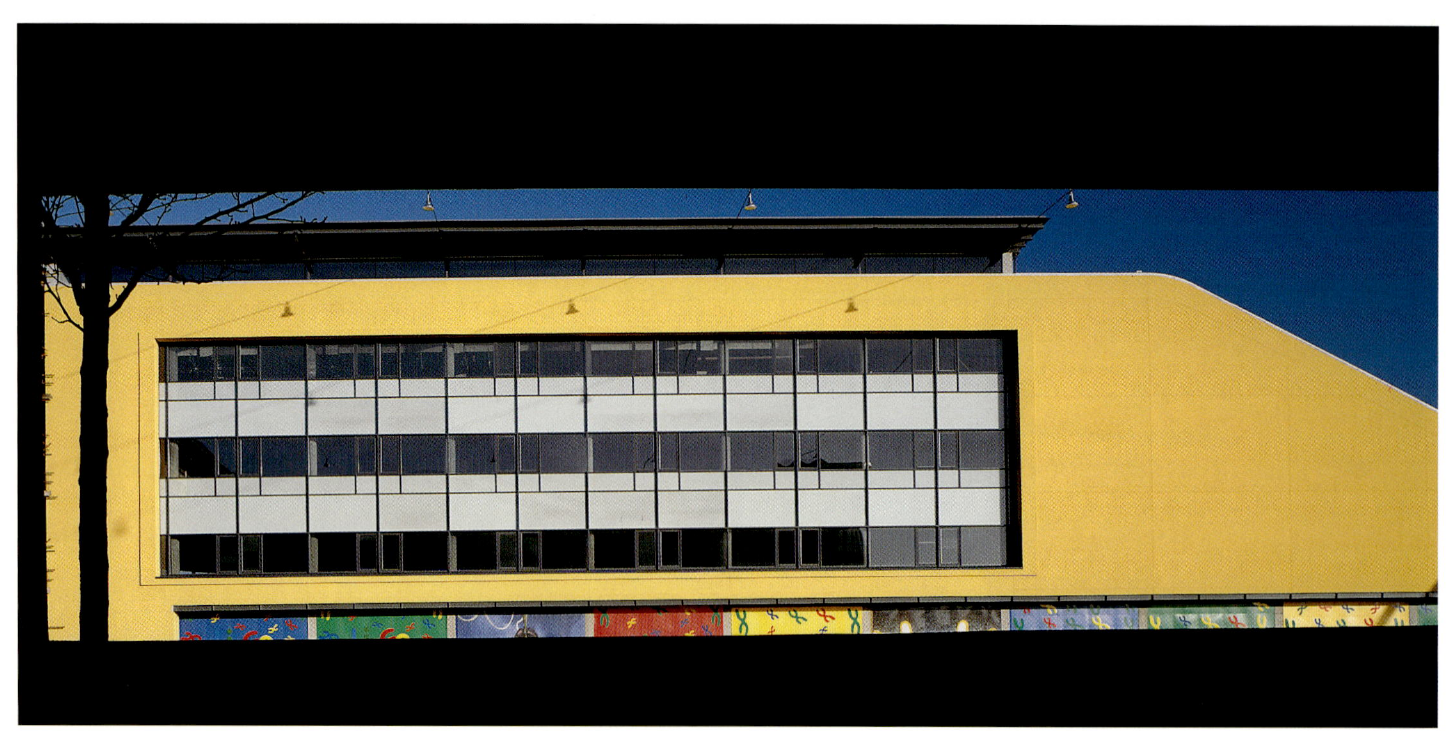

生物科学心。Pugin 著名的圣玛利亚罗马大教堂位于左边

主要景象：主入口全景。钢架的右边是生物科学中心，左边是人类基因研究所

左插图：至生物科学中心的街道入口

中插图：时代广场中参观者中心屋顶结构尾部的细部

右插图：scotswood路钢架细部

左插图：生命互动世界两端的幕墙，给到访者提供了一种自然采光的体验

右插图：胶合板屋顶结构组成了高度雕塑化的几何形状

带胶合板屋顶结构、自然采光的参观者中心内部空间

下图：显示了参观者中心（左）的屋顶结构和展品，以及生命互动世界"黑盒"展品（右）的模型

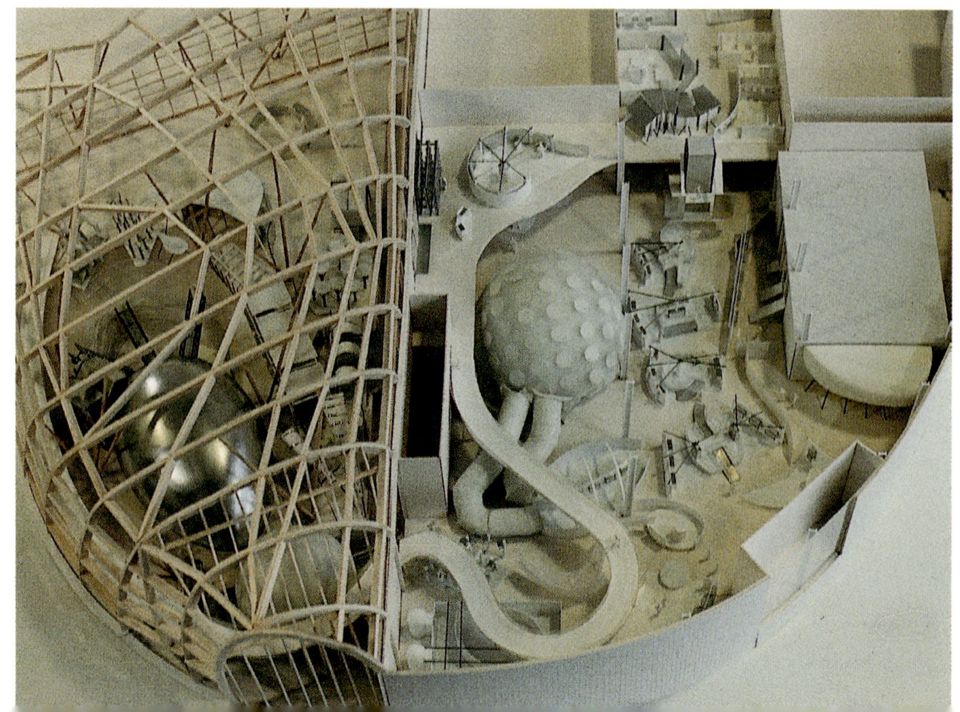

简洁的玻璃块体现了生命科学中心的特点

下图：胶合板屋顶结构和彩色钢柱的细部

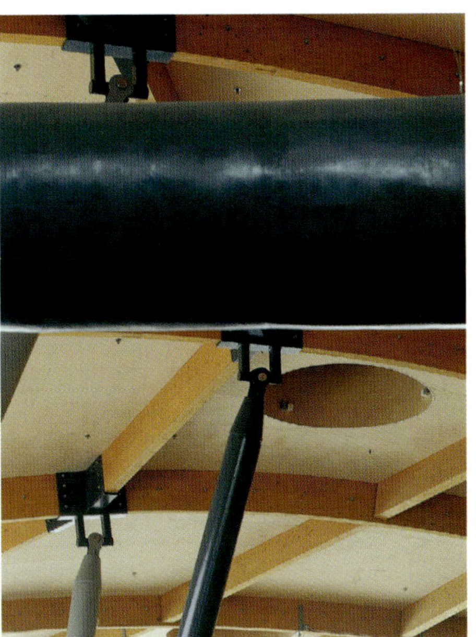

参观者中心和 Scotswood
路钢架的细部

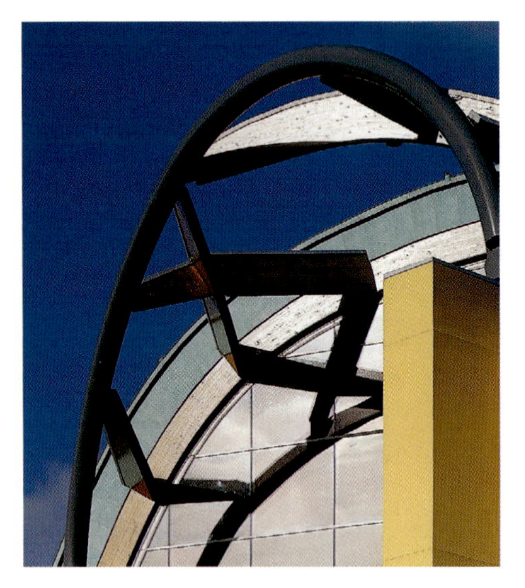

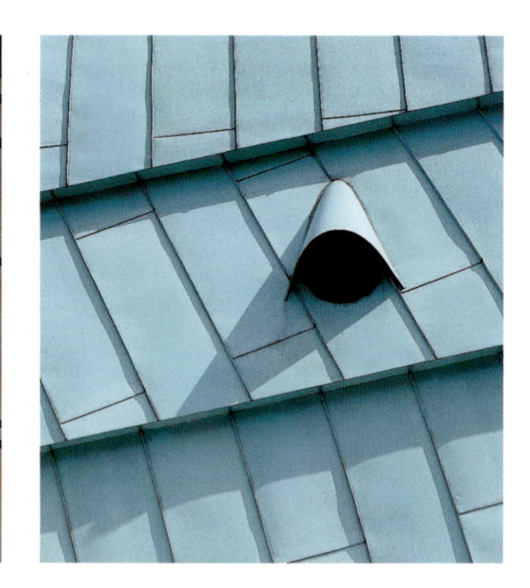

参观者中心屋顶细部

新的ICL坐落在城市的西边，远处是有待改造的空地
项目的目的是将建筑物改造看得与城市改造同样重要

Life

HULL

第九章

赫尔

赫尔是一个位于亨伯海湾与赫尔河交汇处之北海岸上的、孤立的边远城市。它于13世纪建城，由一系列沿亨伯扩展的相连港口发展而成。因易受到海上侵袭，就建起了城墙，以免城市的居留地、亨伯海湾和东海岸受到欧洲大陆人的入侵。因极适应水上生活，赫尔曾号称拥有世界上最大的渔船队，且在18世纪是英国第三大造船城市。

目前它是一座失落的城市。20世纪工业增长的下降，已使其变得破落和衰败。对于新一代的城市规划专家，有着流传下来的传说，他们的任务就是要重新发现城市的起源，并重新塑造它的历史中心。

赫尔的电信行业所产生的财富，已使得城市规划专家能够重新评估并补救过去的失误。TFP公司关于Deep的设计方案，就属此列。由于对总体规划作出了长期考量，故该建筑就成了赫尔要变成欧洲第一流城市的条件之一。

下图：TFP为“赫尔市远景”完成的总体规划。对整个赫尔设计了一套方案，着重于清除在市中心造成空地的小停车场。TFP的计划是要填补并修复旧城中心，重点在于由新人行天桥连接的跨河停车场，这可以开拓出一片可供大学和科学研究类建筑使用的新区

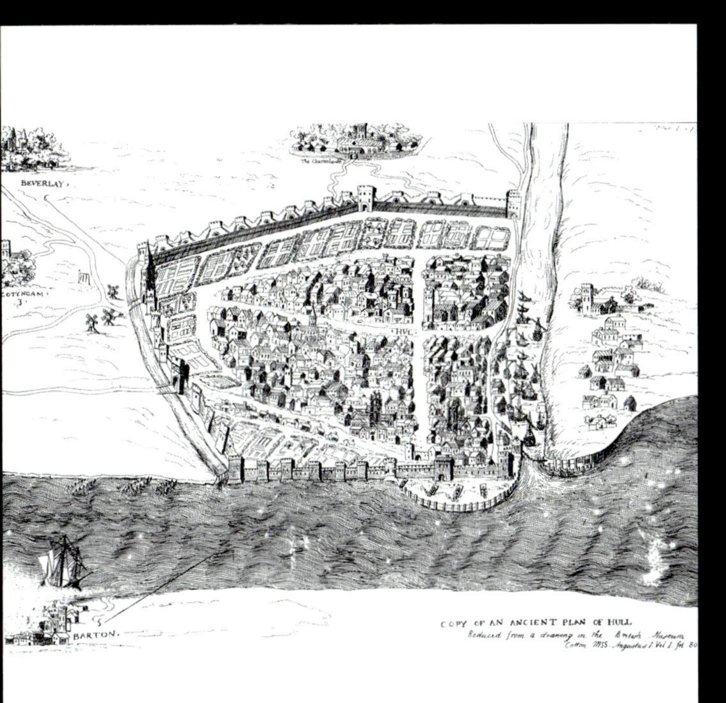

THE DEEP 世界海洋探索中心

Deep位于赫尔河与亨伯海湾交汇处的Sammy岬一块2.45公顷的已开发区域场地上。Deep是因一份城市复兴工程而产生的。在这点上，它超出了建筑领域，而与赫尔河走廊的特点以及城市的经济、社会和文化复兴密不可分。赫尔曾是一个经济强市，目前正从萧条中恢复过来。过去50年的衰落已走到了极限，而Deep的开发要被视作大规模城市战略的一部分。

Deep水族馆是迄今为止，TFP公司所接的三个同类合同之一；另两个分别在伦敦和西雅图。这类休闲性建筑物是最具大众性的。正如泰瑞·法瑞反复说过的那样，他的目标是设计出能弥合高贵者与大众之间的裂痕，从而赢得广泛支持的建筑物，作为一种标志性与符号性的建筑，Deep从许多先驱者那里获得了灵感，并在设计中采用了波浪或冰川状的隐喻手法。

这项投资为4000万英镑的工程，是TFP的千禧工程中的第二个（另一个是国际生命中心），以两座建筑为基础。位于场地西南角的建筑，有参观区、学习中心、总环境模拟室及赫尔大学的研究机构。靠近西角的另一座为简单带状结构的建筑，是一个有助于向本方案的教育研究部分提供资金或捐赠的商务中心。为了给在海洋科学研究的商业应用方面尚缺乏经验的公司提供帮助，在校园式的环境内，商务中心既有图书馆又有办公场所。TFP还设计了一座横跨赫尔河的人行天桥，以将城区和尚欠发展的东岸连接起来。

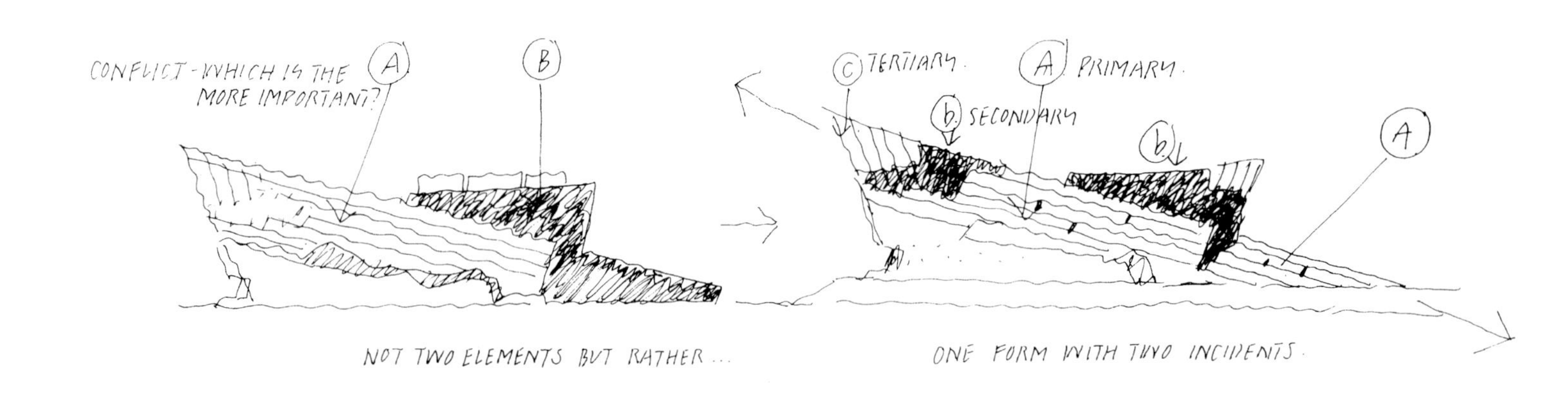

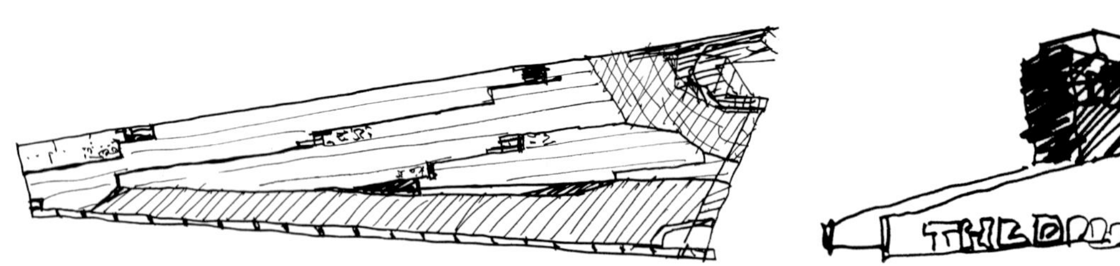

Aldan Potter(上图)和TF的草图

左上图和中上图：TF 的草图

右上图：场地的荒芜及其生动的海景，将 TFP 引向一条自由而富想像力的创造之道：设计风格类似于 Caspar David Friedrich《冰海》(虚妄的希望) 中的意境

下图：早期概念模型

核心目的就是要给赫尔城创造一种大胆而又超前的建筑。带有世界级水族馆的4层参观区，当然是一个生动的景象。场地的荒芜及其生动的海景，将TFP引向一条自由而富想像力的创造之道，使得设计效果就像德国浪漫主义画家Casper David Friedrich的《冰海》(虚妄的希望)中的意境(参见最右边)。

Deep 的设计采用了侵蚀的独石纪念碑的风格。天长日久，裂缝、裂纹和断线，将在独石纪念碑的表面上形成复杂的图案。人类的介入阻止了这一衰落的过程，并将荒芜的景象转变成乐观主义和再生之所。此设计利用了地形与海景的自然隐喻。像香港的凌霄阁和纽卡斯尔的国际生命中心一样，Deep 也是隐喻色彩浓厚的建筑。从地形的最高点看去，参观区像波浪一样升起，突出了场地的地理形状和海洋功能。外部用有机的形状和线条处理成侵蚀的岩石表面，而立面上不规则的凹陷岩层，提供了入口和窗户开口。屋顶对墙面作了类似的处理，以便大楼看起来是一个三维结构，而不是一系列二维平面拼凑而成。

类似的自然侵蚀效果也体现在内部空间，在这里，大部分景观是由丰富而多变的空间序列构成的。内部空间受到了海洋特点的影响：并不是效仿普通水族馆的带状形式，TFP 全面利用了三维空间。建筑物的断面弥补了密实（水）和空隙（过道）部分，让参观者有投身到海洋环境的感受。

尽管建筑的主体是按自然隐喻法处理

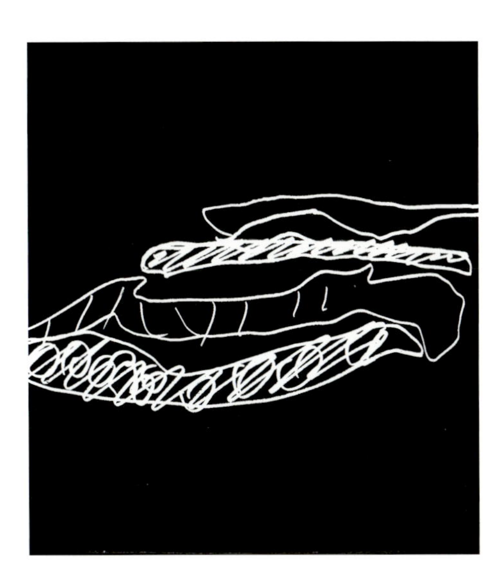

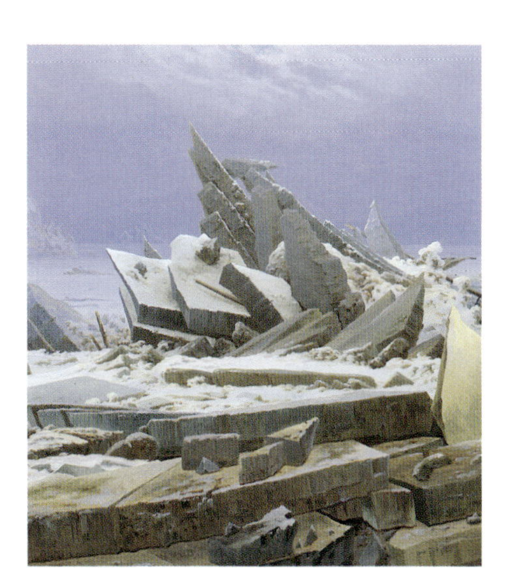

的，但其中还存在着两种建筑元素。它们是尖顶上的瞭望平台，它有着无与伦比的、穿过亨伯河直达亨伯大桥的景观，以及一个连通主体结构的入口、梯级和人行道。场地的城区标志是商业中心，它为初出茅庐的商行和成熟的商家提供大小不一的办公场所。

正如TFP所看到的那样，城市改造的成果之一，就是一种开发会对整座城市产生的冲击效应——这可以毕尔巴鄂自1999年兴建古根海姆(Guggenheim)博物馆而引起的转变为例。希望在2001年竣工之后，Deep的改造工作将成为使赫尔复兴、进而变成欧洲第一流城市的象征。

独石纪念碑侵蚀的时间顺序

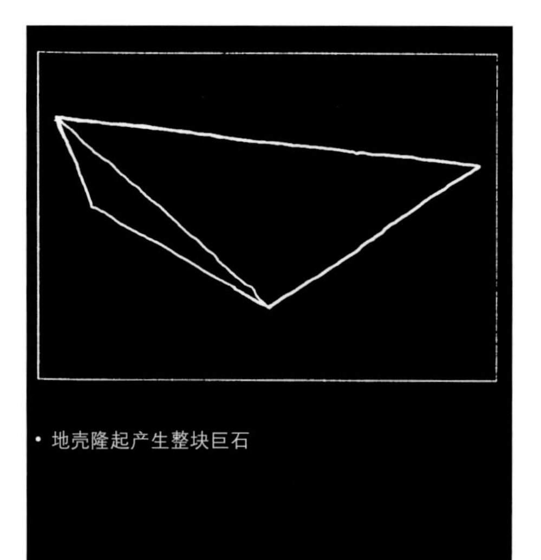

• 地壳隆起产生整块巨石

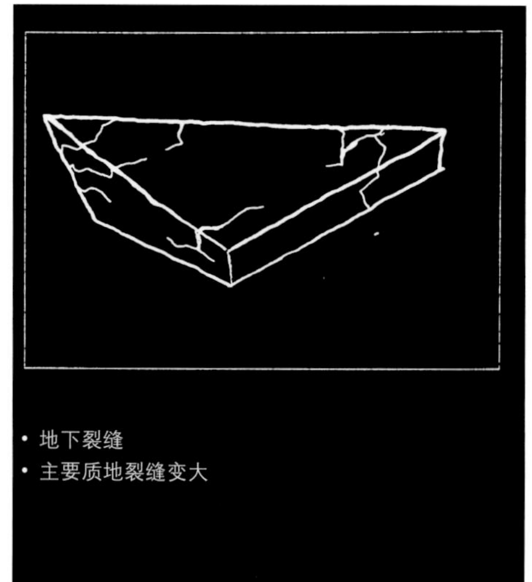

• 地下裂缝
• 主要质地裂缝变大

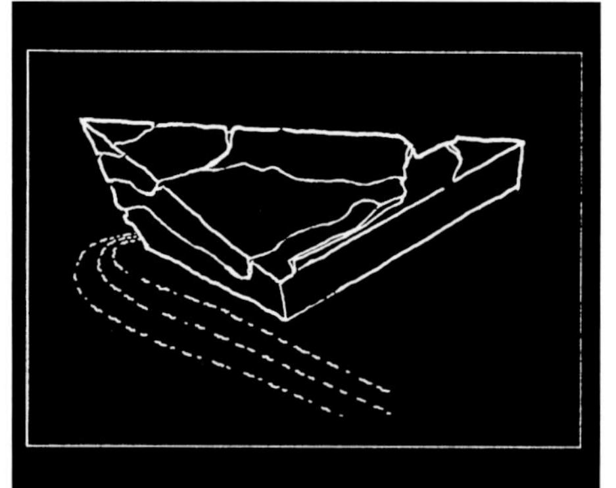

• 产生主要裂隙
• 开始侵蚀
• 风 / 雨
• 第一次从整块巨石上落到底部的物质

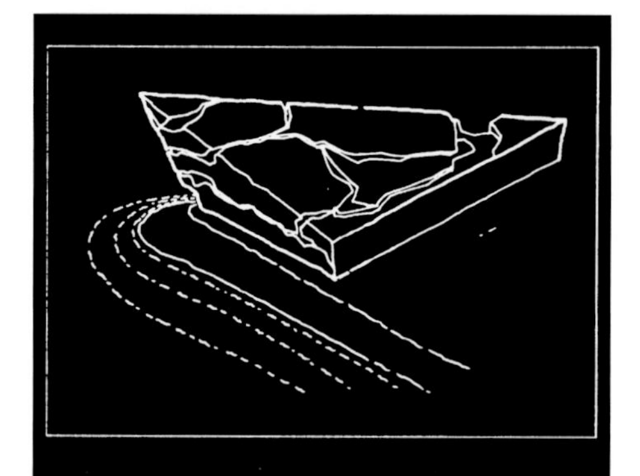

• 裂缝变大
• 形成更大的裂隙
• 洪水侵蚀
• 回复物质积聚

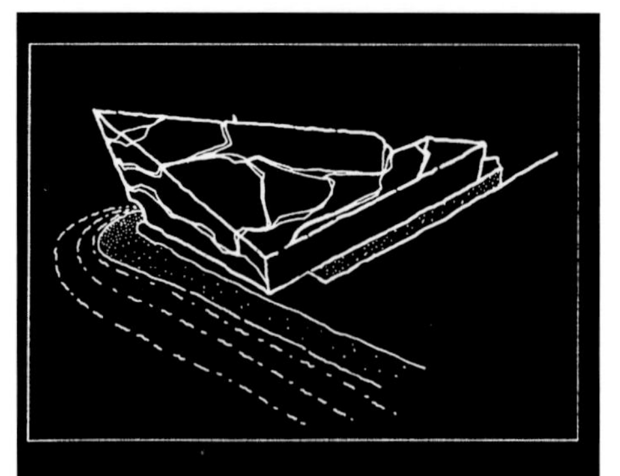

• 形成小裂隙
• 建筑物基础周围及内部的进一步侵蚀
• 回复物质形成
• 形成屋顶侵蚀

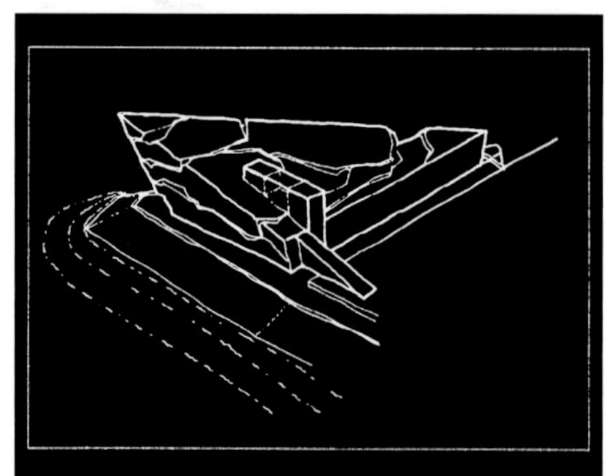

• 人类的影响
• 人口 / 习惯性
• 侵蚀线的形成

内部透视图

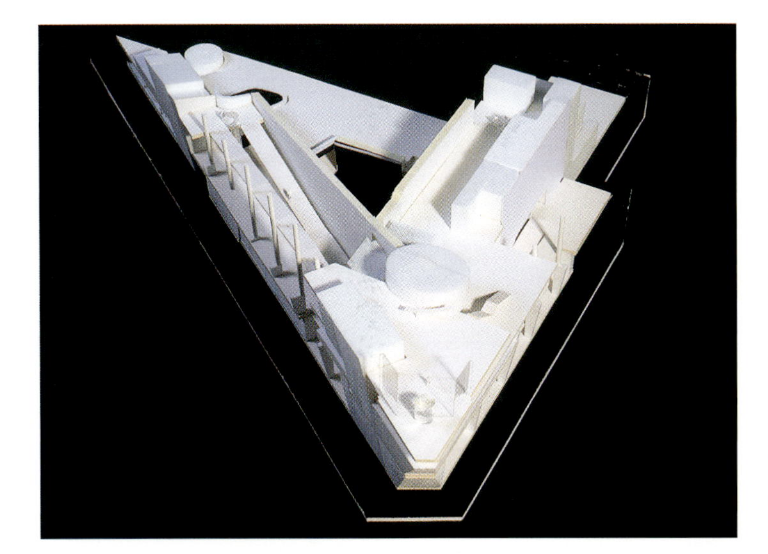

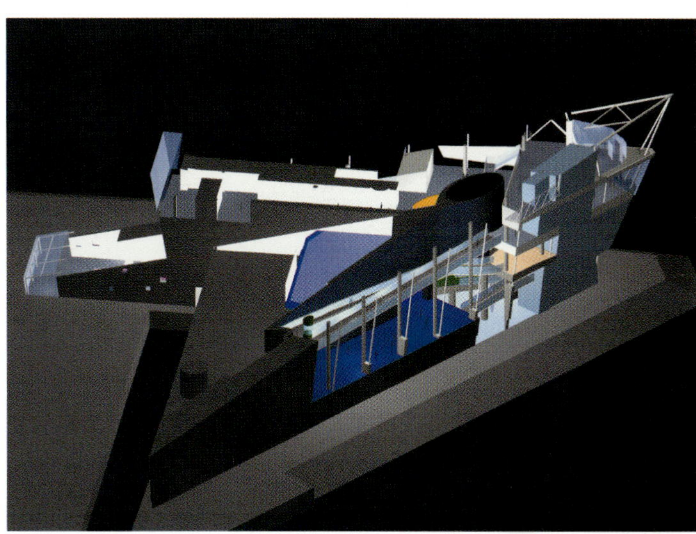

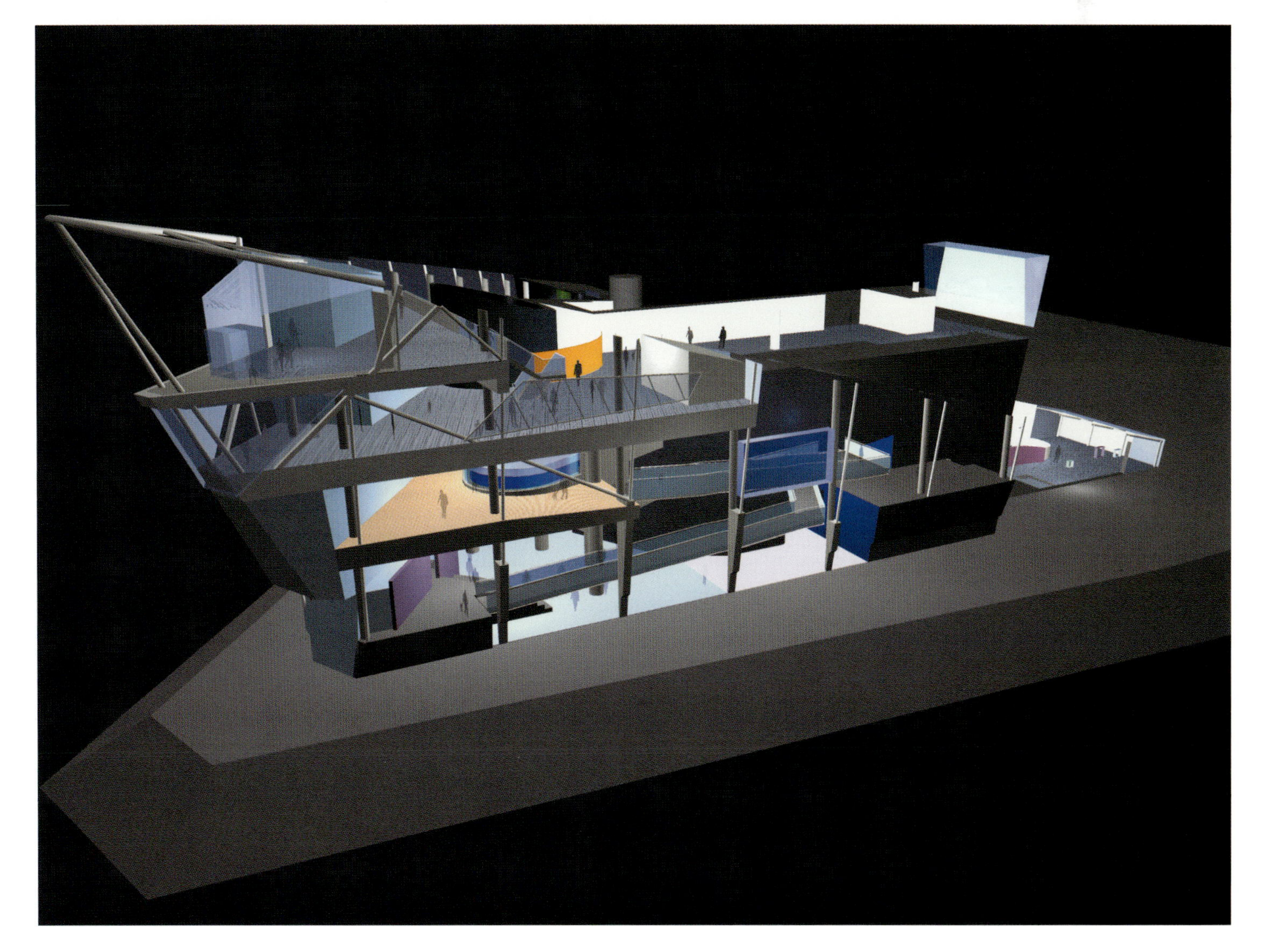

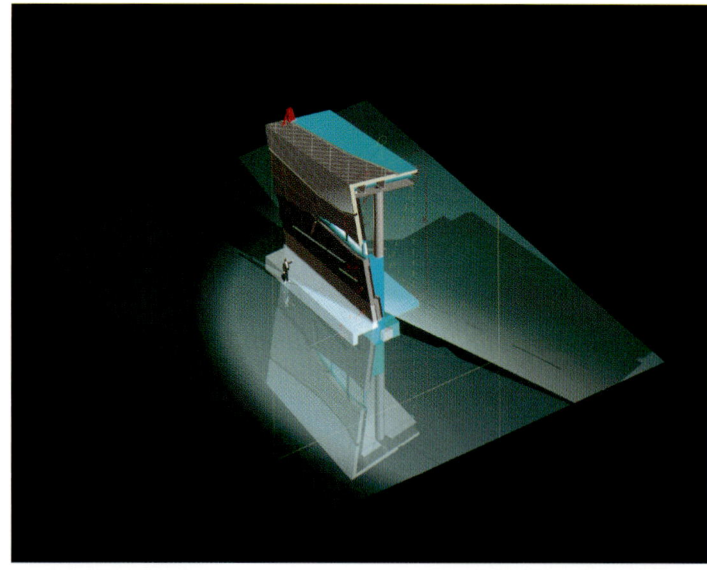

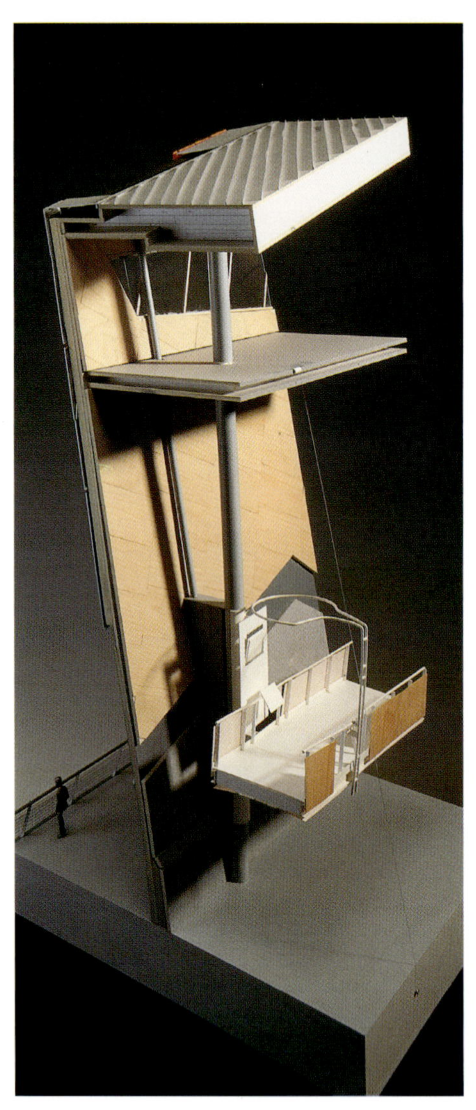

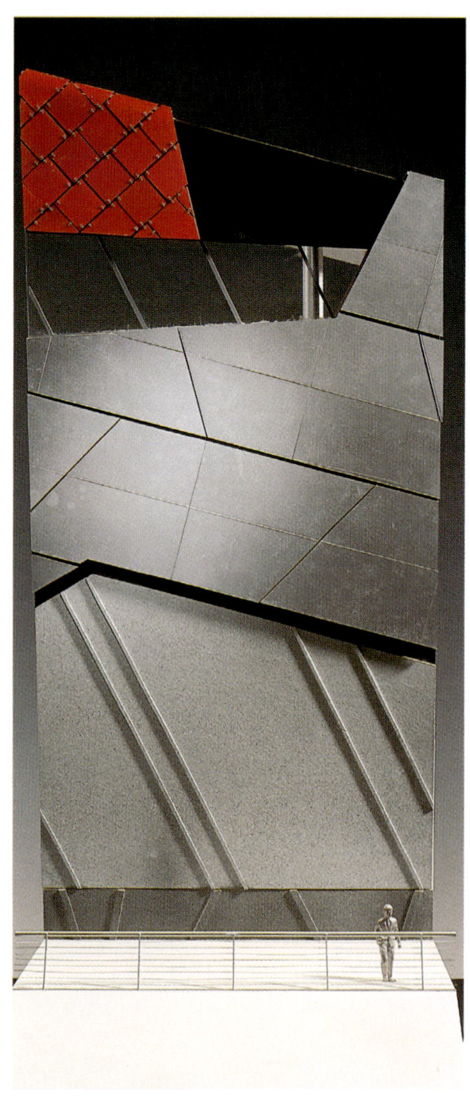

研究立面和内部特点的分
析模型

上图：工地照片，2001 年
1 月

上图：南立面

下图及对面页下图：2001年5月的施工照片

上图：从亨伯河看去的透视图

下图及对面页：海洋研究与应用商业中心完工后，2001年

下图：底层平面图（上）和东立面（下）

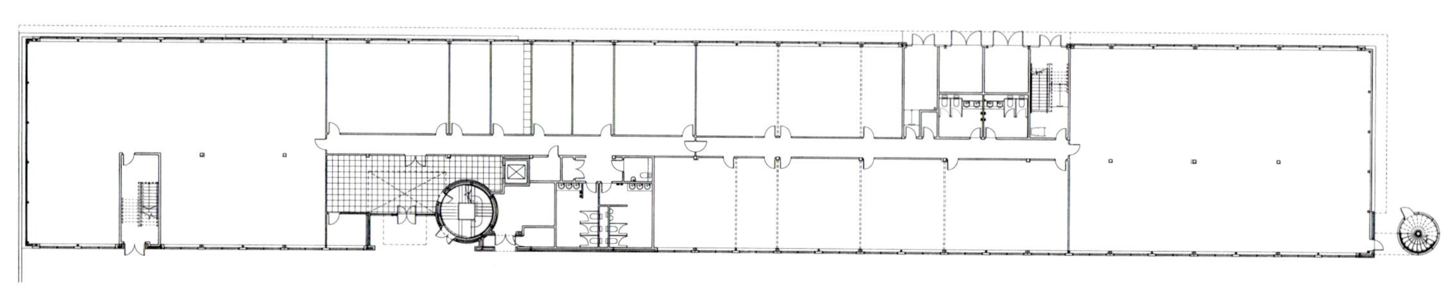

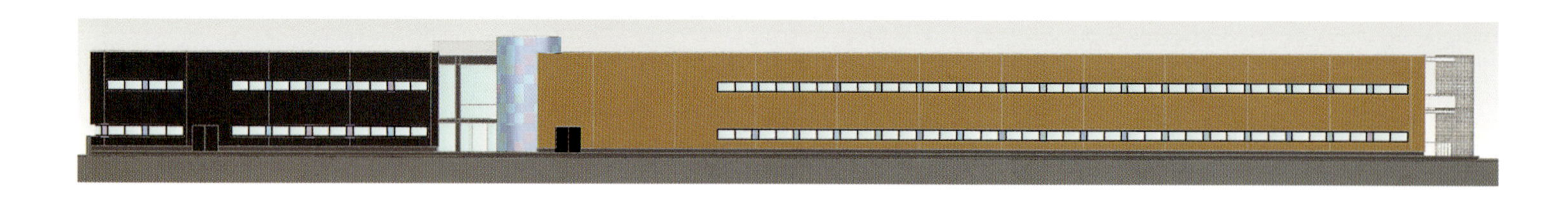

LONDON

第十章

伦敦

伦　　敦

伦敦的城市构造是在现成的河流、沼泽、田野、权益与习惯、集市、村庄及土地所有权改变的基础上形成的。这种世世代代的特色与用途的改变，形成了新建及改造城区的设计势必要建立在历史轨迹之上。该城偏心规划的街道和公共场所，体现了错综复杂的历史和变革层面。它是一个不断地建造与破坏的历程；混乱与秩序之间的一种不稳定的休战。

与许多伟大的城市不同，伦敦是在一种逐步成长的过程中形成的，而不是因一个正式的规划建成的。巴黎、北京或西雅图是围绕着一个规划形成的，而伦敦是由历史进程推动的。这样，工业革命、成长的运输系统和20世纪以小汽车为主要交通工具的郊区，就被纳入到城区之中——而不是将城市划分成复杂的网络。

有特殊意义的结构和特点，只有努力鉴别的人们能体会得到。泰晤士河及其大桥，提供了与城市全然不同的村庄得以出现的支撑点——威斯敏斯特和“伦敦城”以及次中心——如Hampstead，诺丁山，Hammersmith和Brixton，它们又会沿着泰晤士河的古支流成长。伦敦是由城墙、环路、南北环线和25号高速公路包围着的。泰晤士河与Lee河，铁路跨线桥和干道，造成了更细致的格局。罗马路、Westway、辐射状立交，以及Kingsland，Edgware和Walworth路，等等，穿城而过，地貌特点和距离都被拉近了。公园和起伏的土地是对城市格局的良好补偿。与表面上的混乱不同的是，Belgravia，Maytair和St James有规划的地产，带来了秩序和宁静。维多利亚站和不断扩张的地铁系统，有助于在城市格局中走得更远。在更近的时代，高楼主题的出现，使伦敦的天际线有了一种新特点。战后的重新开发——对南岸的长期规划，东端的改造、泰晤士河入口拓展，以及许多建成区场地的改造——体现了伦敦永不停息的变革的另一种转折，确保其与城市风格更加融为一体。

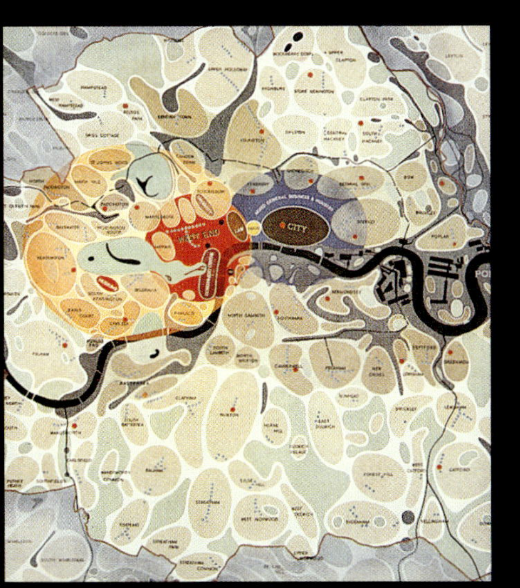
CITY

港口码头区／泰晤士入口

尽管贸易产生的财富总是从东边经泰晤士河流向伦敦，但在历史上，伦敦的东部却是较穷的区域。随风而下的烟雾和污染物，顺河而下的倾倒在泰晤士中的废物，使得东部一直都不是个理想场所。“烟囱”工业的衰败，以及北肯特将近200年水泥生产的终结，提供了有待开发的大面积土地。开发重点在于与欧洲大陆的连通、修建高速海峡铁路隧道，以及东南部经济增长的压力，它们创造了进行新一阶段伦敦改造的条件，引起了向东的扩张。TFP公司在东伦敦的项目，就是要确定、表达并设计这一城市发展的新方向。

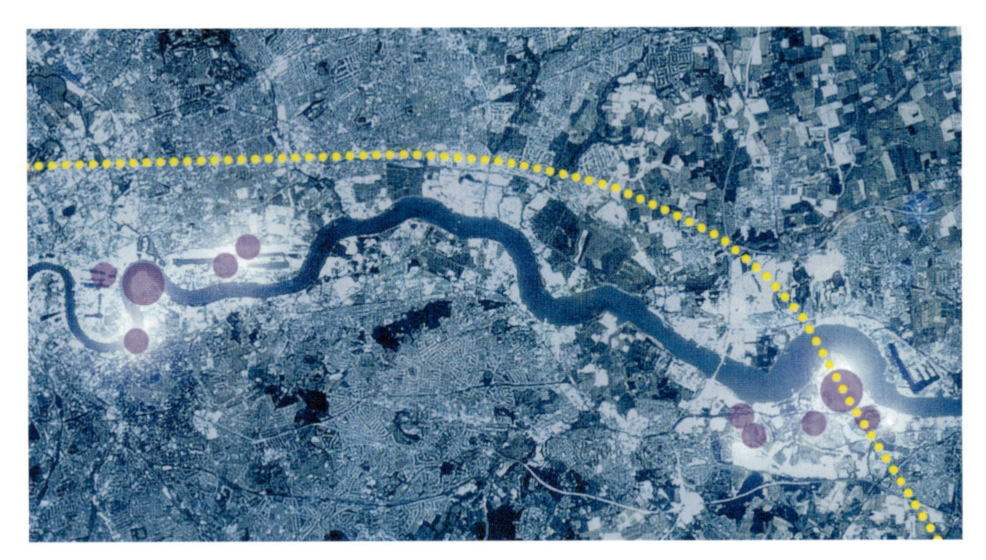

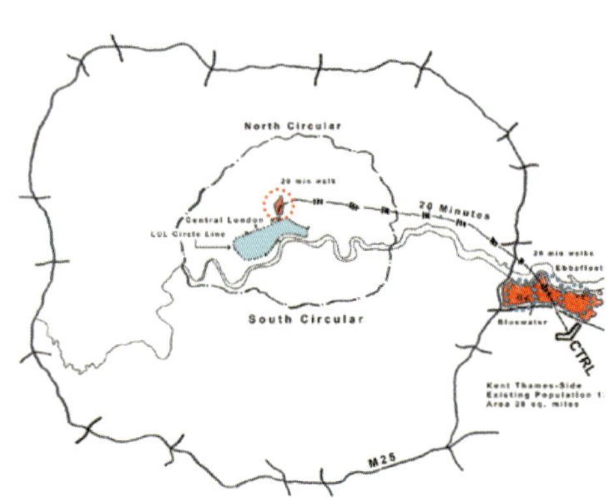

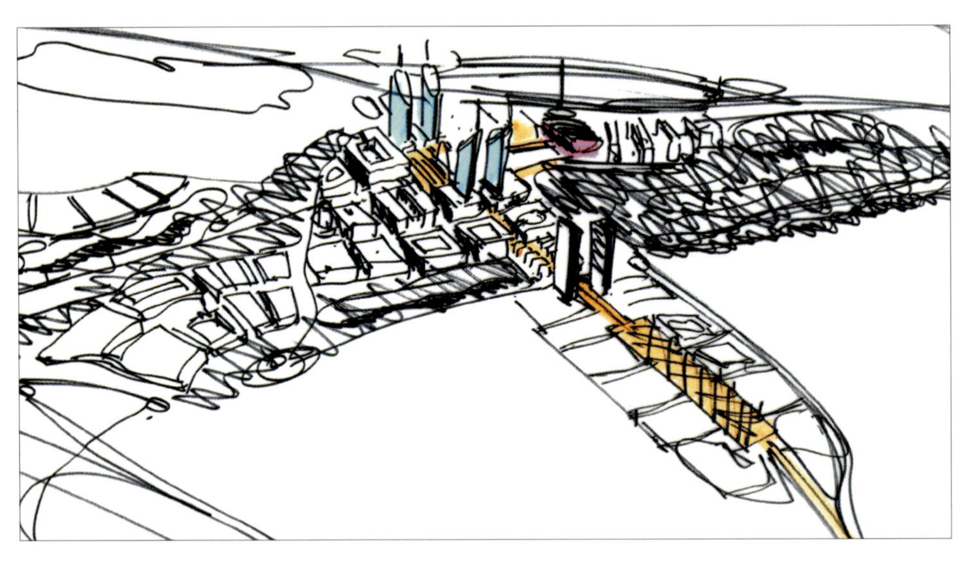

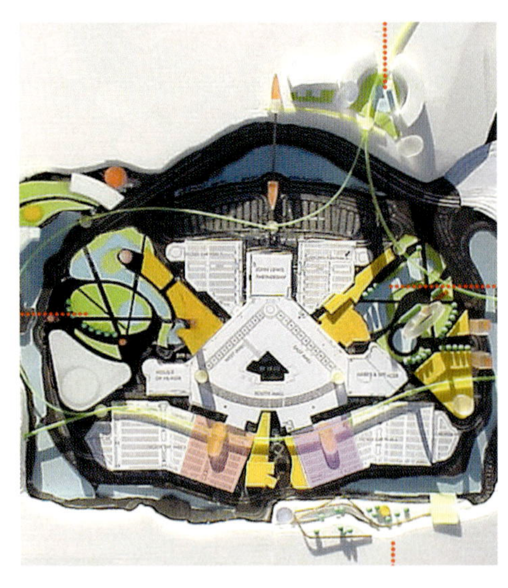

左上图：通过计划中的跨江隧道铁路线（CTRL）与中部伦敦相连的泰晤士入口走廊，已被确定为伦敦未来经济发展的核心。经Lower Lee和皇家码头而连接斯特拉特福与Beckton的一条弧线，给城市提供了东扩的机会。TFP的项目正是围绕着泰晤士入口和金丝雀码头

左下图和右下图：Bluewater谷地的总体规划

右上图：CTRL是泰晤士入口新区的改造催化剂

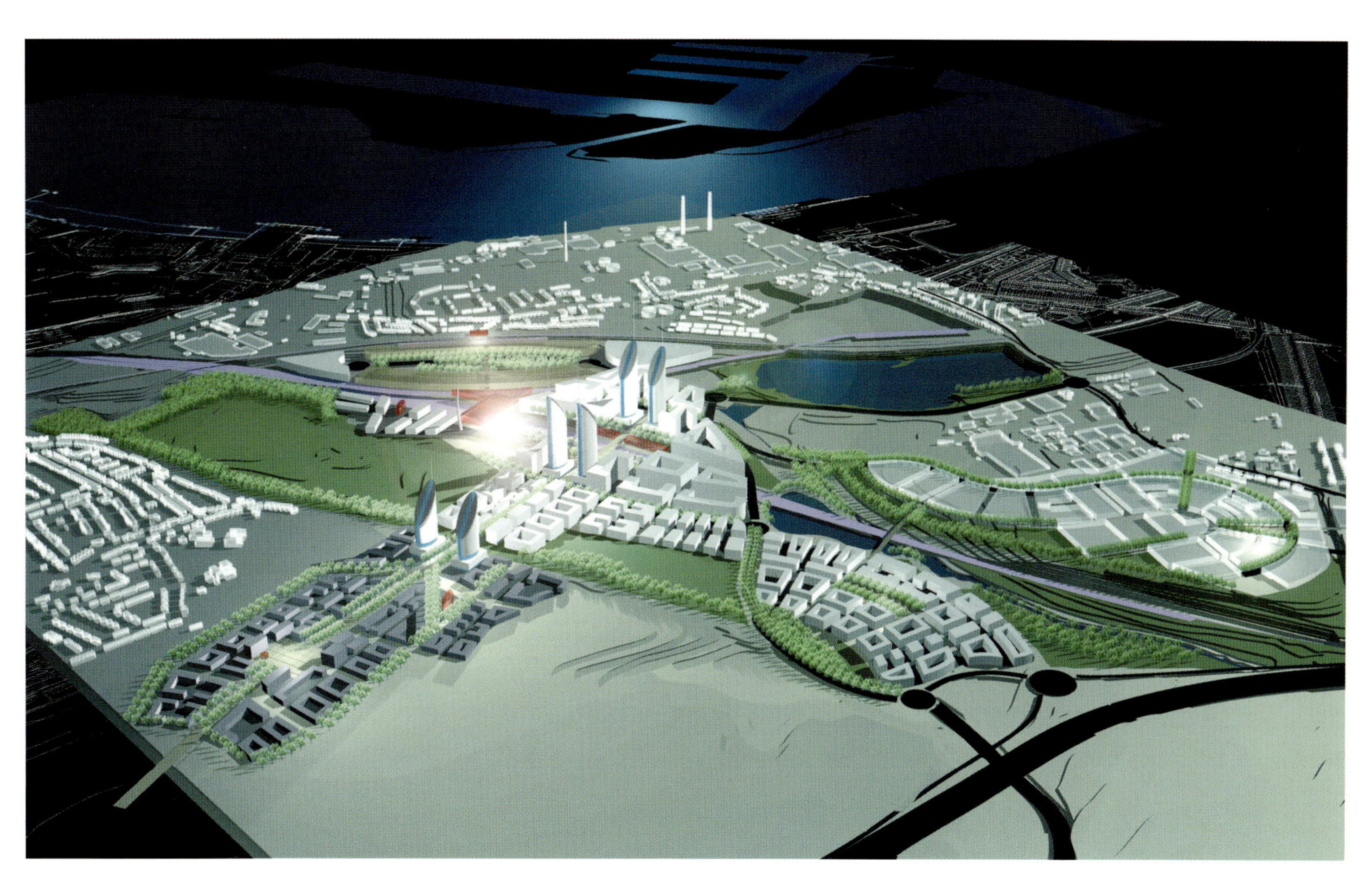

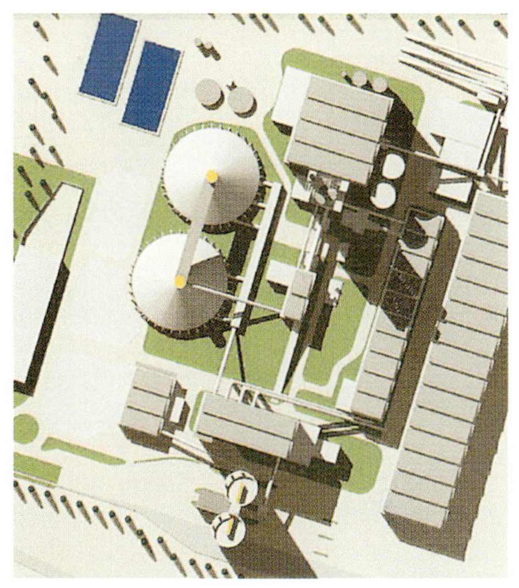

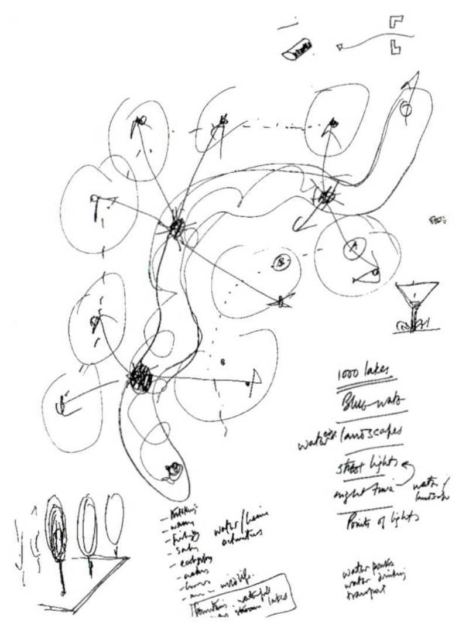

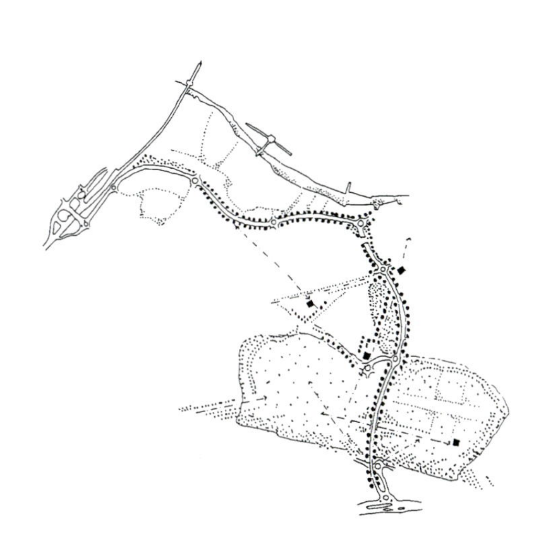

左下图：TFP所做的Medway Kent 的Blue Circle 水泥厂的改造方案

上图：TFP 的Ebbsfleet总体规划提供了新城区往返中部伦敦，以及由计划中的海峡隧道铁路线与欧洲大陆相连的结构

右下图：TFP 的概念草图（左），以及显示出Bluewater谷地之景观方案的草图（右）

左上图：最近的基础设施项目，包括（从上而下）斯特拉特福市中心，及其CTRL、金丝雀码头和Jublee线延伸段

下图：改造前的皇家码头。建于19世纪，有着宏大的规模，这些海湾码头——曾被冷落和放弃过——目前正在重新城市化

右上图：TFP对格林威治半岛的总体规划

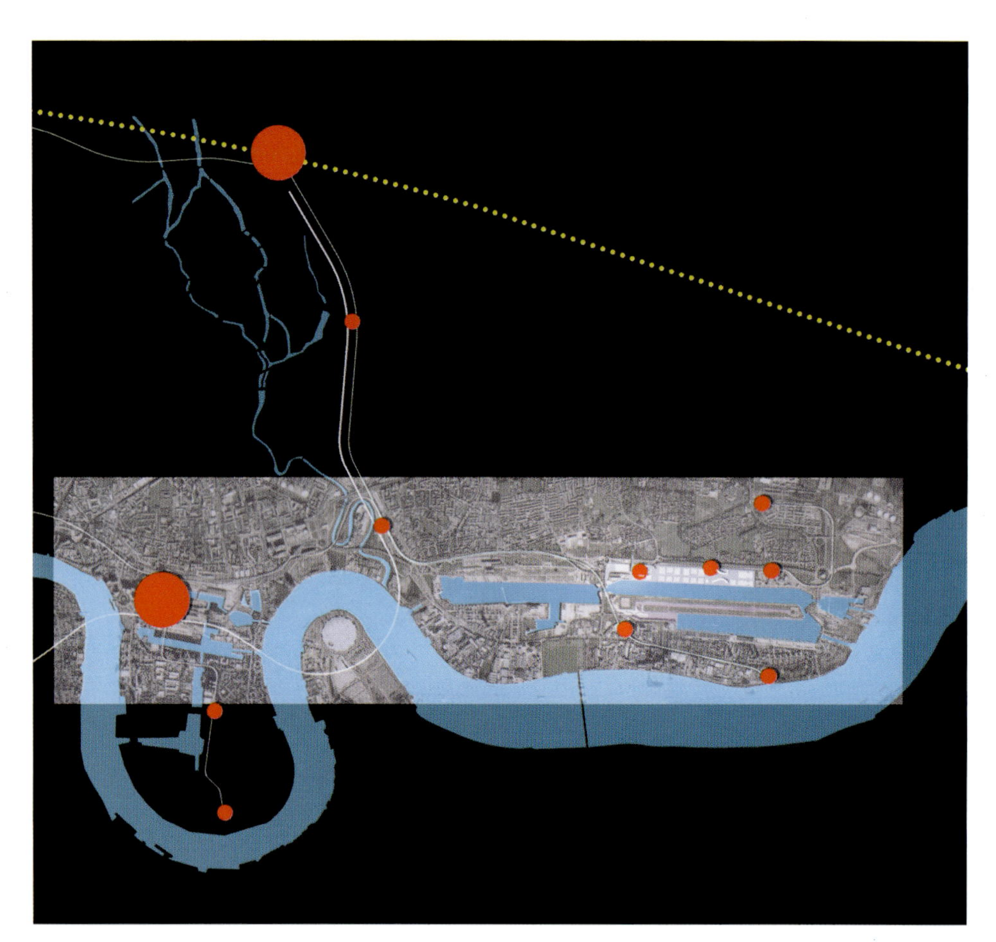

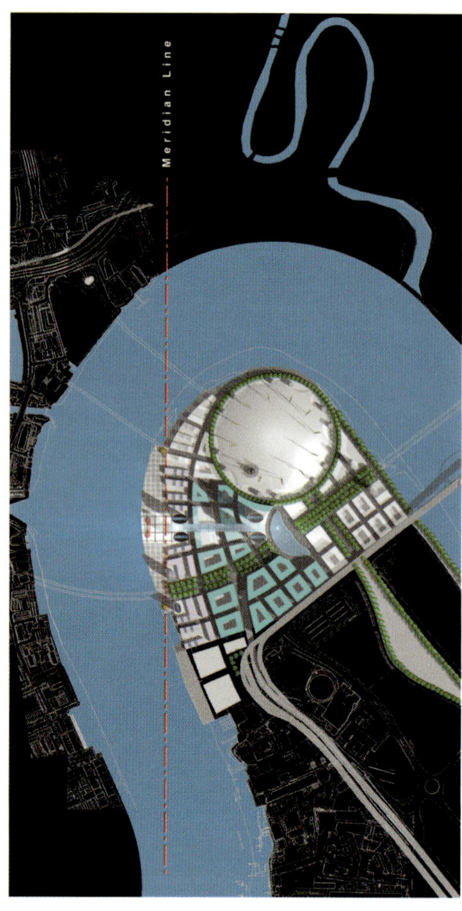

上图: TFP对格林威治半岛的总体规划

下图: Aldan Potter的草图。TFP 的皇家码头方案将它们的线性特征作为主题

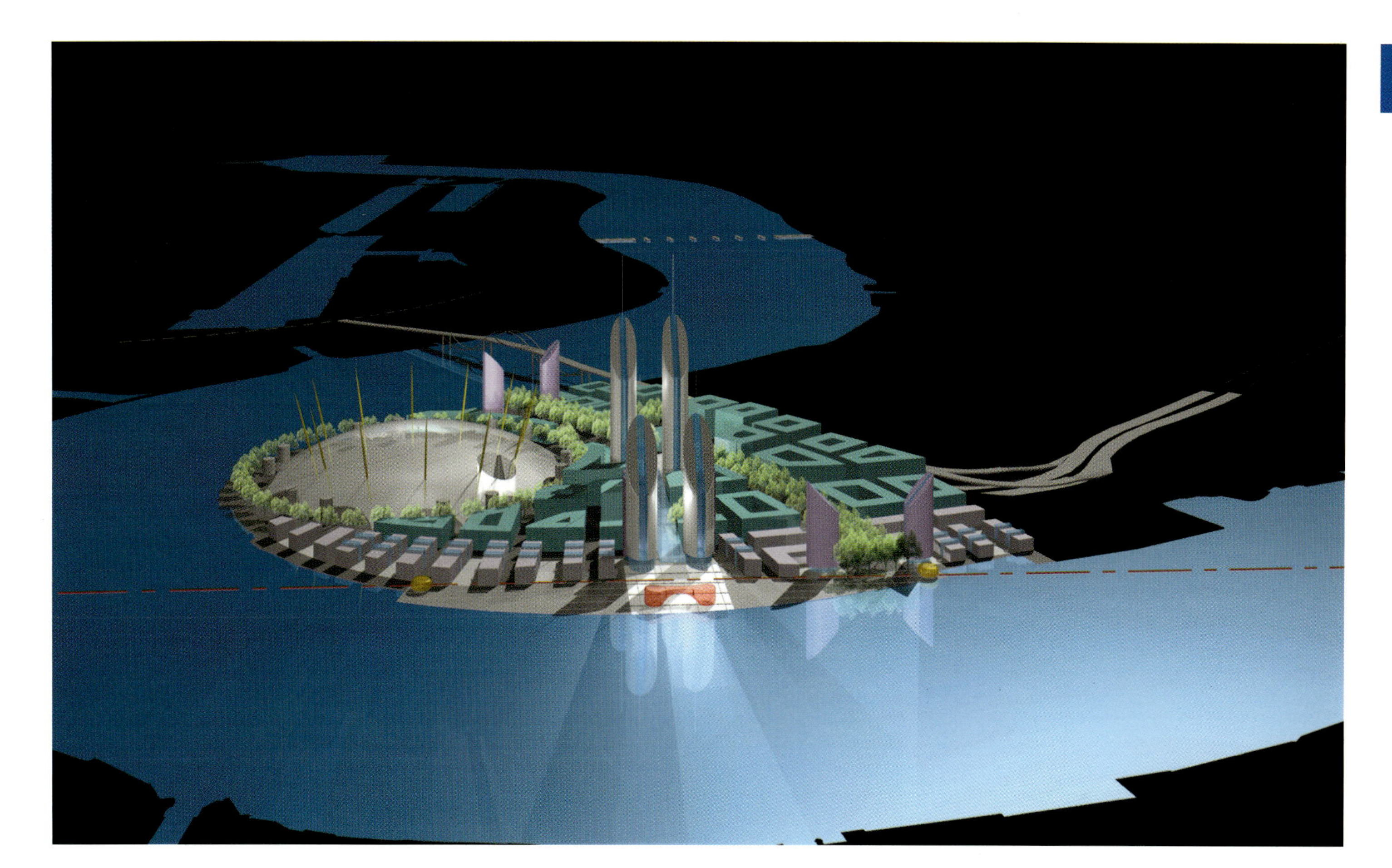

国家水族馆

与泰晤士河北岸的防洪堤相距不远，国家水族馆位于北边、南边和西边临水的一个半岛之上。水族馆与维多利亚码头边缘相对应，目的是要在皇家码头的整体改造中起到重要作用。此建筑的位置在半岛的顶端，故而成了长又窄的形状。在主要的东立面上，建筑看起来像是在海上，其入口是由路径和小桥组成的。

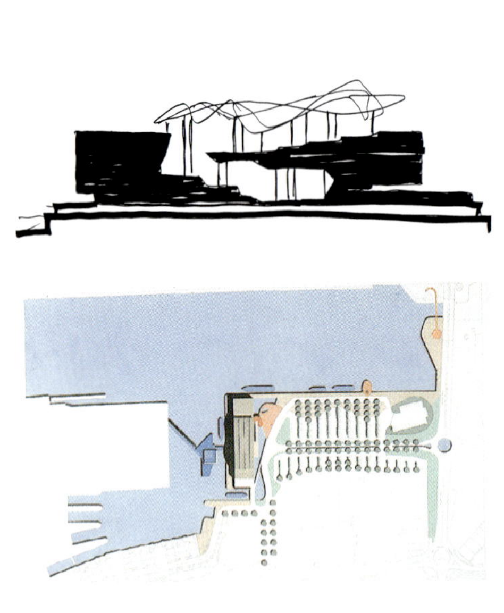

总平面图

上图：TF 的概念草图

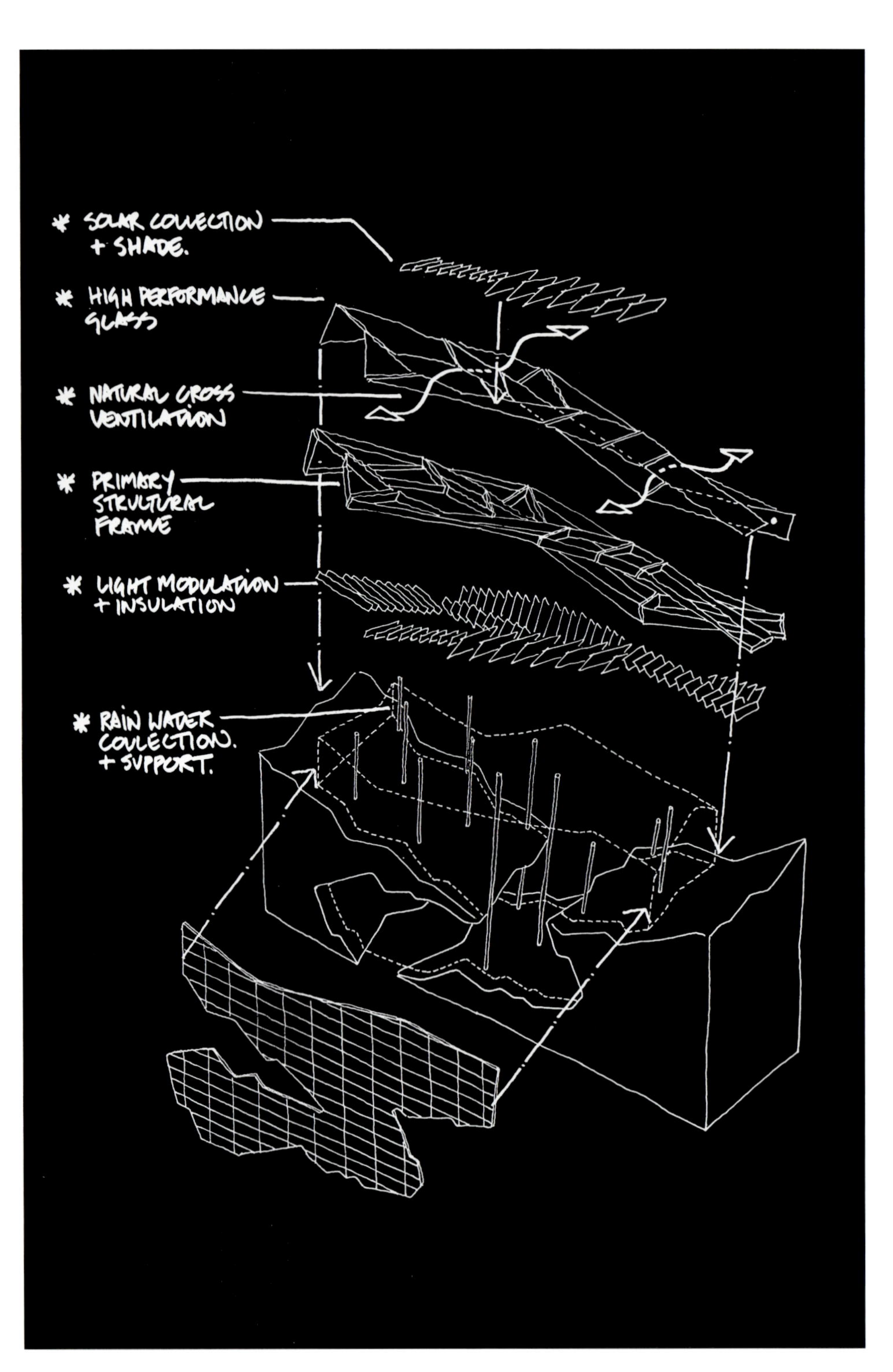

建筑元素是对地球环境的一种隐喻。建筑象征着一部分地壳

设计概念的隐喻就是地球的微观环境——土地、水、植物、空气和云——建筑的基础令人想起有裂隙的岩层。为了体现地球板块的运动，建筑的核心部位看起来是扭曲的，在中央产生动态的陆地和水的形状。屋顶就像是能调节下方气候的一片云。在夏季，"云"会吸收太阳能，并根据光强度调节照明和温度，并能让下面的空间自然通风。在冬季，半透明的绝热层能减少热量的损失，符合工程要创造一个可维持环境的目的。

这座15500平方米建筑的展区分成四个部分——英国、印度、红海和南太平洋——体现了四个具有代表性的地球栖息地。英国展区从大楼中央向入口扩展开来，印度展区位于上面。北南立面分别为红海的热带区和南太平洋的亚热带区。在内部，镶玻璃区坐西朝向，夏天时会有穿堂风，较凉的英国展区，也会给较热的印度展区通风。南太平洋和红海这两个内部展区，起着热缓冲区的作用，即避免夏天从南面吸入过多热量，冬天从北面散发过多的热量。正如David Attenborough爵士对国家水族馆项目所写的那样："没有什么比现代高科技水族馆更敏锐地揭示出自然世界的惊人美丽。伦敦人不久就会感到吃惊和高兴。"

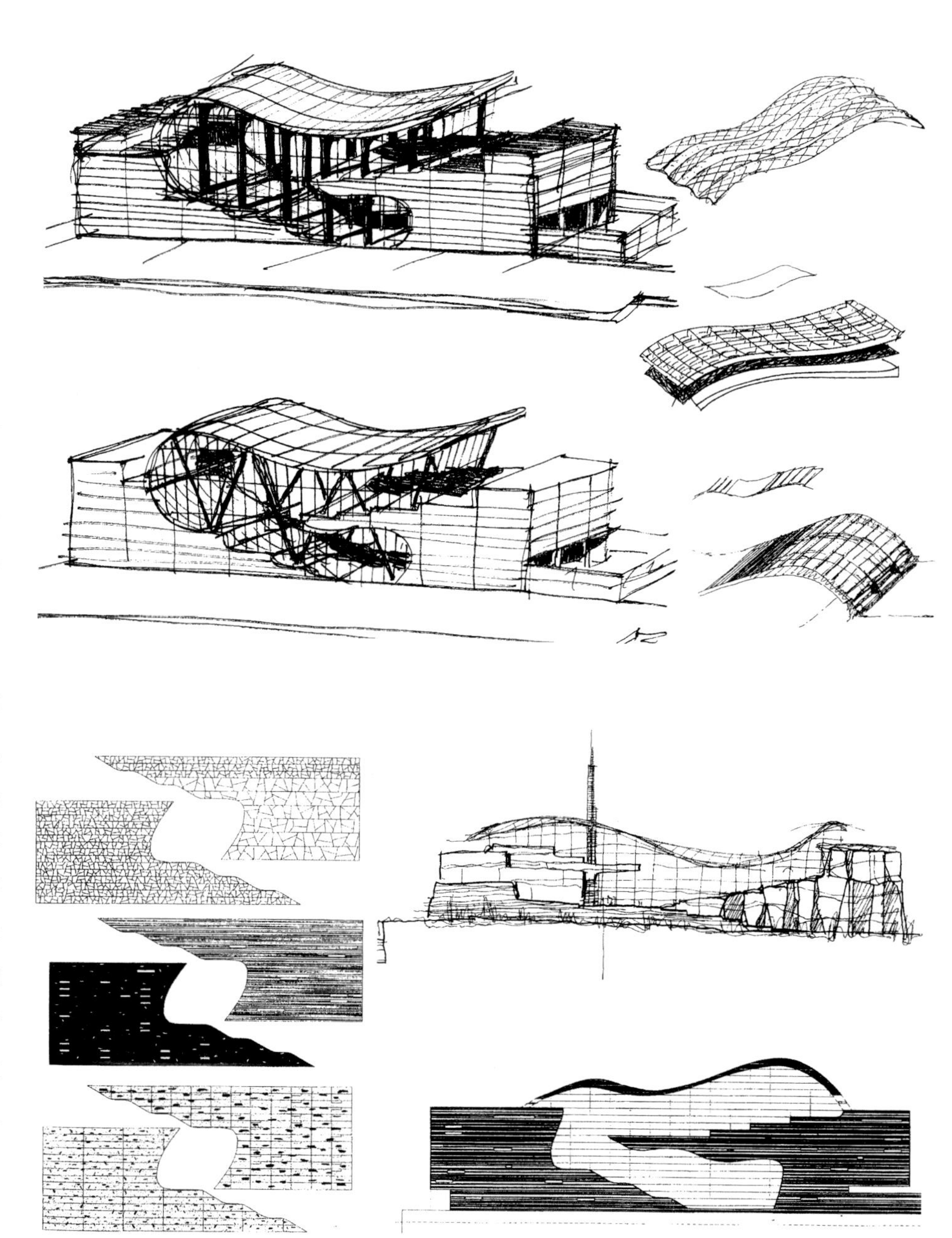

杜格·斯特里特(Doug Streeter)的早期概念示意图

上图：建筑物内外部分析

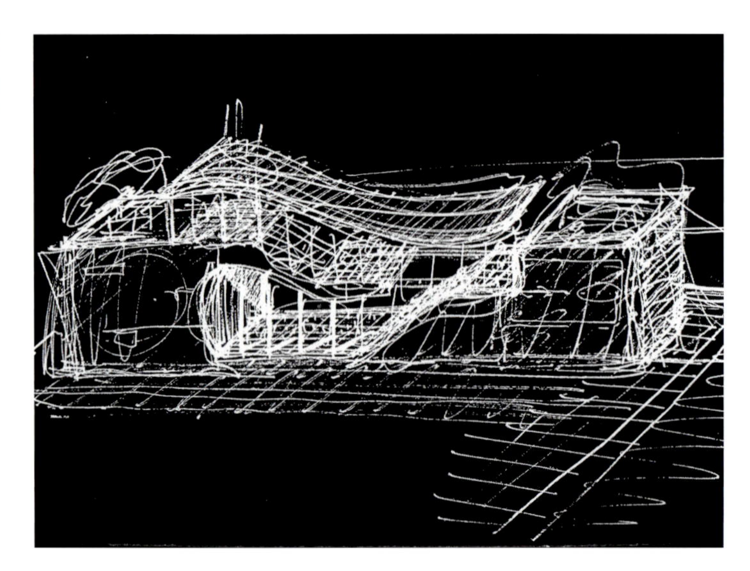

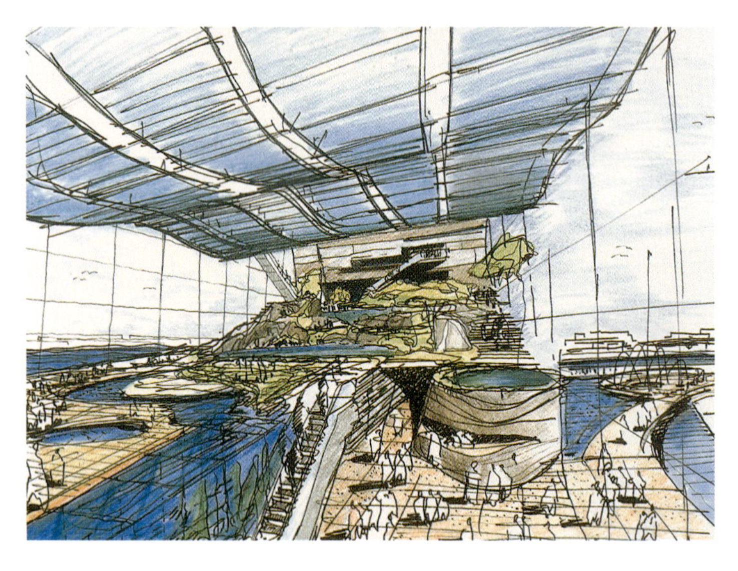

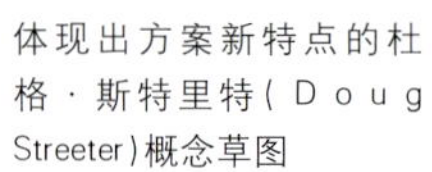

体现出方案新特点的杜格·斯特里特(Doug Streeter)概念草图

模型

左上和右上图：建筑物剖面图

下图：从水族馆前停车场看建筑物

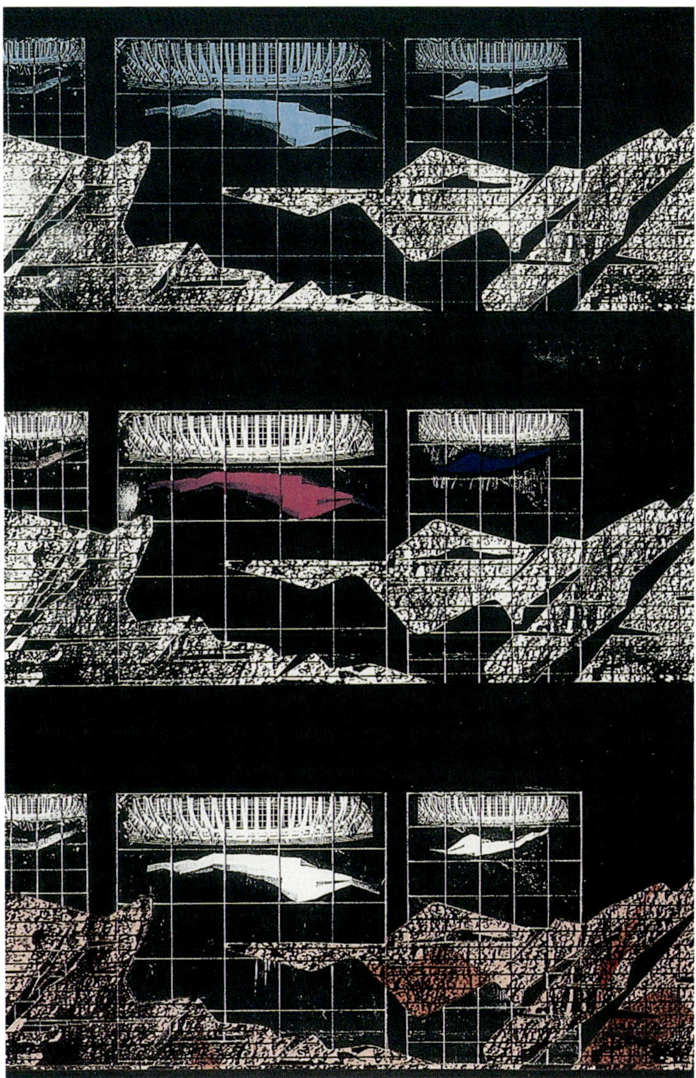

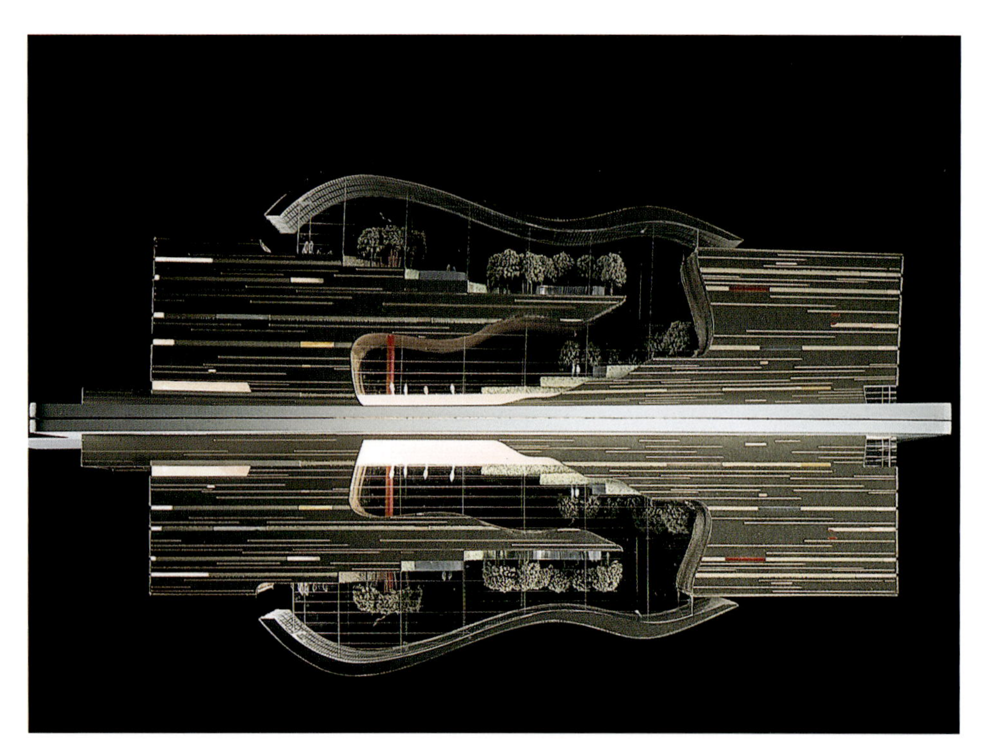

新增加了南极区的景象，它将要"漂浮"到现在的位置，且不会妨碍施工进度

上图：增加南极区之前的模型照片，方案的最后阶段

右图：模型西侧景象

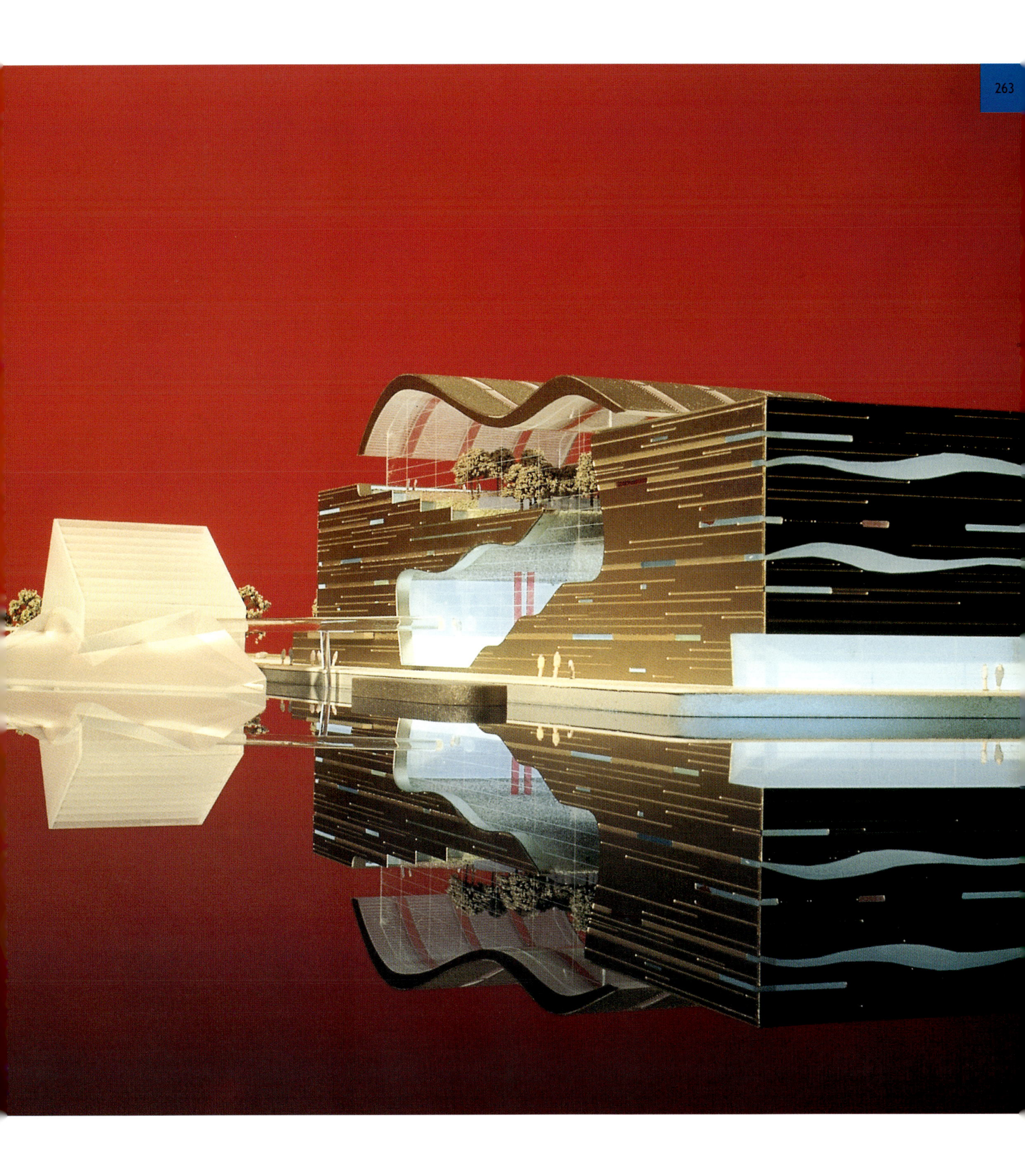

格林威治休息亭

码头＋餐厅

格林威治休息亭项目，来源于TFP公司于1994年在皇家园林研究中所提出的建议。在该报告中，TFP提出了将女王宫和公园与泰晤士河一体化的轴向改造方案。起点就是修复后的上岸台阶，或“正门”，由此通向众多宏伟的公共场所。

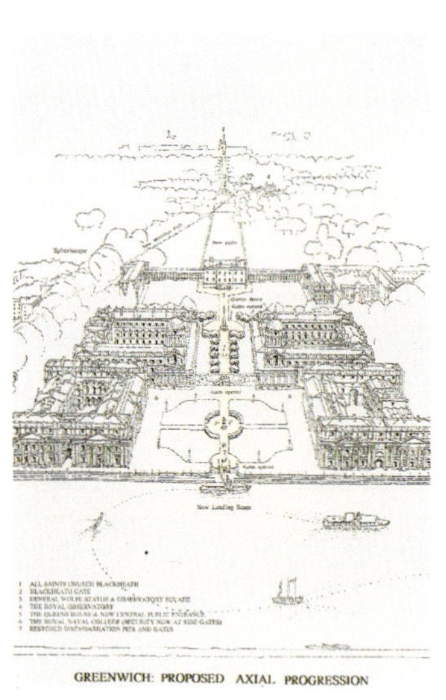

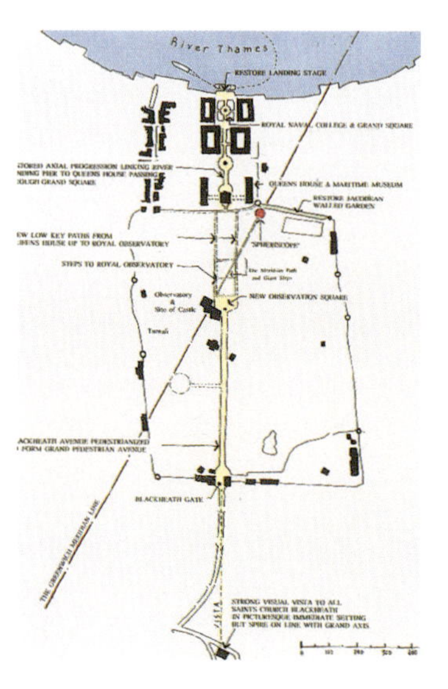

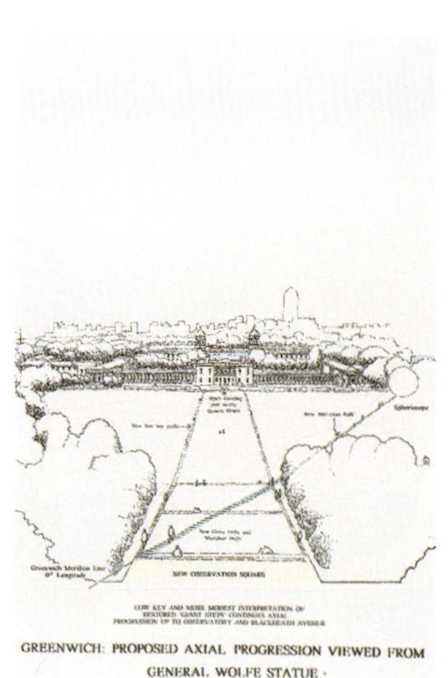

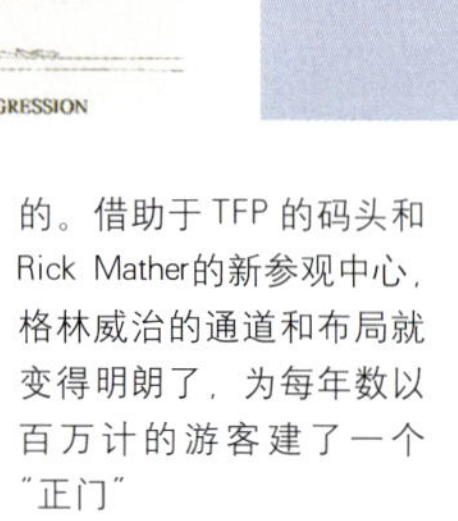

下图从左至右：皇家园林评估的插图（见第270－271页）。TFP的提议指明，至格林威治伟大的建筑群——英国的凡尔赛——的通道是如何变得相形见绌的。借助于TFP的码头和Rick Mather的新参观中心，格林威治的通道和布局就变得明朗了，为每年数以百万计的游客建了一个“正门”

左上图：作为一个门户式建筑，格林威治休息亭的风格令人想起九龙站

右上图：格林威治规划中的方案。“世界遗产场地”有Jones，Vanbrugh，Hawksmoor和Wren的作品，纪念伟大的航天和航海活动

格林威治休息亭符合公司以往竣工的小规模建筑的传统。Bayswater和Covent Garden Clifton托儿所，Crafts Council美术馆的内部设计，Henley Royal Regatta总部大楼和大量私宅，已成了标志性建筑，就像——尽管方式不同——Charing Cross和Vauxhall Cross这类较大工程一样值得做。

格林威治休息亭是TFP设计的泰晤士河边建筑中最近的一个——从TFP的第一座建筑，即黑墙隧道通风塔开始，接着是Charing Cross，Vauxhall Cross和伦敦塔附近的三码头宾馆。

方案的目的是要在格林威治与格林威治保护区内的河边建一条通道，它面对河对面的Island花园。作为世界遗产场地，保护区内有下列标志性建筑：皇家学院、Cutty Sark花园、皇家园林、格林威治天文台和女王宫。新建筑正好位于Cutty Sark茶场和Francis Chichester爵士的Gipsy Moth小船以北。纪念花园给南面提供了一个葱绿的背景，远处是Pepys大楼；Brunel的Portal Rotunda，即连接Cutty Sark花园与Island花园的河底人行隧道的入口，位于西边。

尽管有几处伦敦最有名的景点，但几乎没有全面地利用滨河地带，只不过目前给轮渡乘客提供了简陋的场所。TFP设计的方案将起到优化作用，并且会成为本地人和参观者的一个主要坐标和目的地。

在实践过程中，需要修建新的码头设施，包括一家饭店和四个售票厅，还有扶手、台阶、引桥、信号灯、街道设施和照明设施的统一设计。格林威治休息亭将使该地区复兴，标志着它作为轮渡者使用的一种隔离区的角色的终结。

格林威治休息亭的重点是由一个连续屋顶连接起来的两个轻质玻璃体。两个休息亭之间的开口，形成一个被局部遮住的场地，从这里可以看到泰晤士河及Pepys花园的全景。圆形的休息亭是为了促进人们在四周自由走动，增强了场地通行能力。这种布局提供了1741平方米的公共露天场所——比原建筑的多1196平方米。休息亭的高度是按需要而规定的，以便能从河中容易看到，又不会破坏历史景观。露台和座椅区将会增强建筑的活力。

材料的使用具有海洋特点，参考了格林威治的海洋生活传统。玻璃外围四周的连续铝质水平“裙边”，将由一个轻质的钢架支持。外包层将采用镀铝幕墙，而各休息亭的坚实构件，将包覆白色的美国橡木。对于台阶，将在悬臂钢架上铺以木板，并有由透明玻璃和钢材制成的扶手。

格林威治休息亭的设计，还包括一个更大范围的总体规划提议，即提供一条经纪念

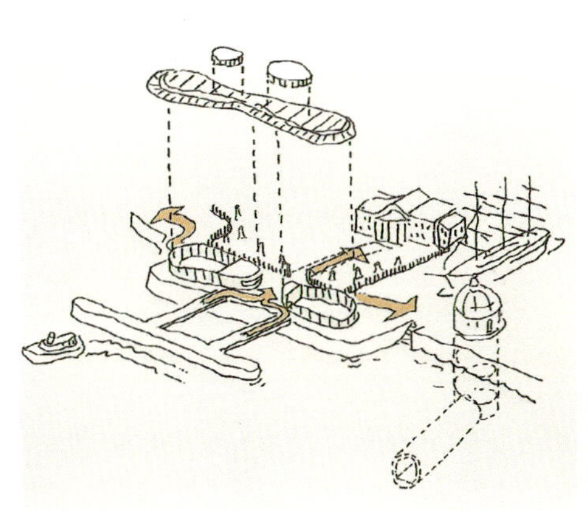

码头就是一个入口

入口顶部连接两个休息亭，内有可容纳过路者和轮渡者的售票厅、餐厅和一个咖啡馆

休息亭与邻近标志性建筑物的关系：Cutty Sark，通向Brunel 的人行隧道和Gipsy Moth的圆顶

结构与内部设计的上视图　　下图：透视图

花园而将码头与Pepys建筑连接起来的人行道。此人行道的起点在邻近格林威治休息亭的上述纪念花园的大门处。

格林威治休息亭的设计，采用了尊重四周庄严景观的建筑语言。TFP曾经说过，"建筑师的任务，就是设计出既满足功能需要，又与环境一致的方案。这并不是一个二者取一的问题，而是要两者兼顾。"思想开放，受过多种建筑风格的影响，是成功阐释业主意图，并设计出与位置、历史和社会环境保持协调的作品的前提条件。建筑师面临着许多不同的建筑挑战。用泰瑞·法瑞的话来说，"只试图采用一种规则设计建筑作品，无论是施工性的还是功能性的，都不过是一种回避主义思想。"

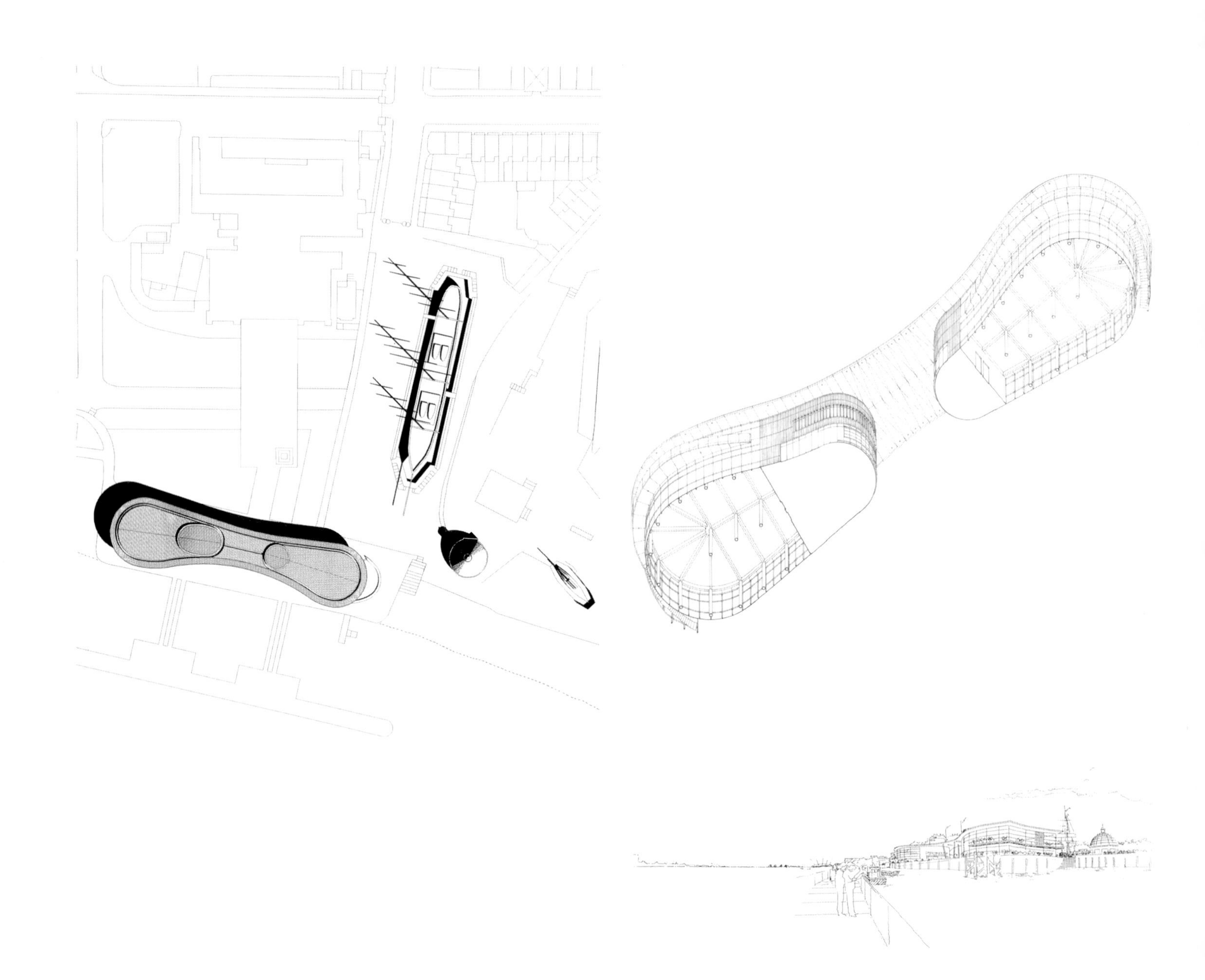

格林威治码头起着纪念花园的入口作用，由此通向Pepys建筑、Cutty Sark和远处的格林威治

上图：首层平面图　　下图：环境立面　　对页：模型

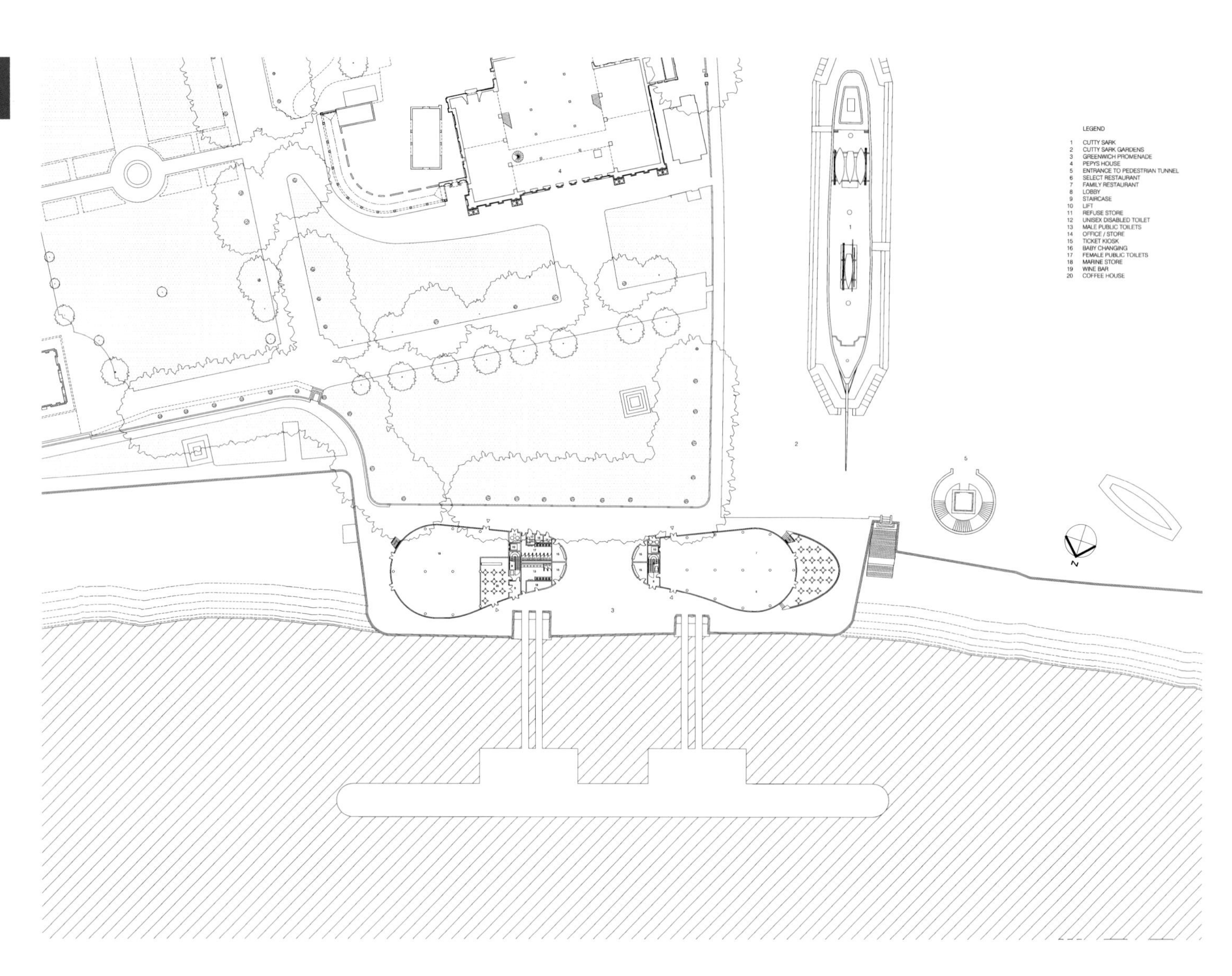

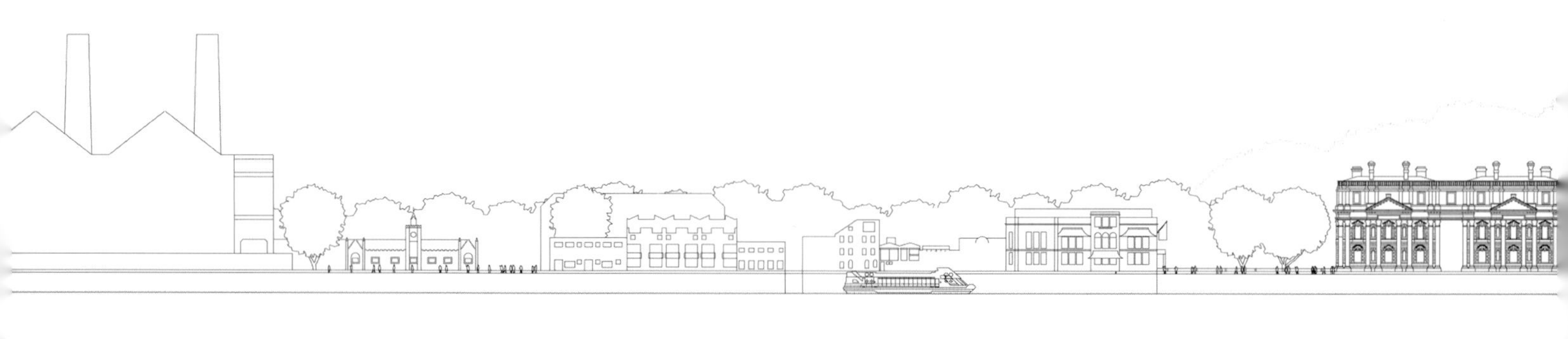

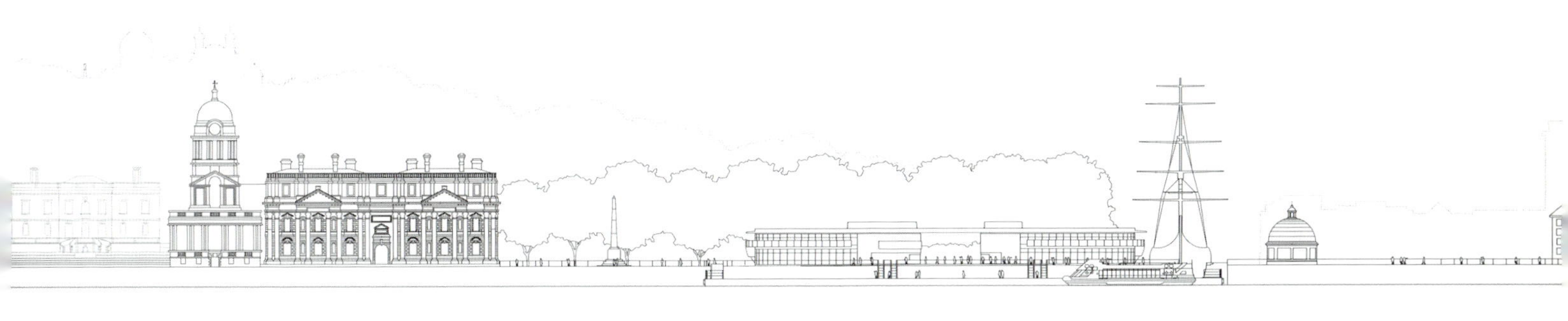

皇家园林研究

+世界广场研究

左图：18世纪的圣·詹姆斯(St James)公园景象(上图)，以及为了将伦敦广场与典礼线路连接起来的1999年世界广场(下)竞标研究

右图：圣马丁的Place的世界广场研究，朝Trafalgar广场看去

皇家园林是伦敦最大的财富之一。这片用地占地2000公顷，有许多伟大的建筑和公共设施，包括肯辛顿宫和白金汉宫，伦敦动物园和阿尔伯特纪念馆。

经过妥善实施，园林对公共场所的规划作出了贡献，不过还尚未彼此有效连接起来，同时交通流线中也有太多的出入口。作为皇家园林考察小组中的一员，泰瑞·法瑞在1990年代参加了园林内大范围的景观和建筑规划。特别是他着重考虑如何使原有的皇家(私人)领地更好地为现今的公共场所服务。就像格林威治在引起敬畏的特点方面应能与凡尔赛宫相提并论一样，其他园林也应重获辉煌，从而对所有人都有益。

皇家园林的未来应被视作宏大的伦敦发展战略的一部分，而不是依赖零星的改造工程。从Primrose山和Broad Walk看去的景观，应用穿过伦敦动物园的一条人行道直接连接起来。再往南，Broad walk应继续穿过园林广场和半月形花园。这会将Primrose山，摄政公园和波特兰广场同Piccodilly圆形广场、滑铁卢广场和St James公园连接起来，以在John Nash的原有伟大设计之上进行扩建。

TFP还考虑到了皇家住宅的一种新作用。如今，社会和政治条件使得园林与相连的城市区分开来。住宅花园位于高墙之后，结果是极少有人能够欣赏到它们的辉煌。这与原来的意图是相悖的。TFP简洁的提议使得园林和宫殿得以向公众开放。白金汉宫及周围场地将与中央伦敦的其他地方融为一体，并向所有人开放。建议形成一个巨大的散步场所，从摩尔、上宪法山，穿过海德公园一角，经威灵顿拱门和Deeimus Burton的幕墙，然后沿Rotten Row直达肯辛顿宫，就能在很大程度上向外开放，而美术馆、博物馆、音乐厅、教育和会议场所，就可设置在宫殿之中。须注意的是，要保护皇家的隐私和安全。

这些规划会将大面积的伦敦区域重新一体化，并在原有设计上扩建。园林是伦敦城市设计的一个重要组成部分；只有通过这类大胆的改造，伦敦才能得到发展，以满足新世纪的需求。

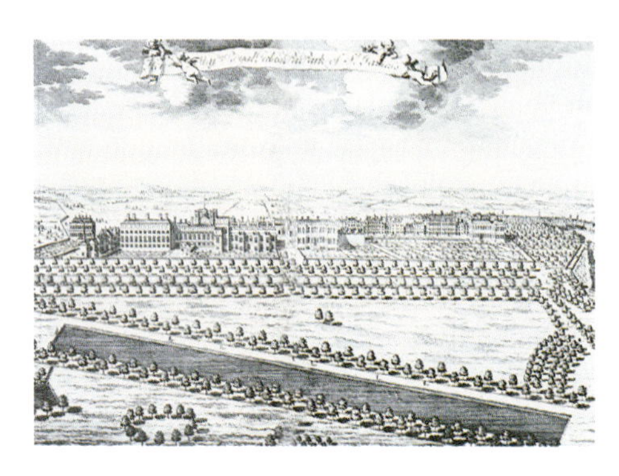

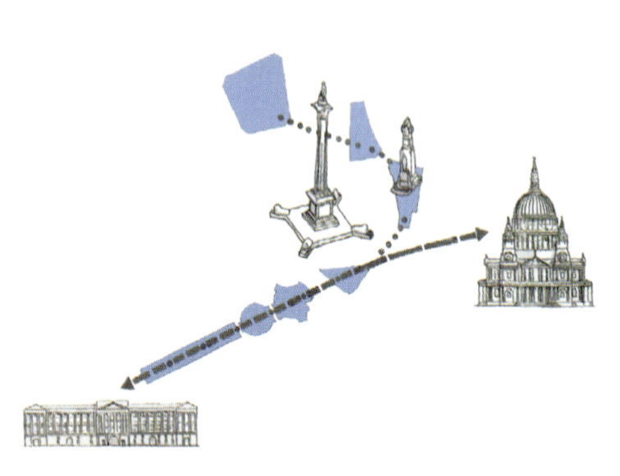

左上图：伦敦的皇家公园相对于泰晤士河的位置

左中图：St James、海德、肯辛顿和摄政园林由人行道重新连接起来，成为世界遗产系列的一部分

右中图：穿过停车道的通行性

左下图：部分肯辛顿花园的详细方案

连接Green公园与白金汉宫的方案，有新的入口，栏杆和便道通向白金汉宫，每年的某些时候开放。St James和摩尔更容易进入

右上和中右图：完工后的穿过皇家半月形花园至Park Crescent 和园林广场的Nash路，可以从Primrose山而去摄政公园

右下图：Bushy 公园的方案

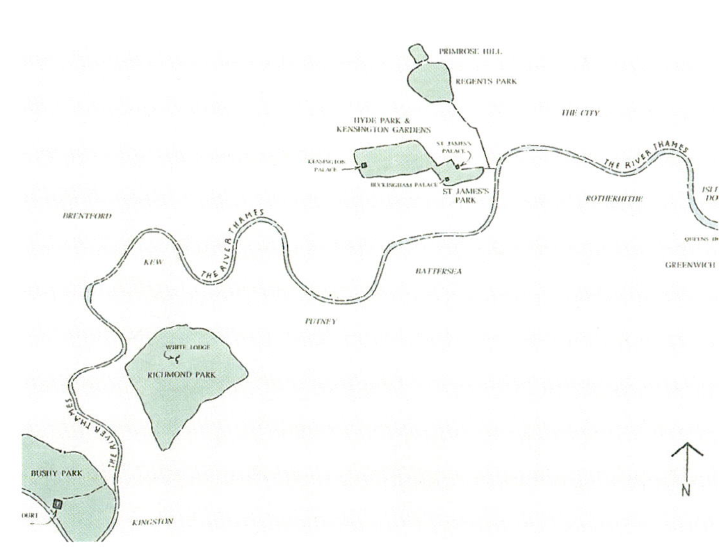

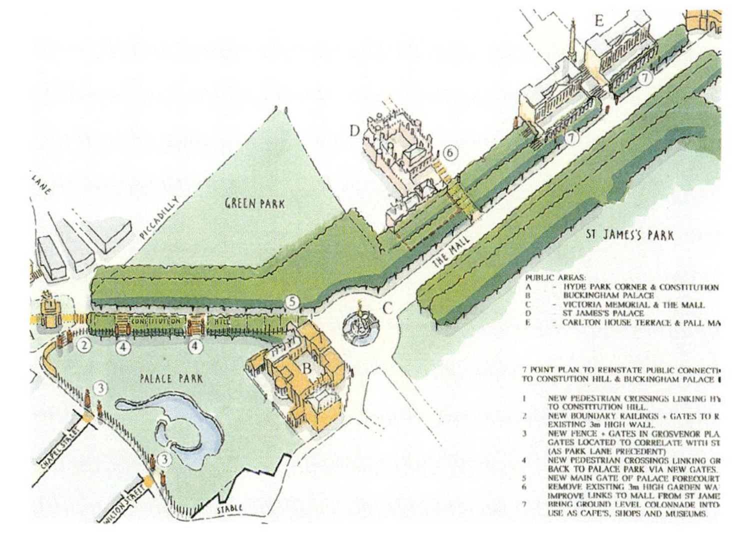

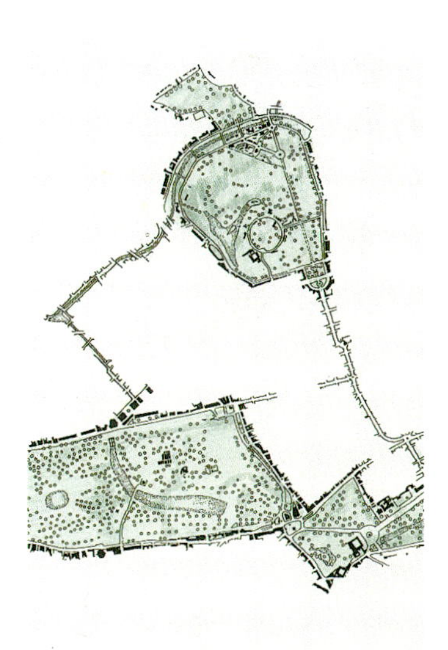

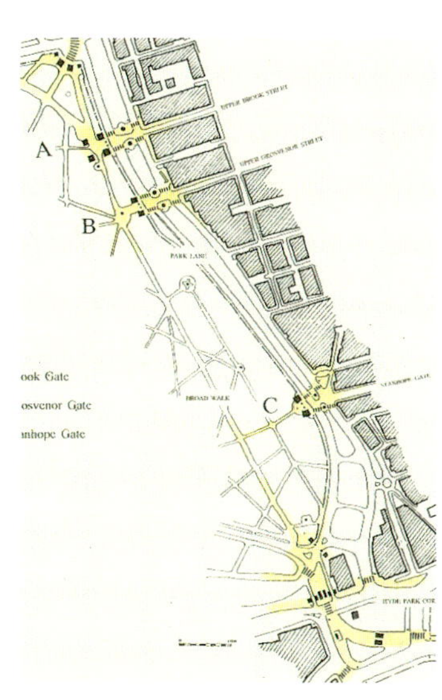

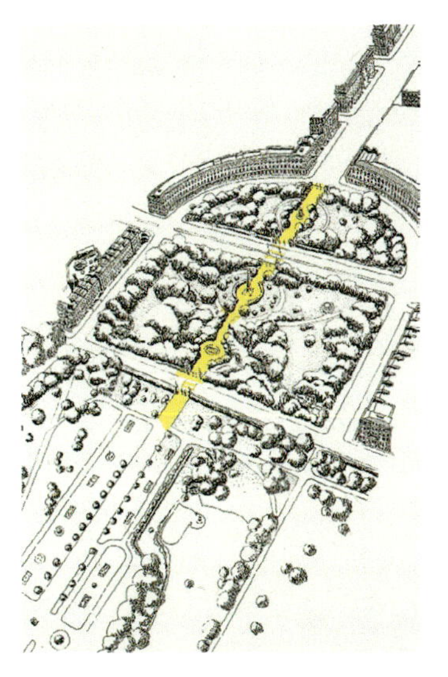

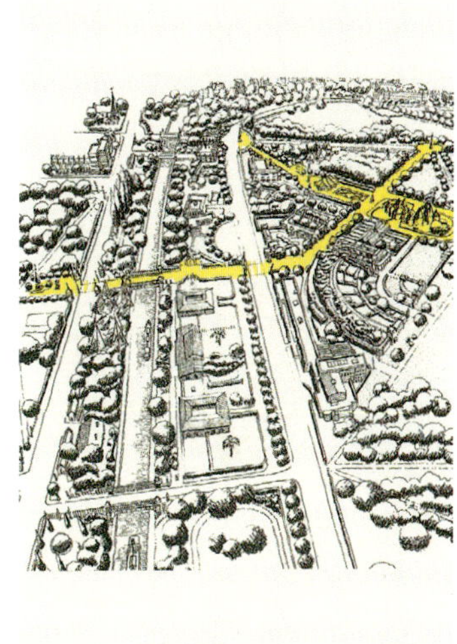

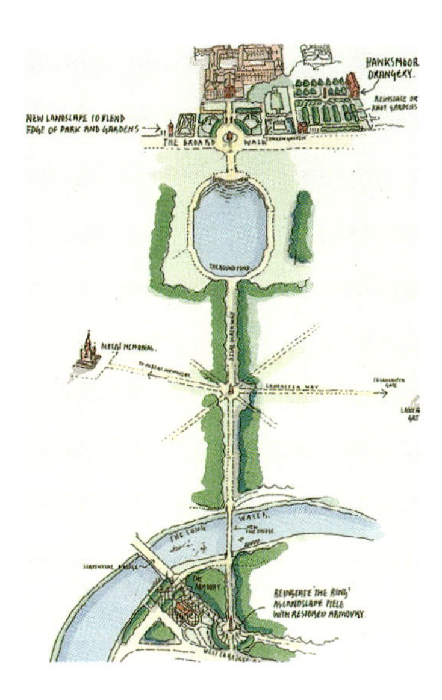

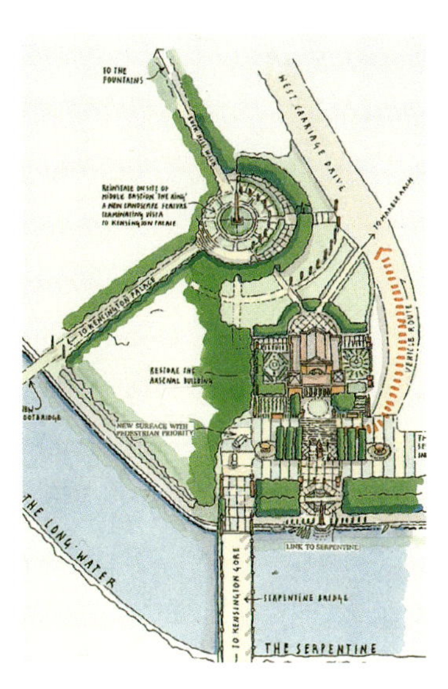

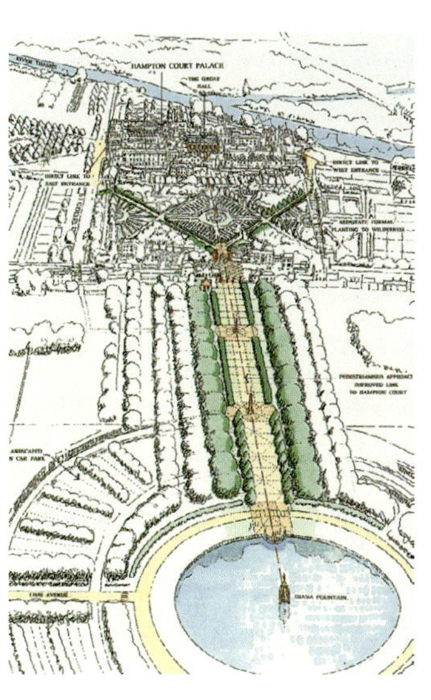

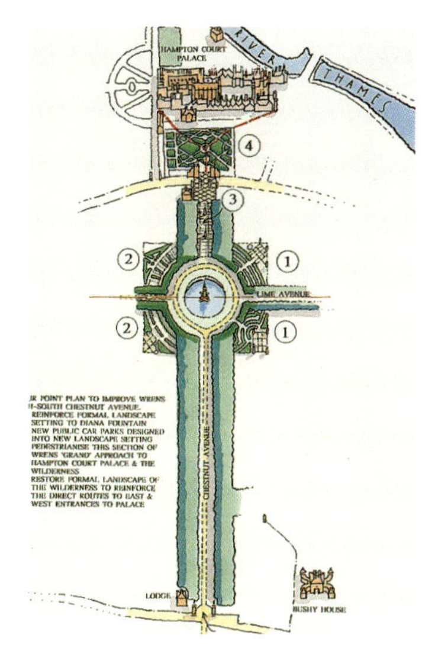

LOTS 路

电站＋新住宅

Lots 路电站坐落在泰晤士宽广的河湾上，占据着一大块土地，在100年的工业用途之后，基本上仍未作开发。与Battersea和Bankside一道，雄伟的建筑形成了泰晤士河上的三大电站。现场的其他建筑——用于油气储存、废料中继站和一个泰晤士河抽水站的场所——对此处没有任何美学贡献，而且由于它们的使用，而构成了周围区域与河流之间的一个障碍。

电站及场地的重新开发，会将伦敦的一个重要、然而被割裂的一个区，在地理、社会和视觉方面统一起来。它将成为伦敦最大的公共开放街道之一，即开放600米的河道与河滨作为公用，这是一百多年来的第一次。

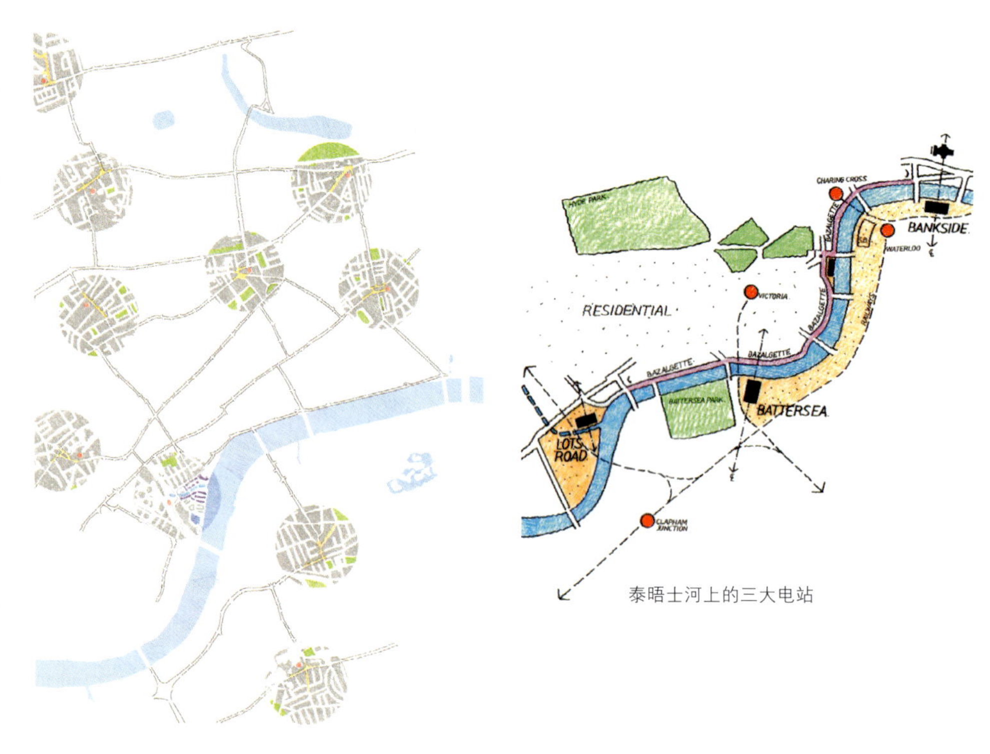

泰晤士河上的三大电站

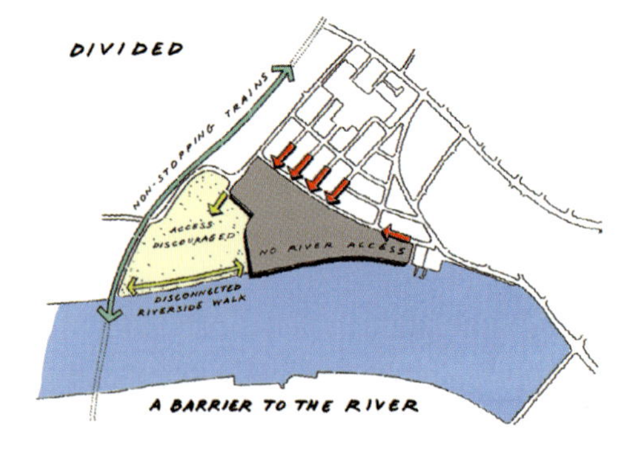

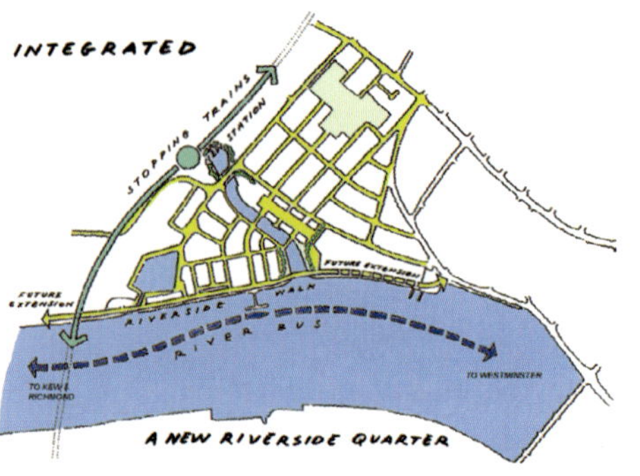

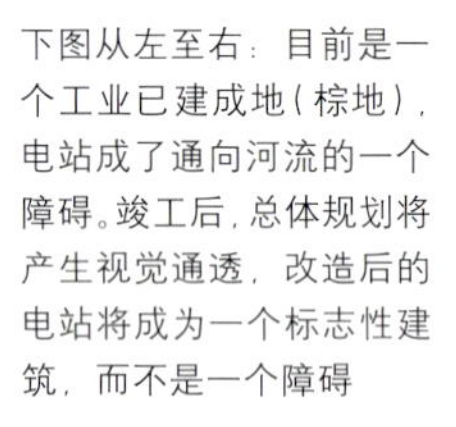

下图从左至右：目前是一个工业已建成地(棕地)，电站成了通向河流的一个障碍。竣工后，总体规划将产生视觉通透，改造后的电站将成为一个标志性建筑，而不是一个障碍

左上图：与邻近的帝国码头和切尔西港的开发一道，Lots 路会产生一个全新的城区，四周是原有的南肯辛顿，Earl's 法院，Fulham，Battersea 和 Clapham

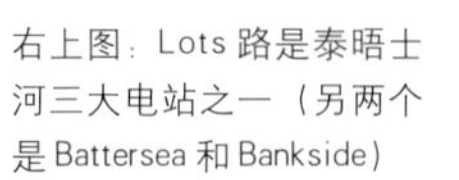

右上图：Lots 路是泰晤士河三大电站之一（另两个是Battersea 和 Bankside）

在Battersea大桥北端朝
Lots路电站看去时的全景

河滨将成为一个新的带状公园和水景庭园，它也将是新的野生动物栖息地。

当电站于1904年完工时，它是世界上最大的发电站——不仅规模和发电量是最大的，而且费用也是最大的，共计250万英镑。这座建筑物是庞大的，大约135米长、54米宽，屋顶最高处有42米，83米高的四根烟囱是当时欧洲最高的。对建筑史学家特别重要的是，Lots Road是英国最早的钢结构建筑之一。它仍被用来给地铁系统供电。

TFP公司的方案，着重于保留并改造有历史意义的电站建筑，这将要对内部设备停止运转、洗刷和清理。然后将构架转换成一个多功能的结构，包括公共场所、外科和牙科诊所、商店、仓房、一条室内街道、生活-居家式办公场所和私人公寓。底层将开放，使得Lots Road建筑与河流及河滨有着交融性，而余下的两个烟囱的顶部，将改造成公共观景台，以欣赏泰晤士河与伦敦的景色。

河滨入口侧的两幢新住宅楼，已作过仔细规划，以与电站一起成为一个吸引人的建筑群。电站的隆起部高度和烟囱顶部，决定了起拱点和39层北塔的极限，这反过来又决定了25层南塔的高度。比起常见的办公楼，细长塔楼的底平面只是常规的1/4，高度要矮25%。在倾斜的玻璃屋顶之下，是公寓和复式住宅相混合的组合，塔楼的东西朝向可确保看到最佳景观。

开发场地的南端又长又窄，顺着河滨扩展。住宅楼是按序布局的，以继续保持与Lots Road的交融性，沿着河滨曲线，形成了一块开阔的公共楼前空地，直达新的水景庭园。

社区住宅基本上是与电站相邻的低高度建筑，经仔细设计以调节原有建筑的规模，就像是北塔的一个对景，并在电站的东端构成了一大院子。此建筑还有一个幼儿园和一家当地博物馆。滨河方案将给多功能城区增加一个扩大了的中心，它与当地地铁、公交的行程不远。

左上图: TFP改造后的电站成了伦敦最大的公共开放街道之一

左中图: 原有建筑

上中图: 为伦敦地铁供电的发电机房

中右图: 改造后的电站CAD图

右上图: 电站与伦敦的交通系统是一体的。E.Mcknight Kauffer1930年的招贴

下图: 环境剖面

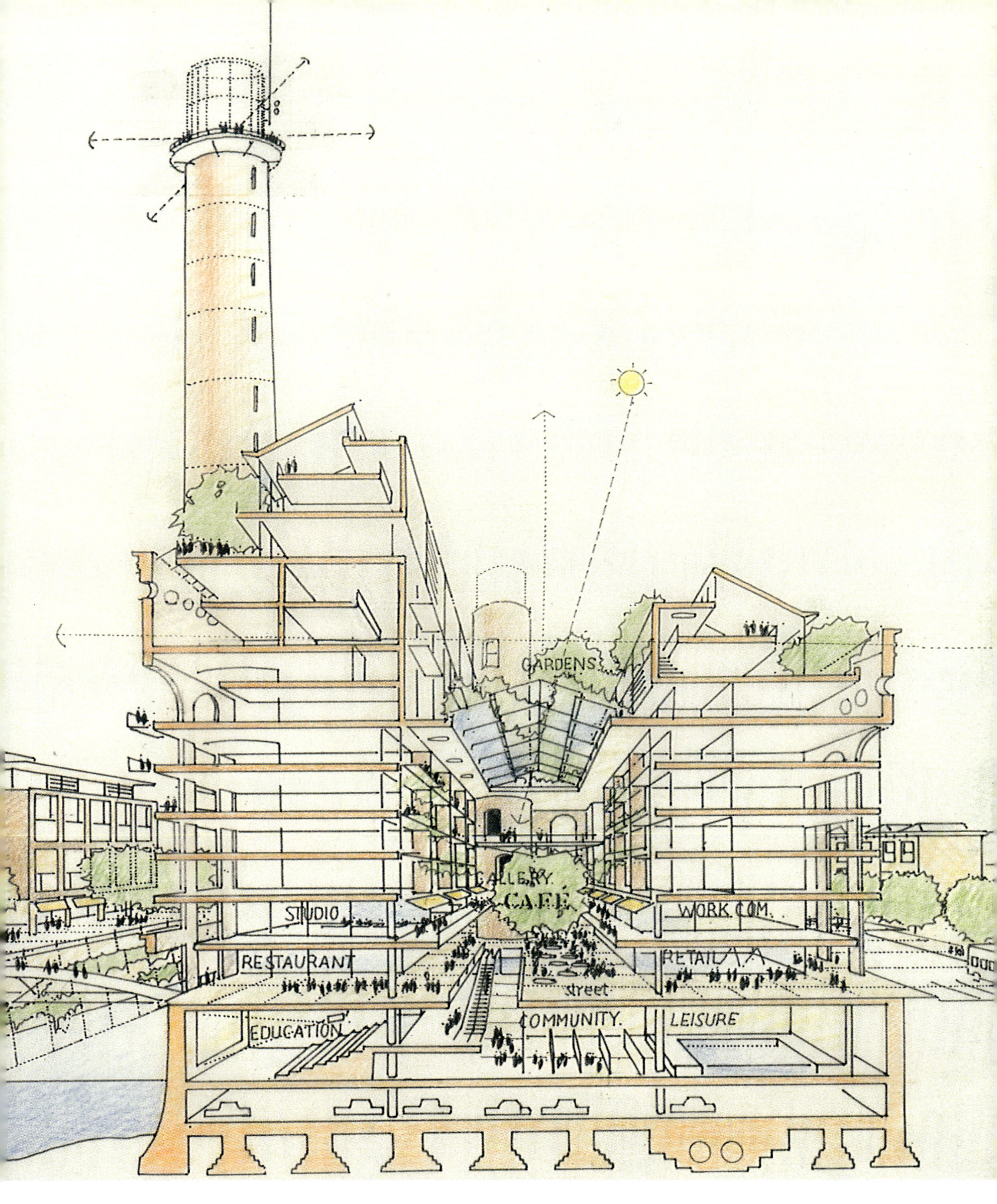

阿尔丹·波特(Aldan Potter)的剖面透视图

上图：从南边看去的鸟瞰透视

中左图：沿着规划中的Lots Road塔楼的一群高楼，在泰晤士河湾处形成了一个门户

中右图：TF草图

下图：各方向立面。像一对舞伴一样，从不同的视角看去时，双塔会产生动态的效果

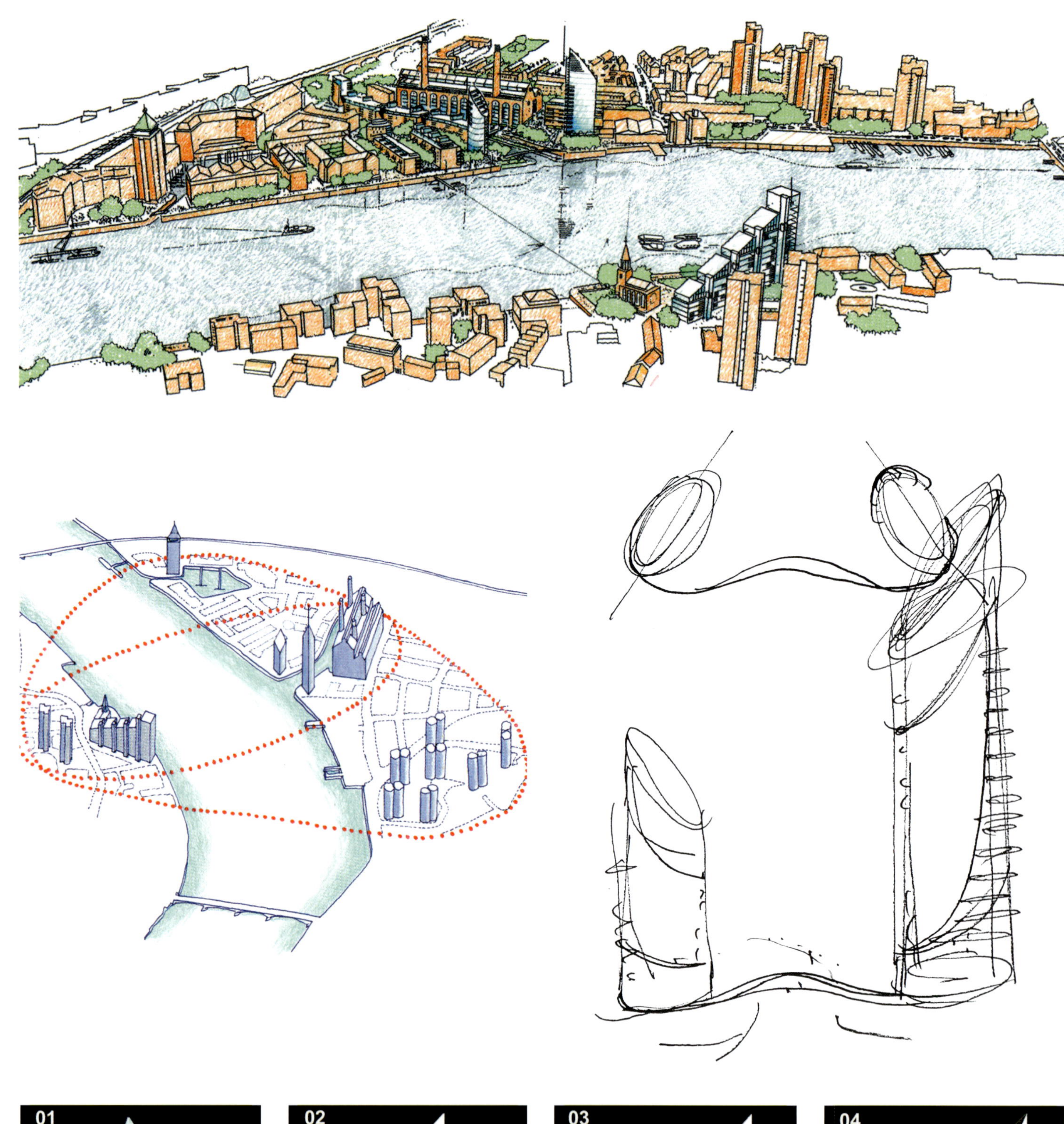

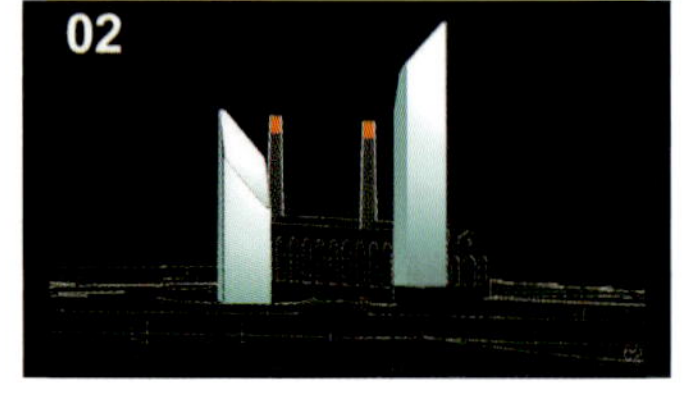

塔顶分析

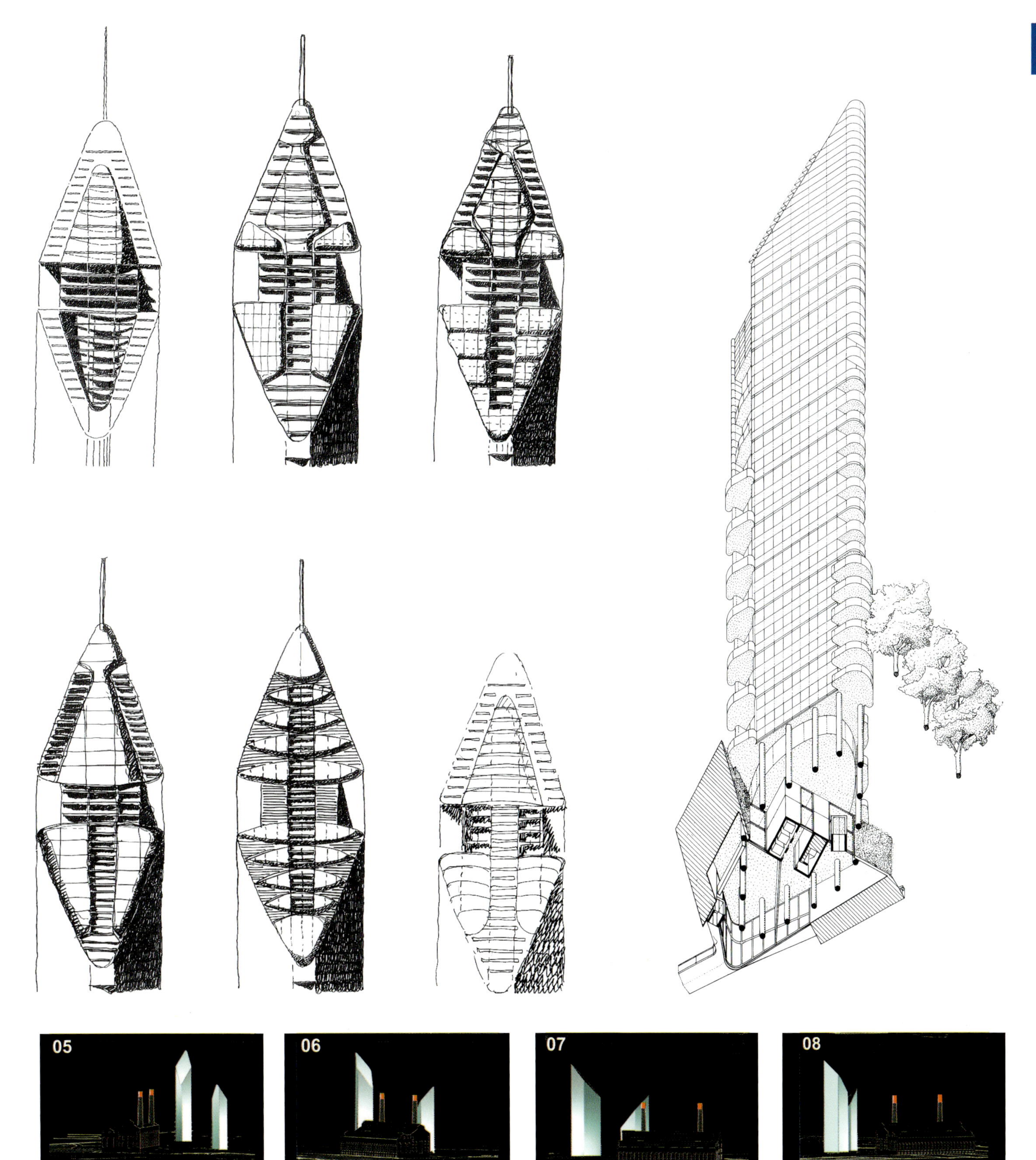

上图：阿尔丹·波特(Aldan Potter)关于住宅典型单元的分析剖面草图

左下图：阳台分析

右下图：河湾景观分析

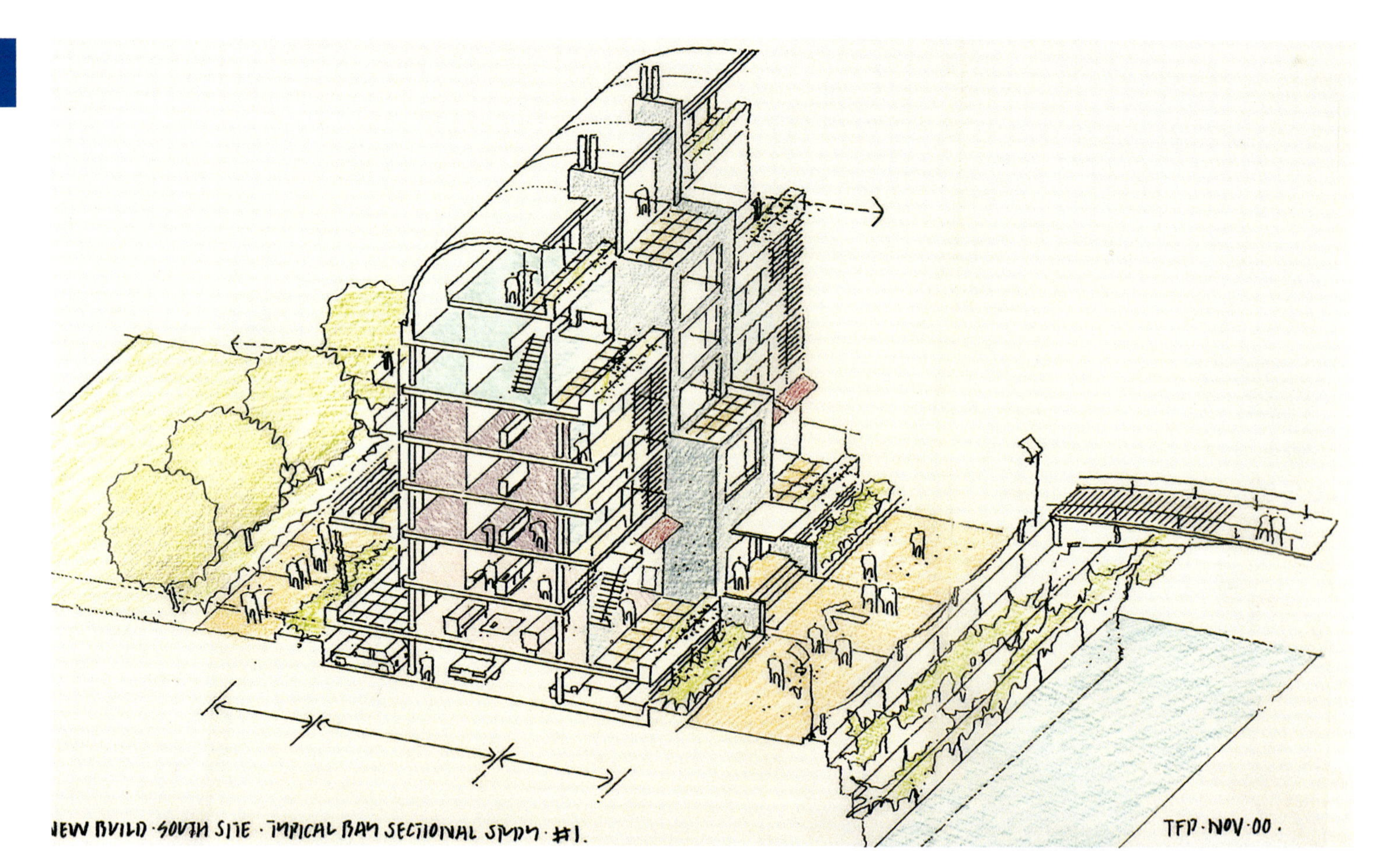

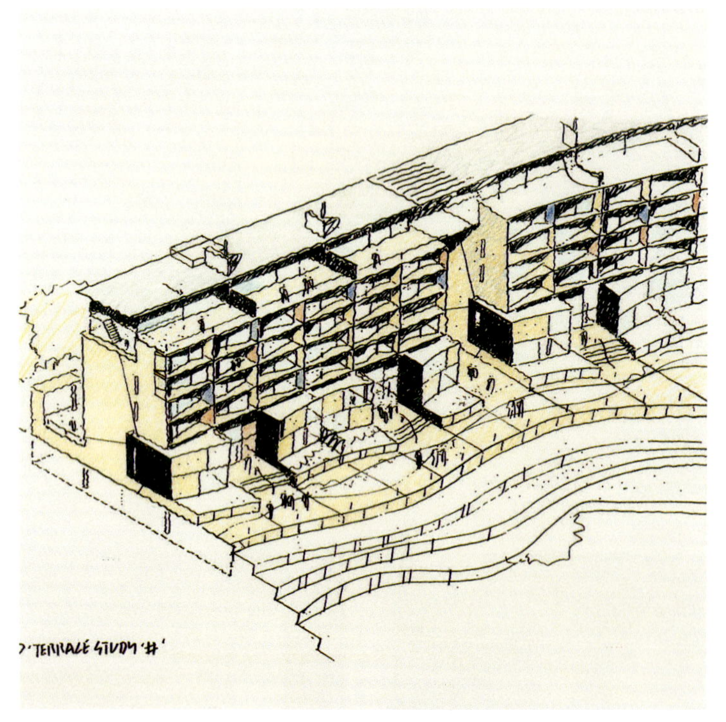

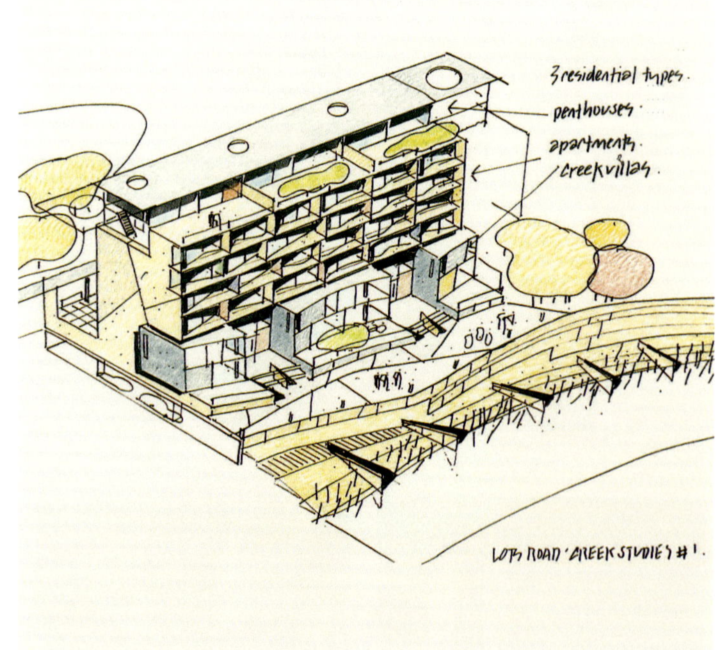

左上图：TF 水景庭园的概念草图

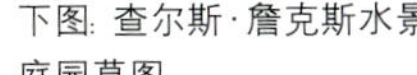

下图: 查尔斯·詹克斯水景庭园草图

中图：关于地貌和水景庭园的草图

右上图：电站周围区域的景观分析

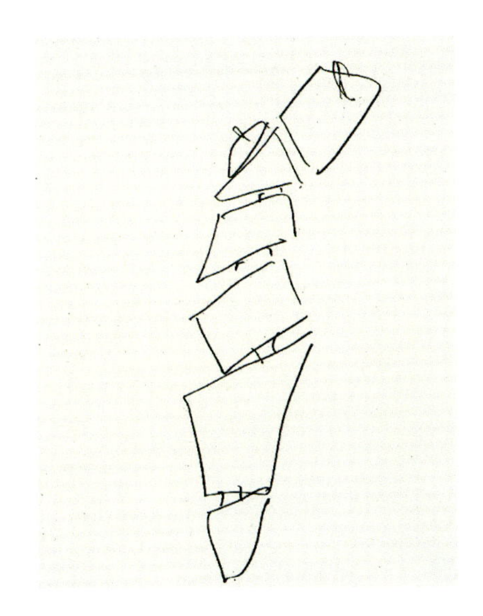

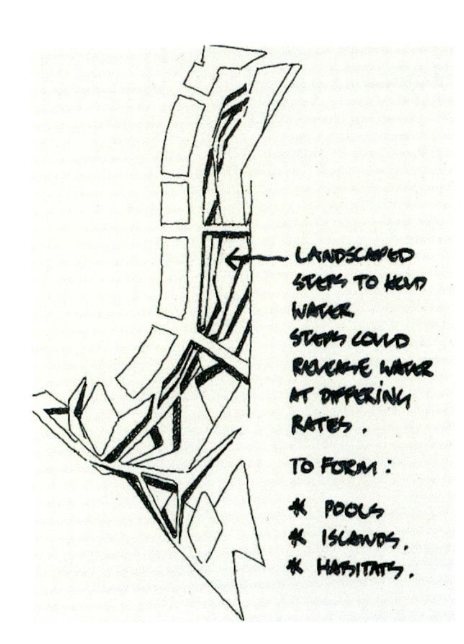

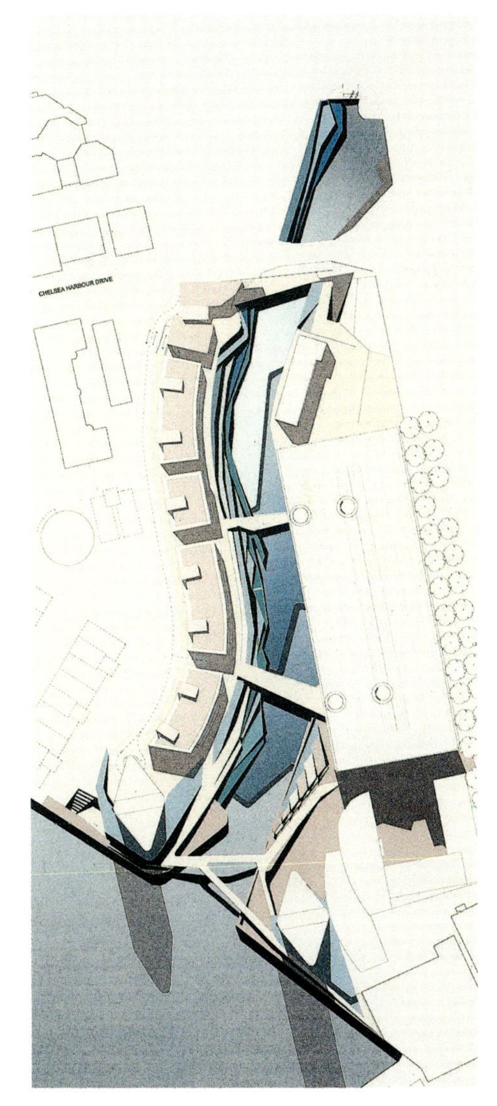

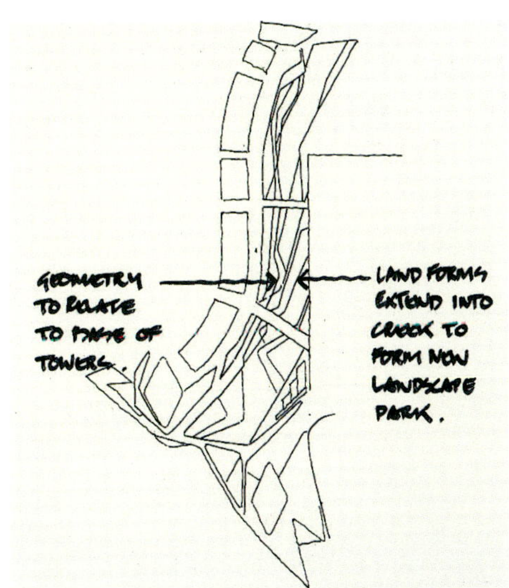

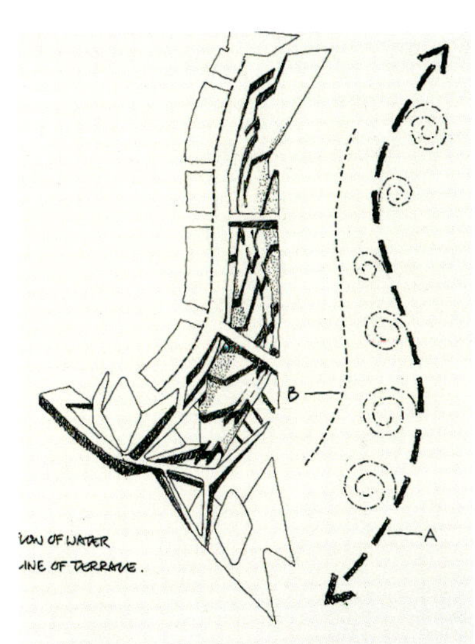

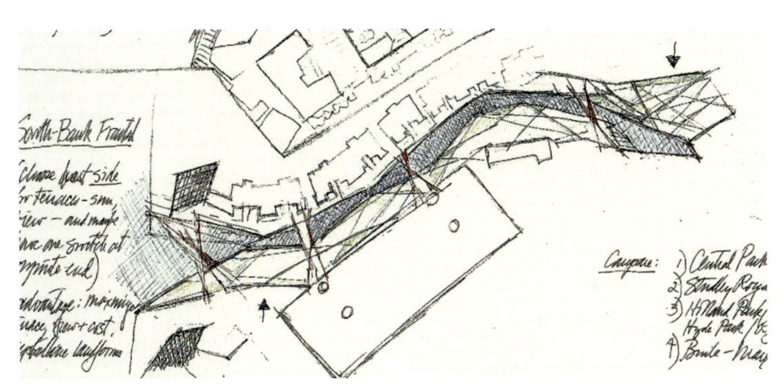

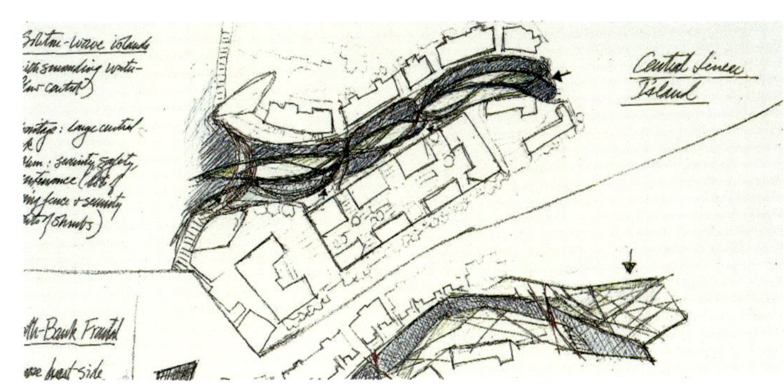

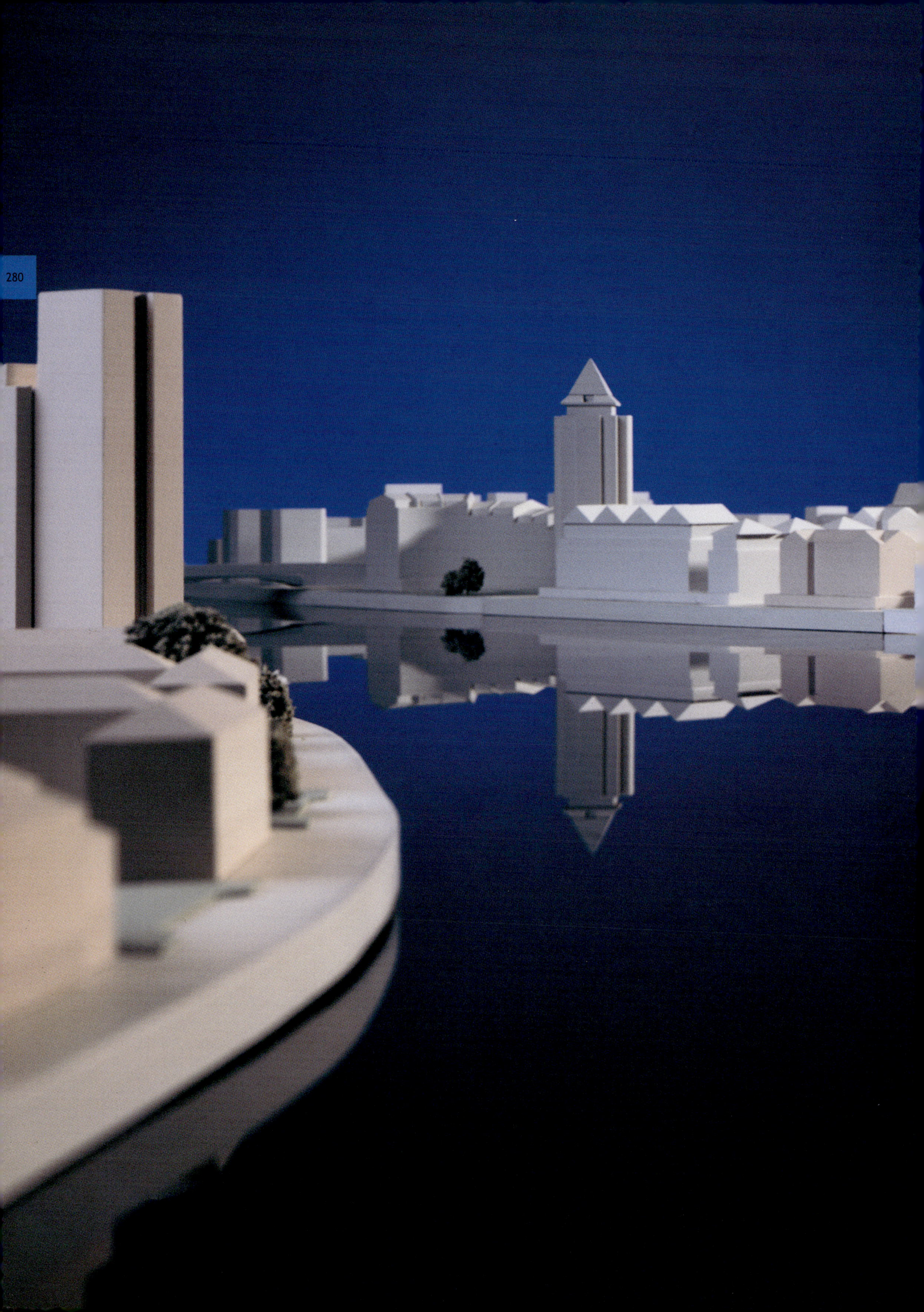

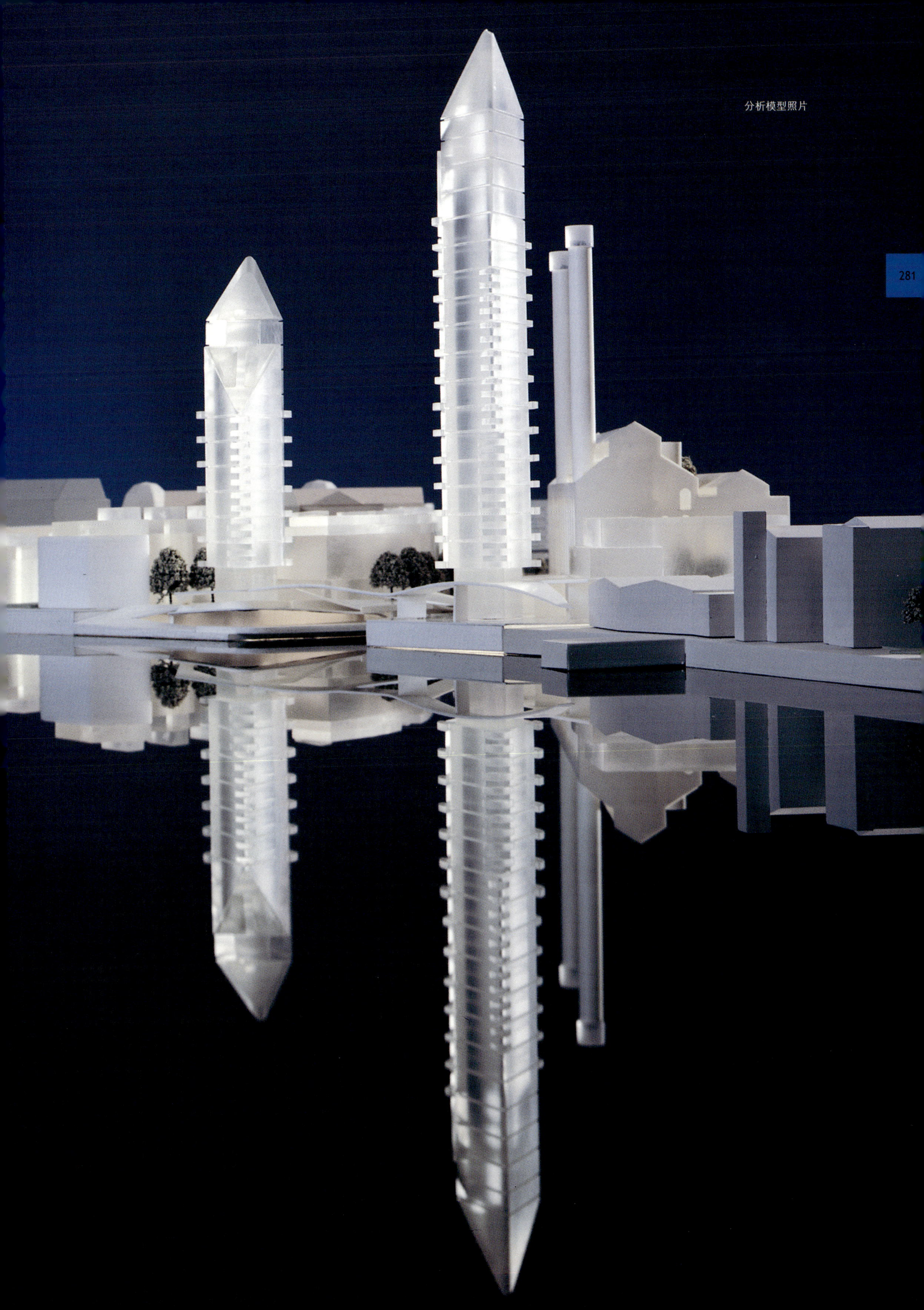

分析模型照片

内政部总部大楼

在维多利亚与泰晤士河平行的Marsham Street大楼——有个不光彩的外号叫“三个丑姐妹”——在过去的30年间对此地区产生着负面的影响。Marsham Street是在1963年到1971年为环保部修建的，由埃里克·贝德福特(Eric Bedford)和罗伯特·阿特金森(Robert Atkinson)合伙人事务所设计，前保守党环保大臣Chris Patten将其描绘成“一种使精神深受压抑的建筑。”

这三座板式建筑物坐落在一个庞大的平台上，占地2公顷，相对于街面有68米高。它们与历史保护区相邻，其中有著名的建筑物和历史性文化标志，如威斯敏斯特教堂、圣约翰的Smith 广场，议会大厦和朗伯斯宫，这三座楼对该地区的历史重要性有着严重不利的影响。从1997年决定拆毁以来，它们就陷入了衰落之中。环保部将总部迁到了维多利亚的另一个地方，将场地腾出来给新的内政部。

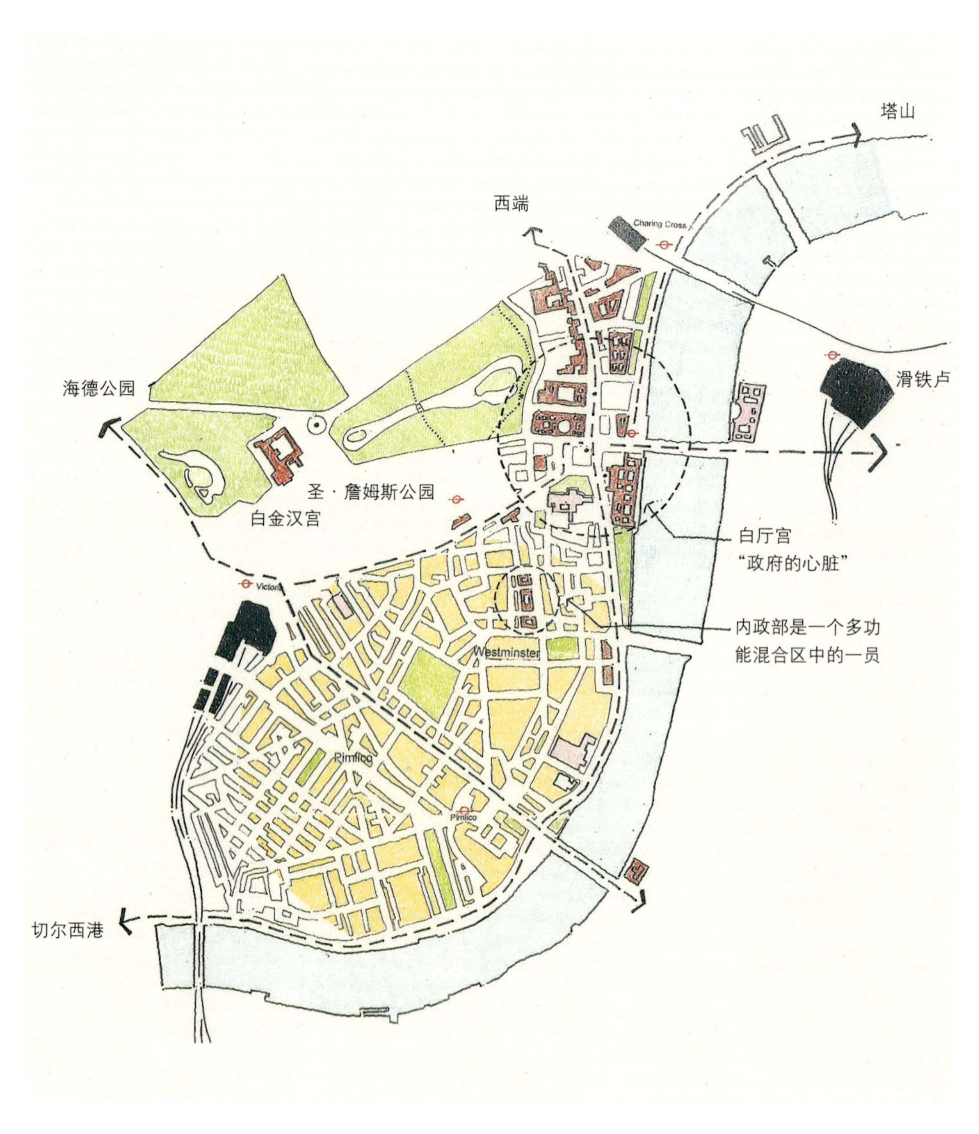

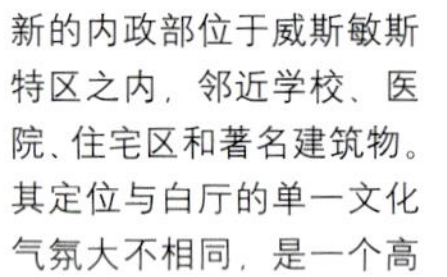
新的内政部位于威斯敏斯特区之内，邻近学校、医院、住宅区和著名建筑物。其定位与白厅的单一文化气氛大不相同，是一个高度专业化的活动场所，包括皇家骑兵卫队、宴会厅和威斯特敏斯特宫。环境部大楼是1960年代按白厅建筑的规模修建的。其城市规划特点是，在周边环境中插入一个不夸张的“温和巨人”式总部大楼

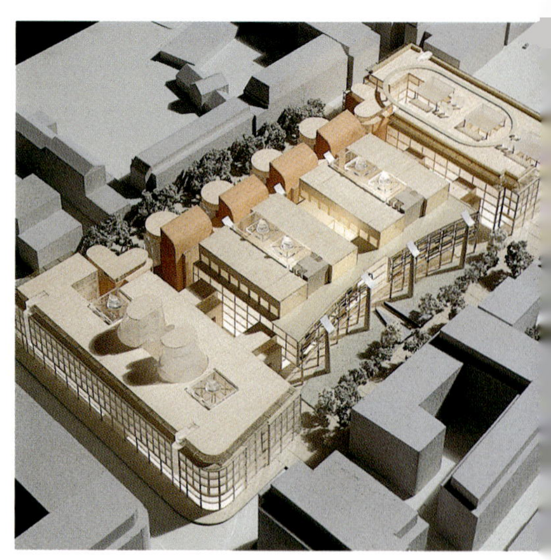

下图：早于内政部决定占用此用地之前的TFP方案，证明了城市规划分析会导致作出最后设计，即使在使用者尚不确定的条件下——城市设计引领建筑风格的一个良好范例

上图：“温和巨人”概念令人想起TFP对金融区香港汇丰银行总部大楼的研究，一座旨在成为与环境相宜的、Gresham街上的建筑

许多建筑师曾为Marsham街提交了方案，TFP公司在1991年赢得竞标后就参与了现场的改造工作，即此公司为英国土地管理局起草概念性总体规划原则的时候。在早期方案之中，就体现出了城市布局之间很大的连续性。

1991年总体规划着重于恢复该地区的历史风格，这种风格因巨大的板式现代建筑群而荡然无存。通过建设大量能恢复街道公共场所原来面貌的独立建筑，而使这片场地同周围融为一体。早期方案还认为，原有建筑所提供的公共交通路径有限，因而规划了一个穿过场地的人行道网络。它提出场地应能支持多种用途，拥有由公共场所连接起来的零售和商业功能。规划中的低层建筑，体现了奥雅纳公司在1991年的一次研究中的看法，即原有的19层大楼太浪费空间，而规划中只有8层的替代建筑，可多容纳一半的人。

1682年农田和小型建筑

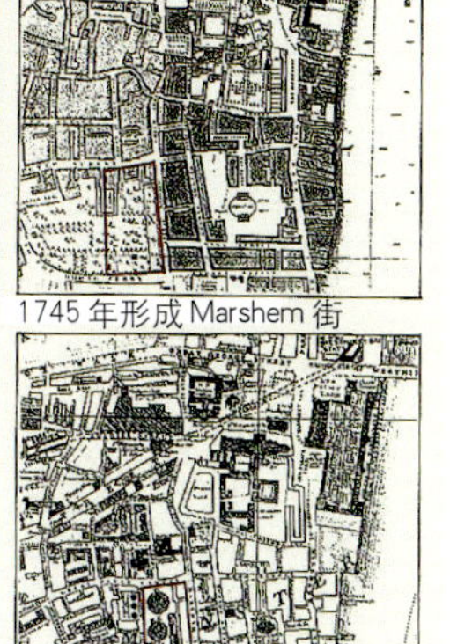

1745年形成Marshem街

1813年朝西的阶梯状开发

1869年特许制气厂／无农业

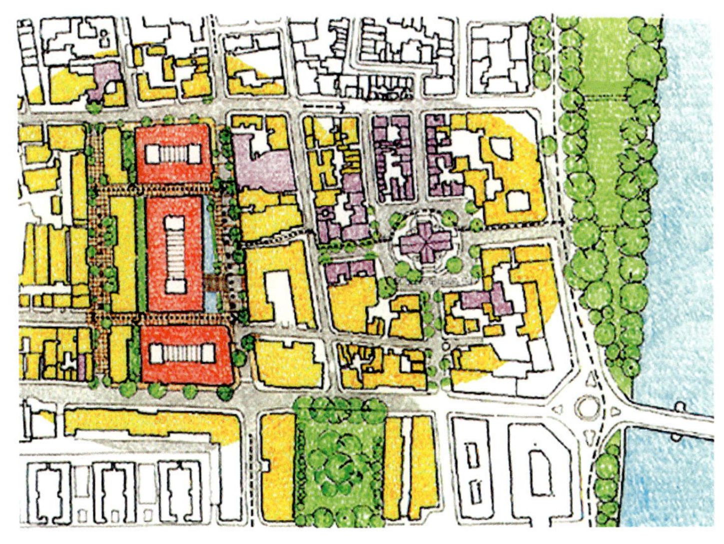

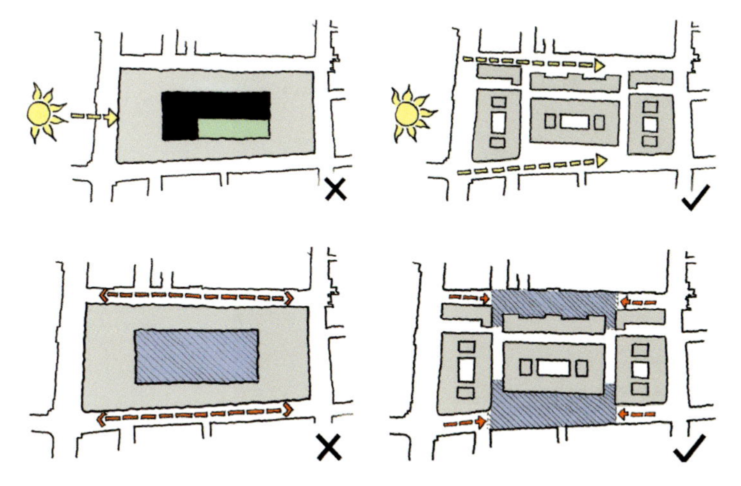

左下图：概念设计平面图

上图：在图片的右上角可以看到“三个丑姐妹”

右下图：规划中的场地要有通透性，并晒得到阳光

上图：场地的演变

1994年9月，环保部委托TFP起草一份有关概念性规划的说明方案。在此之前，菲茨罗·鲁宾逊(Fitzroy Robinson)合伙人事务所在1992年完成了一项总体分析。TFP将要评估由楼面面积和综合用途、建筑立面和开发原则所共同确定的要素。公司对这些要素作了检验，以了解其是否能为完成详细的方案而提供一份可靠而又灵活的程序。最后确认能够实现提议的开发目标，且能为创新设计方案提供空间。TFP将该合同视作在为数极少、而又足够大的内城场地之一验证其可持续性理论的机会。

1995年1月，在国会大厦，TFP的一个模型与菲茨罗·鲁宾逊的大量研究成果放在一起展览。新设计与菲茨罗·鲁宾逊的不同，即将原先安排在方案中央的露天场所，移到东西边缘，从而给公众带来更大的利益。TFP方案因其低能耗、多功能而受到威斯特敏斯特市政会的瞩目。

1996年10月举办了关于场地设计的国际竞赛，最终由意大利的加布里埃尔·杰格贾文蒂(Gabriele Jagtiaventi)夺得。参与早期投标的有贝聿铭，BDP，后来有麦科马克·贾米森·普里查德(MacCormac Jamieson Prichard)。1997年4月，概念性规划获得批准，以拆除原有建筑，并进行集办公、居住和零售诸元素为一体的多功能改造。

1998年，TFP——根据原有的概念性规划框架和开发原则——设计了一套修订后的方案，以接纳内政部。此方案可让3000名员工在一个场所工作，而环保部是在六个场所办公的。威斯敏斯特市政会受到了这一方案的鼓舞，并确认方案符合概念性规划的要求。

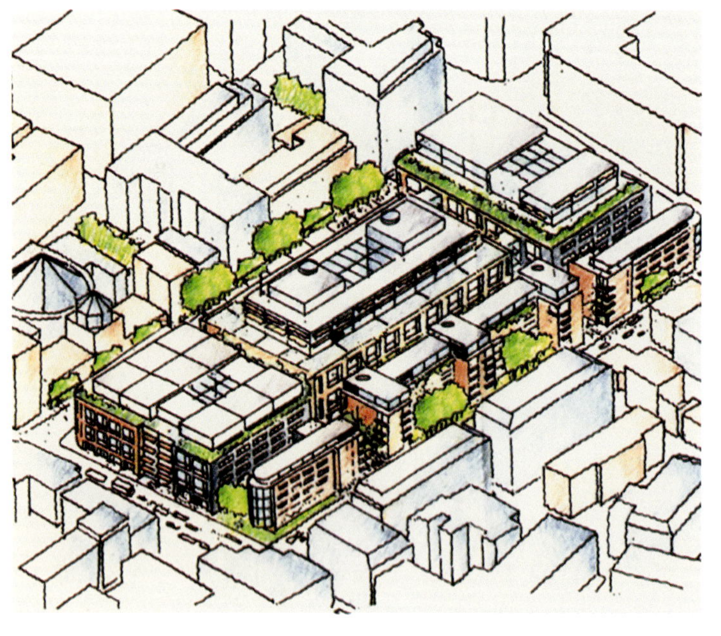

阿尔丹·波特(Aldan Potter)的西北方位的轴测图

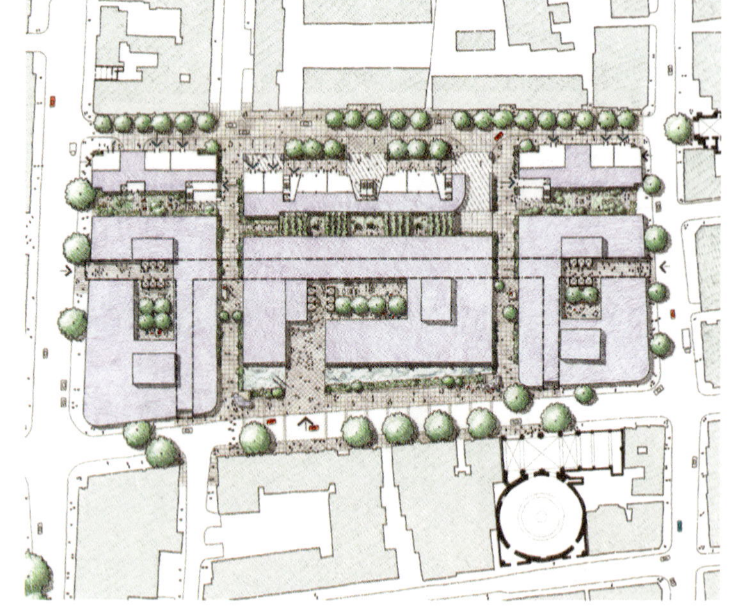

城市设计平面图。具渗透性的街道、新广场和多功能建筑和谐地处于邻近的著名建筑和街道格局之中

在得到了伦敦威斯敏斯特市政会规划部门和英国遗产委员会的积极响应之后，TFP在2000年3月的最终方案中，对1998年的方案作了改进。虽然保留了原方案的主要特点，但新方案对立面和景观作了重大的改进。2000年8月，建设大臣Jack Straw宣布以TFP为首席建筑师的Gate Property方案赢得竞标。

TFP关于Marsham街的新总体规划，处理的是场地周围原有建筑形式与新建筑之间的过渡。方案的本质就是要对利用最新城市设计思想的政府总部大楼，提供一种长期解决方案，从而恢复本来的多样性。方案旨在创造一种有强烈空间感、有活力的城市社区。组成部分有：行人通行能力；能增进人们沟通的；带有开阔空间的有形公共场所，能增强包容性的多功能规划；以及优质的建筑设计。

总体规划的中央，有三个相连的低层建筑，构成了一个中央建筑群和两个有廊桥连接的休息场所。能通向南面Horseferry路和北面Great Peter街的休息场所，最终建筑呈梯级而降低，使中央Marsham街立面，在比例上与相邻的Georgian式建筑梯级相称。中央建筑群包括一个惹人注目的公共入口，在石础上构成了一个简易的石门廊，一面5层楼高的玻璃幕墙和宏大的公共场所，为其增色不少。与Marsham街宏伟的城市风格的前院并置一处，是较为自由的Monck街立面——它将面向住宅建筑——及一个1430平方米的公共花园。

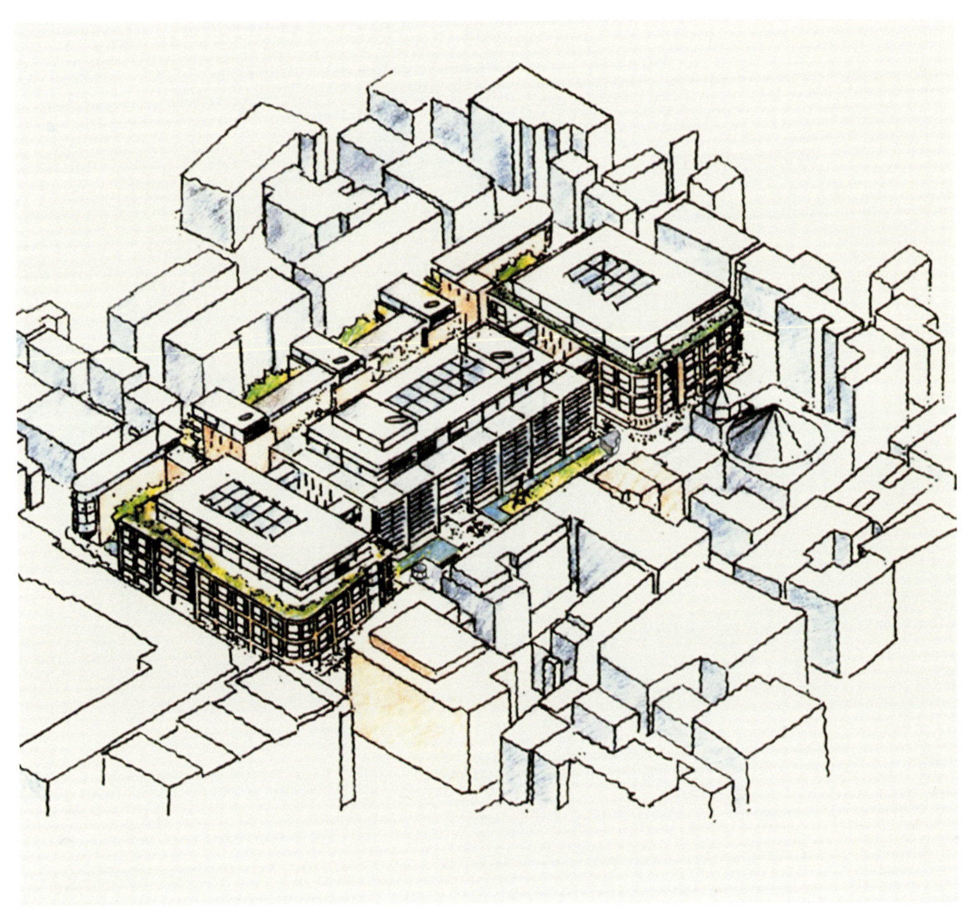

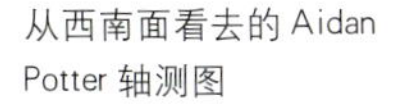

从西南面看去的 Aidan Potter 轴测图

上图：以前的底层平面图
下图：以后的底层平面图

这些公共场所并不是要设计成内向的庭院，而是面朝大街的，以获得最大的开放效果。场地内由建筑立面围合成的三个“微型公园”，增加了外部空间，并让办公人员欣赏到宜人的景色。比起原有的建筑——它并不欢迎公众进入——行人至上的路径能将Marsham街经新场地而与Monck街连接起来——体现出了TFP的这一信念：比起人的双脚，车轮总是次要的。

建筑物之内，玻璃大厅提供了极佳的自然光，这确保了95%的内部人员能在六米内接触到阳光。一条自然采光的“内街”沿三座建筑物的纵向穿过。配备有图书馆、咖啡馆和一个打印店，并能进入微型公园——中轴线是一个办公人员聚会的场所。

Marsham街是TFP的一个相对简约的设计方案，但保留有公司的许多特点。建筑的形状——三个简单的盒形——令人想起爱

场地的纵向剖面图

丁堡最近竣工的喜来登酒店温泉俱乐部，但采用的是适合于政府总部大楼的更宏大的规模。Marsham街还提高了公司“低层建筑师”的声誉——为城市生活而设计的低层楼房，是从Vauxhau Cross能看到的第一座建筑，从西雅图到汉城，都体现出TFP的建筑风格。

正如TFP的所有作品一样，Marsham街将建筑创新和城市设计问题的解决方案统一在一起。此方案不仅提供了一座灵活而成本效誉极高的现代总部大楼，而且还提供了一个远离三个“丑姐妹”的面向社会的场所。

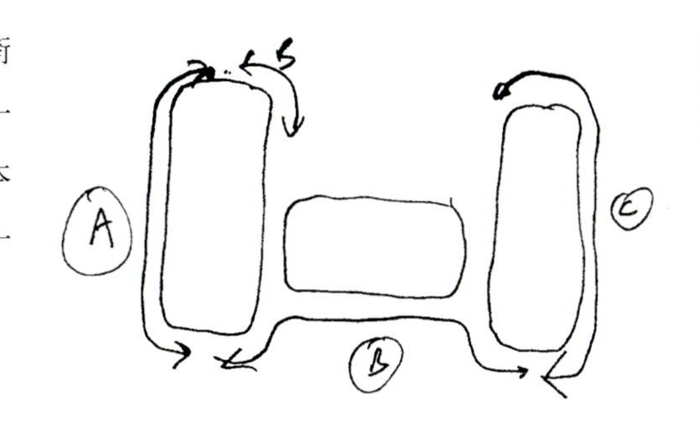

TF显示出立面多样性的概念草图

左上图：模型

左下图：外部的城市设计与建筑的内部规划成为一体。带小街道和广场的内街，构成了社区场所——容纳人数达 5000，此总部大楼就像一个独立的聚落。内部城市设计确定了三座建筑，并将内外部城市设计沟通起来，成了此方案最引人注目的元素之一

右上图，右下图和对面页：在同一层面上，坐落在周围建筑之中，带有自身城市设计特点的大型建筑，被作了细化处理，以形成带有合适比例的相邻建筑群、广场和街道。在另一层面上，它就像一个相连的大型建筑。结果是规模缩小了，使得其成为一座适宜于使用的总部大楼

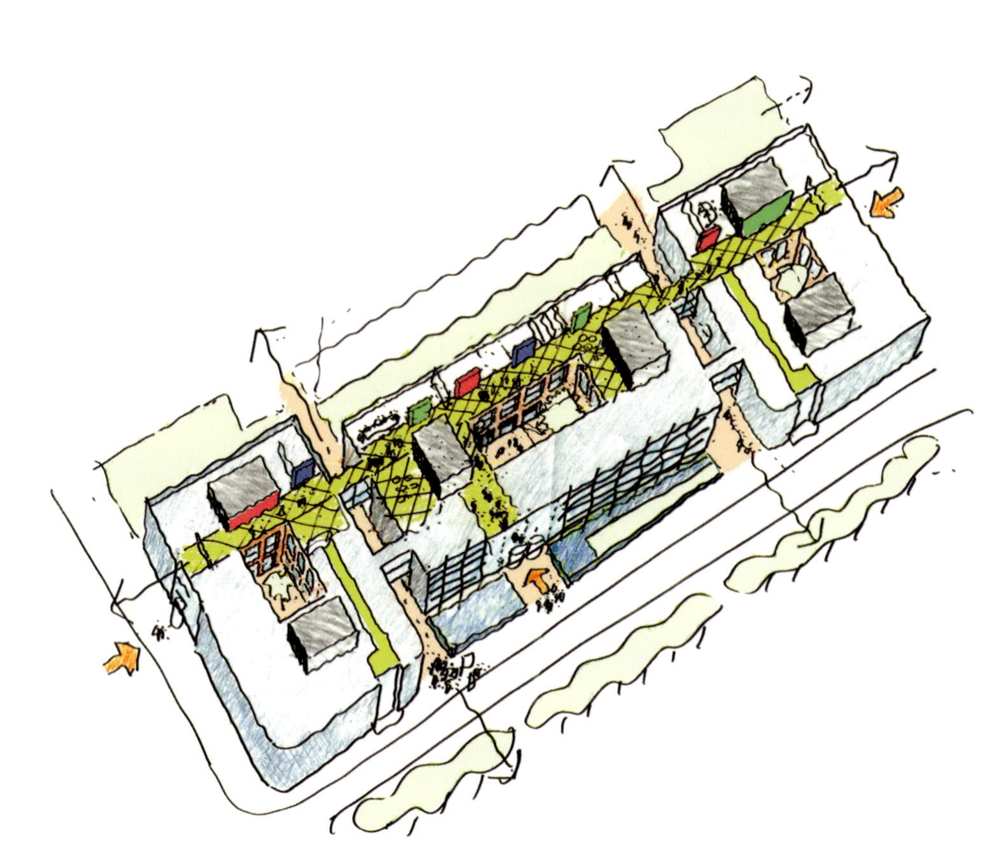

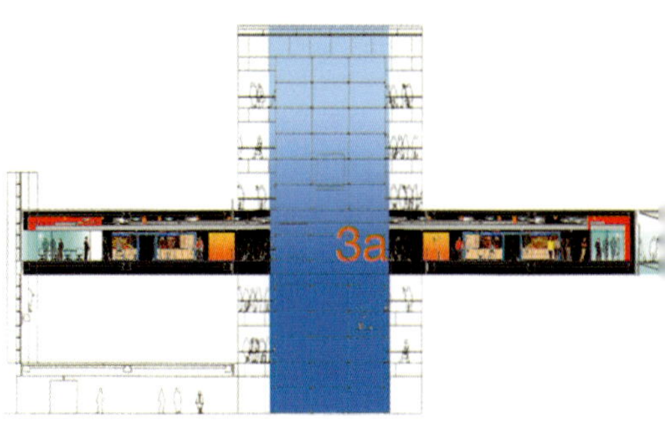

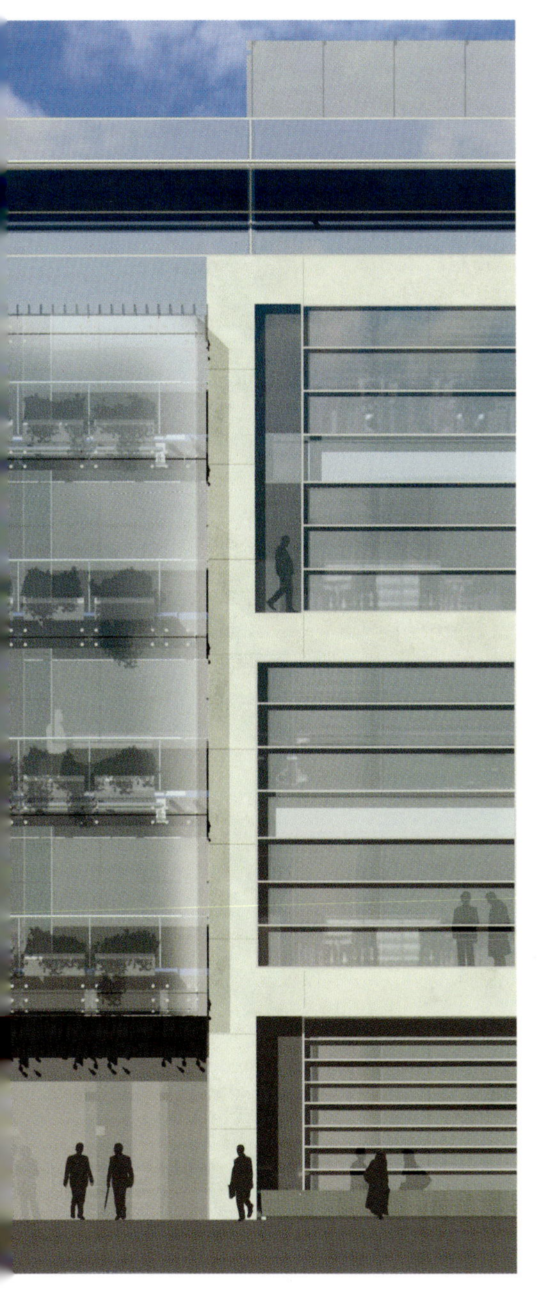

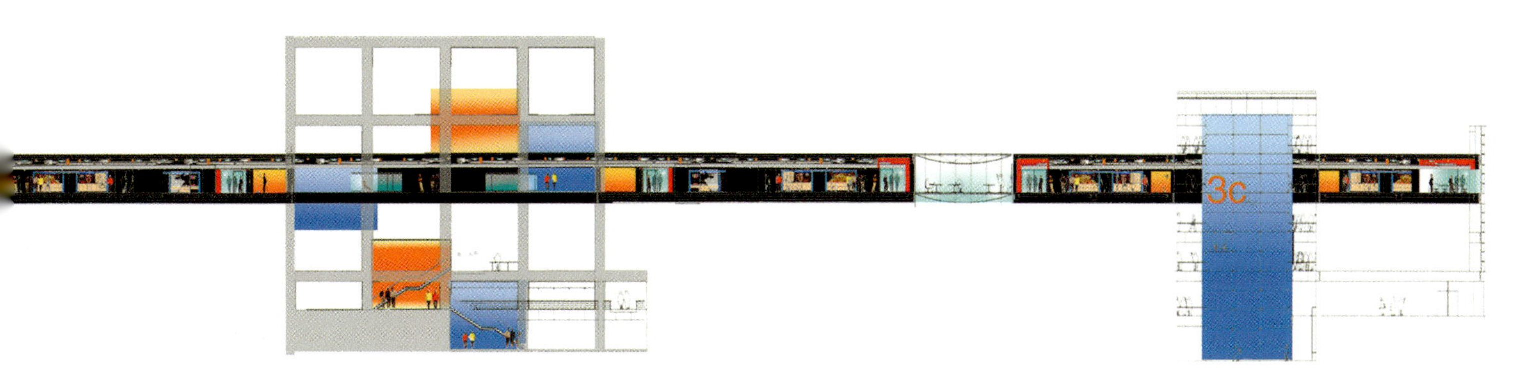
3c

三码头宾馆

Tower Environs被列为世界文化遗产，该地区与伦敦辖区、伦敦塔围墙和泰晤士河毗连。整个综合体由两条交通干道环绕。在1996年的一份可行性分析中，TFP公司提出的建议是，增加通向St Katherine码头的人行道和新路，以克服这些障碍。其他建议包括改造Tower码头、东门和塔桥引道、塔山和西门，以及三一广场。

3879平方米的三码头场地——能从南边的格林威治公园和北边的Primrose山上看到——占据着一片大体上是由泰晤士河北岸回填成的矩形土地。原有的办公大楼——三码头大楼——将进行改造，以供宾馆和零售之用。此方案是独立且兼容的，以将伦敦塔的场所变成伦敦桥和塔桥间区域的经济改造推动力。

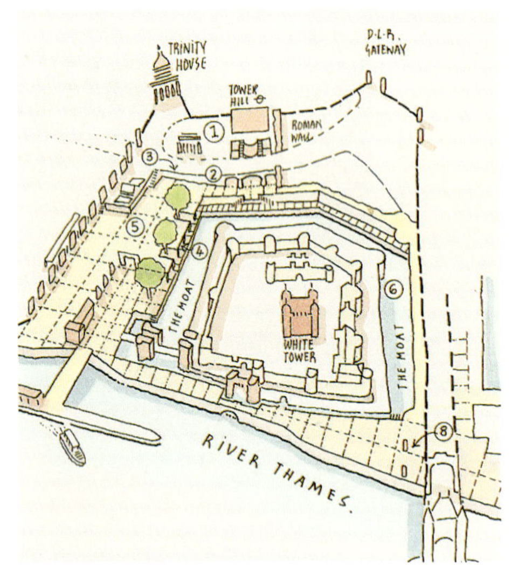

三码头位于伦敦塔和塔桥附近，对面是皇家海军贝尔法斯特战舰

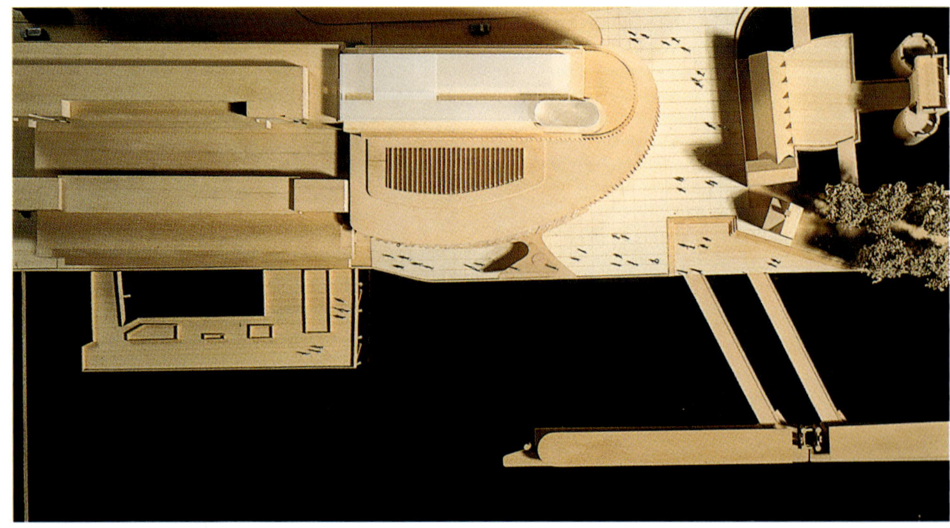

此方案创造了为伦敦塔提供更好的入口、新码头和联络通道的机会

三码头宾馆的设计，代表着注重河岸滨水设计理念，并给伦敦桥和伦敦塔之间的滨河“梯极”地带提供了一个合适的终点。一个要沿着伦敦塔西入口泵房修建的新公共场所，将会给滨河地带带来活力，并给新伦敦塔码头提供一个景点，同时改善塔的入口。水平布局将确保该建筑与环境融为一体。而它的规模又将与塔本身相协调。

建筑由一个石线脚檐口将其分成两个截然不同又相互对照的部分，它的主体包括一个位处南边临河的5层建筑，高度不及南边朝向泰晤士下街的3层宾馆。这两部分建筑能使宾馆的尺度体现出紧邻建筑物关系。

沿街立面的尺度与形式同滨河地带的截然不同。立面为建筑提供了引人注目的入口，而滨河立面则体现出建筑是如何分解成独立组成部分的。这样，建筑的结构就得到了控制，以突出伦敦塔的景色：从伦敦桥朝伦敦塔望去，南立面可以看到整个白塔。另外，较高建筑的东端是成辐射状收尾的，拾级而下可看到泵房，而上面的三层建筑与滨河地带有一段距离，以保持对纪念馆的视线，并能看到伦敦塔前面的全貌。与塔相邻的东立面，特点是有纵向的石棂，营造出了私人空间。石棂之后是表达建筑水平性的图案，而窗户与阳台交替的图形，保持了与南北立面同样的节奏。

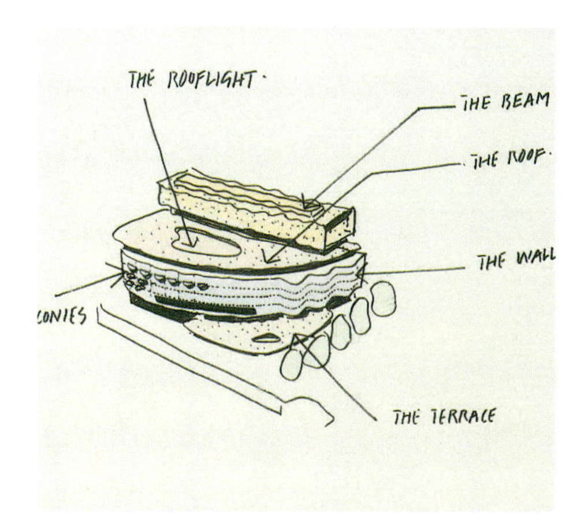

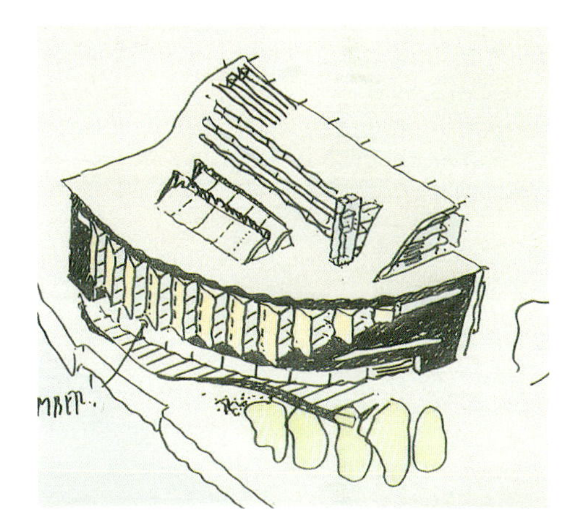

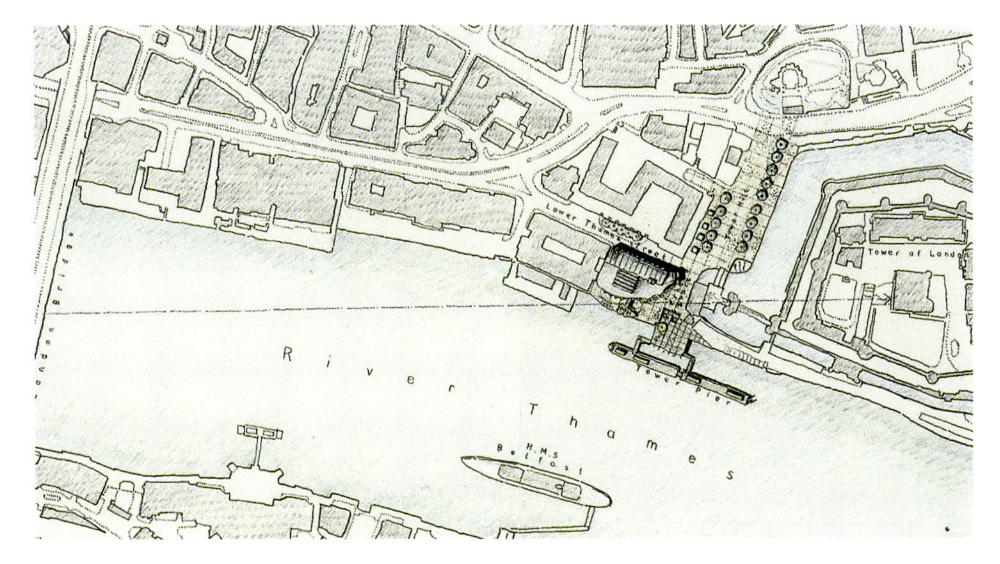

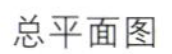
总平面图

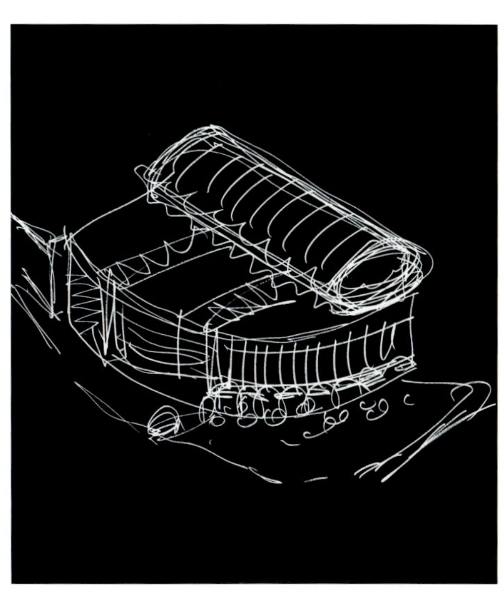

从上至下：TF的初步草图与阿尔丹·波特(Aidan Potter)的概念草图

建筑的形象。石头与玻璃外观为每个立面提供了不同的表达方法

帕丁登(Paddington)湾地

+橙色(Orange)总部大楼

左上图：在伦敦城区和园林环境中的帕丁登湾地

下图：透视图

右上图：景观建筑师Gillespies的环境平面图。TFP方案是各建筑师合作设计的五个总体规划中的一部分

帕丁登湾地是一块位于西伦敦Grand Union运河上的5公顷土地，有着丰富多彩的历史。它是帕丁登有历史意义的地区，并且是伦敦有着2000年历史的出入口岸，其标志是具有伦敦少有的几条罗马时期大道之一。18世纪的运河、Brunel的火车站和1960年代的西线，进一步丰富了它的历史内涵。随着1850年代铁路的开通，湾地经历了早期的衰落。1940年代之前，帕丁登湾地毗连运河两岸和工业区的地方受到了忽视。在往后的30年中，几乎所有旧建筑都被拆除。最后一次冲击是在开通西线的1970年，它是一条主要的交通干道，给北帕丁登划出了一片重要的区域。在19世纪，湾地是一条繁忙的通衢大道；如今，由于西线和希思罗路的开通，使这片隔离的地区急需改造。帕丁登湾地如今又被连接在一起了。总部在帕丁登站的希思罗高速公路，连接机场与市区，而橙色(Orange)通信公司也将公司总部选在这片有深厚历史沉淀的地方。

作为TFP公司在九龙站及其周边物业开发的经验的直接效果——“城内”机场——帕丁登站被视作改造方案中的一个关键元素。TFP认为，希思罗高速公路会使帕丁登货场和帕丁登站本身——比起东部的King’s Cross，是一个更为重要的伦敦门户。

1980年代早期之前，威斯敏斯特市政会就已决定改造帕丁登湾地。10年之后，经过多次失败的尝试，新的业主European Land，起用TFP为城市规划师。最初的重点是站西

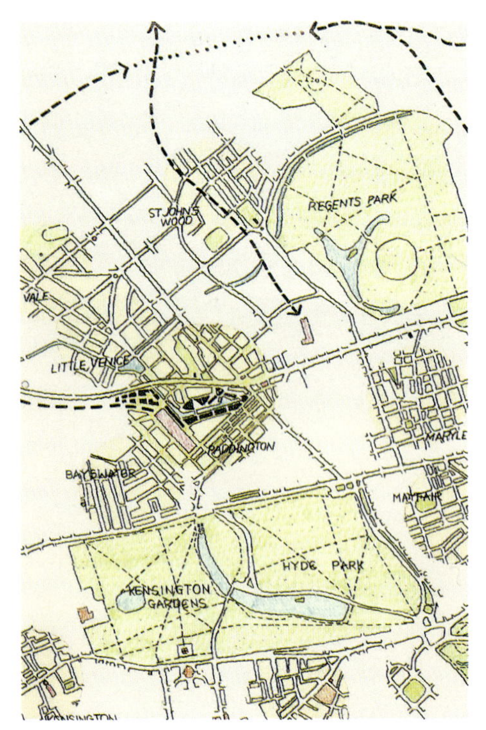

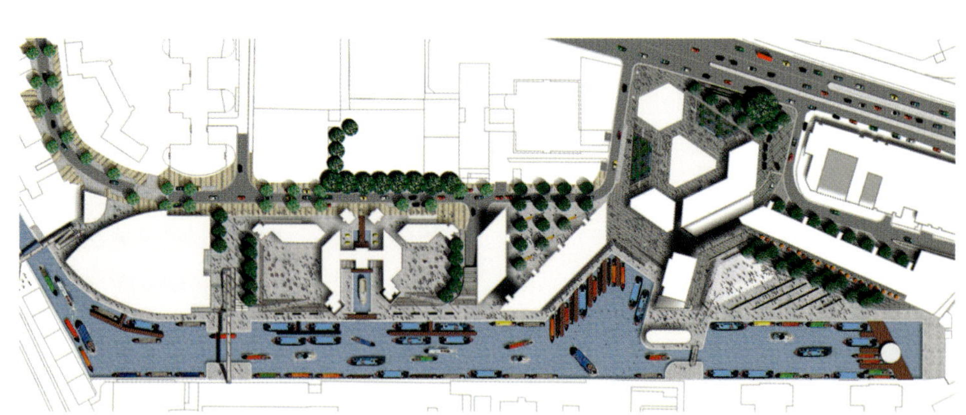

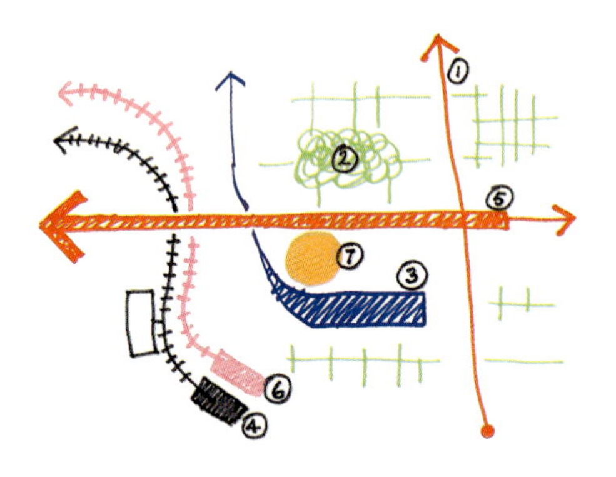

反面，左下图：TF的草图。帕丁登一直是伦敦的一个主要西部门户：
1．罗马帝国时期到达点（从Marble Arch算起的Watling街：公元1世纪）
2．帕丁登村落的出现（以帕丁登绿林为中心：公元13世纪至今）
3．Grand Union运河到达点（帕丁登湾地：18世纪）
4．大西部铁路到达点（Brunel的帕丁登火车站：19世纪）
5．公路网络到达点（A40公路和Edgeware公路跨线桥：20世纪中叶）
6．航空到达点（希思罗高速公路：20世纪晚期）
7．电子卫星通信到达点（Orange总部：21世纪）

本页：随着19和20世纪运输行业的建设，总体规划的一个大问题就是所有系统的渗透性、重建帕丁登村，并将其与伦敦及经希思罗高速公路与外部世界重新连接起来

的土地。于是，TFP提出将站东地区北边的货场和圣玛利亚医院包括在内。作为对总体规划的一个决定性因素，希思罗高速公路终点站将位于东边，以让成千上万的旅客直接进入湾地区域。这项投资4亿英镑的多功能方案，还规划了住宅区、购物与滨河休闲场所、办公区。TFP将湾地视作伦敦西端的潜在延伸区。

湾地原先的工业化特点，使得原建筑物都是临水而建的。结果，公众几乎找不到能接近水的地方，水面被阻隔了，周围的大部分民众是无法接近的。TFP1996年的总体规划，在湾地的东西两端，将运河边人行道与延长后的循环路径相结合，并且与周围区域相连。商店和饭店位于这些枢纽之内，就像磁铁一样吸引着人行道上的人们。规划于1998年获得了批准。

方案的建筑特点是建立在四座7层建筑之上的，建筑上部逐渐退进，使屋顶更具美感。美化的屋顶平台、行人化的开阔空间和泊船的入口，构成了一幅多姿多彩的景象。TFP的总体规划以流动性为目标，设计有经建筑而通向泊船和圣玛丽医院的联系通道。

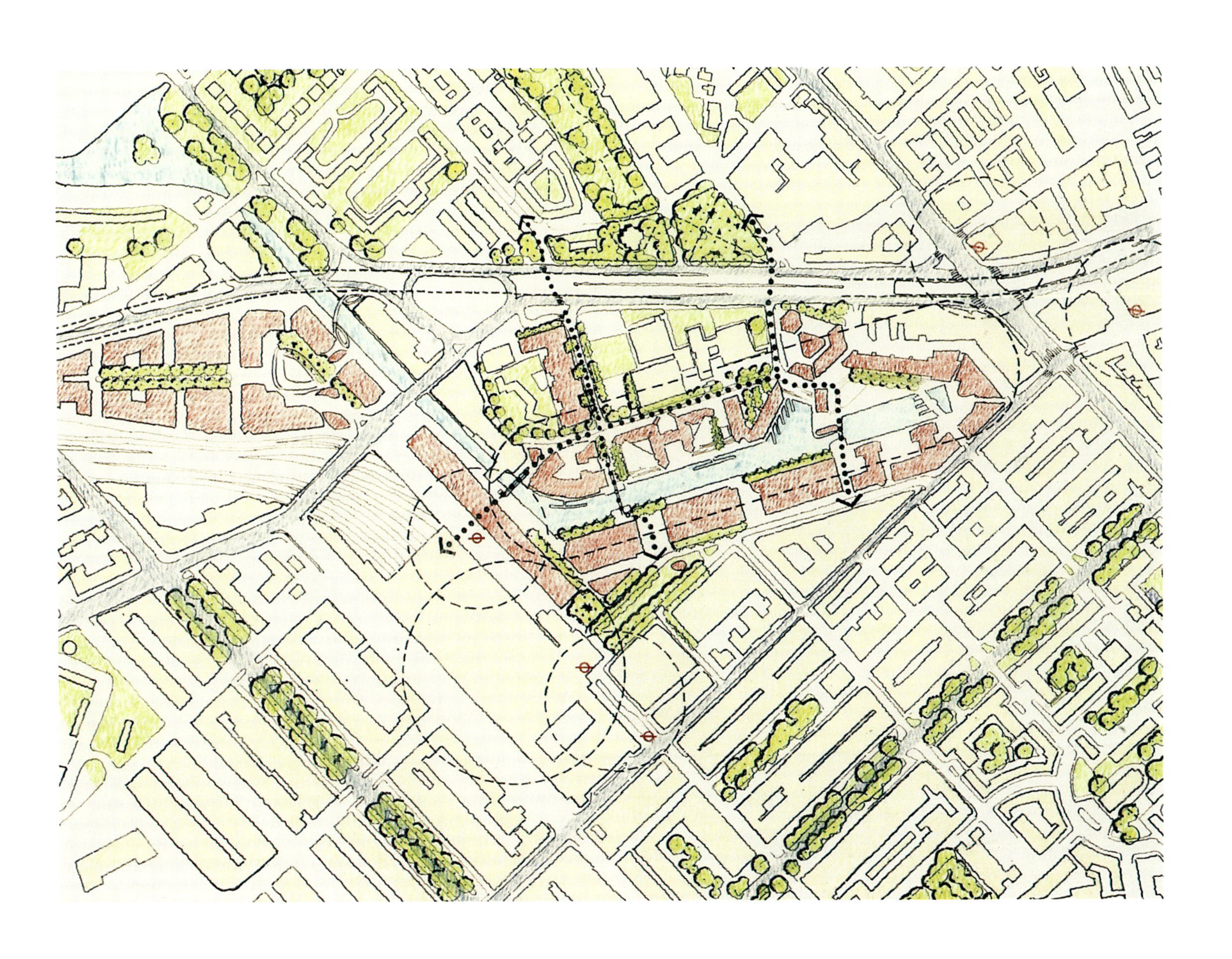

左图：橙色总部大楼的概念示意图　右图：表现了首层的上视图

这座超过10层的楔形大楼，含有20,000平方米的办公面积，是通向帕丁登湾地的门户。它位于帕丁登站的西侧滨河地带，这座船式的办公大楼，为整个湾地的开发设立了高标准。大楼有两个主入口，以满足不同的选择，中央有8部电梯，其中两部为玻璃的，并位于一个玻璃大厅之中。

大楼的三角形结构是与场地特点相宜的，南北两边是曲线式的，双塔之间有一个朝东凹陷的入口。首层与半地下层为通高玻璃幕墙，在抛光柱廊之后延展。其上的两个曲线型立面，构成了一至六层，在纵向金属框架之后，为全幕墙，它产生一种强烈的纵向韵味。当从斜角看去时，窗棂板给人以密实的感觉，同时大楼内的人又能欣赏到湾地的风景。在南侧的窗棂之间是一个木质的百叶，既能给办公区提供有效的采光控制，又能形成引人注目的外表。夹层的北侧能将光线反向到办公区，同时又能保持南侧的外部特点。

比起更模数化的下层建筑，上3层有气候“可调节”立面。东立面是邻近广场的两座玻璃塔楼的简单组合。

按规划，此大楼将成为橙色电信公司的总部。TFP的橙色方案，将首层和半地下层的互动区域以及退台状的第七层融为一体。在设计上，门廊就像一条纵向的街道，其布局是让所有层面具有大楼的透明性。通过改善视野、自然通风和光线，即可做到这一点。当人们在大楼内办公时，他们将会体验到工作人员及其互动过程所产生的活力。

前瞻性设计美学特点，体现了橙色在选择材料和构件方面的价值观。空间与用途的关系，是基于能改善公司工作架构的内在灵活性上的，因而能促进创新和成功。

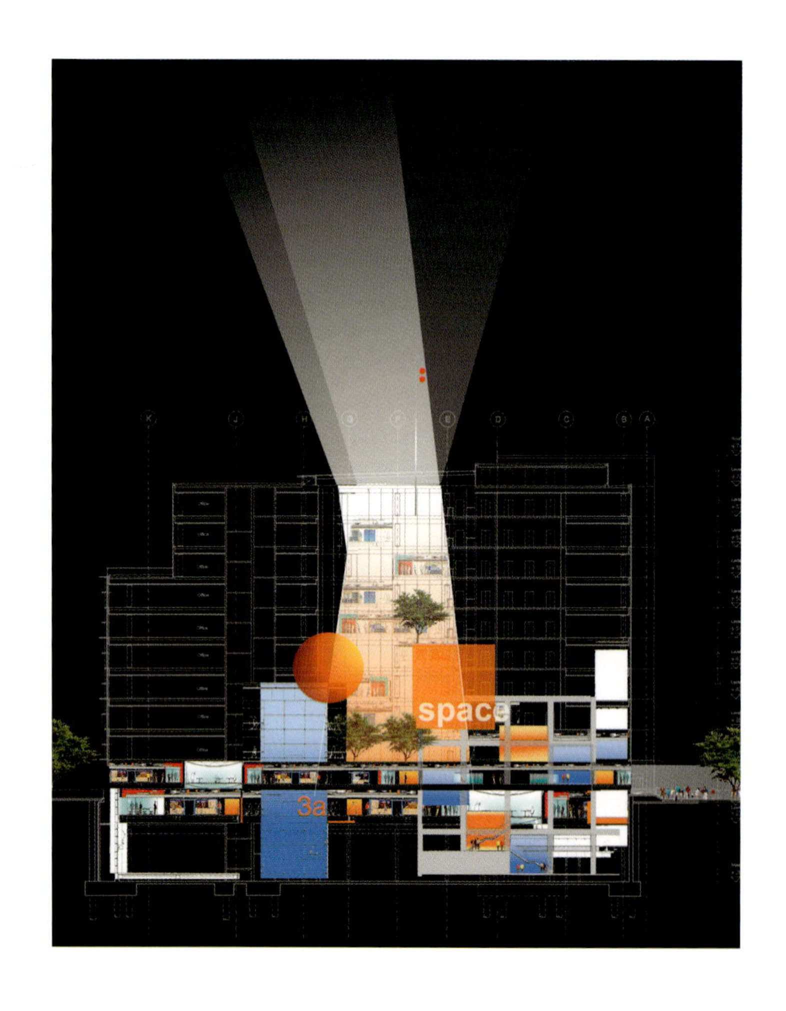

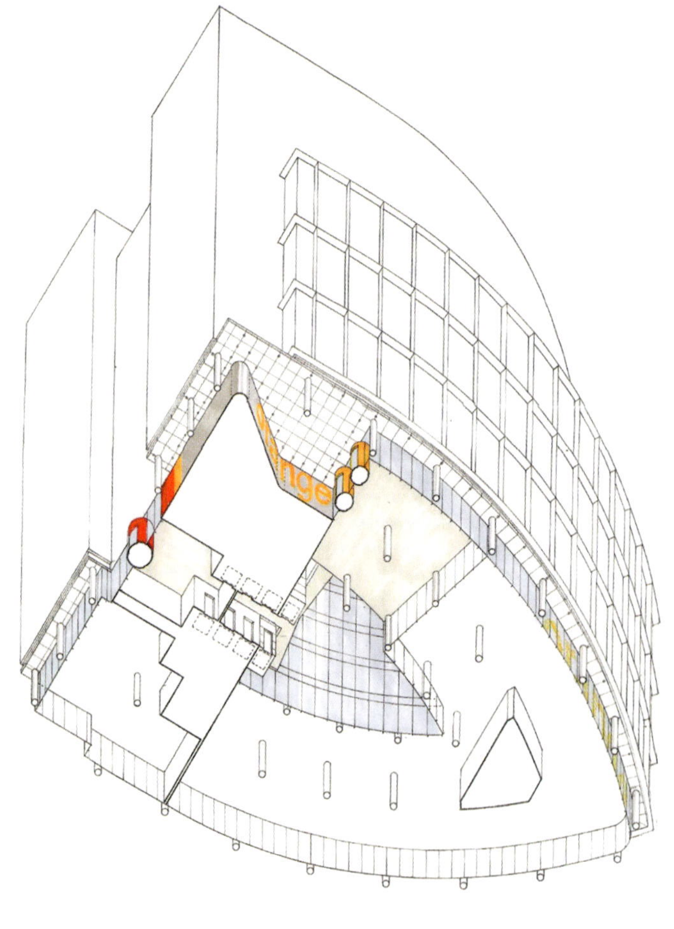

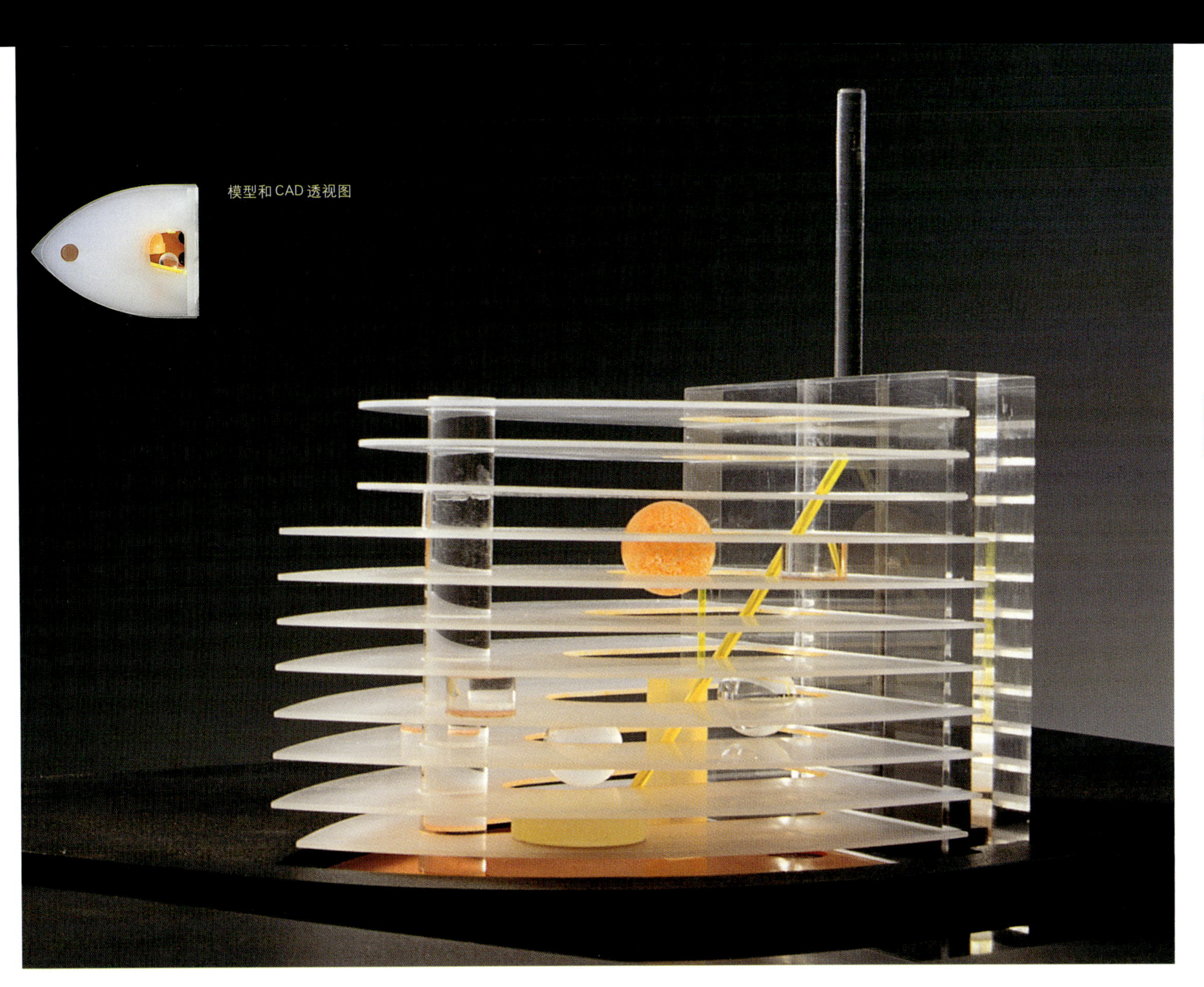

模型和CAD透视图

瑞士村多功能综合开发

TFP公司，是为给伦敦瑞士村创建一个新文化中心的项目中的一员，这个原有的城市地区，连同Highgate，Hampstead，Chalk Farm，Camdcm 和Kilburn，构成了伦敦内城的西北部。通过公私金融机构合作，新的社会和福利政策，将会给这一中心位置重塑一个城市／文化中心的形象。这片场地目前是由瑞士村图书馆和体育中心占据着的，由Basil Spence爵士于1963-1964年设计。作为二级保护建筑和现代主义象征的图书馆，将得到保留。

总体规划包括一个新的景观广场市民场所——是由 Gustafson Porter通过国际竞赛赢得的；一个新的社区中心、诊所、咖啡馆／酒吧、新型住宅区、私人公寓和现代化的休闲中心，由TFP设计，以及由拉布·贝内茨(Rab Bennetts)设计的剧院。结合交通便利的原有设施（老年人住宅、青年中心、商店和饭店、室外市场），此方案将给新城区带来一个有活力的文化中心。

从Adelaide路横穿的新路——Adelaide

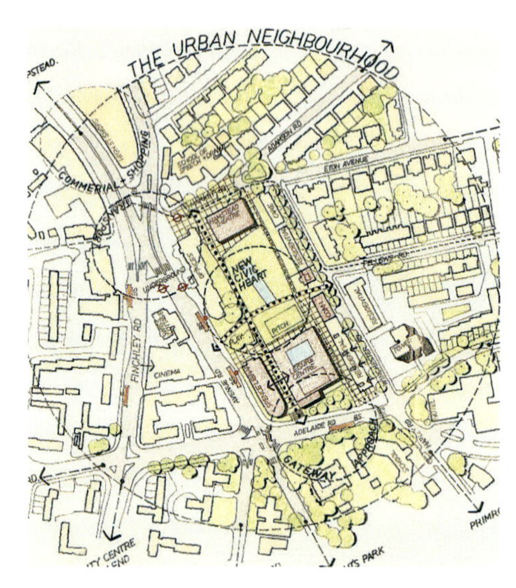

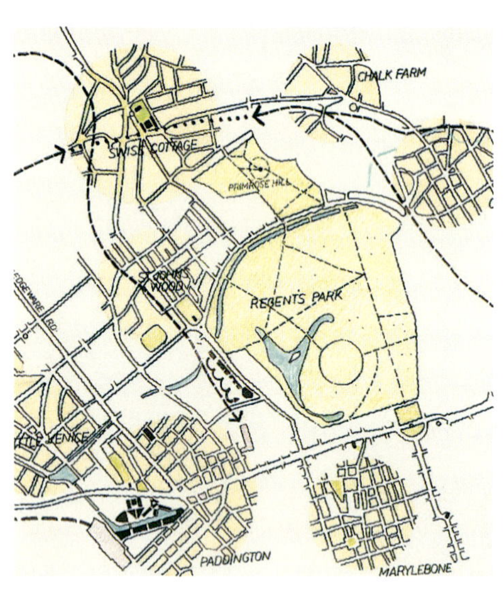

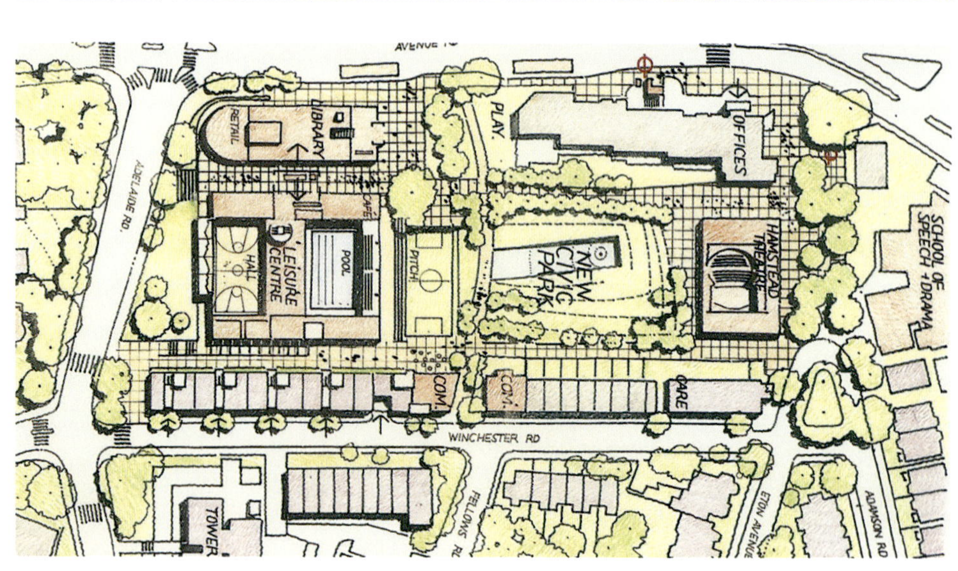

左下图：摄政公园周围的城区

左上图：瑞士村是一个独特的市中心。改造工程是源自城市设计的建筑艺术的一个良好范例——并与拉布·贝内茨(Rab Bennett)，约翰·麦卡西恩(John McAsian)，古斯塔夫森·波特(Gustafson Porter)及后期的巴兹尔·斯彭斯(Basil Spence)一道——创造了伦敦最具建设性的都市市村落之一

左下图：总体规划

右上图：巴兹尔·斯彭斯(Basil Spence)的原有图书馆和体育中心（1963－1964年）的鸟瞰图

原有的情况不具联通性。从城市层面看有一个缺陷，并严重忽视了原有建筑周围的区域

路图书馆和健身中心之间的一条街道——成了邻近住宅区的小巷，将提高场地的联通性，并能与中心区和周围区域更好地沟通。

处于一个统一的屋顶之下，休闲中心提供了一个能体现建筑规模的、清晰的交通流线。带体育馆和游泳池的大跨度空间，分布于中央的两侧，并有体操房和更衣间。与图书馆共享的入口，休闲中心完全透明的幕墙将提供生动的立面，像信号灯一样吸引着参观者进入大楼。

社会住宅位于综合体的中心，在休闲中心的上面。住宅可以俯瞰中间南向屋顶花园和伦敦全景。私人公寓占据着退台状的空间，由六层至十六层，位于温彻斯特路的南端。新社区中心扩大一倍，占据着建筑北端的头两层，包括一个新的多功能厅、会议室、一个幼儿园和咖啡馆。社会住宅位于社区中心之上，形成与邻近大楼相宜的高度。温彻斯特路退台建筑的底层有通往上面公寓的私家入口，这会给街道增色。与原有休闲中心朝街的单调立面相比，形成了鲜明对照。4层退台状建筑由2层或3层的豪华公寓套房占据，各自还有延伸的露台，以看到新的公共场所景观。

建筑的南段有公寓和豪华公寓套房，能南向看到伦敦的壮丽景观。整个场地的最高点，塔楼和倾斜的南立面，是与邻近建筑的规模相宜的，并产生一个新的标志性建筑。

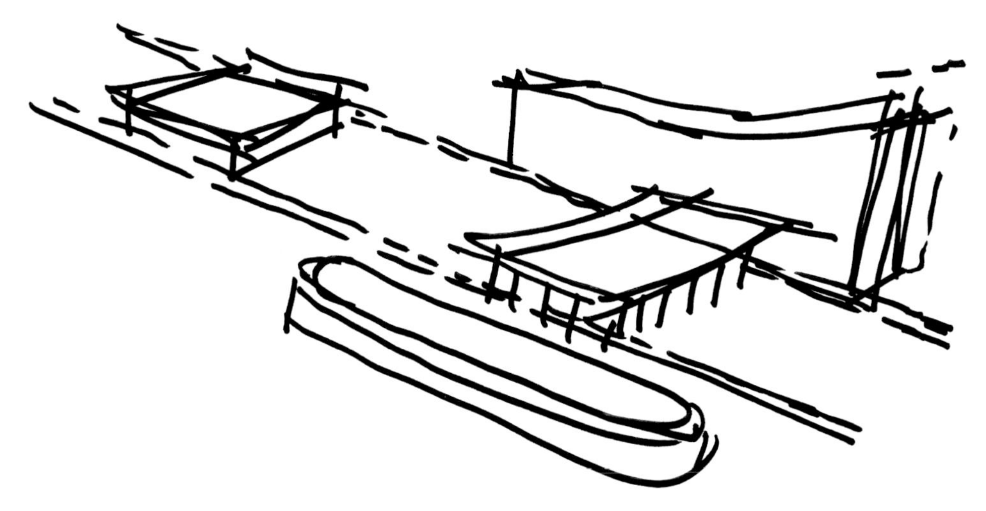

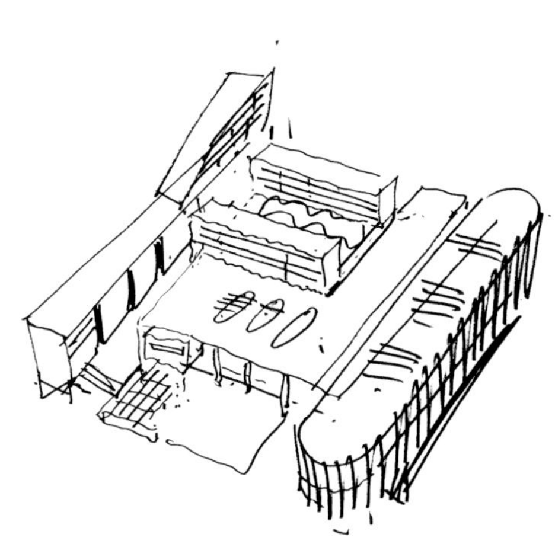

规划方案鸟瞰

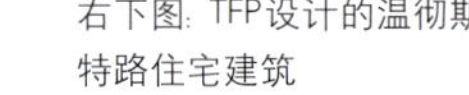
左下图: Gustafson Porter的新园林

右下图: TFP设计的温彻斯特路住宅建筑

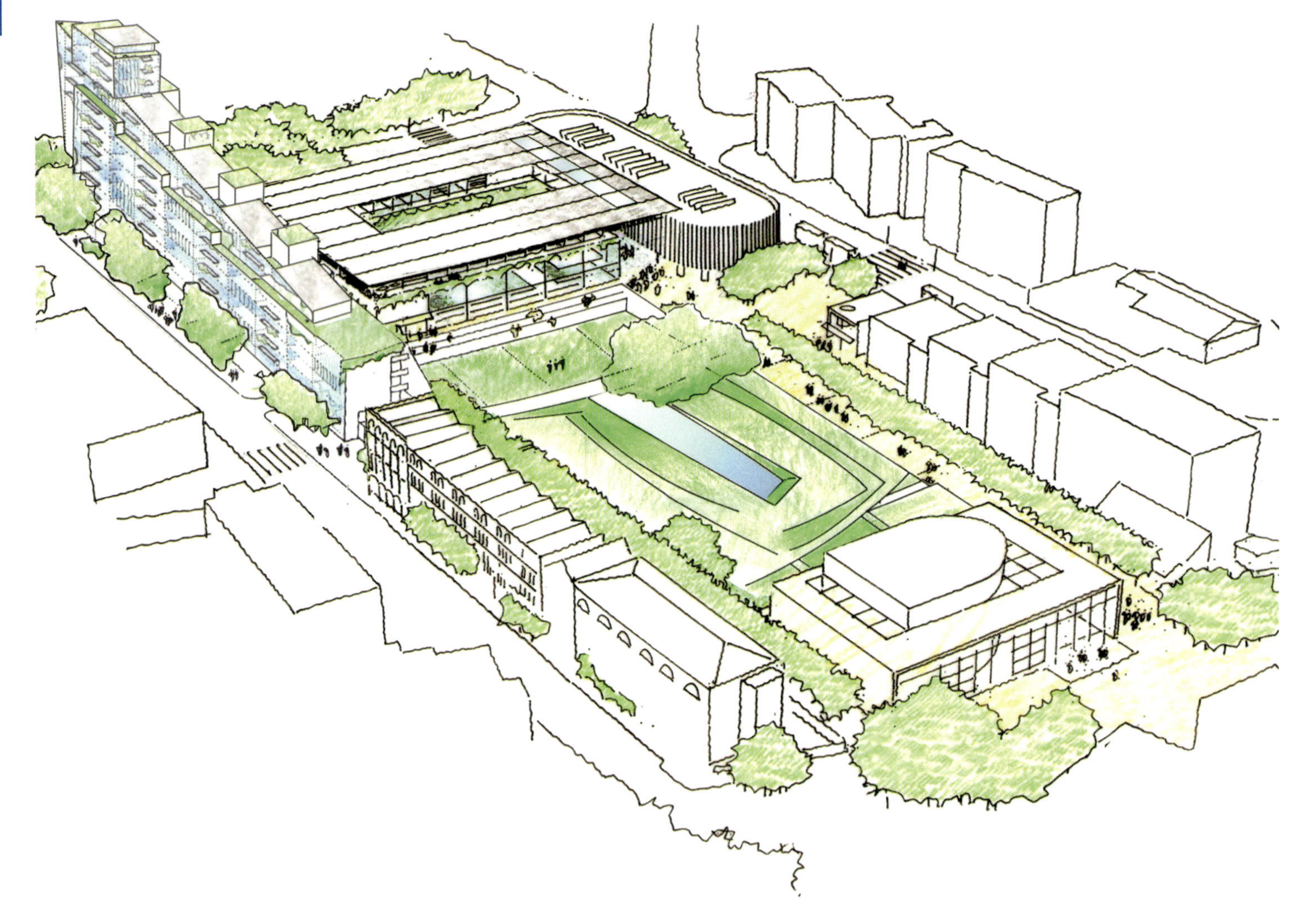

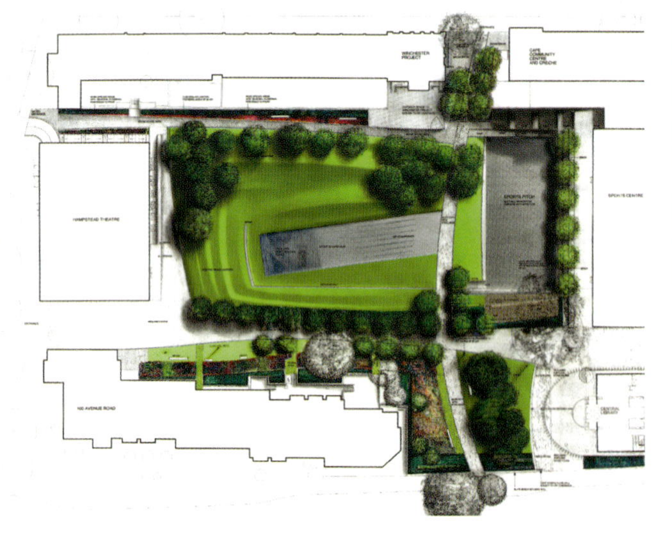

TFP 的新建筑提供了体育和休闲场所、图书馆通道、商店和诊所，而社会住宅位于后方

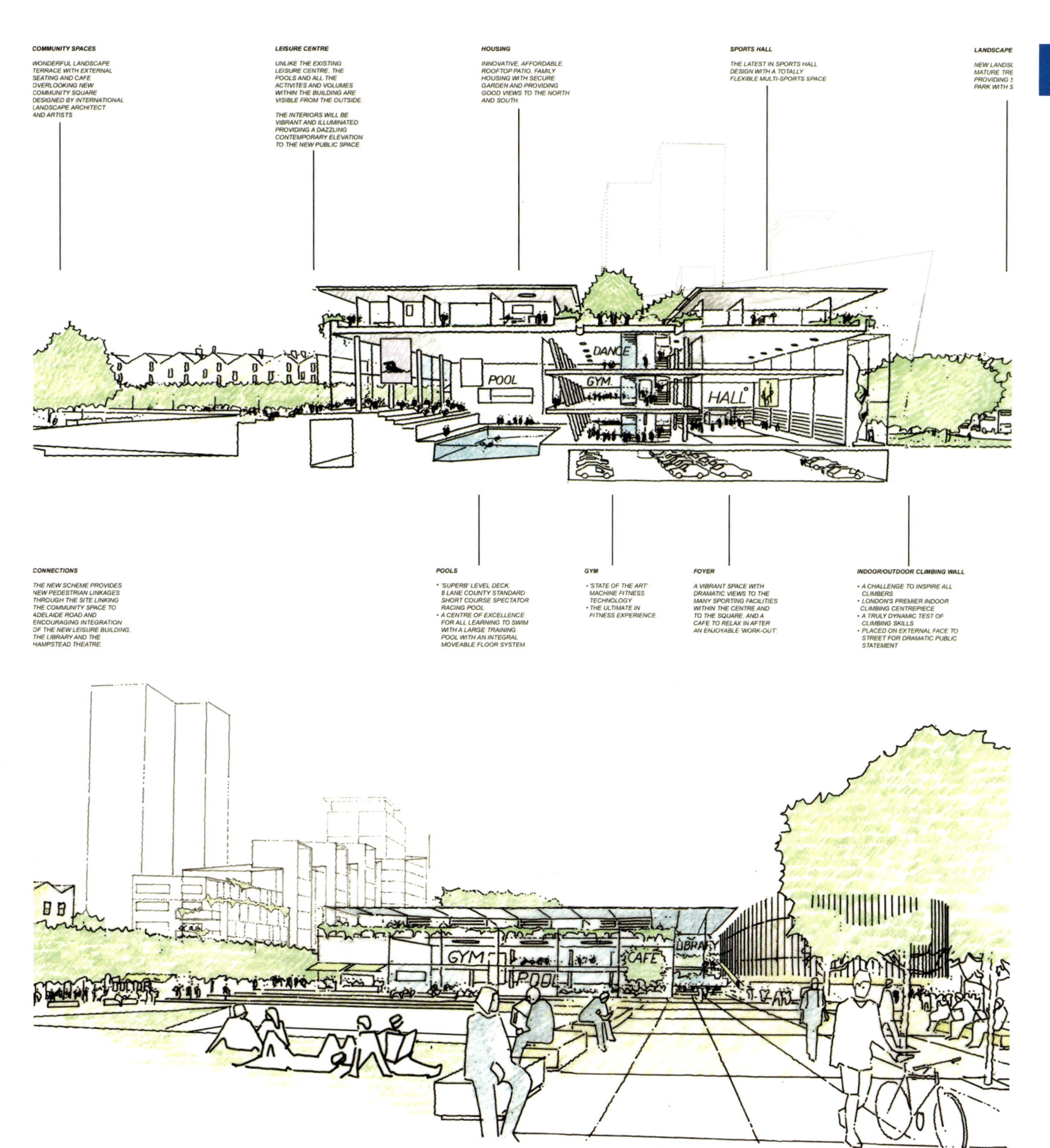

三星公司欧洲总部

伦敦的西侧以历史性花园和园林为特点。沿着泰晤士河蜿蜒的河道，在Boston Manor，Richmoud，Chiswick，Kew，Syon，Han，Hampton Court 及Bushy，都能找到这些“非城市”区域，M4走廊由东向西穿过，将往来于希思罗机场的车流引向更远的西部。

TFP公司于1996年受三星公司委托在西部公路与M4公路高架段的交汇处——邻近历史性的Boston Manor园林地区，设计他们的欧洲总部。在飞向希思罗机场的飞机上能清楚地看到。为了做到这一点，设计成

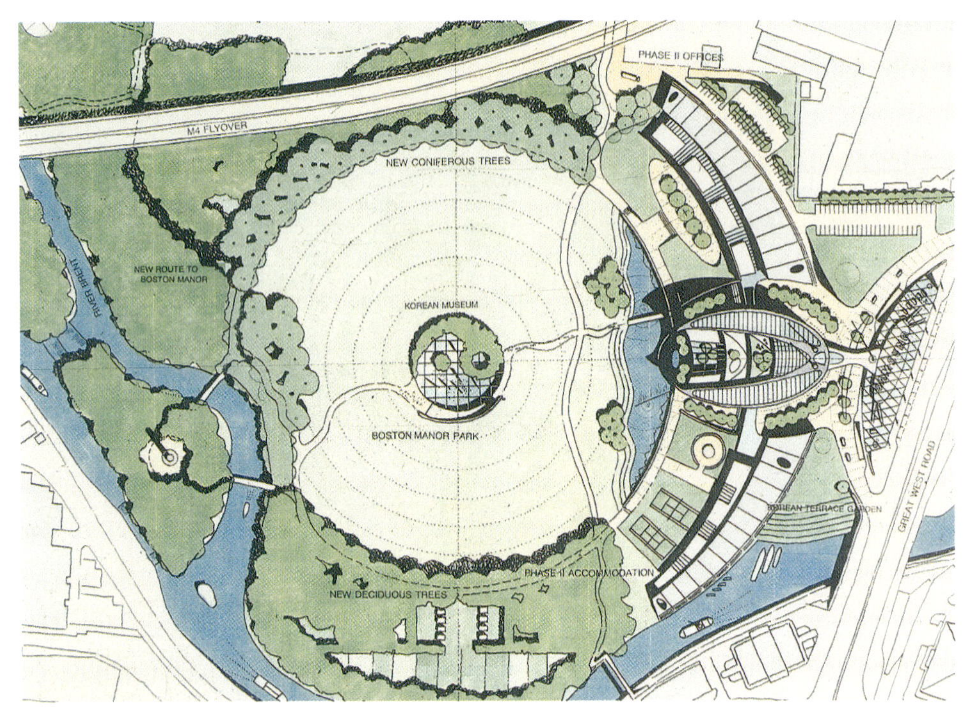

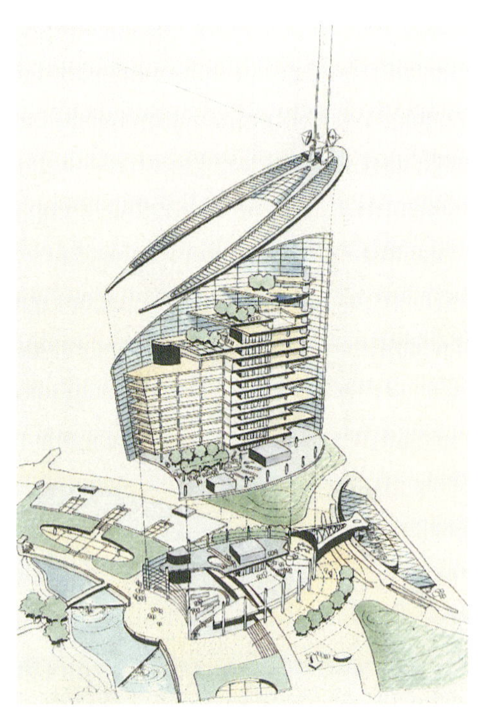

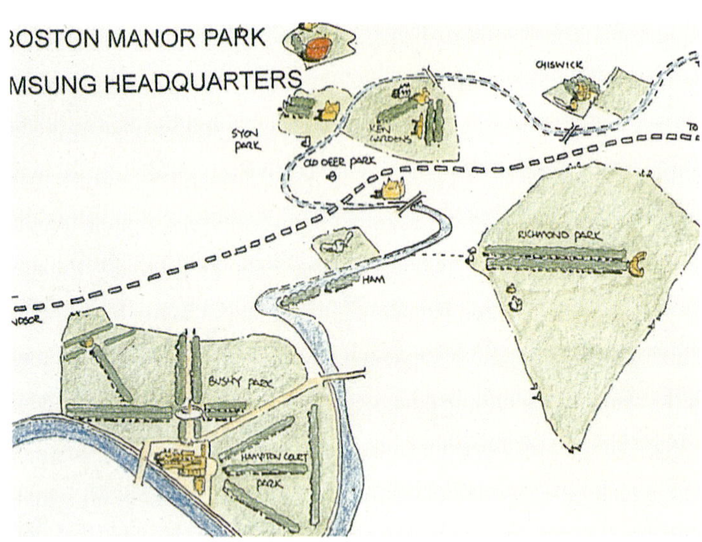

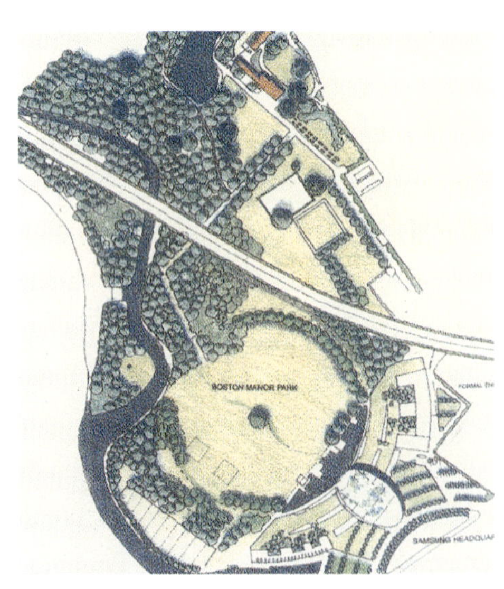

左上和左下图：三星公司场地与Boston Manor和Chiswick的村落，以及向西延伸的大园林连成一片，景观设计师杰弗里·杰利科(Geoffrey Jellicoe)在此设计出几个大方案

右上图和右下图：坐落在公共场所之中，三星总部大楼为周围的景区增添了景色

绿地上的一颗水晶，并形成一个由西通向伦敦的独特门户，代表着三星的形象、对未来的志向和英韩文化的关系。建筑和景观概念受到了传统韩国建筑的启发，它强调的是建筑与自然环境之间的平衡。

认识到了场地在公路、铁路和飞机上的视觉特性，大楼的形状——一个引人注目的物体——从各个视角看去都有动感。将所有使用空间都集中到一座大楼之中，会使整个区域取得协调的解决方案，而大片的场地可供未来开发之需，它是三星公司理念中的一个重要元素。

大楼位于Boston Manor园林的中轴线上——紧邻用地——共19层，43600平方米。它富有创新精神的形状——塔状椭圆平面，沿一个朝向园林的中央大厅布置。是在经试验过的形状、中心筒体和灵活的无柱空间的基础上设计而成。共分成三个部分——下部、中部和屋顶——总部大楼体现了传统韩国建筑三段式的特点。下部包括公共场所、接待处、市场与教育场所；中区包含工作场所；而上段为福利和行政部门。

大楼外立面确立了简约而又引人注目的形象，在大楼内部与周围风景之间产生了视觉联系。它对附近的交通噪声形成了一个保护外壳，并基于太阳能的用途而采用了环境控制系统。分开的平面产生的一根轴线，象征着东西方传统之间的联系。经美化而与Boston Manor园林融为一体后，就能符合寻求自然与建筑之和谐的韩国传统，设计时还参照了英国村舍及环境之间的统一关系。这两种传统做到了全面的和谐统一。

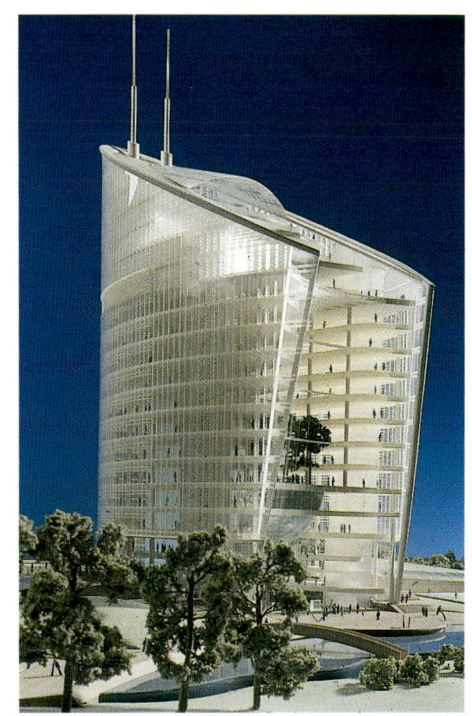

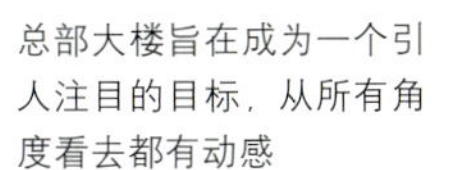
总部大楼旨在成为一个引人注目的目标，从所有角度看去都有动感

分开的平面形成了一个连接屋前空地与园林的象征性的“门户”轴线

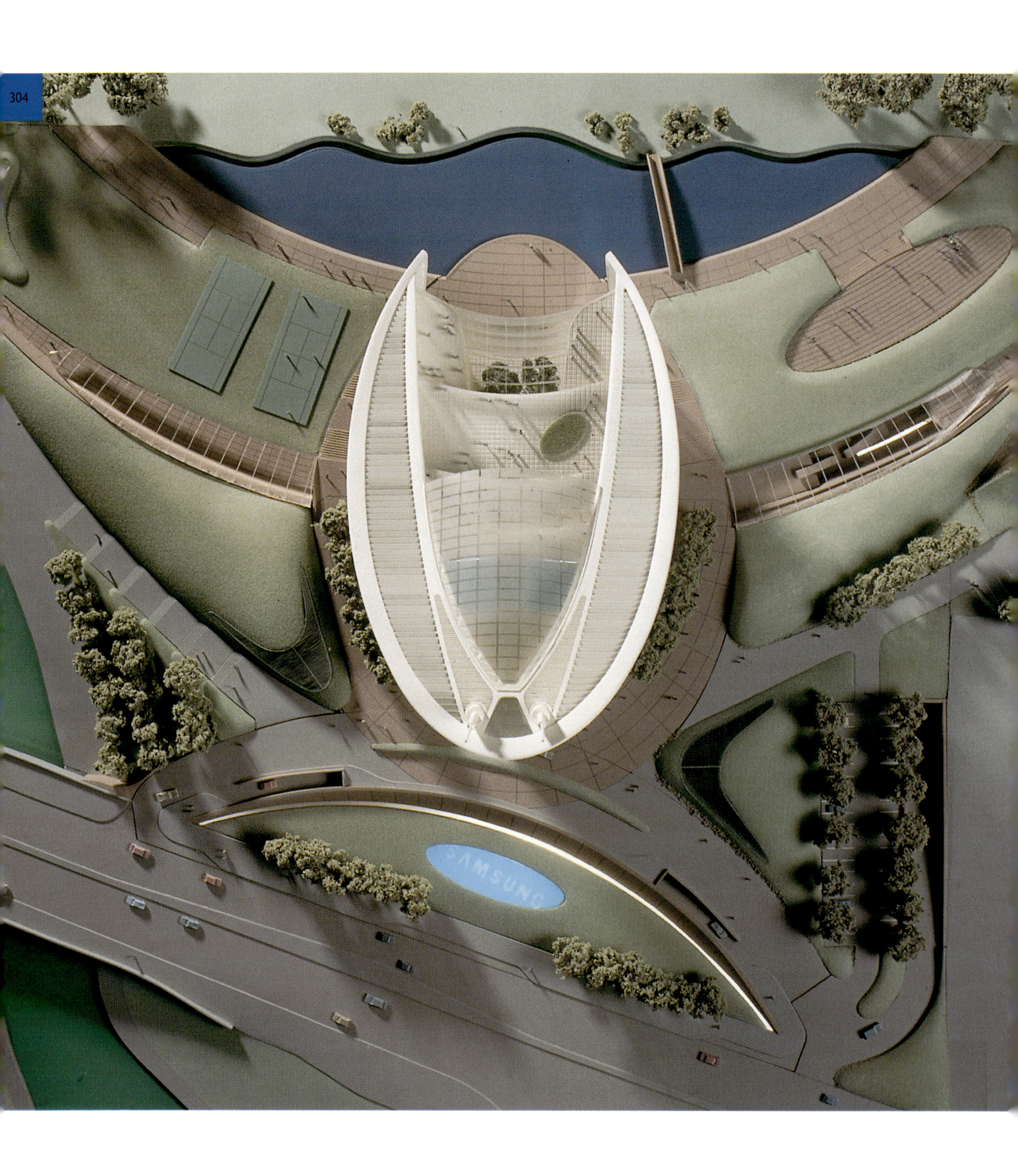

富有创新理念的19层大楼，是经试验的、中心筒体和灵活的无柱空间的基础上设计而成

APPENDIX

附　录

1991-2001 年作品一览表

* 未建方案　　　　　** 当前项目

1984–1992
南岸艺术中心总体规划
伦敦朗伯斯区

1986–1991
MOOR GATE
伦敦城，EC2

1987–1992
ALBAN GATE
Lee House，125 伦敦 Wall，伦敦EC2
(p21)

1988–1991
TEMPLE ISLAND
(翻修 Wyatt 的历史性建筑)
Henley–on–Thames，伯克郡

1988–1992
VAUXHALL CROSS
政府总部大楼
Albert Embankment，伦敦 SE1 (pp22–23)

1989–1991
TOWER HILL WINE VAULTS
Tower Hill，伦敦 EC3

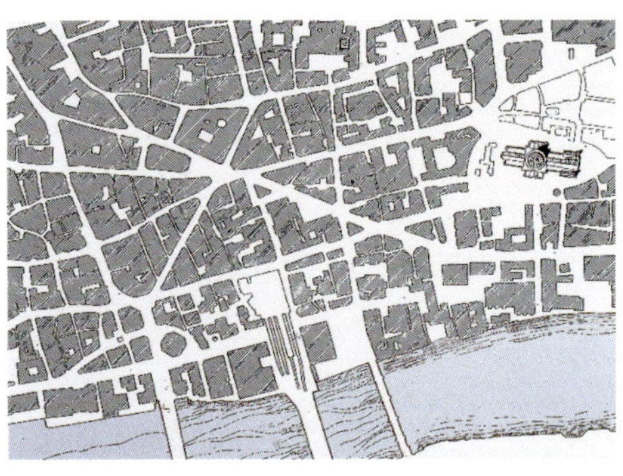

1989–1992
PATERNOSTER 广场总体规划
伦敦城，EC2
城市设计 AIA 奖，1994 年

1989–1992
多功能总体规划
Quarry Hill，利兹

1989–1992
CHISWICKBUSINESS PAPK*
伦敦后斯罗区

1989–1995
国际会议中心
Morrison 街，爱丁堡
(pp176–185)
银奖，爱丁堡建筑协会设计奖，1995 年
市民信赖奖 1996
RIBA 奖 1996

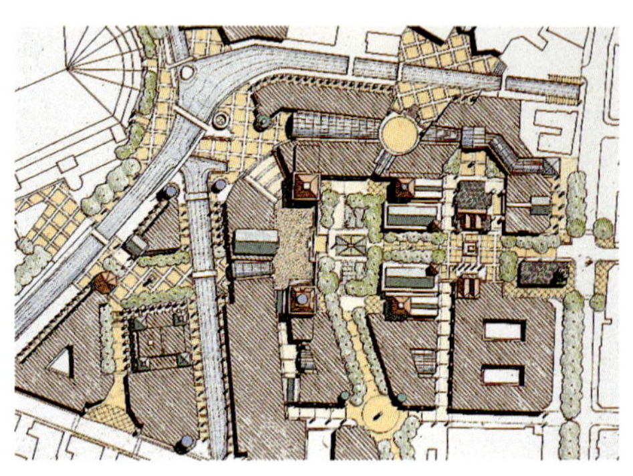

1990–1992
BRINDLEYPLACE 总体规划
伯明翰

1990–2001
金融区
爱丁堡
(pp175–191)

1990–
南肯辛顿站及多功能开发
伦敦 SW1

1991
医疗中心
南伯明翰

为英国机场当局开发希思罗机场的报告。

英联邦基金大楼与俱乐部
伦敦 WC1

SPITALFIELDS MARKET 总体规划 *
伦敦 E1

威斯敏斯特(西敏寺)
医院改造
Horseferry 路，伦敦 SW1

LOOYDS 银行总部
Pall Mall，伦敦 WC2

1991—1992
银行改造
Lombard 街，EC1
多功能改造方案
纽卡斯尔
(pp209)

1991—1993
THAMESLINK 2000 总体规划
Blackfriars，伦敦
(pp253)

1991—1995
凌霄阁
香港
(pp28，35，77，78—99)

1991—1998
东码头
(pp 208—215)
城市设计奖 1998 年市民基金市长设计奖 1998
RTPI 空间设计奖 1998
BURA 最佳项目奖 1999
Landscape & Accessibility Category (Commendation) 1998
RTPI Spaces Award 1998 BURA Best Practice Award 1999

1991—1998
铁路开发
Famingdon Station，伦敦 EC1

1991—
内政部总部
伦敦 SW1
(pp282—289)

1992
CANON' S MARSH
Bristol
98 世博会 总体规划
Lisbon waterfront
(pp158—159)

无线发射塔
新加坡

1992—1994
SAINSBURY' S 超级市场
Harlow，Essex 市民基金奖 1994
RIBA 奖 1995
Commendation，
市民基金奖 1996

1992—1995
PLAYER' S 剧院
Embankment Place，Villiers 街，伦敦 WC2

1992—1996
英国领事馆和英国政务会政府总部大楼
香港
(pp35，46—55)

1992—1996
皇家园林研究
皇家园林考察小组，伦敦
(pp270—271)

1992—1998
九龙站
香港
相关建筑的综合交通系统总体规划
(pp35—37，56—77)
Best International Interchange Award，Intergrated Transport Awards 2001

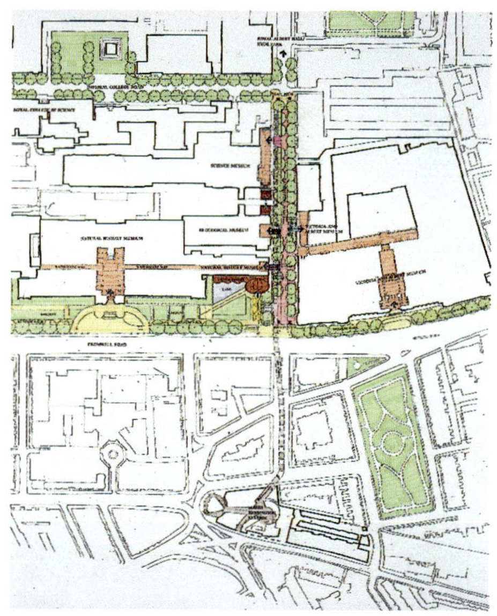

1993
ALBERTOPOLIS 概念计划
伦敦 SW1*

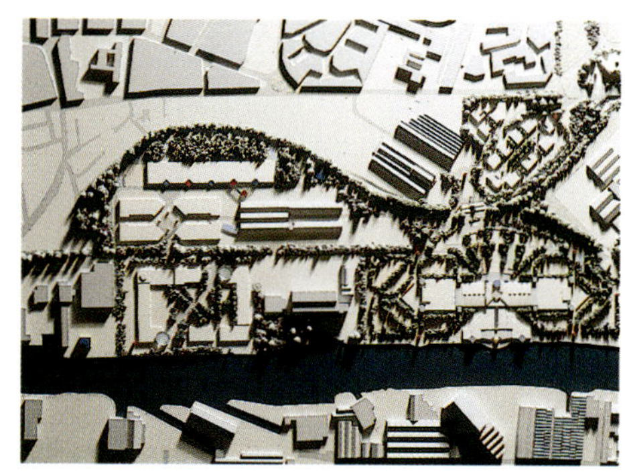

BRAEHEAD 零售综合体
格拉斯哥

Ampang 塔*
吉隆坡

BLACKFRIARS 桥
伦敦
(p253)

SMITHKLINE BEECHAM 总部综合大楼
Great Burgh, Epsom, Surrey

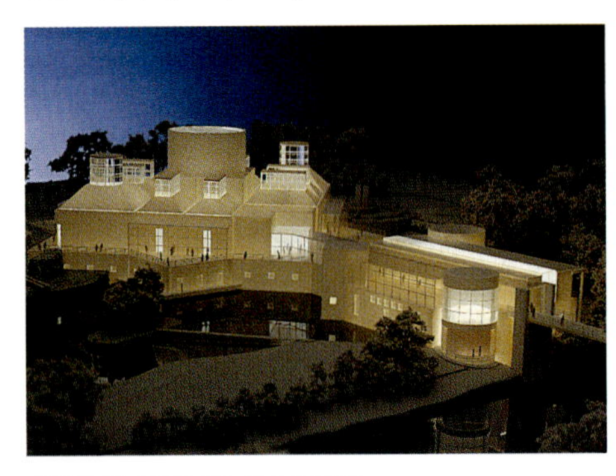

新苏格兰国家艺术和历史陈列馆
Kelvingrove Park, 格拉斯哥

HUNGERFORD 桥改造
伦敦
(p253)

EFFRA SITE*
Vauxhall, 伦敦 SW8

1993–1995

九龙通风塔
香港
(pp72–77)

BARREIRO 渡口及总体规划
里斯本
(pp166–171)

国家遗产图书馆和文化中心
迪拜

火车站
Vasteras, 瑞典

1993–1996

DO ROSSIO 站 MASTERPLAN 里斯本
(pp162–165)

1993–2007

伦敦大桥站总体规划
伦敦

1994

GARE DO ORIENTE*
里斯本
(pp160–161)

SINCERE 保险大楼
香港
(p37)

NATHAN ROAD TOWER*
香港
(p37)

蛇口总体规划
深圳

CHESTER IN CONCERT' PERFORMANCE SPACE*
Chester

1994–1995

QUEEN' S ROAD 总体规划*
香港

1994–1996

KEELE 大学总体规划*

1994–1998

EBBSFLEET 总体规划*
肯特
(P255)

1994–

里斯本港
里斯本码头区
(pp154–157)

1995

苏比克湾自由港中央区总体规划
菲律宾

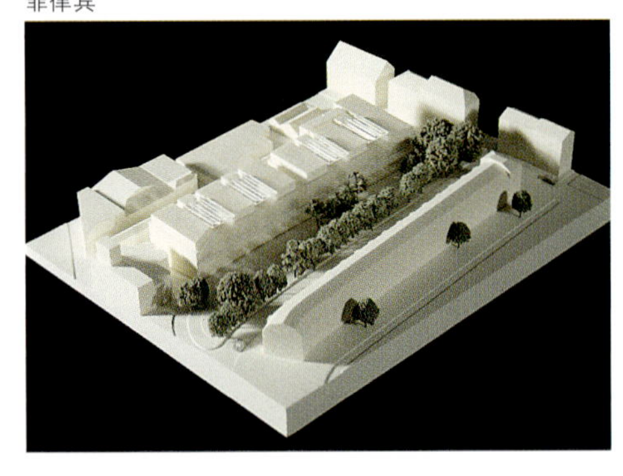

格拉斯哥商学院
格拉斯哥大学

KEENEDYTOWN 火车站
香港

CAMBOURNE 总体规划
South Cambridgeshire

C 形建筑
汉城
(pp116—117)

地王大厦
九龙
(p37)

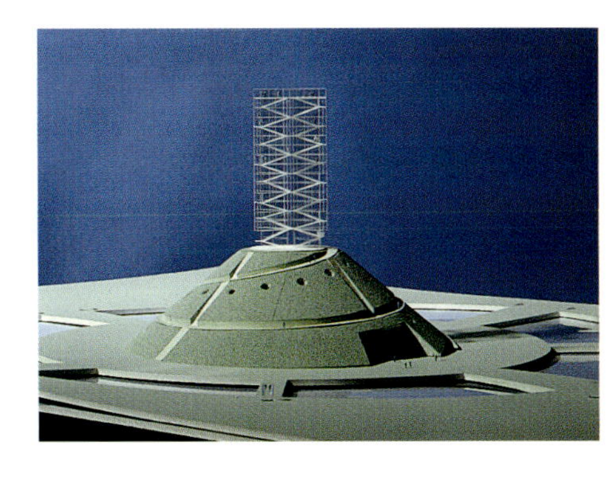

LANDMARK BUILDING*
Nort 亨伯 land Cross, Northumberland

1995—1996

IMPERIAL WHARF 帝国码头改造
伦敦

1995—1999

Y 形建筑
汉城
(pp112—115)

H 形建筑
汉城
(pp118—121)

1995

西铁
香港
车站方案设计并规划,西九龙旅客中心,Tam Tin,Lok Ma Chau, Tseun Wan West, Yen Chow 街和Mei Foo站。
(pp36, 58—59)

1996

高速铁路站
釜山, 韩国

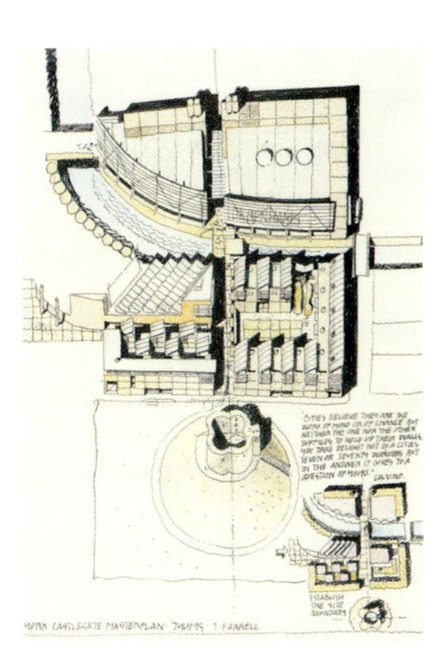

历史中心的多功能改造总体
Castiegate, York

天星渡口改造
香港

FEASIBILITY STUDY TO FIND NEW VENUE FOR ENGLISH NATIONAL OPERA LYRIC THEATER

三星公司欧洲总部
boston Manor Park, 伦敦
(pp302—305)

东伦敦大学总体规划

1996—1999

迪恩中心美术馆及总体规划
爱丁堡
(pp175,192—201)
苏格兰博物馆奖 (极力推崇)

疗养俱乐部及温泉
交易金融区, 爱丁堡

1996—2000

RLUEWATER VALLEY 总体规划
肯特
(p254)

国际生命中心
纽卡斯尔
标志性千禧工程,内有一个新公共广场和一系列带有探索基因科学之场所的建筑
(pp216—235)
建筑成就奖(东北区), 2000 (North—east), 2000
建筑用铜奖, 2000 (Commendation), 2000

1996—2001

运输中心
仁川国际机场
汉城
(pp102—111)

1996—2003

PADDINGTON 湾地总体规划
伦敦 W2
(pp294—297)

1996—2005

伦敦大桥站

1996—

LOTS ROAD 电站
切尔西, 伦敦
(pp272—281)

三码头宾馆总体规划
伦敦 SE1
(pp290—293)

1996—

车站改进计划
香港

1997

BUCKLERSBURY 办公及零售中心发展
伦敦 EC4

计算机实验室
剑桥大学

MTV 欧洲总部
周边项目开发
伦敦 NW1

HUNGERFORD 桥竞标方案
伦敦

山东国际会议和展览中心
青岛，中国

1997–2001

CRESCENT HOUSING
纽卡斯尔
(p213)

1997–2002

BLUE CIRCLE CEMENT WORKS**
肯特
(p255)

1997–

国家水族馆
Silvertown, 伦敦
(pp258–263)

1998

FERENSWAY 总体规划　新加坡
赫尔

CAPABILITY GREEn BUSINESS PARK
卢顿

CARLTON TV 总部
伦敦 W1

CHELSEA 工房
伦敦
针对原有工厂及将工厂迁址到新 Covent 花园市场的住宅计划

GRESHAM STREET 改造
伦敦
(p282)

ISLAND WHARF
赫尔

利物浦远景总体规划

MARITIME 广场
新加坡
滨水区总体规划及建筑

夏洛特广场 15–17 号的修整与开发
爱丁堡

PICCADILLY 花园
曼彻斯特

ARCHITECT' S STUDIO
7Hatton 街，伦敦 NW8

SPRINGHEAD 总体规划 *
Ebbsfleet，Thames Gateway

1998–1999

英国大学总体规划
开罗

PUNGGOL 站
新加坡

1998–2000

国家大剧院
天安门广场，北京
(pp90–97)

WESTFERRY CIRCUS OFFICE DEVELOPMENT
Canary wharf，伦敦 E14

ELEPHANT & CASTLE MASTERPLAN*
伦敦 SE1

1998–2001

格林威治休息亭
伦敦 SE10
(pp264–269)

THE DEEP**
Sammy' s Point, 赫尔
(pp240–249)
千禧工程，含一个世界级水族馆，商业和研究中心

1998–

EUSTON 站改造
伦敦

1999

BERMONDSEY 广场总体规划
伦敦

BOROUGH 路 MASTERPLAN
伦敦

COURTYARD 开发
Fitzwilliam 博物馆，剑桥

THE MOUND
爱丁堡
从地下连接全国苏格兰美术馆与皇家苏格兰学院
(pp202–205)

OUSEBURN VILLAGE 总体规划
纽卡斯尔

赫尔河走廊总体规划
(pp238–239)

太平洋西北水族馆及总体规划
西雅图
(pp 140–149)

商业区及综合城市开发
Stonecastle, 肯特

废弃煤矿场地的总体规划
Westoe Hill，南谢尔兹

世界广场总体规划
伦敦
(p270)

大不列颠皇家研究院改造
Albemarle 街，伦敦 W1

1999—2001

滨水区改造
Margate

CAMPBELL 园林总体规划
Millton Keynes

1999—2003

BANK ONE 总部
卡地夫

2000—

南入口
曼彻斯特中南部新城区的多功能开发

BLUEWATER VALLEY 总体规划
肯特

BRUNSWICK 广场改造
利兹

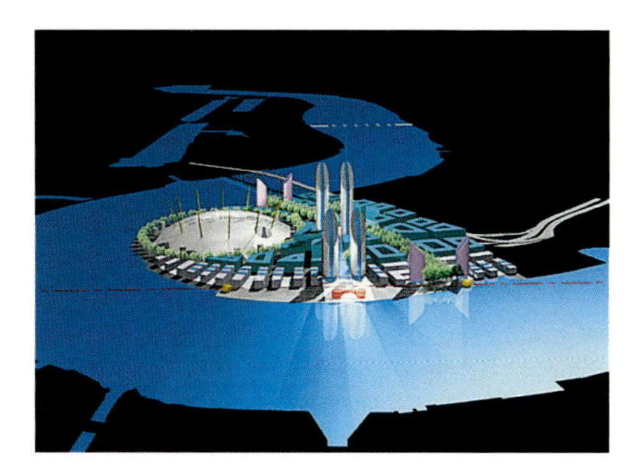

北格林威治半岛总体规划
伦敦

CLYDE 走廊 MASTERPLAN
格拉斯哥

广州日报总部大楼文化广场
广州
(pp42—45)

PARADISE STREET 改造
利物浦

FORTH TOWERS
爱丁堡
商业大楼

PARRAMATTA 车站发展计划
悉尼
(pp124—133)

明珠岛总体规划
深圳
(pp38—41)

皇家码头
伦敦
(pp256—257)

瑞士村改造
伦敦
(pp298—301)

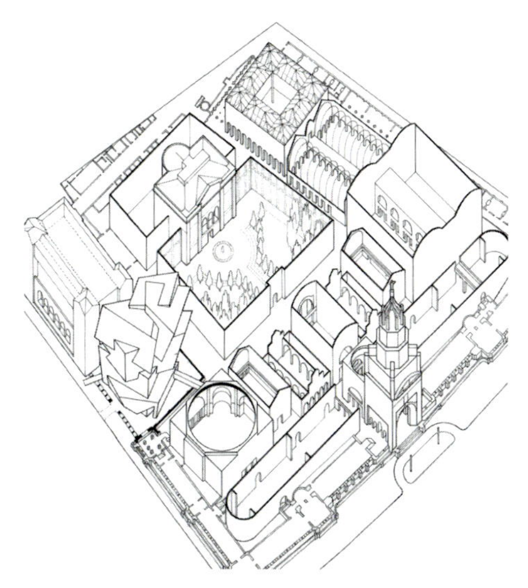

VICTORIA & ALBERT 博物馆总体规划
伦敦 SW1

南西雅图总体规划
(pp138—139)

2001 ORANGE 总部
Paddington，伦敦
(pp294—297)

啤酒厂总体规划

PETERSHAM HOUSING
Richmond，伦敦

设计合伙人(从左至右)杜格·斯特里特(Doug Streeter),泰瑞·法瑞(Terry Farrell),和阿尔丹·波特(Aidan Potter)

泰瑞·法瑞(Terry Farrell)爵士

主席

泰瑞·法瑞于1961年以一级荣誉学位从他家乡纽卡斯尔的建筑学校毕业。在大伦敦市政府的建筑部门短暂工作之后，获得宾夕法尼亚大学研究生院建筑与城市规划硕士学位（1962–1964），在此作为一名Harkness Fellow而师从路易斯·康(Louis Kahn),丹尼斯·斯科特·布朗(Denise Scott Brown)，罗伯特·文丘里(Robert Venturi)和伊恩·麦克哈格(Ian McHarg)。在此期间，法瑞广泛游历于全美各地，最终获得RIBA Hunt奖学金和罗斯奖学金而赴日本学习住宅与城市规划(1964)。法瑞／格里姆肖合伙人事务所建立于1965年。1980年，法瑞自己开业，并于1991年在香港设了一家办事处，1992年在爱丁堡也设了一家办事处。

泰瑞·法瑞及其合伙人杜格·斯特里特(Doug Streeter)和阿尔丹·波特(Aidan Potter)领导着公司所有项目的设计。

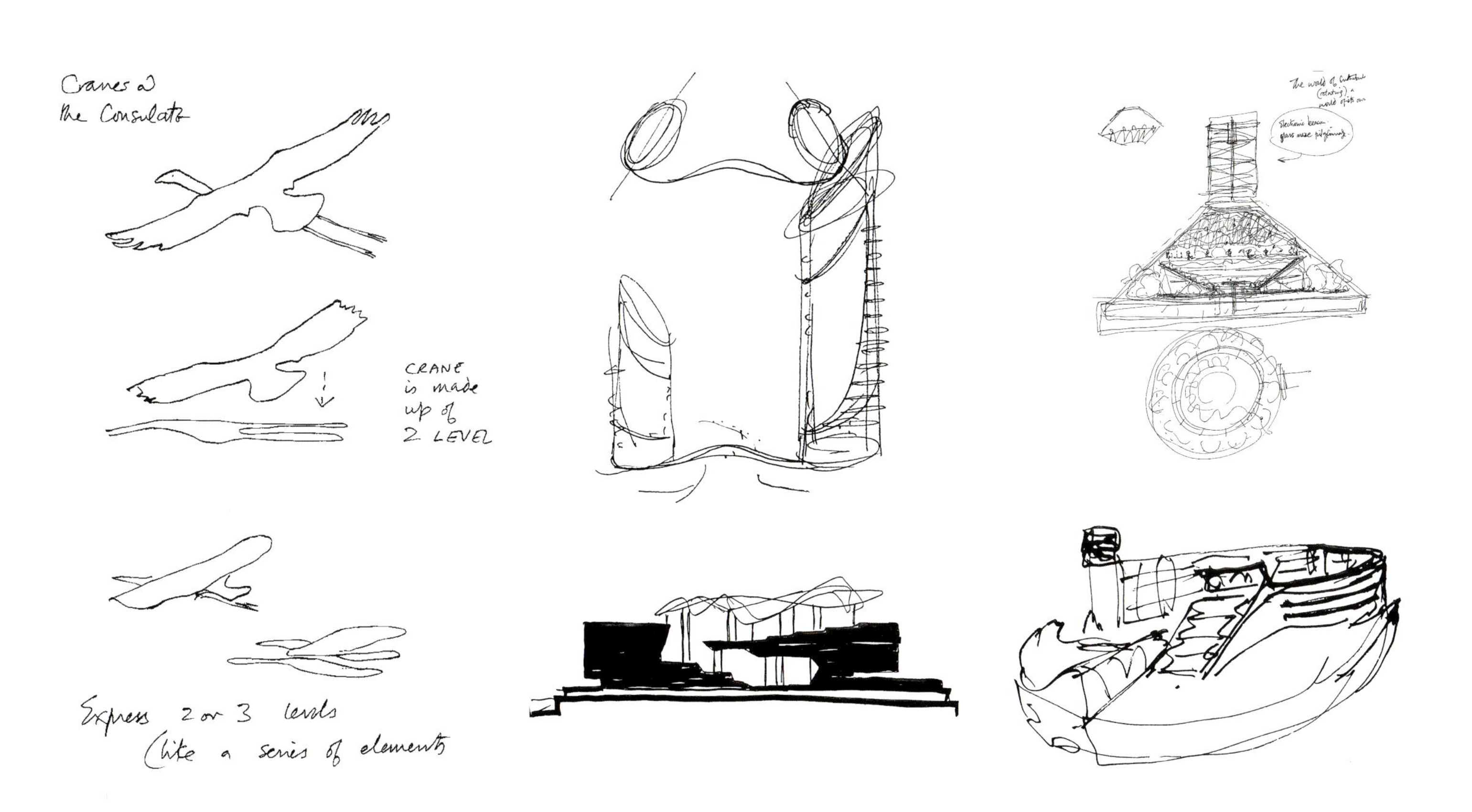

阿尔丹·波特(Aidan Potter)BA Hons，B Arch (MANC)

设计合伙人

阿尔丹·波特在他的家乡曼彻斯特修的是建筑学。在1995年加入TFP公司之前，他是Troughton McAslan的高级设计总监。与泰瑞·法瑞和杜格·斯特里特一道，阿尔丹·波特在项目一级上领导着公司的设计工作。他参与最多的公司工作有标志性千禧年项目——纽卡斯尔的国际生命中心，赫尔的The Deep，以及伦敦的Lots Road 电站改造。

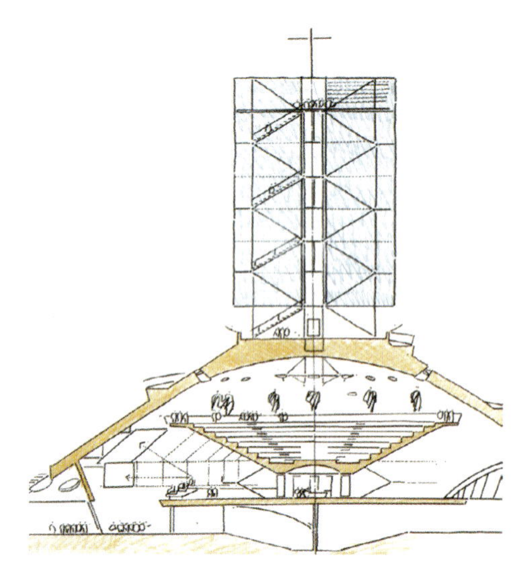

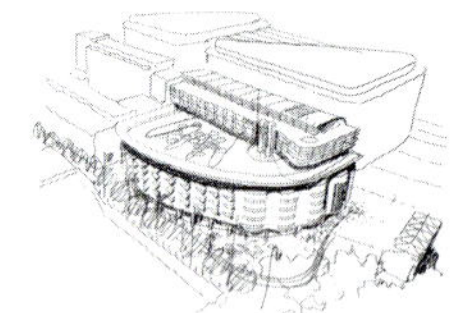

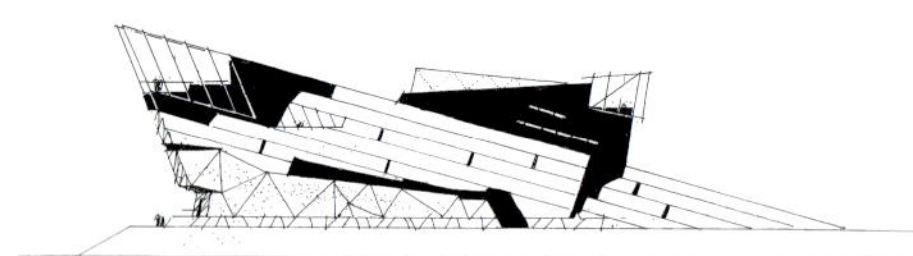

杜格·斯特里特(Doug Streeter)AA (Dip)，RIBA

设计合伙人

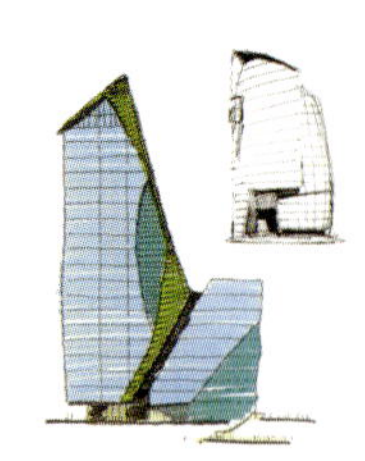

离开家乡西雅图而在伦敦建筑学院学习之后，斯特里特于1978年加盟TFP公司。他参与了公司大部分的主要项目，从1980年代的Charing Cross和Vauxhall Cross，到西雅图的太平洋西北水族馆和伦敦的内政部总部。在1990年代早期，他负责香港公司的项目设计工作。在公司的项目设计上，杜格·斯特里特与泰瑞·法瑞和阿尔丹·波特携手合作。

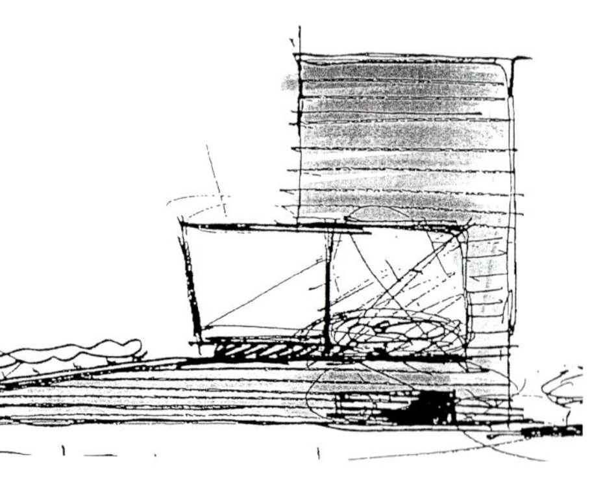

泰瑞·法瑞(Terry Farrell)+ 专业人员 1991-2001

David Abdo • Stewart Abel • Vil Alexander • Charlotte Anderson • Dominique Andrews • John Andrews • Andrea Armellini • Eileen Armer • Emily Armer • Simon Baker • Susie Baker • Peter Barbalov • Chris Barber • John Barber • Chuck Barguirdjian • Keith Barrell • Michael Barry • Dorothy Batchelor • Razina Begum • Paul Bell • Rick Berman • Duncan Berntsen • Nthony Berridge • Stuart Berriman • David Beynon • Nigel Bidwell • Mhairi Billiness • Amanda Billington • Mark Bingham • Nick Birchall • Tony Blazquez • Susie Blyth • Jeremy Boole • Derek Boon • Claire Booth–Jones • Andy Bow • Ingo Braun • Derek Brentnall • Toby Bridge • Angela Brown • Steven Brown • Caroline Brown • Shawn Bruins • Richard Burley • Tony Burley • Collette Burns • Gary Butcher • Brian Calderwood • John Campbell • Darren Cartlidge • Eric Chan • Miranda Chan • Brian Chantler • Gigi Chao • Julie Chapman • Barrie Cheng • Christopher Chesterton • Jackie Cheung • Alan Chim • Eugene Ching • Grace Choi • Kei Lu • Chong Vincent • Choy Kam • Chung George • Clarke Richard • Cohen Don • Conning Max • Connop Alan • Cook Richard • Coutts Silvano • Cranchi Andrew • Culpeck Helen • Dadzie Jaya • Daswani Tony • Davey Julia • Davies Richard • Davies Simon • Davis David • Dawson Susan Dawson vAndy De Carteret • Bertill De Kleynen • David De Kretser • Neil De Prez • Karen De Waal • Toby Denham • Philip Dennis • Bobby Desai • Gregory Desjardins • Moushka Dickens • Nemwa Dimka • Isabel Dolan • Emma Donaldson • John Donnelly • Dennis Dornan • Paul Downey • John Downs • Mike Drake • Eugene Dreyer • Alistair Duncan • Chris Dyson • Martin Earle • Ruth Edwards • Jeff Elliott • vGavin Erasmus • Martin Evans • Sarah Evans • Simon Evans • Graham Fairley • Timothy Fang • Jo Farrell • Max Farrell • Sue Farrel • l Terry Farrell • Kathleen Feagin • D' Arcy Fenton • Mark Floate • Sandra Fong • Grace Ford • Steve Fox Emma • Fraser Murdo • Fraser Adrian • Friend Sharon • Galvin Marta • Garriz David • Gausden Tom • Gent Simon • Glover Angus • Goble Felicity • Good Simone • Gordon Michelle • Graham Beverley • Gray Lvan • Green Jo • Greenoak Michael • Grimshaw Maria • Hadjinicolaou Kelvin • Hamilton Russ • Hamilton Thomas • Hamilton Anna • Harding Jo • Harrop Sylvain • Hartenburg Rosalinda • Hayward Wendy • Hayward Mark • Hemel Pyeong • Heun Youn • Nicola Hibbert • Michael Hickey • Charles Ho • Matthew Holder • Jim Holland • David Holt • Nigel Horrell • Wayne Hosford • Catherine Hull • Susan Humphries • Garrett Hunter • Moz Hussain • Steven Issaacs • Richie Jackson • Karl James • Leslie Jeffery • Christin Johannessen • Maggie Jones • Erica Jong • Gita Joshi • Tryfon Kalyvides • Rakesh Kapur • Raminder Kaur • Gillian Kearney • Nicky Kelleher • Shirley Kelly • Sally Kendon • Tersia Keshov • Najeem Khan • Tom Kimbell • Atmi King • Stefan Krummeck • Rita Kwoh • Bette Lai • Agnes Lam • Alex Lammie • Benjamin Lau • Chung Fai • Lau Molly • Law Mark • Lecchini Kerry • Lee Quenifer • Lee Raymond • Lee David • Lee Sarah • Lee John • Letherland Ella • Leung Ellen • Li Wilson • Ling Lan • Livingstone • Mark Lioyd–Davies • Frederic To Sarah • Lockwood Jan • Loecke Martin • Loiakowski David • Loughlin Anya • Louw Caroline • Lwin Jessica • Ma Ali • Macdougal Euan • Mackellar Robert • Mackenzie Keith • Macrae Robert • Malcolm Harvey • Male Satvir • Mand Felix • Mara Christiane • Margies Cindy • Marshall Giles • Martin Sue • Martin Melody • Mason Matthew • Mccallum Peter • Mcgurk Ronnie • Mclellan Ian • Mcmillan Brian • Meeke Tracey • Meller Stephen • Middleton Annette • Miles Caroline • Millar Ross • Milne Samantha • Moffat Azhar • Mohammed Doris • Mok Frankie • Mong Glles • Moore Bede • Morganti Gabbi • Morish Peter • Morley Francesca • Morrison Janice • Morrison Lorraine • Mulraney Donal • Murphy Paola • Murphy Albert • Nam Timothy • Narey Cecilia • Nee Jason • Ng Rosita • Ng Agnes • Ng Lan • Nickels Caroline • Nicoll Derek • Nolan Eddie • O'Brien Tony • O'Brien Ben • o'Donoghue Ike • Ogbue Patrick • o'Rourke Qye Out–Eyo • Irenie Pang • Julia Pang • Louise Parker • Stuart Parkes • Dermot Patterson • James Patterson • Alexander Peaker • Mei Ping • Fred Pittman • Phetcharat Pornbowornkiat • Aidan Potter • Louise Potter • Steven Power • David Pringle • Sara Raybould • Rabbi Rehman • Lorraine Reilly • James Richardson • John Riel • Carol Riley • Lizz Riley • Jenny Roberts • Martyn Robertson • Peter Robinson • Drummond Robson • Kay Robson • Paul Rogers • Paj Rooprai • Liz Rowa • Emma Ruddock • Michela Ruffatti • Elaine Ruffell • Shaun Russell • Earl Rutherford • Arezoo Sadain • Martin Sagar • Maicolm Sage • Stephania Salveti • Kate Samad • Nic Sampson • Lee Schmidtchen • Paul Scroggie • Cherry Sherlock–Tanner • Hae Won • Shin Mark • Shirburne–Davies Ruth • Sillers Roger • Simmons Judia • Siou Benny • Siu Steve • Smith Philip • Smithies Steven • Solt Alison • Sowerby Jason • Speechly–Dick • Alexandra Stevens • Elaine Stevenson • Hannah Stone • Mike Stowell • Doug Streeter • Simon Sturgis • Paul Summerlin • Nick Swannell • Yoshi Takenami • Richard Tan • Kate Taylor • Mark Taylor • Sven Taylor • Ashok Tendle • Beth Thompson • Catriona Thompson • Time Thompson • Vijay Tirodkar • Jane Tobin • Julian Tollast • Paul Treacy • Mimi Tse • Eugene Uys • Kelly Watson • Steve Webb • Reece Wemyss • Vincent Westbrook • Duncan Whatmore • Nick Willars • Tricia Williams • Simon Wing • Wolfgang Woerner • Eiffel Wong • Enid Wong • Mandy Wong • Chris Wood • Nicole Woodman • Jes Wore • Chen Wu • Duan Wu • Yutaka Yano • Peter Yates • Lee Man • Yau Christopher • Yee Yang • Yi Karin Yiannakou • Gary Young • Michael Young • Nigel Young • Patrick Yue • Lris Yuen • Gregoire Zundel

1998年在原办公室(Hatton街17号)的TFP公司的部分员工

照片提供者名单

除下面说明之外，所有图片均由TFP公司提供。

12 左：Nigel Young；右：Peter Cook
13 ：Marcus Falrs
14 中间：Terry Farrell；右：英国建筑图书馆RIBA，伦敦
16—17 Richard Bryant
18 左上：Jo Reld & John Peck；右上：Richard Bryant；中间偏左：Jo Reld & John Peck；中间偏右：G chaillfour
19：左上：Tim Soar；右上：Richard Bryant；底部：Richard Bryant
20 左：Dennis Gilbert；右：Andrew Holt
22—23 Nigel Yound
25 Jo Reid & John Peck
26 赠品"蓝图"
28 Colin Wade
32 左：香港Beocarto国际中心提供的2001年Geocarto/RSGS卫星图片。
33 左下图：香港Beocarto国际中心提供的2001年Geocarto/RSGS卫星图片。
下图：深圳韦洪兴先生的赠品。
35 右上：colln wade
37 stuart woods
38—39 stuart woods
44 右上：peter cook
46 右：colln wade
48 左上：colln wade；right ：peter cook；bottom：nigel young
49 上：peter cook
50—51 coln wade
52 到左：chris gascoigne/view；中、右上和右下：peter cook
53 pete cook
54 上：pacific century publlshers/airphoto ltd
60 右上：joan boivin photography/goldphoto ltd
61 左下和右下：nigel young
63 左下：nigel young；左：andrew putler
64 左上和下部：lan lambot；左：tom kimbell
65 chris Gascolgne/view
68 上、中和下：colln wade
68—69 chris gascolgne/view
70—71 chris gascolgne/view
72 右下：colln wade
73 birds potchmouth russum
74 左上：peter cook；左下：colln wade；中间和底部：tom klmbell；右：chris gascolgne/view
75 上：nigel young；左下和右下：GMJ
76 上：Colln Wade；左：Chris Gascoigne/View；右：Tom Kimbell
77 Colln Wade
78 左下：Kerun Ip；右：Dennis Gilbert/View
79 左上：Andrew Putler；右上：Peter Cook；左下：Peak Tramway
81 Nigel Young
83 Peter Cook
84 左上和右：Peter Cook；底部：Ben Johnson
85 Peter Cook
88 左上：CNES 1993 distribution Spot Image/Sclence Photo Library
90 右上和中间：Andrew Putler
91 Hayes Davidson
92—93 GMJ
95 Hayes Davidson
96—97 Andrew Putler/3DD；底部：Hayes Davidson
97 右上：Fu Xing
100 左：CNES 1999 distribution Spot Image/Sclence Photo Library；右上和底部：courtesy Korean tourist board
102 左上：courtesy Samoo；右下：courtesy Samoo/DMJM/TFP
104 TFP/Yutaka Yano and Ian Livingston
105 右上和底部：Nigel Young
107 TFP/Yutaka Yano and Ian Livingston
108—109 Samoo
110—111 Samoo
112 上：Nigel Young
113 Nigel Young
115 Nigel Young
117 Nigel Young
119 Andrew Putler/3DD
121 Andrew Putler/3DD
124 CNES 2000 distribution Spot Image/Sclence photo Library
127 Andrew Putler
128 右：Andrew Putler
129 右右：Andrew Putler
132—133 主图和插图：Andrew Putler
136 左上：CNES 1999 distribution Spot Image/Sclence photo Library
143 Andrew Putler
144 上：Andrew Putler
145 左上：Andrew Putler
147 Andrew Putler
152 上：CNES 1997 distribution Spot Image/Sclence Photo Libray
154—155 上行：Nigel Young
156 主图：Ideias do Futuro
157 主图：ideias do Futuro
160—161 Nigel Young
163：ideias do Futuro
164—165 Nigel Young
166 上部和左边：ideias do Futuro；
168—169 Nigel Young
170—171 Nigel Young
174 右上：NRSC Ltd/Sclence Photo Library
176 右上：Nigel Young，底部：Graeme Duncan
177 左：Graeme Duncan
178 右下：Shannon Tofts
179 Shannon Tofts
180 上：Kelth Hunter
181 Kelth Hunter
182 上部和中间列：Nigel Young
183 上部和中间：Keith Hunter
184 Keith Hunter
185 上部和左下：Nigel Young；右上：Chris Hall
186 右下：john Hewitt
187 上：John Hewitt
188 右：John Hewitt
189 David Churchill
190—191 David Churchill
192 左下：Graeme Duncan；右上： Coevolution
193 上：Nigel Young
194 David Churchill
196 Dennis Dornan
197 底部：Dennis Doman
198—199 Tim Soar
200—201 Tim Soar
202 右上：Nigel Young
204 左上和右：Ron Slade，WSP
205 Andrew Putler
208 上：CNES 1997 distribution Spot Image/Sclence Photo Library
209 左：Sean Gallagher，右：David Churchill
201 左：纽卡斯尔旅游局；右：Graeme Peacock courtesy Wilkinson Eyre Architects
211 左上：Graeme Peacock courtesy Wilkinson Eyre Architects；中间：Shannon Tofts；左下：Chris Henderson
212 右上：Nigel Young；右下：kelth Hunter
213 Andrew Putler
214 主图：AMEC开发；插图左至右：Eills Williams 建筑师——建筑——数字项目——可视化，chris Auld 赠品CZWG，Graeme Peacock 赠品Willkinson Eyre 建筑师；Chris Henderson；Richard Davies courtesy Foster & Partners
217 Sean Gallagher
219 Tim Soar
220 上：Tim Soar
220—221 底部：John Hewitt
221 左上和右：David Churchill
222 上：John Hewitt
224—225 David Churchill
226 左上和右：David Churchill；below：Tim Soar
227 Tim Soar
228—229 main picture：David Churchil；插图从左到右：Tim Soar；David Churchill；Tim Soar；David Churchill；David Churchill
230 上：tim Soar
231 上：Keith Hunter；左下、中和右：David Churchill
232 左上和中间：Tim Soar；右上：David Churchill；中列：David Churchill；下列：David Churchill
233 David Churchill
234—235 David Churchill
238 上：CNES 1998 distribution Spot Image/Sclence Photo Library；底部：Sean Gallagher
241 底部：Andrew Putler
243 左上：Andrew Putler
244 左上和下部：Andrew Putler
245 中间和下列：Alan Stephen Photography
248 上部、中左和右上：Innes Photographers
249 Innes Photographers
252 左：Woridsat国际/NRSC/科学图书馆提供的卫星图片，TFP提供。右：NRSC有限公司/科学图书馆提供的卫星图片，TFP提供。
253 中左和底部：Nigel Young
260 右：Andrew Putler
261 底部：Andrew Putler
262—263 Andrew Putler
264 左上：Nigel Young；右上：Birds Portchmouth Russum
267 Andrew Putler
269 主图：Andrew Putler
270 右：Phillp Smithies and birds Portchmouth Russum
274 右上：London Transport
280—281 Andrew Putler
282 右上：Andrew Putler；右下：Nigel Young
286—287 Miller Hare
288 上：Andrew Putler/3DD
289 中间和右侧：Miller Hare
290 右下：Andrew Putler/ Richard Armiger
292 上：Andrew Putler/Richard Armiger；下部：虚拟艺术作品
293 Andrew Putler/Richard Armiger
294 中右：courtesy Gillespies
297 上部和插图：Andrew Putler
300 左下：courtesy Gustafson Porter
303 左：Nigel Young；右：Andrew Putler/3DD
304 Andrew Putler/3DD
305 Nigel Young
308 左上：Jo Reid & John Peck；右上：Sean Gallagher；中下：Nigel Young
309 中上：Nigel Young；底部中间：Peter Cook；右下：Nigel Young
310 左：Nigel Young，中列上：Andrew Putler，中间：Nigel Young
311 左上：London Aerial Photo Library；左下：Nigel Young
312 中列上：Andrew Putler
313 左上：Andrew Putler/3DD；左下：Andrew Putler/3DD；右上：Phillp Smithies
314—318：Andrew Putler

译 后 记

——泰瑞·法瑞建筑印象

本文是应《北京青年报》及《缤纷》杂志之约而写的文章，在此做了一些修改，权作本书的译后记。同时感谢中国建筑工业出版社副总编张惠珍女士、马鸿杰先生在本书翻译过程中所给予的热情关心与支持。

第一次听到泰瑞·法瑞的名字是在十多年以前了，那时清华园以至全国的建筑学院都在传看一套BBC的专题节目——《建筑在十字路口》(Architecture at the Cross Road)。该片对于长期封闭的中国建筑领域来说，无异于推开一扇窗户，其产生的影响仍令当时的建筑界人士记忆犹新。片中群贤毕至、大师云集，对于其时的泰瑞来说，他还只是个中年建筑师。

他的TVAM大厦备受詹克斯的推崇。还记得在录像中，一抹夕阳之下，蓝色与白色的铝板闪现着柔和的光影，为这一由修车场而改建的电视台建筑带来了一丝诱人的魅力。

1995年夏天，为了追寻建筑的梦想，我只身飞赴伦敦投奔对欧美建筑界曾产生重大影响的“电信团”(Archigram)旗手、著名的大卫·格林教授(Prof. David Greene)门下。那是在开学仅四天后的一个下午，格林教授对我说：“下课后去RIBA(英国皇家建筑师学会)看个展览吧，是泰瑞·法瑞的，他在英国及亚洲都做了不少项目，你可能会感兴趣。”我随即赶到展览现场。进门伊始，即刻被宏伟大厅中的一座高达近2.5米的巨大纯色模型吸引过去，那反宇朝阳的造型令人震撼不已。背景的电视幕墙放映着电脑动画短片，再配以那悠远空灵的音乐更使我陶醉。

仔细看了说明才知道，这是香港太平山山顶的一座标志性建筑，名为“凌霄阁”(The Peak)，它是观看维多利亚港湾及中环都市风景的绝佳地点。这一方案在香港政府指定参赛者的国际竞标中获胜，使它注定要成为一个象征香港的重要标志。建筑物的平台是山顶缆车的终点，在那8000多平方米飞扬的上部结构中，包容了餐厅、咖啡厅、零售、电影院和蜡像馆等诸多功能。参观者可以自由地从平台通过电梯到达各层，俯看港岛及九龙。她与蜿蜒的太平山轮廓线交相呼应，俨然像一个正在漂离地球的飞船，在云雾中若隐若现。

此后，这一成功的建筑处理手法在国内被大量使用，包括其后著名的上海某剧院。在上海某剧院开标伊始，凌霄阁已在建设之中，中标方案与凌霄阁意念的相似之处，曾在建筑界引起轩然大波。近几年在国内，无论是公共、文化和居住建筑顶上的相似符号更是大量出现，被惊人地克隆着。

从那时开始，我就更加关注泰瑞的作品了。在课余，一件最让我陶醉的事情就是亲身朝拜那些心目中向往已久的大师们的作品。从斯特林、罗杰斯再到福斯特，自然还包括了我关注已久的泰瑞·法瑞。已经记不清有多少个周末的下午，我手持一杯苏格兰啤酒，站在泰晤士河南岸皇家节日音乐厅(Royal Festival Hall)的露台之上眺望河对面的查灵克罗斯火车站(Charing Cross Station)与河岸大厦(Embankment Place)浮想联翩。这座建筑设计于80年代末期，当时撒切尔政府的强力经济政策正试图改变伦敦旧城商业地区的衰败景象，计划了一系列的振兴都市中心的项目。泰瑞的这一作品，就是这些项目中的代表。

查灵克罗斯火车站是伦敦最繁忙的火车站之一，每天清晨和夜晚有大量的人流通过这一车站聚集到市中心及疏散到郊外。原车站是一座典型的建于19世纪的单层大跨度交通建筑，设计面临的第一个重大挑战是，如何在不能间断车站使用功能的前提下进行施工；第二个挑战是在如何保证原有站台面积的基础上增加45000平方米的办公及商业功能。设计创造性地将9组共18根柱子布置于建筑物两侧，由这些柱子支承一个拱形结构，所有的办公楼层就悬挂于这个结构之上。这种方法，阻隔了因路轨而引起的震动，满足了上述的两个挑战，同时又隐喻出车站建筑的拱形原始形态，并恢复了自17世纪以来泰晤士河两岸建筑传统的临河景观。这一工程技术的成就为TFP赢得了全球建筑界的一片喝彩。设计根据总体规划的要求重新对周边街区的环境进行了设计改造。创造了新的商业步行街，并对与之相邻的滨河公园进行了改建。

这一建筑，充分表达了一种对城市规划伟大而持久的热情。这一点往往是其他英国及欧美建筑师所不及的。对城市历史的依恋以及对城市形态的深刻理解，使TFP对建筑语言的使用与发挥有着独特表现，从来不把单一的一栋建筑看作空间中的孤立物体，而总是把它们置定于一个特定的场所，让建筑担负着某种城市文脉的特定角色。

斯特林的泰特美术馆新馆是我课余最流连的又一去处。有很多次从馆中步出，我都喜欢坐在庭院的座椅上，享受着伦敦那极为可贵的和煦阳光。在明媚的光线照射下，河对岸一座雄伟的建筑散发着一种深邃的魅力。大家都知道007是英国电影中最著名的角色，在理性化的英国人中他体现的是一种机智、诙谐的人格特点。电影中的007是虚构的，但007所供职的情报单位是真实的，它就坐落在我对面这座建筑物内，这就是英国军情六处(MI 6)总部大楼。在最近几部由布鲁斯南饰演的007电影中都会出现这座建筑物的雄姿。

TFP的作品，对营造体形得心应手，这座建筑用令人难以置信的技巧同整个城市与环境进行密切的对话。建筑物层层叠上，厚重的仿沙岩混凝土预制板与暗绿色防弹玻璃幕墙相穿插，表达了一种不怒自威的态势(图8)。后来得知，公司在接受这一工程时，因保密原因，并不知道它的使用单位是谁。在工程结束后，所有图纸包括草图立即被国家收回。在一年多前，该栋建筑曾受到北爱兰共和军肩扛式导弹的袭击，从500米外发射的导弹只打碎了一块玻璃，此外没有对大厦造成任何损害。这一事件被各国媒体广泛报道，国内多家媒体也有转载。

在英学习之余，我仍兼负着在中国出版的《世界建筑导报》海外编辑，这就给我提供了一个与建筑界人士广为接触的机会。我曾两度于理查德·罗杰斯勋爵事务所工作，参与了一些在英国及亚洲项目的设计，并为《导报》编辑了一册双期罗杰斯事务所专辑。接下来，能让我心动的就是TFP的专辑了。

记得那是在1997年仲夏的一个夜晚，泰瑞将要在皇家建筑师学会报告厅举行一个就任学会副主席的专题讲演，我也前去聆听。讲演场面是热烈而精彩的，数度被掌声所打断。讲演之后，我向泰瑞表达了为他编撰专辑在中国出版的愿望，泰瑞欣然接受。在专辑的编撰过程中，多次同泰瑞接触，深为他率真的性情所折服，他也向我提出了到他事务所工作的邀请，当时，我并没有马上接受。

一年多之后，1998年冬天，我成功考取了英国皇家特许建筑师，这也是十几年来首位获此资格的大陆留学人员。在面前有两个事务所可供选择：我一直同罗杰斯事务所保持着良好联系，他们也希望我能重新加入他们的设计团队；TFP这边对我的工作能力有了一定了解，他们也再次发出邀请。经过考虑，基于日后回到亚洲工作的愿望，我选择了后者。

在此之后，我在泰瑞爵士身边工作了一年多的时间，参加了英国内政部大楼及Dockland金丝雀码头办公大楼等几个项目的设计工作，对他的设计思想有了更深刻的了解。2000年下旬，因工作要求，调至香港，负责TFP在中国区的设计项目。

TFP设计的每座建筑和每个规划中，都有一个深思熟虑和贯穿始终的理念，那就是每个作品与其所属的城市景观相适应，修复缺失的肌理，与城市模式形成互动的公共空间。建筑是城市与人性两相娱悦的庆典，关注的是城市的环境和生活，灵活地回应了城市的物质需求，这不是一种设计语言的连贯性，而是一种创造方法的连贯性。公司的这种设计手法在建筑界形成了自己独特的值得纪念的建筑风景。

在工作之余，我有机会接触到了更多的作品，包括爱丁堡旧城中心改建规划与国际会议中心的设计、韩国汉城新机场航站楼，美国西雅图国家水族馆等项目，在本书中，有不少项目是我曾亲身参与或主持的，翻译起来更是倍感亲切，许多当时工作中的历历往事又一一浮现。

泰瑞·法瑞爵士对中国文化抱有浓厚的兴趣和情感，曾先后九次访问中国内地。在北京、广州、深圳等城市进行过讲演，广受好评。连本书的封面，也使用了深圳填海区规划的模型照片。使用中国项目作封面，这在国外著名设计公司的作品专辑中仍是少见的。

算来，在这个事务所工作也有四年多了，我总认为一个建筑师如果在他年轻的时候，能够在一个著名事务所和大师身边工作一段时间，仔细体味事务所的风格与大师的为人与学识，那是一种幸福……

吴　晨
2002年初稿于香江维港
2003年修改于北京清华园